低覆盖度治沙

——原理、模式与效果

杨文斌　李　卫　党宏忠　冯　伟　等　著
卢　琦　姜丽娜　杨红艳　吴雪琼

科学出版社

北　京

内 容 简 介

本书是对低覆盖度行带式固沙林从理论到实践的较系统、全面的研究。共分八章，第 1 章回顾了我国防沙治沙工作的发展历史与重要发展阶段，介绍了低覆盖度防风固沙林概念从萌芽到逐步形成的发展历程，系统阐述了低覆盖度行带式防风固沙林的概念与内涵。第 2~3 章重点从基础理论方面系统阐述了低覆盖度行带式固沙林的防风固沙机理、效应以及水分利用机制。第 4~5 章对低覆盖度行带式固沙林促进带间土壤、植被修复的效应进行了全面阐述。第 6~7 章阐述了低覆盖度行带式固沙林通过界面效应形成的生长优势及对小气候的改善效应。第 8 章总结分析了低覆盖度行带式固沙林典型优化模式、结构及构建、抚育管理技术。

本书的章节编排遵循从易到难，从理论基础到技术措施的原则，语言结构通俗易懂，适合做生态、林学、水土保持、治沙、气象、土壤等多学科的本科生、研究生的教学辅助读本，也是相关领域科技人员、基层技术人员重要的参考读物。

图书在版编目（CIP）数据

低覆盖度治沙：原理、模式与效果 / 杨文斌等著. —北京：科学出版社，2016.1
ISBN 978-7-03-046039-4

Ⅰ.①低…　Ⅱ.①杨…　Ⅲ.①固沙造林　Ⅳ.①S727.23

中国版本图书馆 CIP 数据核字(2015)第 247915 号

责任编辑：张会格 / 责任校对：张小霞
责任印制：徐晓晨 / 封面设计：北京铭轩堂广告设计公司

科学出版社 出版
北京东黄城根北街 16 号
邮政编码：100717
http://www.sciencep.com

北京京华虎彩印刷有限公司 印刷
科学出版社发行　各地新华书店经销

*

2016 年 1 月第 一 版　　开本：787×1092 1/16
2016 年 1 月第一次印刷　　印张：23 5/8 插页：11
字数：519 000
定价：**148.00 元**
（如有印装质量问题，我社负责调换）

序　一

我国是世界上荒漠化面积最大的国家之一，其面积达到 262.37 万 km²，占国土面积的 27.33%，全国每年有 4 亿人的生活受到荒漠化影响，每年因荒漠化造成的直接经济损失达 1200 亿元。可见，荒漠化防治工作的开展，不仅可以遏制沙漠边缘与沙化土地的不断扩大，也关系着我国粮食生产安全、区域经济发展和农民增收，影响着我国的生态建设、人类生存与可持续发展。

近年来，在《中华人民共和国防沙治沙法》的推动下，我国的荒漠化治理逐渐走上了"科学防治、综合防治、依法防治"的正确轨道，特别是国家启动实施的"三北"防护林体系建设工程、京津风沙源治理工程、退耕还林、天然林保护、石漠化综合治理等一系列重大工程，有力地提高了荒漠化防治的整体水平与效果。但是，随着科学技术的进步，回顾这些工程建设的指导思想，基本是从建立林草丰茂的植被系统的愿望出发，提出"覆盖度高、治沙效果好"的技术路线。今天看来，忽视了对干旱半干旱区是一个自然的低覆盖度疏林或稀疏灌丛自然现象的认识，结果使高密度植被恢复，特别是较大密度乔木造林，往往出现大面积中幼龄林衰退或死亡现象，不成林或"小老树"现象也普遍发生。

针对上述问题，首先要问这些沙区的生态用水到底有多少？这些生态用水能够支撑什么样的森林结构与植被系统？这是植被重建、防沙治沙的一个根本科学问题，是一个亟待解决的问题！低覆盖度植被（10%~25%）是自然分布在干旱半干旱区的疏林或稀疏灌丛，它的自然演替与生存就是极好的科学规律和启示。杨文斌研究员带领其科研团队从近自然林业的思路出发，按照当地自然分布的乔、灌木植被覆盖度，选用乡土树种，通过研究、实践，探索出了能够固定流沙的覆盖度在 15%~25% 的低覆盖度防沙治沙模式，并在不同气候带营造了低覆盖度固沙示范林，开展了长期定位研究。第一，发现了自然的低覆盖度疏林或稀疏灌丛内，在随机分布模式下，灌丛（冠幅）与灌丛（冠幅或地面）之间能够形成类似"狭管"的空间，有局部抬升风速现象，造成低覆盖度随机分布时出现局部风蚀，形成半流动沙地。因此，研究者以抑制"狭管"的风速流场效应为突破点，提出了行带阻风低覆盖度治沙模式，开拓了覆盖度在 15%~25% 时能够完全固定流沙的新领域。第二，水分亏缺是我国干旱半干旱区林业生态建设的主要制约因子，而极端干旱年份成为制约林分稳定、正常生长的"瓶颈"问题，因此，"水量平衡"成为干旱半干旱区的研究热点。该研究高度归纳了水量平衡的研究成果，发明了土壤深层渗漏水量监测记录仪后，从植物利用水分的空间和土壤的渗透定律出发，提出了"水分主要利用带"、"水分渗漏补给带"的概念及内涵；利用土壤"水库"的渗、贮、供等特征，较好地调节了多雨年"贮"与少雨年"供"的关系，有效地克服了极端干旱年份林分致病或致死现象的发生。第三，低覆盖度防沙治沙体系在固定流沙的同时，空留一个自然土壤、植被、微生物修复带，促进了界面生态效应和林学小气候效益的充分发挥，使沙地土壤、植被、微生物得以快速修复，构建相对稳定的沙地生物生态系统。

　　作者在探索低覆盖度疏林或稀疏灌丛治沙理论的基础上，建立了低覆盖度治沙适宜的单向害风区沙地的行带式模式和多向害风区沙地的网格模式。实现了人工乔、灌木林与自然修复植被的有机组合，形成的乔、灌、草复合植被水分利用效率高，生物多样性增多，稳定性增强。实践证明，有效防止了中幼龄林衰败或死亡问题，保证了固沙林健康生长；加速了土壤和地带性植被的自然修复过程，增强了沙地林地植被的生态功能；降低了固沙工程的建设成本，实现了固沙植被的可持续生存和发展，必将引领我国防沙治沙研究向着一个崭新的方向发展。

　　《低覆盖度治沙——原理、模式与效果》专著的编撰出版，在科学上揭示了低覆盖度行带式固沙的水分循环过程、界面效应和促进带间更新的规律，有助于系统理解低覆盖度固沙林结构与功能间的关系，有助于合理的造林方案的设计；总结的低覆盖度固沙林的结构参数，对于各地因地制宜地制订更加翔实的造林实施方案具有明确的指导意义，对推动我国的防沙治沙工作进入更加科学、高效、经济的时代具有重要价值。我相信，这一专著的出版不仅丰富了防沙治沙的科学理论，而且对于指导生产实践、提升我国防沙治沙工程的科技水平发挥了重要作用。

2015 年 8 月

序　二

　　土地荒漠化是全球重大生态危机之一，严重影响人类生存与发展。我国有荒漠化土地 262 万 km²、沙化土地 173 万 km²，分别占国土总面积的 27% 和 18%，严重威胁国家生态安全和经济社会可持续发展。加强土地荒漠化防治，改善沙区生态生产生活条件，事关生态文明建设大局，事关"丝绸之路经济带"战略实施，事关沙区群众脱贫致富，事关中华民族永续发展，是一项功在当代、利在千秋的伟大事业。

　　党中央、国务院高度重视防沙治沙工作，相继采取了一系列重大举措加快防沙治沙步伐。国家先后启动实施了三北防护林体系建设、京津风沙源治理、退耕还林等重点生态工程，对沙化土地进行集中治理；颁布了世界上首部《防沙治沙法》，实行了省级政府防沙治沙责任目标考核制，制订了《全国防沙治沙规划》，出台了财政投入、信贷支持、税费减免、权益保护等扶持政策，推动我国防沙治沙事业取得了举世瞩目的伟大成就。全国沙化土地面积由 20 世纪末年均扩展 3436km² 转变为目前年均缩减 1717km²，沙区植被状况明显增加，沙区特色产业加快发展。我国防沙治沙的成功实践，不仅有效改善了沙区生态状况，促进了区域经济社会发展，也为全球荒漠化防治事业作出了积极贡献，赢得了国际社会广泛赞誉。联合国可持续发展委员会评价道："中国防治荒漠化处于世界领先地位"。

　　防沙治沙是一项复杂的系统工程，需要有力的科技支撑。在长期实践中，我国广大科技工作者不断探索，摸索出了一系列防沙治沙新技术、新模式，显著提高了防沙治沙成效。如：沙坡头铁路的治沙模式、荒漠绿洲的防护林体系模式、乌兰布和沙漠的大范围绿化模式等，都是我国科学治沙的旗帜和典范，得到了联合国环境规划署以及许多国家的高度评价，60 多个国家的专家和治沙工作者曾经前来考察学习。

　　中国林科院杨文斌研究员 30 多年来始终致力于防沙治沙研究工作，已有多项成果获得国家和省部级奖励。近年来，杨文斌研究员又率领课题组开展了"低覆盖度防沙治沙体系"项目研究。经过 10 多年的努力，探索总结了不同生物气候带的低覆盖度防风固沙体系模式。这种技术模式创新了治沙造林理念，以 15%～25% 的植被覆盖度不仅可以固定流沙，还能明显减缓干旱年份的水分胁迫，避免沙区植被衰退或死亡，创造了混交林营造的条件，加快土壤和植被修复速度，提高生物生产力 8%～20%，降低固沙造林成本 40%～60%。其中，"两行一带"、"单行一带"等低覆盖度治沙模式已得到大面积推广，并取得明显成效，有力地促进了我国防沙治沙事业。

　　杨文斌研究员组织撰写的《低覆盖度治沙》一书，详细阐述了低覆盖度治沙体系的概念、原理、模式以及设计、经营管理等技术细节，提出了低覆盖度固沙林结构基本参数，列举了大量成功案例，科学性、理论性、实践性都很强，为修订《国家造林技术规程》提供了有力支撑，对指导各地开展防沙治沙工作具有重要意义。当前，我国防沙治沙任务依然十分繁重，实现 2020 年一半以上的可治理沙化土地得到有效治理的奋斗目标，必须依靠科学技术进一步加快科学治沙进程。希望各地结合实际，积极推广应用低覆盖度治沙技术，进一步降低治沙成本、提升治理成效；也希望广大林业科技工作者像杨文斌研究员那样，服务生产实践，围绕关键技术，加大攻关力度，探索出更多先进实用的技术成果，全面加快我国林业现代化进程，为建设生态文明和美丽中国梦、支撑丝绸之路战略、实现中华民族永续发展作出新的更大贡献。

2015 年 10 月 18 日

前　言

　　土地荒漠化是地球陆地表面植被与土壤退化的一种陆表过程，它导致宝贵的植被与土壤资源退化或消失，加之沙尘暴的危害，成为威胁人类生存环境和影响社会可持续发展的重大环境问题之一。《21 世纪议程》也将"防治荒漠化"作为重要主题纳入中国可持续发展战略与对策中。其中，沙漠（包括沙地、戈壁）是荒漠化土地中最重要的类型之一。

　　中国是世界上荒漠化面积最大的国家之一，截至 2009 年年底，其面积达 262.37 万 km^2，占国土面积的 27.33%。我国每年因荒漠化造成的直接经济损失达 1200 亿元，全国每年有 4 亿人的生活受荒漠化影响。防沙治沙是我国最重要的生态建设任务之一，国家先后启动了"三北"防护林体系建设工程、京津风沙源治理工程等多项国家重大工程，在修复半干旱区沙地、拯救退化沙化土地与植被资源中，取得了显著成效；西部大开发以来，社会经济发展对防沙治沙新技术的需求量越来越大，例如，开发干旱区的土地、能源、矿产等资源，保护交通干线、厂矿、能源基地及绿洲等需要新技术。因此，研究推广具有高防风固沙效益、低生态用水及长寿命的防风固沙技术成为沙漠学界亟待解决的关键课题，其推广应用前景巨大。

　　50 多年来的沙漠治理研究，取得了成千上万项研究成果，支撑了我国防沙治沙工程建设，其中一项重要成果："植被覆盖度大于 35% 为固定沙地，10%～35% 为半固定、半流动沙地，小于 10% 为流动沙地"，成为我国防沙治沙工程中最重要的效果指标（朱震达和刘恕，1981[①]；高尚武，1994[②]；马世威，1998[③]；王涛等，2003[④]）。执行这项指标的结果是治理初期效果显著，但是，中幼龄林开始衰败或成片死亡、大量地消耗了有限水资源、建立的固沙林等植被不能自然修复等，致使多数地区必须再造林，或已固定的沙地再度活化，难以实现可持续发展的目标（刘瑛心，1991[⑤]；韩德如等，1996[⑥]）。

　　我国干旱半干旱区，在经历地质年代的漫长演变与适应后，形成了现代荒漠生境，虽然降雨稀少却能够支撑与当地气候、土壤、地貌、水文等条件相适应的天然稀疏林分，密度一般低于 800 株/hm^2，覆盖度低于 30%。这种乔、灌木疏林是经过长期自然选择而延续下来的，是符合干旱半干旱区水量平衡条件的，能够确保系统的稳定性并与当地生境相适应，这些乔、灌木植被在林学中被称为"疏林"（《国家特别规定的灌木林地》和《国家森林资源连续清查技术规定》），而且，这种疏林构成了以其自身为主要树种的植被类型，大部分能够正常生长发育；但在自然条件下，这种低覆盖度的疏林是不能够完全固定流沙的，不能够达到人类固定流沙的目标。

---

① 朱震达，刘恕. 1981. 中国北方沙区沙漠化过程及其区划研究. 北京: 中国林业出版社.

② 高尚武. 1984. 治沙造林学. 北京: 中国林业出版社.

③ 马世威. 1988. 风沙流结构的研究. 中国沙漠, 8(3): 8-22.

④ 王涛，陈广庭，赵哈林，等. 2006. 中国北方沙漠化过程及其防治研究的新进展. 中国沙漠, 26(4): 507-516.

⑤ 刘瑛心. 1985. 中国沙漠植物志. 北京: 科学出版社.

⑥ 韩德儒，杨文斌，杨茂仁. 1996. 干旱，半干旱地区灌木(乔木)的水分动态及其应用. 北京: 中国科技出版社.

一方面是"高覆盖度"的固沙林能够完全固定流沙却出现中幼龄林衰败或死亡，另一方面是"低覆盖度"的固沙林不能够完全固定流沙，达不到人类固沙的目标，引发了 20 世纪 90 年代以来学术界的一场是"以林为主"还是"以草为主"治理沙地的大论战。因此，探索固沙林合理覆盖度，提高防风固沙效益成为防沙治沙工程中急需解决的"瓶颈"问题。

在种群生态学中，一般把种群的空间分布格局分为 3 种类型：随机分布（random distribution）、均匀分布（regular distribution）和集群分布（clumped distribution），而行带式格局是一种特殊的集群分布格局。研究表明：植物种群格局决定着水分的利用效率，在水分非常少的干旱区，不同配置格局的植物固沙林，可能在水分利用方面差异显著，研究确定更加合理高效利用有限水分的格局意义重大。行带式分布的固沙林显著改变了降水截留、渗透与植物利用机理，明显的边行生长优势可依靠从边行向外侧形成的一个由低到高的含水率梯度支撑，并明显出现高土壤水分带，成为土壤水分渗漏补给带。因土壤水分渗漏补给带无树冠对降水的截留，更加有利于降水在土壤中的渗透，故含水率高；这个带有可能确保降水在多雨年份下渗补给地下水，并能够在干旱年份保证固沙林的水分供给。

近十几年来，我们首先对现有分布在干旱半干旱区的天然植被进行了广泛调查，在深入研究后，依据"仿生学"与"点格局"原理，按照"近自然林业"的概念——强调尽可能按照当地自然分布植被的特征（如固沙造林时选用乡土树种、设计的固沙林在成林后覆盖度应尽量接近自然植被盖度等），营造接近当地自然植被的固沙林。在确保营造的固沙林能够稳定正常生长的条件下，提高其防风固沙效益。探索既能够充分发挥乔、灌、草各自特性，又能形成复合的、生态作用互补的、接近自然地带性植被的修复技术，成为我们的目标。

通过十多年的研究证明，这个选题和思路是正确的，研究发现低覆盖度固沙林具有多项生态优势。

1）覆盖度在 15%～25% 的稀疏固沙林，乔、灌木个体分布格局是影响疏林防风固沙效益的重要因素，疏林的灌（丛）间出现了类似"狭管"抬升风速的现象；覆盖度在 15%～25% 时，配置成合理的集群分布格局（如行带式）则能够完全固定流沙，比同覆盖度的随机分布格局的疏林防风效果提高 25%～50%，实现了行带阻风低覆盖治沙。

2）把覆盖度降低到与当地自然植被覆盖度相似的水平，确保了固沙林的水量平衡，配置成为集群格局（如行带式）后，降低了林分截留消耗和地表蒸发量，提高水分利用效率 10%～20%；在多雨年份，确保有降雨渗漏补给土壤深层或地下水，不但提高了水分利用效率，而且避免了因"土壤干旱"导致的"地气不通现象"。

3）营造低覆盖度行带式固沙林后，组合出多个林（乔、灌）草界面，巧妙地把生物物流与能流特别活跃的界面生态学（林学的边行优势）原理应用到固沙植被建设中；带间形成的生态小气候效益和景观界面（landscape interface），即生态过渡区（transition zone），又是边际效应（edge effect）产生区，这是生态系统中生物与生物之间、生物与环境之间在界面上的物质、能量及信息传递和交换的活跃带，具有良好的界面生态过程与生态效益，相比较非行带式固沙林生物生产力提高 8%～30%。

4）低覆盖度行带式固沙林形成了窄的林带与宽的自然植被修复带组合，固沙林起到防风固沙作用后实现了治沙的第一目标。沙面稳定后，有利于自然侵入或人工播种的以草本为主的带间植被发育，使植被和土壤恢复速度提高 3～5 倍；在促进沙漠（地）土壤、植被发育、修复沙漠（地）生态环境方面具有更加重要的作用，是实现沙漠（地）环境修复的必要条件；且形成的林（乔、灌）与草结合的沙漠（地）植被更加稳定。

5）低覆盖度固沙体系具有调节湿润年与干旱年水量补给不均衡的作用，缓解"卡脖子"干旱导致的衰败死亡现象，可以抵御 20 年一遇的干旱年份导致的干旱胁迫衰败死亡现象。

6）低覆盖度防风固沙体系可降低固沙造林成本 30%～60% 及林分生态用水量 20%～30%。在干旱区，能够降低生态用水的生态修复技术尤为重要，而低覆盖度固沙林恰恰起到了既能够防风固沙又能够显著减少生态用水的功能。

由此，我们定义了"低覆盖度治沙体系"——以防风固沙、修复退化土地为目标，从提高水分利用率、植被稳定性和加快修复速度角度出发，控制成林覆盖度在 15%～25% 的条件下，营造植树占地 15%～25%、空留 75%～85% 的土地为植被自然修复带的固沙林，在确保完全固定流沙和林木健康生长的条件下，形成能够促进土壤与植被快速修复的乔、灌、草复层植被，构成低覆盖度防沙治沙体系。

本书中，结合我们研究的水量平衡、治沙格局等，在确保固沙林完全固定流沙和正常健康生长的条件下，按照半干旱、干旱和极端干旱 3 个区，分别研究得出 3 个区的适宜固沙林造林密度。同时，在极端干旱区，为控制过量的、不合理的生态用水，提出了固沙造林的造林密度上限。

低覆盖度防沙治沙体系属于疏林的范畴，其成林标准应该为：半干旱区乔木林郁闭度 0.15，灌木林覆盖度 25%，乔、灌混交林覆盖度 25%；干旱区乔木林郁闭度 0.1，灌木林覆盖度 20%，乔、灌混交林覆盖度 15%；极端干旱区乔木林郁闭度 0.1，灌木林覆盖度 15%，乔、灌混交林覆盖度 10%。

任何植物（包括乔木、灌木）都有自己的生理寿命，作为林分中的一株植物，最终都是要"寿终正寝"。充分调查我国近 50 年来建植的人工生态林后发现：人工生态林（除经济林）达到过熟林（也包括死亡或衰退的中幼林）死亡后，只能人工更新，直到目前，还没有方法能够使人工固沙林到达寿命后自然修复。因此，我们认为：人工固沙林应该是一种"长寿命生物沙障"，而低覆盖度行带式固沙林是具有促进自然植被和土壤快速修复功能的、能够长久固碳和提高生物生产力的生物沙障；所以，营造行带式固沙林，充分发挥其生物沙障的作用，利用带内自然植被快速修复和土壤发育的功能，使沙地土壤、植被向地带性土壤与植被演变，直到人工固沙林"寿终正寝"后，确保自然修复的植被和土壤更加接近地带性植被和土壤，同时能够继续稳定生长发育。这样，行带式固沙林能够较好地实现人工植被向自然植被的和谐过渡，在一定程度上弥补人工林不能自然更新的缺陷，达到可持续固定流沙的最终目标，这也是低覆盖度行带式固沙林的重要生态功能之一。

自然科学是边研究边实践的科学，在近十年的时间里，我们结合京津风沙源治理工程、"三北"防护林体系建设工程等，在不同气候区推广营建了上千万亩（1 亩≈666.7m²）低覆盖度防风固沙林，形成了较完整的防沙固沙体系。在推广过程中，我们在覆盖度为 15%～25% 的条件下，尝试了行带式、网格式等多种模式，在极端干旱区，应用滴灌技术，在交通干线、厂矿及绿洲周边等也尝试了低覆盖度防风固沙体系的营建。截至目前，低覆盖度固沙林林分稳定、生态效果非常理想；随着低覆盖度固沙林林龄的延长，在半干旱区，带间土壤与植被的修复效果越来越明显，极端干旱区减少生态用水的效果也更加突出。

从 2003 年到现在，我们对低覆盖度条件下防风固沙体系进行了持续的研究，从机理上、模式配置上、修复效果上等进行了深入分析，在国内外刊物上发表了上百篇论文，为确保研究资料的广泛性与可靠性，注册申请了 8 项发明专利，支撑我们的研究，在 2012 年，低覆盖度固沙专利（专利号：ZL 200919241513.0）获国家授权。

把能够完全固定流沙的固沙林覆盖度从 40% 左右降到 20% 左右是沙漠治理历史上的一大进步；特别是国家把生态建设作为"五位一体"社会建设体系后，沙漠治理不再只是一个单纯的固沙造林问题，还是一个最重要的生态建设与资源修复问题，低覆盖度防风治沙体系是开创一个源于自然生态（近自然林业），又具有人类创新的新的学术领域，也是生态建设的一个新的技术体系，是一个近十年来刚刚起步的新领域。虽然我们研究发现了一些原理，提出了一些模式，也开展了一些试验示范，但这仅是一个开头，仅仅是一个初步的结果。我们认为：固沙林的覆盖度在 15%～25%，仍然有许多诸如水分效率、界面优化、土壤植被修复等的机理问题需要探索，也有许多诸如树种选择，混交配置，乔、灌、草组合等技术问题需要研究。在低覆盖度条件下，可以通过试验示范探索出更多、更优秀的模式，我们希望把多年零散的研究结果加以系统化，把低覆盖度固沙林营建后的降风阻沙机理、水分利用与调控、界面生态机理、土壤和植被修复机理等几个不同学术领域的变化及其结成的脉络展示出来，形成一个粗浅的低覆盖度治沙原理，以对未来有志在低覆盖度防风固沙体系领域开展研究工作的研究者起到抛砖引玉的效果；同时，也为推动干旱区防沙固沙进入低覆盖度新阶段、提高生态修复效益提供科学依据，为我国大规模的生态建设工程提供科技支撑。

本书稿由杨文斌、卢琦、李卫、党宏忠统筹编纂提纲。共分 8 章，分工如下：第 1 章由杨文斌、韩广、党宏忠撰写；第 2 章由杨红艳、杨文斌、董慧龙撰写；第 3 章由党宏忠、冯伟、杨文斌撰写；第 4 章由杨文斌、姜丽娜撰写；第 5 章由姜丽娜、李卫撰写；第 6 章由吴雪琼、杨文斌、李卫撰写；第 7 章由李卫、石星、李永华、杨文斌撰写；第 8 章由冯伟、郭建英、杨文斌撰写。全书由杨文斌、卢琦、李卫、党宏忠、冯伟等统稿。

在低覆盖度治沙体系的研究与本书稿的编纂过程中，得到国家自然基金项目（31170667、40971283、30660155 和 30360089），国家"973"项目（2013CB429901）、国家科技支撑课题（2012BAD16B0104 和 2007BAD46B07）、内蒙古自治区学术带头人项目等十余个项目的支持。书稿撰写得到中国林业科学研究院林业新技术研究所、中国林业科学研究院林业研究所、中国林业科学研究院荒漠化研究所、中国科学院寒区旱区环境与工程研究所、北京林业大学水土保持学院、内蒙古自治区林业科学研究院、内蒙古农业大学生态环境学院等单位支持。在编纂过程中，得到邹立杰、姚洪林、李纯英、贾志清、吴波、丁国栋、李钢铁、董智、左合君等研究人员的支持，邹立杰、姚洪林、李纯英、温国胜等审阅了书稿并提出修改意见，在此表示衷心感谢。

由于著者水平有限，书中不足之处在所难免，谨祈专家和读者批评指正。

2015 年 7 月 15 日

Preface

Land desertification is a land surface process of the earth's land surface vegetation and soil degradation, which results in degradation or disappearance of the precious vegetation and soil resources. In addition to the hazard of the sand storm, it has become one of significant environmental issues to threaten the living environment of the human and affect sustainable development of society. Agenda 21 also incorporated "desertification prevention and control" into China's sustainable development strategy and countermeasure as an important topic. The desert (including sandy land and gobi) is one of the most important types among the desertified lands.

China is one of the countries with the largest desertification area all over the world. As of the end of 2009, its desertification area had reached 2,623,700km², accounting for 27.33% of the national territorial area. The direct economic loss caused by desertification reaches RMB 120 billion each year in China and life of 0.4 billion persons in China is affected by desertification each year. To prevent and control sand is one of China's most important ecological construction tasks. The nation has launched several national significant projects in succession such as "Three-North" shelterbelt system construction project, treatment project of the sand sources in Beijing and Tianjin, etc. and got significant achievements in terms of recovering the sandy land in the semiarid region and saving the degraded and desertified land and vegetation resources; since western development, social and economic development has demanded more and more new technologies to prevent and control sand. For example, development of resources such as land, energy, mineral products in the dry region and protection of the arterial traffic, factories, mines, energy base, oasis, etc. require new technologies. Therefore, to study and promote the wind prevention and sand fixation technology with high wind prevention and sand fixation benefits, low ecological water consumption and long service life becomes a key topic to be solved urgently in the eremology field and its promotion and application prospect is bright.

The research on desertification control for more than 50 years has achieved tens of thousands of research achievements, supporting the construction of sand prevention and control project in China. One of the significant achievements of "fixed sandy land with the vegetation coverage of greater than 35%~40%, semi-fixed and semi-drifting sandy land with the vegetation coverage of 10%~35% and drifting land with the vegetation coverage of less than 10%" has become important effect indexes in the sand prevention and control project in China (Zhu Zhenda and Liu Nu, 1981; Gao Shangwu, 1994; Ma Shiwei, 1998; Wang Tao et al., 2003). The result to execute these indexes is significant effects in the beginning of treatment. However, the young and middle aged forests start to wither or die away extensively, lots of limited water resources are consumed, and the vegetation such as established sand fixation forest etc. cannot be recovered and so on, resulting in reforestation in most of regions or reactivation of the fixed sandy land. Therefore, it is difficult to achieve the goal of sustainable development (Liu Yingxin, 1991; Han Deru et al., 1996).

After going through the evolution and adaptation for a long time in the geologic age, the arid and semi-arid regions in China form a modern desert habitat. The rainfall may support the natural sparse forest stand which is compatible with conditions such as the local climate, soil, landform, hydrology, etc. although it is less. The density is often less than 800 trees/hm^2 and coverage is lower than 30%. Such sparse forest of tree and shrub continues after the natural selection for a long time, which complies with the water balance conditions in the arid and semi-arid regions, so as to ensure the system stability and adaptability to the local habitat. Such tree and shrub vegetation is called "sparse forest" in the forestry (Shrubland Specifically Regulated by the State and Technical Code for Continuous Check of the National Forest Resources). What's more, such sparse forest forms a vegetation type with itself as the main tree species. Most of them are able to grow up normally; but under the natural conditions, such sparse forest with low coverage is unable to completely fix the drifting sand. Therefore, the goal of human to fix the drifting sand will be not achieved.

On the one hand, the sand fixation forest with "high coverage" may completely fix the drifting sand, but the young and middle aged forests wither or die away; on the other hand, the sand fixation forest with "low coverage" may not completely fix the drifting sand, which may not reach the goal to fix the sand of human, both of which resulted in an argument whether to control the sand based on the "forest" or "grass" in the academic field since the 1990's. Therefore, to explore the reasonable coverage of the sand fixation forest and enhance the wind prevention and sand fixation benefit has become a "bottleneck" problem which should be urgently solved in the sand prevention and control project.

The spatial distribution pattern of the population is often classified into 3 types in the population ecology, including random distribution, regular distribution and clumped distribution, while the line-belt pattern is a special clumped distribution pattern. The research shows that the plant pollution pattern decides the utilization efficiency of water. In the dry regions with rare water, the plant sand fixation forests with different distribution patterns may have significant difference in terms of water utilization. The research to determine the pattern to more reasonably and efficiently use the limited water is meaningful. The line-belt distributed sand fixation forest significantly changes the rainfall closure, permeation and plant utilization mechanism. The obvious edge growth advantage may be supported by a moisture content gradient from low to high formed from the edge to the outside and an obvious high soil moisture belt will appear, becoming a supply belt of soil moisture leakage. The soil moisture leakage supply belt is more favorable for permeation of the rainfall in the soil because there is no crown to have rainfall closure. Therefore, the moisture content is high; this belt may ensure to supply the underground water in the rainy years and ensure the water supply of the sand fixation forest in the dry years.

In recent decades, we have first carried out broad surveys for the existing natural vegetation distributed in the arid and semi-arid regions. After the in-depth research, in accordance with the principles of "bionics" and "point pattern" as well as concept of "close-to-nature forestry", we emphasize on creating a sand fixation forest which is close to the local natural vegetation as far as possible according to the characteristics (for example, select the indigenous tree species when conducting the sand fixation and forestation, the coverage of the designed sand fixation forest should be close to the coverage of the natural vegetation as far as possible after it is established and so on) of the local naturally distributed vegetation. Enhance the wind prevention and sand fixation benefit of the sand fixation forest, while ensuring that the sand fixation forest is able to grow stably and normally. To explore the recovery technology which may not only fully give play to the characteristics of the trees, shrubs and grasses, but also form a zonal vegetation which is compound, close to nature and has complementary ecological function becomes our goal.

The research for more than ten years shows that such topic and train of thought are correct and the research finds that the sand fixation forest with low coverage has several ecological advantages.

For the sparse sand fixation forest with the coverage falling into the range of 15%~25%, the individual distribution pattern of the tree and shrub is an important factor to affect the wind prevention and sand fixation benefit of the sparse forest. The wind speed is raised in the shrub (fallow) of the sparse forest; based on the coverage falling into the range of 15%~25%, the allocated reasonable clumped distribution pattern (such as line-belt type) may completely fix the drifting sand, enhancing 25%~50% wind prevention effect of the sparse forest compared with that of random distribution patter with the same coverage and achieving the line-belt wind prevention and sand control with low coverage.

The reduction of the coverage to the level which is similar to that of the local natural vegetation ensures the water balance of the sand fixation forest. After the clumped pattern (such as line-belt type) is distributed, reduce the forest closure consumption and surface evaporation and enhance 10%~20% water utilization efficiency; in the rainy years, ensure that there are rainfall to supply the soil or underground water, which not only enhances the water utilization efficiency, but also avoids "earth unblocked" resulted from "dry soil".

After the line-belt type sand fixation forest with low coverage is created, several forest (tree and shrub) grass interfaces are combined, which skillfully applies the principle of the interface ecology (edge effects of the forestry) with very active biological substance flow and energy flow to the construction of sand fixation vegetation; the ecological small climatic benefit and landscape interface between belts, i.e. ecological transition zone and generation zone of the edge effect is the active belt for substance, energy and information transmission and exchange on the interface between the living beings as well as living beings and environment, which has goods interface ecological process and ecological benefit and enhances 8%~30% biological productivity compared with the non-line-belt type sand fixation forest.

The line-belt type sand fixation forest with low coverage forms the compound of the narrow forest belt and wide natural vegetation recovery belt. The sand fixation forest achieves the first goal of the sand control after playing the role to prevent wind and fix sand. The stable sand surface is favorable for growing of the vegetation between belts which is centered on the grass, naturally invaded or artificially sowed, making the recovery speed of the vegetation and soil enhance 3~5 times; it plays more important role in promoting the desertified soil, vegetation growth and recovery of the desertified ecological environment, which is a necessary condition to achieve the recovery of the desertified environment; and the formed desertified vegetation combined with the forest (trees and shrubs) and grass will be more stable.

The sand fixation system with low coverage plays the role to adjust the unbalanced water supply during the wet and dry years, alleviate withering even death resulted from draught and defense withering even death resulted from draught in the dry years which may appear each 20 years.

The wind prevention and sand fixation system with low coverage may reduce the sand fixation and reforestation cost of 30%~60% and ecological forest water consumption of 20%~30%. In the dry regions, the ecological recovery technology which can reduce the ecological water consumption is very important, while the sand fixation forest with low coverage may prevent wind and fix sand as well as significantly reduce the ecological water consumption.

Therefore, we define the "sand control system with low coverage"—Aiming at wind prevention, sand fixation and recovery of the degraded land and starting from enhancement of the water utilization ratio, vegetation stability and acceleration of the recovery speed, control the forest coverage of 15%~25% and create the land with the trees occupying 15%~25% and 75%~85% reserved as the sand fixation forest of the natural recovery belt of the vegetation. While ensuring that the drifting sand is fixed completely and trees grow normally, form a stratified vegetation of the tree, shrub and grass to facilitate fast recovery of the soil and vegetation to form a sand prevention and control system with low coverage.

In this book, with combination of our research on the water balance, sand control patter, etc. while ensuring that the drifting sand is fixed completely and trees grow normally, we get the appropriate reforestation density of the sand fixation forest of the semi-arid, arid and extreme arid regions through research. At the same time, in the extremely dry regions, we propose the upper limit of the reforestation density of the sand fixation forest in order to control the excessive and unreasonable ecological water consumption.

The sand prevention and control system with low coverage belongs to the category of the sparse forest. The forest standard should be as follows: the canopy density of the high forest in the semi-arid regions is 0.15, with the shrub wood coverage of 25% and coverage of the forest mingled by the trees and shrubs of 25%; the canopy density of the high forest in the arid regions is 0.1, with the shrub wood coverage of 20% and coverage of the forest mingled by the trees and shrubs of 15%; and the canopy density of the high forest in the extremely arid regions is 0.1, with the shrub wood coverage of 15% and coverage of the forest mingled by the trees and shrubs of 10%.

All plant (including trees and shrubs) species have their own physiological longevity. As a plant in the forest, the plant will die away finally. It is found after complete survey of the artificial ecological forests which have been planted in recent 50 years that after the artificial ecological forests (except for the economic forest) die away after reaching the overmature forest (also including the dying or declining young and middle aged forests), they can be only updated artificially. Till now, there is no way to make the artificial sand fixation forest recover naturally after it reaches its longevity. Therefore, we think that the artificial sand fixation forest should be a "biological sand barrier with long life", while the line-belt type sand fixation forest with low coverage is a biological barrier which may facilitate the fast recovery of the natural vegetation and soil, fix the carbon for a long time and enhance the biological productivity. Therefore, create the line-belt type sand fixation forest, fully give play to its role as a biological sand barrier, make the sandy soil and vegetation to evolve into the zonal soil and vegetation using the function of the fast recovery of the natural vegetation and soil development in the belt till the artificial sand fixation forest dies away, ensure that the naturally recovered vegetation and soil will be more close to the zonal vegetation and soil and continue to grow and develop. In this way, the line-belt type sand fixation forest may better achieve the harmonious transition from the artificial vegetation to the natural vegetation to make up the defect of the failure of natural update of the artificial forest to some extent and achieve the final goal of sustainable drifting sand fixation, which is one of important ecological functions of the line-belt type sand fixation forest with low coverage.

The natural science is a science of research while practicing. In recent decade, with combination of the control project of the wind and sand sources in Beijing and Tianjin, construction project of "Three-North" shelterbelt system and so on, we have promoted and constructed tens of thousands of mu (1 mu≈666.7m²) wind prevention and sand fixation forest with low coverage, forming a relatively complete sand prevention and fixation system. During promotion, under the condition with the coverage of 15%~25%, we try several modes such as line-belt type, grid type and so on. In the extremely arid regions, we apply the trickle irrigation technology and also try to construct the wind prevention and sand fixation system with low coverage around the arterial traffic, factories, mines, oases and so on. Till now, the sand fixation forest with low coverage has stable forest stand and very ideal ecological effects. Along with the extension of the forest age of the sand fixation forest with low coverage, the recovery effects of the soil and vegetation between belts are more and more obvious in the semi-arid regions, while the reduction effects of the ecological water consumption are more and more outstanding in the extremely arid regions.

From 2003 to present, we have been conducting continuous research on the wind prevention and sand fixation system under the low coverage condition, in-depth analysis from the mechanism, mode configuration, recovery effects, etc. publishing hundreds of articles on the international and domestic publications to ensure the universality and reliability of the research materials and registering and applying 8 invention patents to support our research. In 2012, the low-coverage sand fixation patent (with the patent No. of ZL 200910241513.0) got the national authorization.

To reduce the coverage of the sand fixation forest which can completely fix the drifting sand to about 20% from about 40% is a great advance in the desert control history; especially after the nation considers the ecological construction to be a "five-in-one" social construction system, the desert control is not only a pure sand fixation and reforestation problem, but also the most important problem of ecological construction and resource recovery. The wind prevention and sand control system with low coverage is an innovation rooted from the natural ecology (close-to-nature forestry), an innovative and new academic field for human, a new technological system of the ecological construction and a new field which has started in recent decade. Although we find some principles through research, propose some modes and develop some test demonstrations, it is only the beginning and a preliminary result. We think that for the coverage of 15%~25% of the sand fixation forest, there are still a lot of mechanism problems to be explored such as moisture efficiency, interface optimization, soil and vegetation recovery and so on. In addition, there are also a lot of technical problems to be researched such as selection of tree species, mingled configuration, combination of tree, shrub and grass and so on. Under the condition with low coverage, more excellent modes may be explored through the test demonstration. We hope to systemize the scattered research results of several years and display the change of several different academic fields such as wind and sand prevention mechanism, water utilization and adjustment, interface ecological mechanism, soil and vegetation recovery mechanism, etc. after the construction of the sand fixation forest with low coverage as well as their formed context to form a simple low coverage sand control principle and play a leading role for the researchers who are determined to conduct the research work in the field of the low coverage wind prevention and sand fixation system; at the same time, It will also provide the scientific basis for developing the sand prevention and fixation in the arid regions into a new stage of low coverage and enhancing the ecological recovery benefit to provide scientific and technological support for the large-scale ecological construction projects in China.

The manuscript outline is compiled by Yang Wenbin, Lu Qi, Li Wei and Dang Hongzhong. It is divided into 8 chapters, with the work of division as follows: Chapter 1 is written by Yang Wenbin, Han Guang and Dang Hongzhong; Chapter 2 is written by Yang Hongyan, Yang Wenbin and Dong Huilong; Chapter 3 is written by Dang Hongzhong, Feng Wei and Yang Wenbin; Chapter 4 is written by Yang Wenbin and Jiang Lina; Chapter 5 is written by Jiang Lina and Li Wei; Chapter 6 is written by Wu Xueqiong, Yang Wenbin and Li Wei; Chapter 7 is written by Li Wei, Shi Xing, Li Yonghua and Yang Wenbin and Chapter 8 is written by Feng Wei, Guo Jianying and Yang Wenbin. The whole book is unified by Yang Wenbin, Lu Qi, Li Wei, Dang Hongzhong, Feng Wei and so on.

The research on the low coverage sand control system and compilation of this book get support from more than ten project such as national nature science foundation project (31170667, 40971283, 30660155 and 30360089), national 973 project (2013CB429901), national scientific support topic (2012BAD16B0104 and 2007BAD46B07), Inner Mongolian academic leader project and so on. The manuscript composition was supported by units such as New Technology of Forestry Research Institute of Chinese Academy of Forestry Sciences, Forestry Research Institute of Chinese Academy of Forestry Sciences, Desertification Research Institute of Chinese Academy of Forestry Sciences, Cold and Arid Regions Environmental and Engineering Research Institute, Chinese Academy of Sciences, School of Soil and Water Conservation, Inner Mongolian Academy of Forestry Sciences, School of Ecological Environment of Inner Mongolian Agricultural University and so on. The compilation was supported by researchers such as Zou Lijie, Yao Honglin, Li Chunying, Jia Zhiqing, Wu Bo, Ding Guodong, Li Gangtie, Dong Zhi, Zuo Hejun and so on. Zou Lijie, Yao Honglin, Li Chunying, Wen Guosheng, etc. reviewed the manuscript and offered their revision suggestions. Here I sincerely thank them for their efforts.

Limited by the proficiency of the author, this book may inevitably have some shortcomings. The criticism from the experts and readers will be welcomed sincerely.

Yang Wenbin

May 8, 2015

目　　录

Contents

第1章 绪 论

干旱沙区在我国"三北"地区分布广泛，除具有丰富的光、热、风能资源外，还拥有石油、天然气、煤、湖盐、岩矿等国民经济发展必需的资源，在国民经济、社会发展、国防建设等方面具有极其重要的战略地位。然而，严酷的环境条件使得生态系统非常脆弱，人民生活和经济发展的基本保障都急需营建大面积的防护林。众所周知的"三北"防护林体系建设工程就是其中的经典之作，在保护生态环境方面发挥了基础性作用。但是经过数十年的造林实践人们发现防护林并非越密越好。防护林的密度和盖度不仅要与当地的气候和水文条件相适应，而且要兼顾到当地人民生活和未来发展。从世界干旱区天然植被分布格局来看，区域性条带状和斑块状植被更为常见，其密度因地而异。因此，低覆盖度行带式林业的产生，不仅丰富和发展了干旱半干旱沙区造林理论，而且推进了当地的造林工作。

1.1 我国防沙治沙 50 年的历程回顾

1.1.1 大规模考察和试验阶段

1958 年 10 月国务院在内蒙古自治区呼和浩特市召开了内蒙古、新疆、甘肃、青海、陕西、宁夏六省（区）参加的治沙工作会议，会上提出了我国治沙规划的总体要求、治沙工作的基本方针，并且决定以中国科学院为主体组建治沙队，协助各地区进行治沙规划及具体实施方案制订，并负责攻克治沙工作中的重大科学技术难题和理论问题。1959 年 3 月，中国科学院治沙队在兰州成立，由此拉开了由我国政府组织主导的系统性、综合性沙漠研究及沙漠治理的序幕。

在中国科学院治沙队的组织协调下，我国陆续对主要沙漠及戈壁开展了大规模综合考察，建立了托克逊（后改为莎车）、民勤、格尔木、榆林、灵武、磴口等 6 个治沙综合试验站，沙坡头、沙珠玉、乌审旗、金塔、莫索湾等 20 个治沙中心（站），开展了防治农田和铁路风沙危害的试验研究，探索各种治理沙害的方法（朱俊凤和朱震达，1999；王涛，2008；吴正，2009）。期间竺可桢先生分别在 1959 年 3 月 2 日和 1961 年 2 月 9 日的《人民日报》上，发表了《改造沙漠是我们的历史任务》、《向沙漠进军》2 篇文章，由此大大提高了西北和内蒙古各地干部群众和科技工作者治理沙漠的热情和积极性，在当地掀起了研究沙漠、治理流沙的高潮，具有里程碑意义（竺可桢，1979）。

尽管由于历史原因，当时所确立的战略目标在很大程度上是脱离实际的（例如，当时确定的全国治沙目标是争取尽快全面地改造和利用沙漠，实现全面绿化，变沙漠为畜牧业和林业基地，改良土壤，改变气候。这一指导思想和宏伟目标对后来沙区防护林的规划建设产生了深刻影响，直到因为水资源供需失衡而出现明显的防护林衰退现象后才引起人们的反思），但总体上看，该阶段所取得的成就是令人鼓舞的，不论是沙漠考察还是治沙试验，都为后来的工作奠定了良好基础。通过广泛考察，基本摸清了我国沙漠分布特点、各沙漠基本特征，以及开发利用潜力和途径；通过定位试验研究，积累了铁（公）路、绿洲边缘、沙区建筑、沙漠水库等场所沙害防治的宝贵资料和经验，其中包括灌溉条件下植物固沙、化学固沙等技术，基本摸清了沙粒运动和沙丘移动的规律。特别值得一提的是，包兰铁路沙坡头段治沙防护体系，成效显著，举世瞩目，因此而获得 1988 年国家科技进步特等奖。这些成就为之后沙漠研究奠定了非常重要的基础。

1.1.2 沙漠化及其防治蓬勃发展阶段

1977 年联合国环境规划署（UNEP）在肯尼亚首都内罗毕召开了联合国荒漠化会议，提出的《对抗荒漠化行动纲领》引起了我国政府和科研部门对土地荒漠化问题的极大关注，从此我国沙漠研究开始转向沙漠化机理及防治问题上，并取得了令人瞩目的成就。

通过频繁、广泛的国际交流与合作，针对半干旱区农牧交错带日益严峻的生态环境状况，结合面上考察和定点试验，我国沙漠科技工作者对沙漠化的成因、过程、预测，以及沙漠化土地的分类与定级、沙漠化土地整治途径等问题开展了广泛深入的研究，编制了主要沙漠化区域的沙漠化土地分布图，摸索出了一批较成熟的沙漠化治理模式，如宁陕蒙地区实施的飞播治沙技术、沙漠公路设计与建设技术、乌审旗治沙模式、奈曼旗沙漠化土地综合整治开发模式、禹城沙地整治模式、陕北引水拉沙技术模式等（王涛等，1999；朱俊凤和朱震达，1999）。与此同时，结合经济建设任务、国际合作研究，中国科学院、国家林业局有关研究院（所）对塔克拉玛干沙漠、巴丹吉林沙漠、腾格里沙漠等开展了专题性考察，进一步深化了对风沙和沙丘的认识；对不同地带的沙漠化土地开展了卓有成效的研究，对主要造林树种科学配置进行了大量探讨，推广了一批成熟的防风固沙造林技术（王涛等，1999）。

特别是我国"三北"防护林体系建设工程成就显著，它有效防止和减弱了狂风肆虐，固定了流沙，改善了当地气候，从而为当地社会经济发展起到了保驾护航的作用（朱金兆等，2004）。然而，针对"三北"地区许多地方出现的造林成活率逐年下降的现象，人们开始反思传统的造林理念和技术途径是否合理。其中，最早引种沙地樟子松的辽宁省彰武县章古台地区，进入 20 世纪 90 年代以来樟子松人工林开始衰退，不仅天然更新难以实现，而且大片衰退或濒临死亡，其最主要原因是沙地水分与林分需水量间的严重失衡，加之生态环境不甚适宜（杨文斌，1987，1988，2002；朱教君，2005）。又如，陕北榆林地区的固沙林，由于造林密度过大，林木进入高生长阶段后水分亏缺严重，导致大片人工固沙林衰退，最终不得不将造林密度降低，并采取其他造林途径。现阶段我国人工林经营中，造林后期管护和抚育滞后或缺乏，造林和营林环节脱节，造林和地下水资源开采不合理，造林和用水矛盾突出，这些现象在西部干旱半干旱区更为明显。

1.1.3 可持续的防风固沙工作新阶段

可持续发展（sustainable development）是 20 世纪 80 年代国际社会提出的一个新概念。1987 年世界环境与发展委员会在《我们共同的未来》报告中，首次系统地阐述了可持续发展的概念，引发了国际社会的普遍关注，并形成广泛共识。在1992年联合国环境与发展大会上明确把发展与环境密切联系在一起，使可持续发展走出了仅仅在理论上探索的阶段，响亮地提出了可持续发展战略，并付诸行动。可持续发展是指既满足现代人的需求又不损害后代人满足需求能力的发展，是经济社会与资源、环境间协调发展的必要基础与前提。由于当时我国正处于改革开放关键时期，一切以经济建设为中心，可持续发展的思想在我国传播尚处于起步阶段，由于可持续发展理念的推行与贯彻，需要以经济增长方式发生重要转变为前提，需要有适宜的经济和社会基础作保障，更需要科学技术作先导，因此可持续发展思想的传播并不迅速。但进入21世纪以来，人们逐渐接受和应用该理念，开始反思之前所走的路，特别是科学发展观的日益强化，使得可持续发展的思想逐渐深入人心，人们在反思以往防风固沙基本思路和科技规划的同时，也在逐步将可持续发展理念纳入其中，并开展了许多有益的尝试，由此使我国防沙治沙工作步入了一个崭新阶段。

《中华人民共和国国民经济和社会发展第十二个五年规划纲要》明确指出，加快转变经济发展方式是推动科学发展的必由之路，贯穿于经济社会发展全过程和各领域，以防风固沙为目的的防护林建设也不例外。同时，国家林业局《林业发展"十二五"规划》也指出，要深入贯彻落实科学发展观，全面实施以生态建设为主的林业发展战略，建设生态文明。这些都明确说明我国林业发展战略已发生巨大转折，由名义上的生态、经济、社会效益并重，向实际上以生态建设为主的可持续发展目标迈进，而且目标更为明确。

《国务院办公厅关于进一步推进"三北"防护林体系建设的意见》也表达了同样的思想，明确指出进一步加快"三北"防护林工程建设，是贯彻落实科学发展观，建设生态文明的重要举措，为此要求深入贯彻落实科学发展观，坚持生态效益优先，生态效益、经济效益与社会效益相结合的原则推进"三北"防护林工程建设。

基于此，在国外可持续林业经营管理新思想的影响下，国内部分学者开始对现有防风固沙林进行了可持续经营方面的探索和尝试。杨文斌等（1997，2007，2008，2011）在反思传统防护林长期综合效益的基础上，从可持续发展角度和目标出发，开展了大量低覆盖度行带式防护林的理论和实践探索，取得了显著成效，其中心思想在于通过营造适宜的低覆盖度行带式防护林作为有效屏障，为乡土物种提供适宜生境，使其自发建立和巩固，最大限度地减少防护林对当地土壤水的过度消耗，从而大大延长防风固沙林防护时效，节省大量人力和物力。另外，人们也开始在水土条件优越的地区发展可持续沙产业，比较突出的典型是亿利资源集团在内蒙古库布其沙漠将防沙治沙与种植甘草（*Glycyrrhiza uralensis*）、麻黄（*Ephedra sinica*）等中药材相结合并获得成功，经济社会与生态效益并重，相互促进，令人欣慰（网易新闻，2009）。

1.2 国内外研究现状

1.2.1 国外沙漠治理历史

世界上的治沙造林工作，最早出现在欧洲中部沿海国家。1316年德国开始在海岸沙地造林，1660年匈牙利等也先后开始在海岸沙地造林，但多数因未能固沙而失败。1770年奥地利、1779年法国等也开始进行海岸固沙造林，并逐渐出现了各种不同类型、不同材料的沙障。随后由德国人提出了造林恢复植被的治沙理论，开创了在沙丘上设置沙障这一有效的固沙方式，并试验了不同类型和不同材料的沙障。德国在北部沙丘采用埋设松枝或芦苇形成网格沙障，波兰设置高立式沙障，丹麦设置石楠枝条沙障，法国用枝条覆盖沙面，以保护直播造林，都取得了良好效果（张奎璧和邹受益，1990）。

1808年沙皇俄国设立多个林务区，开始在欧洲草原地带建造防护林，面积达上万公顷。苏联建立后政府非常重视造林工作，草原地区造林面积达到数十万公顷（彼得罗夫，1953）。美国、英国于1893年在继承了以前治沙理论与成果的基础上，把在海岸沙地造林的成功经验推广到了荒漠、半荒漠区及草原区治沙实践中并取得成功。

海岸治沙造林历史延续了400多年，取得了三大成绩，从理论上提出了通过造林恢复沙地植被从而治理流沙；创造了沙丘造林平铺式沙障、行带式沙障和压草式沙障等特殊方式配置的沙障；筛选出了对沙地适应性强的松树进行沙地造林。而且，采用扦插和直播方式进行灌木造林也获得成功，种草固沙也成为美国的特色，且成效显著。这一阶段利用植物固沙和恢复植被的实践发展到了一个新的阶段，由单一的乔木固沙发展到了乔、灌、草结合的综合植物固沙阶段。与此同时，苏联于1931年和1934年开始了飞播治沙和化学治沙试验。美国相继也在沙漠化的耕地上进行飞播治沙，并将种子进行丸粒化处理（李滨生，1990；张奎璧和邹受益，1990）。

20世纪50年代以来，治沙工作从欧美向亚洲、非洲、拉丁美洲和大洋洲等国家发展，植物固沙及沙障技术得到了进一步应用与发展，同时化学固沙也在许多国家进行试验，沙漠治理规模也在扩大，并收到了很好的成效。前苏联在草原地区的沙地上大规模营造以松树为主的人工林，成活率达到了93%以上，在荒漠地区营造黑梭梭牧场防护林也获得了很大成功。印度采取立式沙障或活沙障固沙，采用直播和容器苗植苗方式造林，并采取带状配置造林，50m一带，造林株行距5m×5m，带间50m种草或灌木，乔、灌或乔、灌、草结合，以构成防护林体系，14年后多数地区的收益大于投资，技术得到肯定。利比亚、埃及、也门、以色列、阿尔及利亚、澳大利亚等国家在利用各种沙障及植物进行固沙的同时，利用淀粉、水泥、沥青、石油、合成橡胶等材料积极地开展了化学固沙试验，并与植物固沙相结合获得了很好的固沙效果。这一阶段的治沙工作更加注重采取综合性的措施。

从一定意义上讲，前苏联通过大规模造林来改造草原和荒漠环境的"斯大林改造自然计划"虽然最终以失败告终，但其在许多地区是成功的，其设计理论是很扎实的，只是有一个关键环节未能处理好，那就是没有充分遵循"适地适树、因地制宜"原则，水分供应不足的问题也未能很好地解决。

1.2.2　国内沙漠治理历史

我国早在秦汉时期就开始了改造沙漠的斗争，然而，大规模的治沙实践主要是在新中国成立后开始的。

自20世纪50年代，我国在西北、东北、内蒙古、河北、河南等风沙危害严重地区进行了大规模造林运动。1958年开始在沙区进行飞播造林种草，经过长期的实践形成了一整套沙区飞播造林技术，成效十分显著。1947年内蒙古自治区成立，到1958年时，磴口县人民沿乌兰布和沙漠东缘，营造了154km防风固沙林带，林带的宽度平均为50~100m；沿黄河西岸筑起了20km防洪堤，基本上根治了流沙和水患对农田和家园的侵袭和破坏。鉴于磴口县治沙造林取得的显著成绩，林业部于1952年和1958年先后授予磴口县"造林绿化先进县"和"治沙造林模范县"。"三北"防护林是1978年经国务院批准的国家重点建设项目，是举世瞩目的生态建设工程，它的建设范围包括我国北方13个省（自治区、直辖市）的551个县（市、旗、区），总土地面积406.9万km²，涉及我国半壁江山。

1951年2月14~24日，中央人民政府林垦部在北京召开全国林业工作会议，决定在东北西部和内蒙古东部风沙区营造大型防风固沙林带，治理风沙灾害。8月2~10日，内蒙古自治区人民政府在张家口市召开全区首届林业工作会议，自治区林业总局副局长庆格勒图作报告，自治区主席乌兰夫作了重要指示，会议研究了重点造林问题，确定哲里木盟（现通辽市）、昭乌达盟（现赤峰市）以防护林为主，防治风沙危害。

科尔沁地区的造林治沙始于1953年，当时制订的东部防护林规划包括13个风沙严重旗县固沙林的营造，在第一个五年计划期间，一些地区通过植树造林改变了风沙泛滥的面貌。奈曼旗的桥和乡过去被沙埋农田60hm²以上，种树后于1957年控制了沙害，使沙地变成良田。赤峰县当铺地村330hm²的土地中有290hm²为茫茫白沙，经过造林和兴修水利，1957年农田单产比过去提高3倍。《内蒙古日报》曾发表重要消息介绍当铺地大队党支部书记陈洪恩等带领群众造林治沙实现农牧林全面发展的经验，并发表了题为《坚决顽强的革命精神——赞当铺地大队降伏风沙的巨大成就》的社论，鼓励沙区群众治理沙漠。1978年以来，该地区开展以根治风沙危害和水土流失为目标的"三北"防护林体系建设工程，取得了前所未有的治沙成就。到1990年，沙漠化土地扩展势头逐渐减弱。哲里木盟已造林106万hm²，35%的沙地和沙化土地得到治理；赤峰市治沙造林保存面积40万hm²以上，封沙育林育草15万hm²，使大面积农田、牧场得到保护。

20世纪90年代末在浩瀚的库布齐沙漠腹地及边缘地带营造起了一个带、网、片相结合的绿色防风固沙体系。多年来，我国沙地造林规模不断加大，尽管沙地可通过人工植被的建设进行治理，但大规模的人工植被建设由于配置格局不合理易引起沙地水分条件恶化，导致大密度人工固沙林在中幼林期就开始衰败甚至死亡，影响了人工植被的可持续发展（李滨生，1990；张奎璧和邹受益，1990）。

例如，毛乌素沙地鄂托克前旗于1966年在沙地上营造的以小叶杨（*Populus simonii*）、旱柳（*Salix matsudana*）为主的固沙林，开始生长旺盛，但后期因林木耗水引起了地下水水位下降，造成林木生长停滞，逐渐趋于死亡（张东忠等，2011）。辽宁省章古台地区樟子松（*Pinus sylvestris* var. *mongolica*）固沙林在林分郁闭成林后，水分供应紧张，引起了林木死亡（朱教君，2005）。宁夏沙坡头地区人工固沙林初期生长良好，随着林木生长，因栽植密度过大，水分逐渐恶化导致植被过早衰退，尤其是杨柳科树种在沙丘上生长数年后，因水分消耗大而逐渐枯萎（崔国发，1998）。甘肃省民勤沙区栽植的梭梭（*Haloxylon ammodendron*）林、沙拐枣（*Calligonum mongolicum*）林同样因密度不合理导致水分条件恶化而造成林分衰退甚至大面积死亡（刘光祖，1987）。这些例子足以表明，固沙林成活效率低，难以固定流沙的主要原因是树种选择不当及配置不合理，人工固沙林造林成活后，随着年限的增长，由于密度过大或植物耗水太多，植物因土壤水分亏缺而生长不良甚至死亡,从而使林地再次失去植被的保护,已固定的沙地或地表再度活化,难以实现可持续发展的目标(玉宝等,2010)。

近年来,为了改善生态环境,政府做出了积极努力,采取各种手段控制现有森林的消耗,大力植树造林,并陆续实施了多项林业生态建设工程。全国人工造林保存面积、森林覆盖率明显增加,全国的沙化土地得到初步治理,局部地区生态环境建设得到明显改善。同时,探索出了较成熟的经验和做法,以及林业生态建设与治理模式,这些经验做法和治理模式的推广应用,也提高了生态建设的科技含量和治理效果,加速了林业生态建设工程的步伐,为今后林业生态建设积累了经验。

经过 50 多年的努力,沙区生态环境治理走上了治理与保护相结合的新阶段。现阶段在大规模林业生态工程和日渐成熟的治沙技术支撑下,沙区植被大面积得到恢复,沙区环境得到了有效改善,促进了沙区社会经济的发展。

纵观防沙治沙的历史发展,国内外治沙实践都是围绕着固定流沙,以及恢复、重建和保护沙地植被这一关键环节展开的,这是确保治理沙化土地和防止沙漠化的最有效、最经济、最持久的重要途径。伴随着防沙治沙实践的发展,防沙治沙科学研究工作也得到了深入发展,沙化土地治理技术与理论研究逐渐深入,并优化提升了一整套适合于不同地区的治理技术和模式,最新推广的低覆盖度治沙体系,就是其中非常突出的典范。

1.3 适宜的植被覆盖度在防风固沙工程中的重要性

植物的冠层不仅可以有效地遮挡太阳辐射对地表的加热,阻挡雨滴对地面的打击,而且对水平气流有明显的阻挡、分流和抬升作用,进而对局地的小气候产生重要影响,这种复合作用既与植被覆盖的空间范围成正比例关系,也与植被的结构和密度密切相关。因此,防风固沙工程建设将植被覆盖度作为一个非常重要的因素加以考虑。

1.3.1 植被覆盖度对土壤水分的影响

植被的覆盖度对土壤水分状况有着重要的影响。一方面,土壤湿度依赖于植被类型和土壤特性,植被对地表有一定的遮荫保湿作用;另一方面,植被因蒸腾作用而强烈影响土壤水分特征。

孙祯元(1984)通过对榆林红石峡沙地植被的抽样调查,发现在榆林红石峡水分条件下适宜的植被盖度是 50%~70%,当覆盖度大于 70%时,因植物蒸腾耗水量过大,致使土壤过度干旱,导致植被逆向演替。植被盖度与土壤水分之间存在着显著的相关性,尤其是植被盖度与表层土壤含水率之间的相关性更强。

姚洪林和廖茂彩(1995)通过多年的研究结果指出,毛乌素沙地流动沙丘中下部的植被覆盖率以 40%~45%为宜,人工封育区以 40%为宜,流动沙丘中上部及滩地面积较小、造林难度大的地段以 25%(灌木、草本为主)为宜,而在平缓沙丘及开阔的滩地,植被覆盖度可提高到 45%~50%,可以实现植被耗水与沙地水分供应能力间的协调。

适宜的植被覆盖能够通过枯枝落叶的回归增加土壤肥力,改善土体结构。大量研究表明,沙丘固定后,植被覆盖会使有机质和微生物数量增多(陈祝春,1991),土壤酶活性明显加强（聂素梅等，2010）。

1.3.2　对近地面气流及土壤风蚀的影响

在沙地环境中，植被能够有效降低风速、减轻乃至消除土壤风蚀，从而减少地表土壤细颗粒及养分的损失。人们在防风固沙植物的生物学特征及其防风效应方面已有大量的野外观测和实验研究，植被对气流的影响主要反映在地表粗糙度和摩阻速度的改变上。植被对风蚀的影响则直接表现在地表风蚀率的变化上，其影响程度主要取决于植被类型及植被特征，如盖度、高度、密度等。

胡孟春等（1991）通过风洞模拟的方法，对科尔沁沙地植被盖度与土壤风蚀量之间的关系研究表明，沙地一定的植被盖度抗风蚀强度有极限值，当植被盖度小于 60% 时，随盖度增加抗风蚀极限风速增速缓慢，而当盖度大于 60% 时，抗风蚀极限风速增大迅速。

尚润阳等（2006）的野外定位观测结果表明：植被盖度和高度均对风速廓线有明显影响，在相同风力条件下，植被的盖度是影响土壤风蚀的关键因子。

1.3.3　在固沙造林实践中的意义

新中国成立以来，我国研究沙漠和沙漠化的科学家针对不同区域风沙灾害特点，研究出了一系列高效实用的固沙造林技术及沙漠化土地开发治理措施，推动了沙漠土地治理的进程，生态、经济和社会效益极其显著。其中，许多学者经过多年研究得出一个非常重要的结论：植被覆盖度与沙漠（地）固定程度关系密切（表 1.1）（《治沙造林学》编委会，1984；朱俊凤和朱震达，1999）。

表 1.1　植被覆盖度与沙地固定程度的关系

沙地固定程度	流动沙地	半流动沙地	半固定沙地	固定沙地
植被覆盖度/%	小于 10	10~25	25~40	大于 40

但是随着固沙造林事业的蓬勃发展，一些深层次的问题也日趋突出，集中体现在许多沙区人工植被出现中幼龄林成片衰败或死亡现象，这就意味着造林密度宜稀不宜密。

从森林生态学角度分析，湿润地区适宜的森林覆盖率是 35% 左右且分布均衡，这是一个区域保持良好生态环境的前提条件。然而对干旱半干旱区而言，从自然地理条件特别是水文条件分析，除局部地段（河流沿岸、湖滨、泉水溢出点等地）外，保证森林覆盖率稳定在 35% 左右是很困难的，要想保持相对良好、长期稳定、自我维持的区域生态环境，固沙林覆盖度必须降低。

大量调查研究表明，在干旱半干旱区稳定存在着与当地气候、土壤等条件相适应的天然稀疏林分，覆盖度低于 30%，但在自然条件下，这种疏林是不能完全控制地表风蚀的。20 世纪末，杨文斌等（1997）按照覆盖度大于 40% 的原则，研究推出了乔木带间距 ≤10m，灌木 ≤8m 的“两行一带”造林固沙模式，保证了常规年份中幼龄林的正常生长，避免了成片衰败或死亡现象，被广泛应用到风沙源治理工程中。

然而，研究者在“两行一带”造林固沙模式推广中发现，在极端干旱年份（1998 年、

2001 年和 2009 年），上述"两行一带"模式也出现了严重的水分胁迫及衰败死亡现象。这一现象的出现，主要原因在于高覆盖度的防护林系统水分平衡被破坏，而且难以抵御 10 年以上一遇的干旱。在此背景下，充分考虑当地自然植被的覆盖度，研究低覆盖度条件下能够完全固定流沙的配置技术与模式便应运而生了（杨文斌等，1997）。由此可见，低覆盖度行带式防护林体系及其技术，是长期防风固沙造林实践经验的总结，是对防护林密度、覆盖度、空间配置方式的一种革新，必将发挥出巨大的生态和经济效益。

1.4　低覆盖度行带式固沙林体系

1.4.1　低覆盖度行带式防风固沙林的概念和内涵

低覆盖度植被是干旱半干旱区经过漫长的自然演替，逐步发育形成且分布广泛的植被类型，覆盖度一般在 10%~30%。而低覆盖度行带式固沙林是在完全符合这个覆盖度要求的前提下，具有很好的防风固沙效果的人工防护林配置模式。

行带式是指人工造林一行或者多行乔、灌木，带是指多行乔、灌木之间的空间，或称为植被修复带。行带式是由窄林带与宽的自然植被修复带相间组合的一种复合植被模式。通常窄林带由 1~4 行乔木或者灌木（包括部分半灌木）组成，占地面积为 15%~25%。自然植被修复带占地面积为 75%~85%。林木覆盖度为 15%~25%，符合国家林业局对疏林地郁闭度为 0.1~0.19 的规定。

种群分布格局包括随机分布、均匀分布和集群分布 3 种类型。人工造林多采用均匀分布格局，防风固沙林中多以群、簇、块等形式集群分布。实际上还有一种带状格局，也称为"虎皮灌丛"（tiger bush）格局。在降水量 50~570mm 的干旱半干旱热带非洲、大洋洲、中美洲和南美洲的地表平坦的干热景观中，几乎都能发现具有"虎皮灌丛"结构的天然植被（图 1.1）。密集的植被条带仅约占区域的 20%，其余的部分主要为空旷地或稀疏植被，这样的结构有利于径流的调控（Jean-Marcd'Herbese et al.，2001；Townway and Ludwig，2001；Sylvie，2001）。换句话讲，行带式防风固沙林就是参照地带性自然植被的覆盖度和空间结构设计出的一种以治沙为最终目标的、在 15%~25% 的低覆盖度也能够完全防风阻沙并促进人工植被向自然植被和谐过渡的生物沙障。这与俄国伟大的土壤学家 B. B. 道库恰耶夫在 19 世纪末指出的相符，他认为土壤改良林只要占到区域总面积的 10%~20% 就可以免除不良气候的影响（彼得罗夫，1953）。

需要指出的是，大量研究结果表明，有些树种 3 行或者 4 行组成一带的生长优势更好，如针叶树，3 或 4 行组成一带，形成一个林分小环境，对林分的生长很有好处。但是，它们不能被包括到"两行一带"模式中，而这些配置形式也是非常好的防护林模式，可将这些带状模式全部统一为行带式模式。

需要在此特别说明的是，20 世纪 80 年代初，我国著名地理学家黄秉维先生曾反复强调，不要把森林的生态作用估计得过高，大面积人工林改造区域性气候的观点要谨慎采纳（黄秉维，1981，1982）。时至今日许多人仍在举"斯大林改造自然计划"的例子来说明"三北"防护林存在的一些问题，如"一刀切"营造高密度防护林，同时也有许多学者举新疆"窄林带小网格"防护林成功的实例来说明高密度防护林存在的弊端和未来发展方向。所有这些都在警醒人们，对数十年沿用的防护林建造思路和方法应该给予深刻反思。也正是在这样的背景下，低覆盖度行带式防风固沙林体系应运而生了。

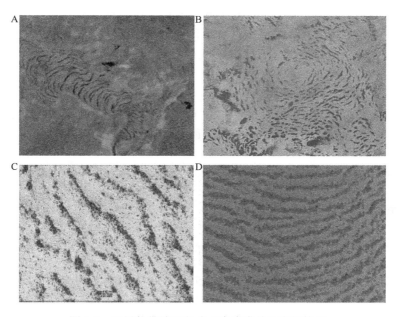

图 1.1 干旱热带地区各式"虎皮灌丛"空间格局
A~D 分别为索马里、尼日尔、墨西哥和澳大利亚的"虎皮灌丛"景观

1.4.2 低覆盖度行带式防风固沙林思想的形成和演变

多年来，"小老树"林在各地人工固沙林中屡见不鲜，成片的固沙林生长多年后开始衰败或死亡，其主要原因在于水分胁迫与严重亏缺。为此，中国林业科学研究院（中国林科院）、中国科学院、内蒙古自治区林业科学研究院（内蒙古林科院）等多家单位进行了长达十余年的水量平衡研究。

其中，中国林科院及内蒙古林科院在毛乌素沙地、库布齐沙漠和科尔沁沙地研究了水量平衡关系后得出以下结论：由于水分制约，在干旱半干旱地区，只能营造接近自然分布密度的稀疏防风固沙林，其合理的水分利用结构为行带式水平配置结构，行带式配置结构的防风固沙林其防风固沙效果优于等株行距均匀分布和随机不均匀分布的防风固沙林。在低密度条件下，两（或单）行一带式配置的防风固沙林其防风固沙效果明显，低覆盖度行带式人工生态林或者灌丛具有促进林下和带间植被自然修复的功能。所以，营造行带式人工生态林或者灌丛，充分发挥其生物沙障的作用，促进带内自然植被快速修复和土壤发育，直到人工固沙林"寿终正寝"后，确保自然修复的植被接近地带性植被，同时能够继续稳定生长发育。这样，行带式人工生态林或者灌丛能够较好地实现人工植被向自然植被的和谐过渡，达到可持续防风阻沙的最终目标，这又是低覆盖度行带式固沙林的重要生态功能之一。

研究表明，干旱半干旱区土壤水分存在植物主要利用层、侧渗补给带和深层水分调节层空间特征，通过多雨年的渗透补给，在干旱年侧渗补给带和深层水分调节层蓄积的水分可补给林木，确保林木在干旱年份的水分利用。由此提出了"乔、灌、草复层结构多树种带状混交"的固沙林优化模式（杨文斌和王晶莹，2004）。

实际上，行带式配置结构形成了类似农田防护林带的结构。行带式配置的乔、灌木林分正好是实现在低密度或低覆盖度条件下确保水量平衡和林分最佳生态效益的一个人工林模式，它是在维持天然植被密度的基础上人为合理组合的结果，实际上是人类在合理利用自然规律的基础上对生态系统的调控，通过合理配置空间结构，以实现林分的正常生长、水分的持续利用，并提高林分的防风固沙等生态效益。

在行带式配置结构中，"两行一带"模式能发挥林木的边行优势，可显著减少林带的断带现象，进一步提高行带式配置林分的防风固沙效益。

1.5　低覆盖度行带式林业的发展思路和主要技术

1.5.1　发展思路

1. 抓技术关键，促进防风固沙林的低成本可持续发展

低覆盖度行带式林业毕竟是一项新型防护林技术，有待于实践的进一步检验，还有一些不完备的地方，尤其是对天然植被的种源问题、人工林带与带间植被修复带之间在演替上的关系等，认识还不够深入。今后相当长一段时间内，还应当在干旱半干旱区的多种生境或立地条件下，通过对比试验，确定最低成本的可持续树木建植、维护保养、人工促进天然更新的实用技术。

通过营造适宜结构的防风固沙林以促进天然植被快速修复和土壤肥力的培育，将现有低效防护林改造成低覆盖度行带式防护林体系，是今后相当长时间内的工作中心内容。

2. 抓示范工程，带动群众踊跃参与

"三北"地区广大群众在建设优美居住、生活和生产环境方面有着强烈的愿望，但技术贮备不足，需要国家和科研机构给予大力引导和指导，而这方面最好的方法就是建设适宜的示范工程，无偿地提供技术支持。示范工程的选址既要考虑已有的群众基础，还要充分顾及人民群众的主观需求，而且更主要的还在于要切实遵循自然规律，综合考虑各种自然要素的相互共同影响。人工植物种类的组合及其营造和后期管护技术，应当遵循因地制宜、循序渐进的原则实施，如同低覆盖度行带式林业的内涵一样，要从引导开始逐渐转化为当地群众踊跃参与的行动。

3. 加强专业知识和专项技术的宣传、教育与推广

新型防护林技术的推广需要必要的资金、机构和人才基础，而这些必须要通过学校、传媒、科技推广机构加以落实，采取灵活有效的宣传方式非常重要，但无论哪个环节，都需要高素质的人才。

毋庸讳言，科研机构的科研成果最后落实到基层林场、林工站、广大群众中去，不仅需要传授技术，更重要的还在于要从思想上提高人们的认识，发挥其主观能动性和巨大的创新潜力，开创一个上下互动的良性社会氛围。

4. 区别对待，因地制宜，科学评估与规划

我国广大的"三北"地区幅员辽阔，自然和社会经济条件差异明显，对不同区域应采取不同的发展策略和专项变通技术，实现可持续发展目标。实现这些目标的必要前提就是对自然条件、经济技术可行性进行科学深入的评估，在此基础上实施具体而细微的规划，循序渐进，稳扎稳打。

换句话讲，推广该项技术之前要对其适宜性、替代技术的可行性作详细论证和规划，根据各地具体条件的不同，制订相应的实施方案，循序渐进，总体规划，分步实施，切忌"一刀切"和急功近利的短视行为。

1.5.2 主要技术

1. 树种的优选

根据以往经验，应当遵循"适地适树"，适度引入，乔、灌、草结合，自我维持的原则，筛选现有造林树种中的最适者，这还需要进一步开展相关试验。将人工辅助条件下防护林的可持续性作为筛选的主要依据，要密切结合自然植被演替规律筛选优势种。

针对不同区域进行专项试验，确定最优树种的快速育苗技术：从改进现有直播育苗技术入手，采用层积处理、化学药剂催芽等方法促进种子快速发芽，实现优良乔、灌木的快速繁殖，尤其是梭梭、沙拐枣、罗布麻（*Apocynum venetum*）、白刺（*Nitraria tangutorum*）、沙枣（*Elaeagnus angustifolia*）、霸王（*Sarcozygium xanthoxylon*）、沙冬青（*Ammopiptanthus mongolicus*）、麻黄、柠条锦鸡儿（*Caragana korshinskii*）、花棒（细枝岩黄耆）（*Hedysarum scoparium*）、柽柳（*Tamarix chinensis*）、沙柳（*Salix psammophila*）、文冠果（*Xanthoceras sorbifolia*）、沙木蓼（*Atraphaxis bracteata*）等当地植物种类。

一般而言，东部草原地带的沙地，选择白榆（*Ulmus pumila*）、桑（*Morus alba*）、小青杨（*Populus pseudo-simonii*）、小叶杨、油松（*Pinus tabulaeformis*）和樟子松等乔木，以及黄柳（*Salix gordejevii*）、胡枝子（*Lespedeza bicolor*）、小叶锦鸡儿（*Caragana microphylla*）、油蒿（*Artemisia ordosica*）、差巴嘎蒿（*Artemisia halodendron*）等灌木或半灌木较适宜。

干草原地带的毛乌素沙地，以沙柳、沙蒿（*Artemisia desertorum*）、杨柴（*Hedysarum laeve*）、沙棘（*Hippophae rhamnoides*）、花棒等效果很好，樟子松、油松亦有很大潜力。

半荒漠带宜以油蒿、柠条锦鸡儿、花棒、沙拐枣、紫穗槐（*Amorpha fruticosa*）、杨柴、黄柳、沙柳、沙枣、旱柳、小叶杨、钻天杨（*Populus nigra* var. *italica*）、新疆杨（*Populus alba* var. *pyramdalis*）、二白杨（*Populus gansuensis*）等为好。

荒漠地带应以沙枣、胡杨（*Populus euphratica*）、梭梭、沙拐枣、柠条锦鸡儿、花棒、柽柳、白刺、白杨（*Populus adenopoda*）、旱柳、小叶杨、二白杨、新疆杨、箭杆杨（*Populus nigra* var. *thevestina*）为主（张奎璧和邹受益，1990）。

对于低覆盖度行带式防护林，一方面应当筛选低耗水量、强抗逆性、生长迅速、生活史较长的树种，人工撒播或飞播乡土灌木和草种，另一方面应当尽快研究确定现有防护林改造更新为低覆盖度行带式固沙林的树种组合及其配套的栽培管护技术体系。

2. 适宜密度的确定

在干旱半干旱区，由于降雨稀少，经过漫长的自然演替，逐步发育形成了目前的稀疏林分，如在完全雨养条件下，半干旱区的柠条锦鸡儿林为 550~700 株/hm²、半干旱区的榆树林为 200~500 株/hm²、杨树林为 200~400 株/hm²（刘建和朱选伟，2003）。这个密度林分的需水量与相应区域的降水量基本相匹配，基本满足水量平衡的要求，从而能够确保林分的稳定性。然而，在自然条件下，这种疏林是不能完全固定流沙的，沙地仍处于半流动状态，而在不稳定的沙面植被自然修复非常困难。20 世纪五六十年代，我国营造了大面积高密度（一般在 2000 株/hm² 以上）固沙林，结果在中幼龄林阶段就出现衰败死亡，而且，高密度的林内环境制约着植被的自然修复（刘家琼等，1982；杨瑞珍，1996）。

当覆盖度仅为 15%~25% 时，随机或等株行距分布的生态林或者灌丛（包括乔木、灌木和半灌木）地表处于半流动状态，而配置成行带式格局时，在造林 2~4 年后就能够完全控制地表侵蚀，其防风阻沙效果比同覆盖度的随机或等株行距分布的固沙林提高 25%~57%（杨文斌等，2007；杨红艳，2007；董慧龙，2009；杨文斌等，2011）。

内蒙古林业厅于 1983 年组织各盟市及有关旗县林业局、国营林业生产单位的工程技术人员，对造林技术问题进行了调查，经过几个月的努力，总结出沙区乔木造林密度一般为 50~333 株/亩[①]，乔、灌混交林为 50~444 株/亩，灌木林为 110~560 株/亩。同时，一些学者对不同造林密度下林分生长状况的调查同样发现稀植有利于植物健康生长。

3. 立地的科学选择

为了可持续地建立或恢复带间原生植被，立地的选择至关重要。遵循或借鉴热带干旱半干旱区"虎皮灌丛"空间格局，或国内半干旱地区的榆树疏林草地格局（彭羽等，2011；史宇飞等，2011），既能天然集水，又可聚集通过风、径流或鸟兽传播的种子资源。对于低覆盖度林带的立地也需要进行严格科学选择，保证尽可能减少人工介入或投入过多，充分尊重自然规律。研究已表明，适于防护林建造及其后期带间植被恢复的立地，在干旱半干旱区是有限的，并非到处都可以实施（宋乃平等，2003）。对于平坦地区或地段来说，林带与带间地带的立地类型可以一致，也可略有不同，但对于波状起伏草原、沙丘连绵区、丘陵区而言，两者的立地差异及适宜的植物种类因地因时而异，必须对此高度重视，从成因、发生、发展的角度划分立地组合更为适宜。

4. 植物种的空间配置

传统上，适应干旱的固沙植物配置方式：壕沟法、分区造林法、花坛丛林法、沙湾造林法。适应流沙活动性的配置方式有：线形密植、簇式栽植、前挡后拉、密集式造林、块状密植等。一般来说，应当依据干旱半干旱区的植物种间关系、林草间相互关系的研究成果，确定固沙林的配置方式和配置密度（张奎璧和邹受益，1990）。

针对行带式固沙林，其配置模式是：按照成林覆盖度 15%~25% 经营，其中灌木主要采用单行或者两行一带式配置，带间距为 10~30m，乔木主要采用两行、3 行或 4 行一带式配置，带间距为 15~40m（图 1.2，图 1.3）。

---

① 1 亩≈666.7m²，下同。

图 1.2 以乔木为主的行带式固沙林空间配置规格

图 1.3 以灌木为主的行带式固沙林空间配置规格

今后应在保证防护效益不减反增的前提下,在确定新的低覆盖度生态防护型林业体系的量化参数方面加紧工作,包括林带的配置模式组成参数、防风固沙效应参数、水分利用参数、自然植被修复参数。

5. 行带式固沙林的造林与更新技术

造林技术一般包括规划设计、植苗、扦插、直播、后期管护等环节,而植苗又涉及具体的株行距、栽植深度、空间格局等问题,在实践运用中这方面的技术非常成熟。

行带式固沙林的更新技术主要包括封禁、除草松土、防治病虫害、平茬复壮、修枝抚育、间伐更新、补植、增加地被层厚度和粗糙度、人工散播或飞播植物种子等,可以说,由于增加了可持续发展的内在要求,这方面的技术与常规技术有较大不同,可根据具体需要探索相应防护林改造更新的综合技术体系。

行带式固沙林的造林与更新必须充分尊重群落演替规律,在人工辅助下实现带间植被恢复和重建,而人工林带本身还需要适度地加以人工抚育更新,使其发挥尽可能长和尽可能大的生态功效,与带间植被恢复重建区作为一个有机整体发挥作用。遵循植物群落自然演替规律使防护林带本身和带间植被在人类的辅助下实现正常更新,这是今后工作的中心。

6. 促进带间植被快速建立和修复技术

作为桥头堡作用的林带，应为带间植被恢复或建立提供较适宜的立地和种质资源，这是低覆盖度林带的主要功能之一。一方面，充分利用林带迎风侧边行的防风固沙聚土作用，加大其粗糙度，扩大拦截面积和有效停积时间；另一方面，应不失时机地促进其林下植被向下风向方向扩展。同时，带间植被恢复带要实施科学的整地措施，提高其粗糙度和土壤含水量，给予必要的遮荫和防风。

在深入研究的基础上，弄清先锋植物与后期接替植物种之间的成因关系，可人为地引入中间过渡植物，促进原生植物建植和扩展，这方面要求有坚实的实验研究基础。

1.5.3 推广潜力与途径

1. 推广潜力

第一，该项研究成果是林业科研人员和基层工作者多年工作经验和研究成果的结晶，技术体系比较完善也基本成熟，不足之处可以通过加强造林实践得到不断改善。目前该项技术体系已在东北西部沙地和内蒙古中部实施试点，在西北干旱地区已就灌木进行了试验和试点，若配合灌溉措施，在整个"三北"地区推广希望很大。

第二，经济上切实可行。已有的试验和试点示范已表明其在节水和节省苗木成本方面具有明显的优势，而且生态效益突出，见效快，劳动强度较小，节省成本、提高效率是显而易见的。

第三，技术易于接受，凭借"三北"地区现有的人才、机构、设备条件，推广是有群众基础的，而且该技术体系是开放的，可以因地制宜地加以适度变通运用。

第四，符合可持续发展理念，经进一步完善后发展余地很大，尤其在树种选择、立地优化和准备、林木配置方式等方面。

第五，若能够纳入地区或国家防护林发展规划，精心规划与设计，配备充足的资金、人才、物资，其推广潜力会更大，发挥的生态效益会更高。

总体上说，该项技术体系可作为广大"三北"地区防护林建设规范和技术的一种创新，一种必要的补充与完善，也是与时俱进的必然结果，值得尽快推广。

2. 推广途径

第一，尽快制订或完善相应的技术规范，完善试点工作。为了提高和保证达到预期的防护效果，使其成为一项可推广的技术体系，应当尽快制订相应的技术规范，可根据条件先制订行业规范，待成熟后提升为国家规范。

第二，加强宣传和普及工作。低覆盖度行带式防护林是经过多年的研究和实践获得的新式防护林技术体系，科技含量较高。作为一种综合效率较高的技术体系，试点和推广的范围还很有限，需要采取有效措施尽快宣传普及开来，使其家喻户晓，并让人们明白其效益和技术要点，进而通过政府引导、科技推广机构和现代媒体加以系统培训。

第三，充分利用基层林业工作站、林场的人才、设备、经验。我国"三北"地区已开展40多年的防护林工程，建立了比较完善的林场、林工站系统，培养了专业人才，充实了较先进的仪器设备，积累了丰富的造林及管护经验，由此推广或试点是非常现实可行的。

第四，正如"十二五国家林业发展规划"所指出的那样，动员广大人民群众加入林业建设中来，鼓励民间资本介入，实施政策倾斜，是未来很长时间内我国林业发展的方针。低覆盖度行带式防护林作为一种公益性林业技术，也不可避免地要走这条道路。因此，政府的政策支持和舆论媒体的宣传导向作用便显得非常重要。

第五，作为一项公益性事业，除了"三北"防护林体系建设工程、防沙治沙工程外，国家还应加大投入力度，动员和组织精兵强将投身于该项技术的推广和实施中，至少在适宜的地区设立专项林业工程，使该项技术尽快在应用中完善并取得更大的生态、社会和经济效益。

1.6 低覆盖度行带式防风固沙林思想的创新点

1.6.1 理论方面

第一，研究结果发现：当固沙林的覆盖度小于 40%，从水平流场的风速结构特征来看：在随机分布模式内，灌丛（冠幅）与灌丛（冠幅或地面）之间形成的类似"狭管"的现象，有局部抬升风速的作用，导致其低覆盖度随机疏林内局部风速大于对照风速，也是造成低覆盖度时出现局部风蚀、形成半流动沙地的重要原因，行带式分布格局成为低覆盖度固沙林防沙效果的重要因素。研究发现行带式分布格局的防风阻沙效果非常显著，在 15%~25% 的低覆盖度时能够完全固定流沙，使得能够完全固定流沙的固沙林覆盖度降到 15%。

第二，根据树木有寿命，人工固沙林进入过熟林后必然衰退而没有自然恢复能力的规律，提出低覆盖度行带式固沙林是一种具有一定寿命的生物沙障，固沙林的目的就是控制沙面风蚀，为带间沙面植被修复重建和成土过程发育提供必要的局地环境条件，促进其向地带性植被发育，直到人工固沙林"寿终正寝"，而自然修复的植被和土壤已基本建立起来并接近地带性植被和土壤，能够自我稳定维持和发展，这也是低覆盖度行带式固沙林的主要生态功能之一。

第三，采用界面生态学原理来揭示作为林草复合界面的低覆盖度行带式固沙林，在促进和加速带间植被修复和土壤发育的机理形成，从而实现在界面水平上将环境作用与生物作用有机统一起来的目标，揭示了界面的主要生态过程与生态效益。

第四，将区域性地表植被覆盖度分解为局部空间的适宜密度，将带间地段充分隔离以减少有限水分的过度消耗，进而提高整个区域的防护效果，这是一项理念和思路上的创新。尽管植被覆盖度降低了，但可达到植被与土壤可用水量间的平衡，且可以稳定地提高营林、管护效率和水平，由于采用了局部维持适宜高密度高盖度方式，防风固沙功能并未因此减弱。

第五，根据植物种群自疏规律，以及世界上许多地区天然存在的"虎皮灌丛"式条带状植被的空间格局，对区域空间重新组织，而且依据不同自然地带、立地类型构建不同组成、结构的林带复合体，充分体现了"适地适树"的造林基本原则。

第六，构建了一套低覆盖度防风固沙的理论体系（图1.4）。

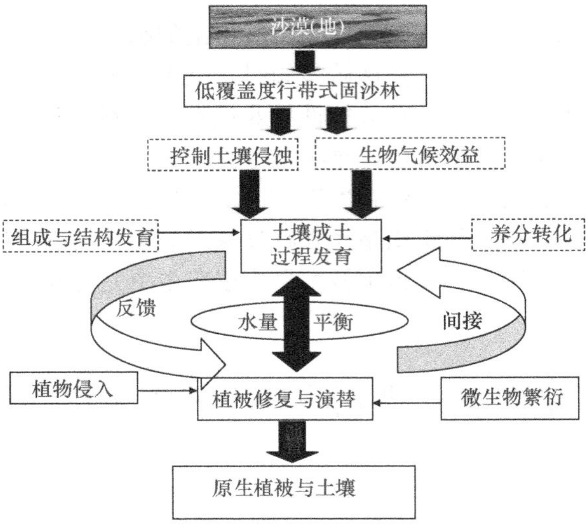

图 1.4　行带式固沙林带间土壤植被修复机理

1.6.2　生产实践方面

首先，通过试验和试点已充分说明，传统防风固沙林按 40% 覆盖度的标准进行规划设计不是绝对的，而是有条件的，在大多数情况下尤其是天然降水和土壤水极其有限时，按照 15%~25% 的标准进行行带式规划设计是可以获得理想固沙效果的。实际上 40% 是从森林生态学的角度出发确定的，而且基本上是针对湿润和半湿润地区而言的，在干旱和半干旱区土壤是无法提供充足水分的，因而往往导致中龄林衰退，遇到极端干旱年份还会提前甚至加速衰退。低覆盖度行带式固沙林模式，对于广大"三北"地区而言，其实践意义是巨大的。

其次，通过选择适宜的立地、造林和管护技术，合理利用了干旱半干旱区宝贵的土壤水资源。由水量平衡的研究结果确定的低覆盖度行带式固沙林治理模式，15%~25% 的覆盖度在造林 2~4 年后就能够完全固定流沙，同时行带式能够充分发挥林木的边行优势，而受到保护的、适宜宽度的带间在沙面稳定后，有利于植被的自然恢复，促进了占地75%~85% 的地带性植被的自然恢复，并形成了林、灌、草复合固沙植被。低覆盖度行带式固沙林，首先起到的是沙障作用，稳定沙面后确保自然植物能够定居，其后林带形成的小气候和林草界面，有效地促进了带间自然植被快速修复和土壤的形成演化过程。

在干旱半干旱区，沙地和沙漠是自然界分布的特殊立地类型，由于其表面的不稳定性和易于被风力侵蚀的特性，植物很难或无法自然着生，植被修复非常困难，特别是草本植物。营造低覆盖度行带式固沙林，在宽的带间 2~5 年便可形成稳定的"凹月"沙面，拦截或侵入的植物（先期主要是草本植物）可以有效定居，形成仅占 15%~25% 土地的乔、灌木固沙林与占 75%~85% 土地的草本植物为主的植被立体组合，构成生物与生物之间、生物与环境之间在界面上的物质、能量及信息传递和交换的活跃带，有利于促进自然植被快速修复和土壤发育过程，并提高固沙植被的生物生产力及生态服务功能。

　　最后，通过大幅度降低林木栽植密度，节省了大量苗木，因而节省了大笔资金，而造林及其维护效果明显，基本实现了可持续林业的目标。防风固沙林所用苗木，一般都要经过采种、种子处理、育苗、栽植等环节，要花费大量资金、人力和物力，尽管传统林业重抚育轻管护，但后期管理仍需要继续投入。苗木数量的降低和质量要求的提高，使得在现有林业管理体制下，应尽快转变造林及其管护方式，集中精力于局部关键地段，而不是整个区域，使得地尽其力，人尽其智，物尽其用。

参 考 文 献

彼得罗夫 B A. 1953. 森林改良土壤学(第一分册). 周祉译. 北京: 中国林业出版社: 16-30.

陈祝春. 1991. 腾格里沙漠沙坡头人工植被条件下流动沙丘固定过程中的微生物学特性. 环境科学, (1): 134-137.

崔国发. 1998. 固沙林水分平衡与植被建设可适度探讨. 北京林业大学学报, 20(6): 89-94.

董慧龙. 2009. 低覆盖度乔木行带式固沙林防风效果研究. 呼和浩特: 内蒙古农业大学博士学位论文.

胡孟春, 刘玉章, 乌兰, 等. 1991. 科尔沁沙地土壤风蚀的风洞实验研究. 中国沙漠, 11(1): 22-29.

黄秉维. 1981. 确切地估计森林的作用//《黄秉维文集》编辑小组. 自然地理综合工作六十年: 黄秉维文集. 北京: 科学出版社: 442-446.

黄秉维. 1982. 再谈森林的作用//《黄秉维文集》编辑小组. 自然地理综合工作六十年: 黄秉维文集. 北京: 科学出版社: 447-459.

李滨生. 1990. 治沙造林学. 北京: 中国林业出版社: 3-5.

李新荣, 马凤云. 2001. 沙坡头地区固沙植被土壤水分动态研究. 中国沙漠, 21(3): 217-221.

刘光祖. 1987. 沙荒区造林树种选择与造林技术试验总结. 甘肃治沙研究所集刊, 第 2 辑: 23-28.

刘家琼, 黄子琛, 鲁作民, 等. 1982. 对甘肃民勤人工梭梭林衰亡原因的几点意见. 中国沙漠, 2(2): 44-46.

刘建, 朱选伟. 2003. 混善达克沙地榆树疏林生态系统的空间异质性. 环境科学, 23(4): 29-34.

聂素梅, 高丽, 闫志坚, 等. 2010. 不同沙地植被对土壤酶活性的影响. 草业学报, 19(2): 253-256.

彭羽, 蒋高明, 郭泺, 等. 2011. 浑善达克沙地中部榆树疏林景观格局. 科技导报, 29(25): 45-47.

尚润阳, 祁有祥, 赵廷宁, 等. 2006. 植被对风及土壤风蚀影响的野外观测研究. 水土保持研究, 13(4): 37-39.

史宇飞, 金永焕, 金兰淑. 2011. 国内榆树疏林研究现状. 水土保持应用技术, (2): 32-35.

宋乃平, 张凤荣, 李国旗, 等. 2003. 西北地区植被重建的生态学基础. 水土保持学报, 17(5): 1-4.

孙祯元. 1984. 对榆林沙地植被盖度和水分关系的初步探讨. 北京林学院学报, 3: 29-35.

王涛. 2008. 我国沙漠与沙漠化科学发展的战略思考. 中国沙漠, 28(1): 1-7.

王涛, 赵哈林, 肖洪浪. 1999. 中国沙漠化研究的进展. 中国沙漠, 19(4): 299-311.

网易新闻. 2009. 亿利资源集团有限公司. http: //news. 163. com/09/0927/11/ 5K7CUOS500013ONH. html [2009-11-26].

吴正. 2009. 中国沙漠与治理研究 50 年. 干旱区研究, 16(1): 1-7.

杨红艳. 2007. 毛乌素沙地油蒿群丛配置与防风效果研究. 呼和浩特: 内蒙古农业大学博士学位论文.

杨瑞珍. 1996. 我国低产林的初步研究. 中国林业, (3): 27-28.

杨文斌. 1987. 临泽北部梭梭林下沙丘水分变化规律的观察. 甘肃林业科技, (2): 12-20.

杨文斌. 1988. 柠条固沙林适宜的平茬年限和密度的研究. 内蒙古林业科技, (2): 21-25.

杨文斌. 2002. 内蒙古生态建设中科技支撑的重要性和总体思路商榷. 内蒙古林业科技, (3): 6-11.

杨文斌, 董慧龙, 卢琦, 等. 2011. 低覆盖度固沙林的乔木分布格局与防风效果. 生态学报, 31(17): 5000-5008.

杨文斌, 卢琦, 吴波, 等. 2007. 低覆盖度不同配置灌丛内风流结构与防风效果的风洞实验. 中国沙漠, 27(5): 791-796.

杨文斌, 潘宝柱, 闫德仁, 等. 1997. "两行一带式"杨树丰产林的优势及效益分析. 内蒙古林业科技, (3): 5-8.

杨文斌, 王晶莹. 2004. 干旱、半干旱区人工林边行水分利用特征与优化配置结构研究. 林业科学, 40(5): 3-9.

杨文斌, 杨红艳, 卢琦, 等. 2008. 低覆盖度灌木群丛的水平配置格局与固沙效果的风洞试验. 生态学报, 28(7): 2998-3007.

姚洪林, 廖茂彩. 1995. 毛乌素流动沙地适宜植被覆盖率研究: 以公路流沙综合治理试验区为例//中国治沙暨沙业学会. 中国治沙暨沙业学会论文集. 北京: 北京师范大学出版社: 67-70.

玉宝, 王百田, 乌吉斯古楞. 2010. 干旱半干旱区人工林密度调控技术研究现状及趋势. 林业科学研究, 23(3): 472-477.

张东忠, 屈升银, 孙占锋. 2011. 毛乌素沙地干旱缺水对植物群落的影响及其解决途径. 内蒙古林业调查设计, 34(5): 36-38.

张奎壁, 邹受益. 1990. 治沙原理与技术. 北京: 中国林业出版社: 4-12, 60-71, 72-75, 78-85, 104-106.

朱教君. 2005. 沙地樟子松人工林衰退机制. 北京: 中国林业出版社: 222-227.

朱金兆, 周心澄, 胡建忠. 2004. 对"三北"防护林体系工程的思考与展望. 自然资源学报, 19(1): 79-85.

朱俊凤, 朱震达. 1999. 中国沙漠化防治. 北京: 中国林业出版社: 16-17, 84-86, 175-236.

竺可桢. 1979. 竺可桢文集. 北京: 科学出版社: 372-376, 408-411.

《治沙造林学》编委会. 1984. 治沙造林学. 北京: 中国林业出版社: 49-56.

Bromley J, Brouwer J, Barker A P, et al. 1997. The role of surface water redistribution in an area of patterned vegetation in Southwest Niger. Hydro, 198: 1-29.

Dunkerley D L. 1997. Banded vegetation: development under uniform rainfall from a simple cellular automaton model. Plant Ecology, 129: 103-111.

Gardner R. 2009. Trees as technology: planting shelterbelts on the Great Plains. History and Technology, 25(4): 325-341.

Jean-Marcd'Herbese, Christian V, Tongway D J, et al. 2001. Banded vegetation patterns and related structures. In: Townway D J, Valentin C, Seghieri J eds. Banded Vegetation Patterning in Arid and Semiarid Environments. Paris: Springer: 1-19.

Sylvie G. 2001. Soil water balance. In: Townway D J, Valentin C, Seghieri J eds. Banded Vegetation Patterning in Arid and Semiarid Environments. Paris: Springer: 77-104.

Townway D J, Ludwig J A. 2001. Theories on the origins, maintenance, dynamics and functioning of Banded landcapes. In: Townway D J, Valentin C, Seghieri J eds. Banded Vegetation Patterning in Arid and Semiarid Environments. Paris: Springer: 20-31.

Valentin C, d'Herbès J M. 1999. Niger tiger bush as a natural water harvesting system. Catena, 37: 231-256.

Wakelin-king G A. 1999. Banded mosaic('tiger bush')and sheetflow plains: a regional mapping approach. Australian Journal of Earth Sciences, 46: 53-60.

第2章 低覆盖度固沙林的防风固沙机理与效应

大量研究表明固沙林的防风固沙效益主要体现在：增加了地面粗糙度，降低风速，从而减小了风沙流的挟沙量，降低了输沙率（焦树仁，1987；努尔·买买提等，1991；白明英和白星，1992；周心澄等，1995；常兆丰等，1997；刘发民等，2001）。据测定，陕西省靖边县柳桂湾林场营造的固沙林，平均降低风速19%，一年内平均风速17m/s以上的大风次数减少73%，沙尘暴次数减少40%，扬沙次数减少10%。在固沙林营造前，沙丘年平均移动4m，每年有60亩良田和106间房屋被流沙埋没，损失1458.6元，每年毁种2100亩，损失1165.85元。而造林后，大部分流沙基本固定，不仅减少沙压农田和房屋，而且在23年内能恢复耕地2407亩。固沙林还能减小土壤风蚀（Berndtssonr and Nodomik，1996），当气流含沙量较大时，如遇到植物群体就会产生积沙现象，因此，通过植物的滤沙作用，气流含沙量减小。另外据测定，对于同一质地的地表，挟沙气流的吹蚀力为不挟沙气流的5倍，这样，由于固沙体的降风和滤沙作用，减小了气流对土壤的侵蚀（邢兆凯和刘亚平，1990）。

在干旱半干旱区，由于缺乏植被保护及干旱缺水，大风及风蚀并形成沙尘暴成为该区最主要的自然灾害之一（薛文辉和谢晓丽，2005）。然而，有限的水资源只能供给一定数量的稀疏植被，为了治理沙化和改善环境，半干旱区植被生态建设中一个无法回避而又经常引起争论的问题是：在符合水量平衡的基础上植被建设只能是稀疏的，低覆盖度的（丘明新，2000；杨文斌等，2003）。问题的关键在于，如何科学地提高稀疏植被或者低覆盖度植被的防风效应，由于现实中影响植被防风效应的因素很多，植被覆盖率、分布格局、疏透性能、植株弹性等都是重要的因素，另外排列方式、主风方向、地貌形态等也能产生一定影响（常兆丰，1997）。就乔、灌、草植被类型而言，防风效应的一般次序为：灌木>草本>乔木（高琼等，1996；董学军等，1997；黄富祥和高琼，2001）。由于植被覆盖率是影响防风效应的一个重要因素，加之干旱半干旱区水分缺少，水分的供需状况则直接决定了只能维持低覆盖度的植被类型，因此，提高低覆盖度植被的防风固沙效果成为近年来研究的热点，也是本章节要归纳完善的重要理论问题。

2.1 风速流场变化特征与防风效应

水分是广大干旱半干旱区植物生存的主要限制因子，也是植物体进行各项生理活动必不可少的因子（杨明等，1994；李新荣和马凤云，2001；赵文智和刘志民，1992）。土壤水分含量对植物生长的限制会影响人工固沙植被的稳定性，进而影响固沙植被对沙漠化危害的遏制（Nish and Wierenga，1991；Southgate and Master，1996；雷志栋和胡和平，1999；刘昌明和孙睿，1999；阿拉木萨等，2005）。

在干旱半干旱区，由于降雨稀少，经过漫长的自然演替，逐步发育形成了目前的稀疏林分，如在干旱区完全雨养条件下的甘肃临泽地区，年平均降水量小于 250mm，且以日降水量小于 5mm 的降水次数为主，占总降水日数的 87%，小于 5mm 的降水多属于无效降水，有效降水量为降水量的 20%~40%。可选择的植物有梭梭、柠条锦鸡儿、沙拐枣、沙枣，梭梭固沙林适宜密度为 400~600 株/hm²，柠条锦鸡儿为 300~500 株/hm²，沙拐枣为 200~300 株/hm²，沙枣和杨树（Populus）仅适于丘间低地和覆沙厚度小于 1m 的沙地，密度小于 200 株/hm²。在半干旱区和亚湿润干旱区，年降水量 250~500mm，有效降水占降水量的 40%~60%。可选择树种有柠条锦鸡儿、花棒、樟子松、榆树（Ulmus pumila）和杨树等。在半干旱区，柠条锦鸡儿、小叶锦鸡儿固沙林的适宜密度为 600~900 株/hm²，花棒、杨柴为 800~1200 株/hm²，沙柳为 1000~1500 株/hm²，樟子松为 300~500 株/hm²，杨树、榆树为 200~400 株/hm²。在亚湿润干旱区，柠条锦鸡儿、小叶锦鸡儿固沙林的适宜密度为 1500~1800 株/hm²，沙柳为 1500~2000 株/hm²，樟子松为 500~800 株/hm²，杨树、榆树为 400~800 株/hm²。这些密度是与降水量相匹配的，是符合水量平衡条件的，能够确保林分的稳定性（许明耻和周心澄，1987；韩德儒等，1996；崔国发，1998）。

因此，在我国干旱半干旱区经过漫长的自然演替过程逐步发育形成且广泛分布的植被类型是低覆盖度植被，覆盖度一般为 10%~30%（吴征镒，1980；韩德如等，1996；丘明新，2000）。前人研究认为：植被覆盖度低于 40%，不能完全固定流沙和阻止风沙流的形成（朱震达和刘恕，1981；高尚武，1984；朱震达和陈广庭，1994），只能形成半固定、半流动沙地（马世威，1988；董治宝，2005）。

在点格局的研究中，基本上把种群的空间分布确定为 3 种类型：随机分布（random distribution）、均匀分布（regular distribution）和集群分布（clumped distribution）（Tsoar and Moller，1986），行带式格局是一种特殊的集群分布。就这几种分布格局在毛乌素沙地、库布齐沙漠和科尔沁沙地开展的对比研究表明，在同等密度条件下其防风固沙效果，行带式配置结构的远较等株行距均匀分布和随机不均匀分布的为高；另外，稀疏的乔、灌木防风固沙林的分布格局严重影响着稀疏的乔、灌木林分防风固沙作用的发挥。调查表明：在稀疏的密度条件下，两（或单）行一带式配置的防风固沙效益显著增加（杨文斌，1997）。例如，在干旱区，400~500 株/hm² 随机不均匀分布的梭梭林内沙地处于半流动状态，而 2m×（2~20）m 配置的行带状梭梭林（450 株/hm²）未发现风蚀痕迹；在半干旱区，550~600 株/hm² 随机不均匀分布的柠条锦鸡儿林内 1hm² 范围内平均有 50~70 处风蚀痕迹，而基本相同密度（660 株/hm²）的行带状柠条锦鸡儿林（单行 1m×15m 的配置结构）未发现风蚀痕迹；同样，在 600~680 株/hm² 随机不均匀分布的榆树林内 1hm² 范围内平均有 45~60 处风蚀痕迹，而基本相同密度（700 株/hm²）的行带式杨树林（两行一带 2m×（2~20）m 的配置结构）未发现风蚀痕迹（韩德儒等，1996；李显玉，1997；杨文斌和任居平，1998）。由此可见，由于水分制约，在干旱半干旱地区，只能营造接近自然分布密度的稀疏防风固沙林，其优化的结构为行带式水平配置（杨文斌和王晶莹，2004；杨文斌等，2005，2006；杨文斌和丁国栋，2006）。

实际上，行带式配置结构形成了类似农田防护林带的结构，在降低风速方面，紧密结构的林带大约在林带后 $6H$ 处降低风速最显著（H 为树高）；稀疏结构的林带大约在林带后 $14H$ 处降低风速最显著；所以行带式配置的人工林带宽可以为 $6~14H$。

而行带式配置的乔、灌木林分正好是实现在低密度或低覆盖度条件下确保水量平衡和林分最佳生态效益的一种人工林配置模式，它是在维持天然植被密度的基础上加以人工合理配置的结果，是人类基于长期实践的总结，是在合理应用自然规律的基础上对脆弱生态系统的调控，这种通过水分和配置的调控能促进林分的正常生长和对水分的持续利用，并提高了林分的防风固沙等生态效益。在行带式配置结构中，提倡两行一带模式，两行组成的林带能够形成林内的小气候环境，也能发挥林木的边行优势，可显著减少林带的断带现象，进一步提高行带式配置林分的防风固沙效益。

因此，本节主要是通过采用风洞模拟试验和野外试验的研究方法，对单株植物和种群的不同空间分布下防护林的风速流场变化特征与防风效应进行研究。

2.1.1 树木个体对风速流场的影响与防风效应

陆地上的森林是由无数个单株树木个体构成，树木个体是林分与大气边界层之间的基本作用单元，植株形态对其防风固沙效应有重要影响（黄富祥等，2002），这是因为真正决定植被减弱风速的因素是植被迎风方向的侧影面积，而侧影面积的大小是由植株高度、冠幅和疏透度等形态特征决定的（关德新和朱廷曜，2000；朱廷曜等，2001）。在林分很稀疏时，既不能构成冠层，也不能构成林带，这一类林分在北方地区比较常见，如疏林草原、林农间作、村屯绿化、公园绿化、林岛形式的防护林等，要深入研究这一类林分的空气动力效应，就有必要弄清单株树的风速流场变化特征与防风效应，单株树的风速流场变化特征与防风效应在很大程度上决定了由其组成的林带风速流场变化特征与防风效应。

1. 乔木对风速流场的影响与防风效应

乔木树种在干旱半干旱地区非常普遍，乔木树种对于降低风速、控制农田土壤风蚀、防止或减轻地表起沙和风沙入侵有着至关重要的作用。乔木树种大多数具有茂密的树冠和垂直的主干，通过植株树冠的气流和通过树干的气流具有不同的变化特征，其中风沙流经过树冠时，其影响机理与通过灌木单株时的情况类似，而树干因直径形成的截面较小，不能够降低来流的风速，反而因空气动力学原理，使树干产生增速作用。

从理论上讲，如果来流的风速为 U_0，则树干周围的风速为：$U_A=2U_0\sin\Phi$，当 $\Phi=90°$ 时，$U_A=2U_0$。经过野外观测表明，由于紊流及摩擦阻力的影响，$U_A=1.3\sim1.6U_0$。

对于乔木来说，树体对地面的保护作用主要是树冠的"投影"保护，即树冠背风面由于附面层分离所形成的漩涡作用。一般情况下，"投影"保护区域在树后的某一位置。树干越高，位置越靠后，其影响程度就越小。所以从防风蚀的角度考虑，乔木林只有达到一定规模才能够起到较好的作用。

2. 灌木对风速流场的影响与防风效应

灌木由于其自身的生态学特点，大多没有主干，枝条从地表开始伸展，形成紧密的近似圆球形的灌丛。所以对于单一灌丛的绕流，可以近似认为是一个圆柱体或圆球体绕流问题。

$$\psi = V_0 y\left(1 - \frac{r_0^2}{x^2+y^2}\right) = V_0\left(1 - \frac{r_0^2}{r^2}\right)r\sin\theta \tag{2.1}$$

$$\varphi = V_0 x\left(1 + \frac{r_0^2}{x^2 + y^2}\right) = V_0\left(1 + \frac{r_0^2}{r^2}\right)r\cos\theta \qquad (2.2)$$

令 $\psi = V_0 y\left(1 - \dfrac{r_0^2}{x^2 + y^2}\right) = V_0\left(1 - \dfrac{r_0^2}{r^2}\right)r\sin\theta =$ 常数，得流线方程；

令 $\varphi = V_0 x\left(1 + \dfrac{r_0^2}{x^2 + y^2}\right) = V_0\left(1 + \dfrac{r_0^2}{r^2}\right)r\cos\theta =$ 常数，得到等势线簇。

公式（2.1）、公式（2.2）为理论上推出的圆柱体绕流的流场势函数和流函数，在此基础上做出的流线与等势线图见图 2.1。

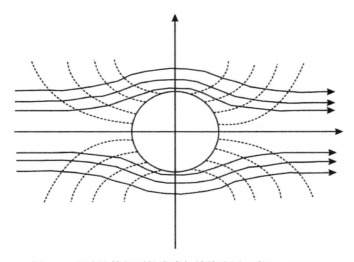

图 2.1　理论计算得到的流线与等势线图（高函，2010）

1）单株柠条锦鸡儿的风速流场变化特征与防风效应

风沙流经过单个植株时，由于受到植株的阻挡，在其前面形成减速区，卸载一部分沙粒，而在两侧及上方各形成一个加速区使风速增大，当风沙流越过植株后，由于涡旋作用，风速迅速降低，并形成一个低速的静风区，风沙流继续运行一段距离后，风速逐渐恢复到原有的水平，为尾流区，见图 2.2。

（1）实验设计

在沙质农田中选取一株柠条锦鸡儿，经过测量植株冠幅为 1.20m×1.35m，高 1.2m，风杯按 0.6m、1.2m、1.8m 设置 3 个高度，在前后左右 4 个方向布设。其中植株前 1H，其他方向 1H、2H 共 7 处各布设风速仪一台，5s 采一个样，1min 记录一次，观测 30min。观测无叶期的柠条锦鸡儿四周的风场流线分布图。具体布设见图 2.3。

（2）结果与分析

经过 0.5h 的连续观测，每个测点得到 30 组风速值，计算出各个梯度处的平均风速值，得到表 2.1。运用 Surfer 软件对表 2.1 中的数据进行数据分析，得到不同高度风场平面图（图 2.4）。

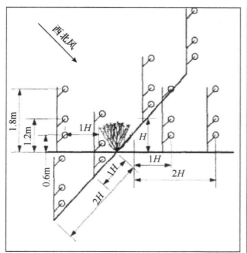

图 2.2　单株柠条锦鸡儿风速观测实验布置示意图（高函　摄）

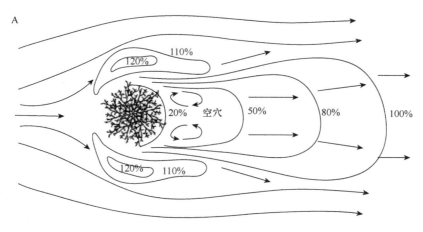

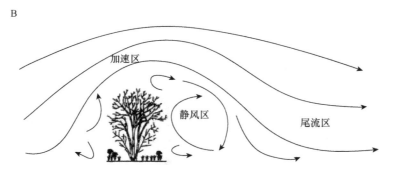

图 2.3　单个灌丛周围风速和流线图（Ash and Wasson，1983）

A. 平面图；B. 剖面图

　　从 0.6m 高度的风速流线图上可以看出防护效应发挥最佳的部位位于图的中下部（图2.4A），即植株后 1~2H 处，该处两侧流线分散，风速变化缓慢，偏上部则流线密集，风速变化剧烈，植株前 1H 处颜色偏暗，说明风在此处也有一些降低。

表 2.1　单株柠条锦鸡儿风速观测表　　　　　　（单位：m/s）

观测高度	迎风面	左侧面		右侧面		背风面	
	1H	1H	2H	1H	2H	1H	2H
0.6m	5.67	5.87	5.99	6.19	6.15	5.16	5.50
1.2m	6.47	6.57	6.69	6.81	6.69	6.64	6.39
1.8m	7.13	7.13	7.17	7.23	7.15	7.13	7.23

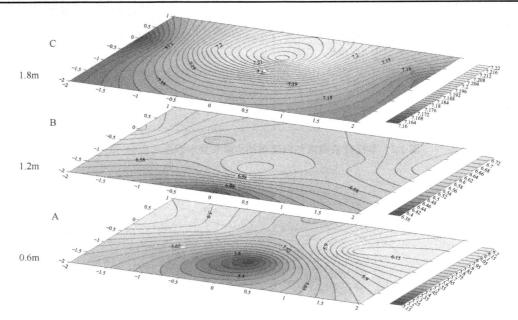

图 2.4　单株柠条锦鸡儿 3 个高度的风场图（高函，2010）

在 1.2m 高度的风速流线图上显示出防护效应发挥最佳的部位位于图的下部（图 2.4B），即植株后 1.5~2H 处，在植株后 1H 处有一个明显的风速加强区，这是由于植株前来流遭遇植株的阻挡，使之在植株上方抬升，流线从植株顶部绕过后下落，并在此形成风速加强区。同时，植株前 0~1H 两侧的风速也有加强，这是由于除顶部绕流之外，两侧也受绕流的影响，故防护区域仅限于植株后 1.5~2H 处。

在 1.8m 高度的风速流线图的中上部，即植株的顶部有一个风速加强区（图 2.4C），两侧风速略有所减弱，流线由高到低缓慢降低，变化不大，说明植株在此高度对风的影响已经十分有限。

单一灌丛的阻沙机理主要表现在：当风沙流流经灌丛时，由于受到植株的阻挡，在其前面形成减速区，卸载一部分沙粒，而在两侧及上方各形成一个加速区使风速增大。当风沙流越过植株后，由于涡旋作用，风速迅速降低，并形成一个低速的静风区，风沙流继续运行一段距离后，风速逐渐恢复，为尾流区（图 2.5A），因此而引起沙粒在其后沉积，并形成沙嘴状的形态，如图 2.5B 所示。这些灌木旁的小丘将随着灌木的成长而增大，如果主导风向不变，其活动性变差。随着灌丛数量的增大，灌丛旁因积沙形成的小丘数量也会增多，这些小丘不断地改变着沙丘的尺寸与形状，并促进了沙地植被的定居和生长，从而使沙丘由活动向半固定、固定状态转变。但通常情况下，塑造地形的风向是随季节而变化的，这就导致围绕着灌丛不同侧面发生沙的沉积，最终形成灌丛沙堆。对于数量较多的灌丛，由于植被规模和范围的加大，沙粒沉积更为突出，阻沙效应更为明显。因此，天然灌草植被通过若干单一灌丛的集合效应而增强了其阻沙机能，并随着植被的生长而逐渐形成半固定、固定沙丘，加强了对流沙的控制。

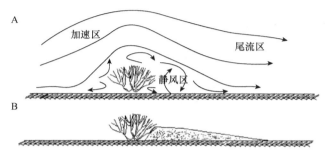

图 2.5　单个灌丛剖面流线图（A）和积沙图（B）

2）单株白刺的风速流场变化特征与防风效应

对于单株灌木风速流场变化特征与防风效应的研究，马士龙、丁国栋等利用 PC-2F 型多通道自计式遥测风速风向仪对乌兰布和沙漠东北部绿洲边缘的单一白刺灌丛堆周围风速进行观测，对野外实测数据应用流体力学的观点和方法进行风速流场分析，绘出白刺灌丛周围风绕流的速度等势线图和速度矢量图，进一步探讨了白刺灌丛的防风效应，以及其对风蚀荒漠化影响的机理（马士龙等，2006）。

（1）风速流场变化

根据研究结果绘制出风速等值线图（图 2.6），得出在白刺灌丛前后形成两个风速减小区域，特别是背风面速度衰减很快。侧面是速度加强区域，而且可以看出速度加强很快，在 1.5H 处即发生了气流分离，说明此时风速不大，雷诺数（Re）在临界值以下。根据有关学者（马世威，1988）的研究，此时有 43%左右扇形表面压力为正，其他表面压力为负，并且数值很相近。表面压力为正，表明该表面受到风力作用，是迎面吹蚀；表面压力为负，表明受到的是形状阻力或涡旋阻力作用，是反向掏蚀。

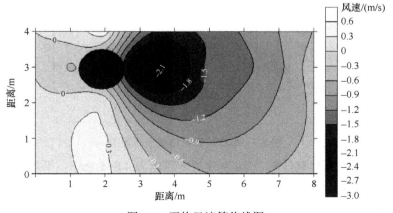

图 2.6　平均风速等值线图

（2）防风效应

根据马士龙、丁国栋等的研究结果，白刺灌丛防风效应主要体现在其防护距离上。由白刺灌丛轴面平均风速图可以看出，在误差允许范围内白刺灌丛防护距离为其高度的6~7倍，也就是说，单一白刺灌丛堆速度恢复区域距离$h \geq 6H$。同时，为了进一步研究白刺灌丛的防风效应，研究者通过形状系数和风速衰减率两个无量纲指标，对不同类型的白刺灌丛的防风效应进行比较。

$$形状系数：f = h/l \qquad\qquad (2.3)$$

式中，h 为白刺灌丛迎风面高度；l 为白刺灌丛迎风面宽度。

$$风速衰减率：a = v_0/v_{min} \qquad\qquad (2.4)$$

式中，v_0 为来流风速值；v_{min} 为风速衰减最强烈值。

由这两个指标含义可知，形状系数越大，白刺灌丛越高；风速衰减率越大，风速恢复越缓慢。研究结果表明，随形状系数的增大，风速衰减率减小，也就是说风速恢复迅速。小型白刺灌丛形状系数最小，但是其风速衰减率最大，可以肯定在白刺防风效应影响因素中，其迎风面宽度对风速衰减和恢复影响显著。

3. 半灌木对风速流场的影响与防风效应

本次研究以毛乌素沙地的腹部鄂尔多斯乌审旗图克苏木境内的沙蒿单株为研究对象，时间为 2006 年 4 月，枝叶还没有展开。选取的植株周围地势平坦，地表为半固定沙地，沙蒿株高 104cm，冠幅 164cm×160cm。在选取的植株周围方圆 10m 内没有其他植被或障碍物，可近似认为是理想绕流场。

试验采用 PC-2F 型多通道自计式遥测风速风向仪，风速通道数为 8，风速测量精度±0.1m/s，分别在灌丛迎风面 1H（H 为植株高度）、2H，侧面 1H、2H，背风面 1H、3H、5H、7H 处布置测点，每点的测量高度为 0.2m 和 0.5m。由于通道数的限制，不能同时观测每一个测点的风速，需固定迎风面受各种因素影响较小的 2H 处的测点，然后分 3 次进行观测，测得的数据以固定点的风速作为基准，将其他部位不同时间的风速按比例进行换算，可以近似得到相同时间内不同部位的风速。每次观测时间为 17min，数据记录间隔时间为 1s。风速观测布置图见图 2.7。

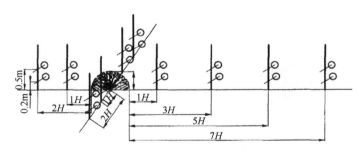

图 2.7　单株植物风速观测布置图

经过测定，得出当地起沙时，2m 高度处的风速为 4.8~5.3m/s，平均为 5.0m/s。试验观测处风速恢复到旷野风速。

当风经过植株时，由于植株对气流的阻挡，在植株迎风面产生涡旋，气流由植株两侧及上部通过，故迎风面风速逐渐减少，到达植株 0H 处时降低到最小值；而经过侧面的风速得到加强，越靠近植株的地方风速增加越大，随着距离增大，风速慢慢恢复到旷野风速；当风沙流越过植株后，由于涡旋作用，风速迅速降低，在植株背风面形成一个低速的静风区，此时，剔除风速小于 5.0m/s 的值，然后求平均风速，得到表 2.2。

表 2.2　沙蒿单株风速观测数据　　　　　　　　（单位：m/s）

植物种	测量高度	迎风面		侧面		背风面			
		1H	2H	1H	2H	1H	3H	5H	7H
沙蒿	0.2m	4.9534	5.2488	5.6972	5.3052	1.3498	2.8592	3.9433	5.2714
	0.5m	5.4255	5.9225	6.3451	5.8826	2.3005	3.8357	4.2239	5.9192

试验过程中风向基本上为西北风。从表 2.2 中可以看出，沙蒿单株迎风面 2H 处的风速大于 1H 处，侧面 1H 处风速大于 2H 处，背风面 1H 处最小，到 7H 后随着距离的变大，风速逐渐增加，直到恢复为旷野风速。

利用 Surfer 软件对沙蒿植株作绕流风速流场图（图 2.8），表明实际测得的单株绕流曲线与理论计算所得的流场图流线分布趋于近似，只是由于植株个体特点的不同，表现出流线走向有差异。沙蒿的结构比较紧密，风速变化频率大，所以流线分布稠密，风速衰减较快，且其后风速恢复也较慢，风速在植株背风向 1.5~2.0m 下降最显著，0.2m 高度的风速比起始风速下降了 71.8%，0.5m 高度处下降了 58.3%。由于灌木地上部分的丛生性，灌木 0.5m 高度比 0.2m 处的横截面积大，因此对风阻挡的效果更明显。在沙蒿背风面 7H 后风速恢复到来流风速，这段距离为单个植株防止土壤风蚀的有效防护距离。

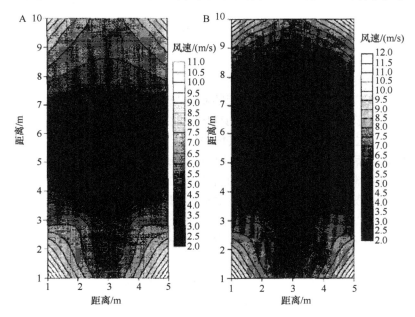

图 2.8　单株沙蒿 0.2m（A）和 0.5m（B）高度处风速流场图

2.1.2　行带式防风固沙林风速流场变化特征与防风效应

从防风阻沙的角度而言，固沙林的密度（盖度）应该说越大越好；而从干旱半干旱沙区水分平衡的角度讲，林木密度又不应该过大，否则强烈的蒸腾作用将会导致沙地土壤水分的过度散失，其结果必然是植被的衰退乃至死亡。

而且传统研究认为植被覆盖度低于 40% 时，不能完全固定流沙和阻止风沙流的形成（朱震达和刘恕，1981；赵兴梁，1991；朱震达和陈广庭，1994）。有些学者则提出了当覆盖度低于 40% 时，灌丛在水平空间分布格局的差异，导致流场结构改变，严重影响低覆盖度植被的防风阻沙效果（屈建军等，1992；凌裕泉等，2003）。杨文斌等的研究结果表明（杨文斌等，2006，2007；杨文斌和丁国栋，2006），行带式沙蒿配置格局具有非常显著的阻碍和降低风速的作用和流场结构稳定规则，在低覆盖度的配置下也能够有效降低风速和防控风蚀。

为了在"最大限度防止风蚀的同时尽量减小土壤水分的过度消耗"的前提下，探讨固沙林的最佳配置模式及合理密度，本研究结合项目需求，提出这一原理，旨在解决沙区生态建设中防风固沙林建设的配置问题，并为沙区生态建设提供科学依据。

1. 乔木固沙林风速流场变化特征与防风效应

乔木是指树身高大的树木，由根部产生独立的主干，树干和树冠有明显区分。本研究以赤峰杨为例，赤峰杨属于杨柳科杨属乔木。赤峰杨小枝具顶芽与芽鳞 2 枚以上。单叶互生，卵形或近圆形。柔荑花序，雌雄异株，不具花瓣，有环状花盘及苞片。苞片顶端分裂，雄蕊多数。蒴果小，具冠毛。赤峰杨具有早期速生、适应性强、分布广、种类和品种多、容易杂交、容易改良遗传性、容易无性繁殖等特点，因而广泛用于集约栽培。赤峰杨又是用材林、防护林和四旁绿化的主要树种。通过以下对赤峰杨不同配置格局的野外和风洞实验的研究，分析比较行带式杨树的防风效益。

1）野外试验布置

（1）样地的确定

野外试验是在风洞实验的基础上进行的实地验证性的测试，是以浑善达克沙地杨树行带式固沙林为试验样地，并以当地相同郁闭度的榆树疏林为对照。乔木行带式固沙林和榆树疏林样地均位于锡林郭勒盟多伦县境内。

行带式样地：行带式配置样地面积选取为 100m×200m，样地内分布着 3 条赤峰杨林带。林带走向与当地主风向垂直，从东到西 3 条林带分别为 4 行、两行、4 行，带宽为 16m、10m、16m。采取标准木测定林带的参数指标。平均冠幅为 3.2m×3.5m，树高为 12.5m，林带疏透度为 0.35，郁闭度为 0.21，属于低郁闭度范围。

随机样地：随机配置样地面积选取为 100m×100m，样地内随机分布着 30 棵沙地榆，平均冠幅为 5.1m×5.5m，树高为 6.55m，胸径为 25.18cm，郁闭度为 0.23，属于低郁闭度范围。由于所选择的样地地形高低不平，受地形的干扰常常在近地面形成"涡流"，地形对风速的影响作用明显。地形高低不平导致测得的数据不准确，因此为了使样地达到测量风速要求，在测量其原始地形的基础上对其进行平整工作是非常必要的。另外，样地位于锡林郭勒盟多伦县境内，属稀树草原类型区。因此样地内生长着多种草本植物，这些植物对样地内风蚀测量有很大的影响，为了达到风蚀测量的要求就必须去除样地内的天然植被，样地平整工作正好达到这一要求。平整后的样地为流沙地，作者还可以观测样地中天然植被的恢复情况。图 2.9 为样地内平整前后同一地段地形照片，从照片中可以看出平整后的样地没有了地形起伏不平的地段，基本达到平整，地形对风速影响的作用显著降低，样地达到测量其内部风速的要求。

图 2.9　平整前后对比

（2）测点的布设

行带式样地测点布设：样地内风速测定采取网格法进行，测点分布根据选取样地的大小及可用风杯的个数来确定。

图 2.10 为林带中部不同高度风速测定示意图，图中共使用风杯 13 个，其中对照点 50cm 处高度两个风杯对两种型号风速仪进行校对。对照点与第一林带的间距为 3H（H 为树高），测定该点的风速作为旷野风速。6 个测点都测定 20cm、50cm、200cm 3 个高度的风速，用这 3 个高度测定的风速来进行粗糙度和摩阻速度分析。

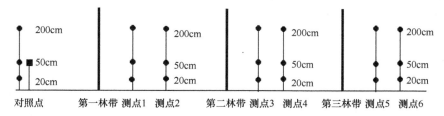

图 2.10　剖面风速测定示意图

图 2.11 为林网同一高度风速测定示意图，对照点与第一林带的间距为 3H（H 为树高），测定该点的风速作为旷野风速。在第一林带与第二林带之间有 12 个测点，同时测量这 12 个测点同一高度的风速（由于风杯个数的限制），每个测点测定 50cm、200cm 两个高度的风速。在完成第一林带与第二林带间风速测定后进行第二林带与第三林带之间的风速测定，依次类推。测定的数据用于防风效果分析。

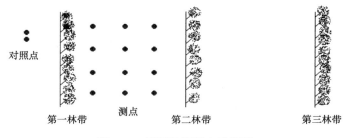

图 2.11　平面风速测定示意图

随机样地测点布设：样地内风速测定测点采取网格法布设，在样地内共布设了 25 个测点和一个对照点（图 2.12）。风速测定采用多点式自计风速仪（GB-228）进行，分别在每个测点测定 50cm、200cm 两个高度的风速。测定风速时，同时测定旷野处风速作为对照。

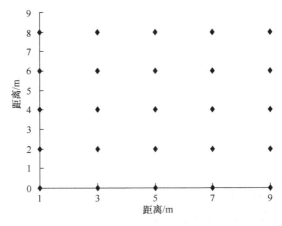

图 2.12　随机样地测点分布示意图

（3）物理指标

在野外风速测定结果分析时，将防风效果指标作为分析的物理指标。

防风效果用相对风速来表示，是指距林带为 x 处，高度为 z 处的风速占旷野风速的百分数。相对风速越大，林带的防风效果越低。采用公式（2.5）计算风速防风效果（朱廷曜等，2001）：

$$E_{xz}=（v_{oz}-v_{xz}）/u_{oz} \tag{2.5}$$

式中，E_{xz} 为相对风速（防风效果），即林内 x 处、高度为 z 处的风速占旷野对照风速的百分数；v_{oz} 为同一高度旷野的平均风速；v_{xz} 为林内 x 处、高度为 z 处的平均风速。

（4）行带式与随机分布乔木风速流场变化特征与防风效应

A. 不同风速条件下随机分布乔木林内风速流场

在不同对照风速下，随机配置乔木林内 200cm 高度的水平空间风速流场变化相似，都形成了风影区（即背风侧形成的风速显著降低区）与风速加速区相互组合的复杂流场结构（图 2.13）。图中出现风速涡旋的位置基本上保持不变，只是在风速影响范围上有一定的变化，且风速涡旋多在有植株生长的位置出现，在植株越密集的地方出现的风速涡旋变化越大。随着对照风速的增大，随机分布乔木林降低风速效果也在增加，且除对照风速为 6.223m/s 时，随机配置乔木林内都出现了高于对照风速的风速加强区（图中蓝色区域），这种现象在无植株和植株较密集的地段均有出现。在不同对照风速条件下，乔木林背风处的风速都有一定的降低，主要形成以风影区为主的流场分布。综上所述，得出随机配置乔木林对风速的扰动较复杂，无明显的规律，且在林内风速出现高于旷野风速的现象，背风处的流场分布以出现风影区为主。

B. 不同风速条件下行带式乔木林内风速流场变化

在不同对照风速下，行带式乔木林内 200cm 高度的水平空间风速流场形成了以风影

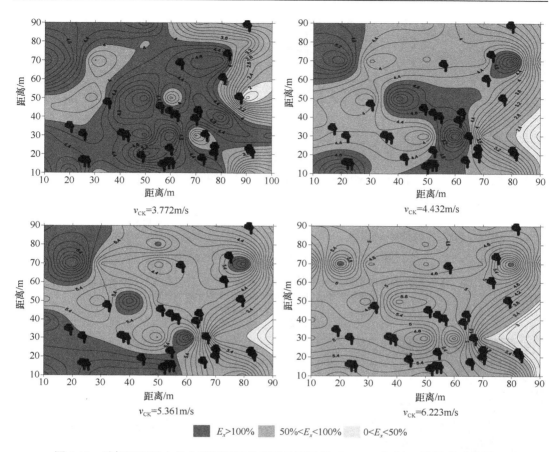

图 2.13　随机配置乔木林内不同风速条件下风速流场（200cm 高度）（详见书后彩图）

图中 v_{CK} 表示对照（CK）处的风速值，🌲 表示树木位置

区（即背风侧形成的风速显著降低区）为主的流场结构（图 2.14）。图中在不同的对照风速下，风通过第一林带后风速有明显的降低。在不同对照风速下，从图中颜色分布的面积可以看出，行带式配置模式降低水平空间风速的效果均达到了 50% 以上（除对照风速为 3.62m/s），因而可知行带式配置模式有较高的防风效果。综上所述，行带式乔木林对风速有较大的降低效果，林内风速均低于对照风速，且对照风速越大，降低风速的效果越强。

C. 随机和行带式配置乔木林内风速流场比较

图 2.15 是对照风速为 3.6m/s 时，随机和行带式配置乔木林内 50cm 和 200cm 高度的水平空间风速流场图。图 2.15A~图 2.15D 都形成了风影区（即背风侧形成的风速显著降低区）和加速区的相互组合的复杂流场结构。从图中颜色标记可以看出，图 2.15A 和图 2.15C 中蓝色区域所占的比例较大，而图 2.15B 和图 2.15D 中主要是绿色和黄色，这可以说明随机模式乔木林内防风效果较低，行带式配置乔木林的防风效果要高于同高度随机模式。

D. 行带式与随机分布乔木林内防风效果分析

利用风速防风效果（朱廷曜等，2001）公式计算相对风速，根据计算结果得出表 2.3。

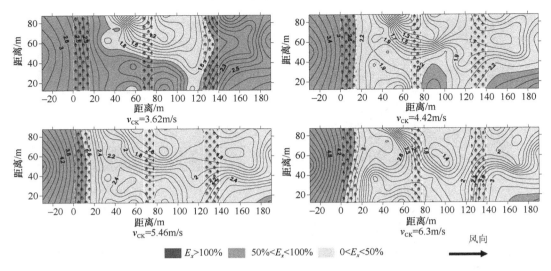

图 2.14　行带式乔木林内不同风速条件下风速流场（详见书后彩图）（200cm 高度）
图中 v_{CK} 表示对照（CK）处的风速值，▲ 表示树木位置

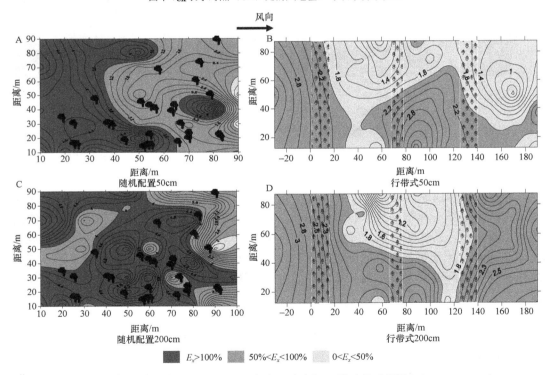

图 2.15　两种乔木林内 50cm、200cm 高度风速流场（详见书后彩图）（v_{CK}=3.6m/s）

表 2.3 可知，在旷野风速小于 6m/s 时，低覆盖度下的行带式配置内 200cm 和 50cm 由高度的相对风速 E_{200} 和 E_{50} 均低于随机配置。随机配置林分内 200cm 和 50cm 的平均相对风速分别为 104.9%和 80.66%，行带式配置林分内两个高度的平均相对风速分别为 47.01%和 43.84%，随机配置降低风速效果较低，行带式配置林带降低风速效果提高了 50%以上，有较好的降低风速效果。

表 2.3　低覆盖度（20%）不同配置的乔木林的相对风速　　（单位：%）

风速	样地	高度	
		200cm	50cm
<3m/s	CK	100	100
	RK	167.10±57.21	85.48±49.03
	BK	56.89±24.44	52.25±23.66
3~4m/s	CK	100	100
	RK	119.23±36.67	80.20±30.73
	BK	51.56±24.29	46.32±20.23
4~5m/s	CK	100	100
	RK	83.24±28.26	79.74±26.18
	BK	48.31±19.48	43.37±16.54
5~6m/s	CK	100	100
	RK	79.07±22.34	79.25±18.53
	BK	39.96±13.83	39.22±11.67
>6m/s	CK	100	100
	RK	75.86±16.16	78.64±12.53
	BK	38.33±12.88	38.03±10.05
平均	CK	100	100
	RK	104.90±27.4	80.66±32.13
	BK	47.01±16.43	43.84±18.98

注：表中 CK 为对照；RF 为随机配置；BF 为行带式配置

　　根据表 2.3 绘制出两种配置的风力结构图（图 2.16），从图中可以看出：在不同的对照风速下，随机配置林分内 200cm 高度的相对风速差异较大，50cm 高度差异较小；行带式配置林分内 50cm 和 200cm 高度相对风速的差异都较小。

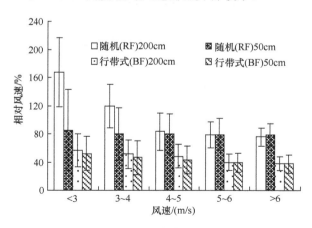

图 2.16　不同配置乔木林内风力结构变化

　　进一步分析发现：在低于 3m/s 和 3~4m/s 的对照风速下，随机配置林分内的相对风速 E_{200}、E_{50} 的差异较大；风速增大后，E_{200} 降低，而 E_{50} 无较大变化，两者之间的差异变小,都稳定在 80%左右。可以说在低风速下随机配置林分内 200cm 高度的降低风速效果,随着风速增大降低风速效果也在增大,而 50cm 高度的降低风速效果与风速的大小无关。随着风速的增大,200cm 和 50cm 两个高度的防风效果趋于相同。在不同风速下,行带式配置 200cm 和 50cm 两个高度的相对风速 E_{200}、E_{50} 均低于 50%,随着风速的增加变化较小,且两者差异较小,这说明了行带式配置在不同风速下的防风效果高于前一种模式,且两个高度的防风效果相同。对两种配置林分内同一高度的相对风速 E_{200}、E_{50} 进行比较,可以看出行带式配置林内的相对风速 E_{200} 高于随机配置,为 37.53%~110.21%;E_{50} 为 33.23%~40.61%。

E. 小结

在不同的对照风速(旷野风速)下,随机配置和行带式乔木林内 200cm 高度的水平空间风速流场变化相近,都形成了风影区(即背风侧形成的风速显著降低区)与风速加速区相互组合的复杂流场结构。随机配置形成的类似"狭管"流场有提升风速的作用,因而在林内都出现了较多的风速加强区,仅在背风处出现风影区;行带式配置当风通过第一、第二、第三林带后风速都有明显的降低,且对照风速越大,林内风速降低越明显,但林带累加效应不明显。

当覆盖度在 20%左右时,在小于 6m/s 的不同对照风速下,随机配置林分内 200cm 和 50cm 的平均相对风速分别为 104.9%和 80.66%,行带式配置林分内两个高度的平均相对风速分别为 47.01%和 43.84%,随机配置降低风速效果较低,行带式配置林带降低风速效果达到了 50%以上,有较好的降低风速效果。两种模式 E_{200} 差异为 37.53%~110.21%;E_{50} 差异为 33.23%~40.61%。

2)风洞实验

(1)实验模型

本实验以单株乔木株高 $H_0=6.5m$,冠幅 5.1m×5.5m 为原型,本实验模型实物比为 1:50。采用现采的活植物(柽柳)枝条制成类似乔木冠幅的样株,模型株高 $H=13cm$,树干高度为 4~6cm,冠幅为 10.2cm×11cm。按照郁闭度为 0.2 和 0.25,分别布设随机配置、单行一带和两行一带配置 3 种分布模式,具体见表 2.4。

表 2.4 风洞实验配置模型

郁闭度	配置模型	英文
0.2	随机配置	random form
	单行一带模式($D=4H$)	OLOP($D=4H$)
	两行一带模式($D=5H$,$L=4cm$)	TLOP($D=5H$,$L=4cm$)
0.25	随机配置	random form
	单行一带模式($D=3H$)	OLOP($D=3H$)
	两行一带模式($D=4H$,$L=4cm$)	TLOP($D=4H$,$L=4cm$)

(2)测点布设

A. 平面测点布设

平面测点呈网格状分布,在不同模式内设置规格均为 10m×10m,测点测量高度为 4cm。在空洞条件下测定风洞中部某点 4cm 高度的风速作为对照风速。

B. 剖面测点布设

在模式中央纵剖面轴线上,沿迎风方向每隔 10cm 布设一个测点。每个测点同时测定 0.4cm、0.8cm、1.2cm、1.6cm、3cm、6cm、12cm、20cm、35cm、50cm 10 个高度的风速。在空洞条件下,测定不同模式内中央纵剖面轴线上一个固定点的风速作为对照风速。

（3）空间流场特征分析

A. 水平空间风速流场特征分析

a. 覆盖度为 20%时水平空间风速流场特征

在 10m/s 的实验风速下,覆盖度为 20%的随机分布与两种行带式模式的水平风速流场（图 2.17）为:乔木植株和林带都具有一定扰动和降低风速的作用,且都形成了风影区（背风侧形成的风速显著降低区）和风速加速区相互组合的复杂流场结构。从整个模式内流场变化的情况来看,随机模式流场变化是单个或多个植株组合作用的结果,在植株前后和侧面的风速变化较明显。行带式模式对风速的影响是整条林带共同作用的结果,林带前后的风速有较大的变化。图 2.17 中可以看出,相对风速越大,模式的防风效果越小,因此由随机模式在整个模式中蓝色区域的面积要显著高于行带式模式可以看出,随机模式内的防风效果要低于行带式模式;另外,在模式末端行带式配置黄色区域的面积要高于随机模式,可以得出在通过行带式模式后相对风速达到 50%以下的面积较大,行带式配置的防风效果较高。单行一带模式在第一林带和第二林带中部出现了一个狭长的蓝色区域,这个区域是林带出现"狭管增速效应"的现象,导致单行一带配置中出现了大于对照风速的现象。而两行一带模式林带的挡风作用要高于单行一带模式,林带处没有出现"狭管增速效应"的现象。

当风速提高到 15m/s 后,随机分布模式与两种行带式模式的水平风速流场更加复杂且流场线更加密集,但仍表现为风影区（背风侧形成的风速显著降低区）和风速加速区相互组合的复杂流场结构。在 15m/s 的实验风速下,随机模式蓝色区域的面积同样高于行带式模式,单行一带在第一林带处同样出现了"狭管增速效应"的现象,而两行一带模式仍未出现"狭管增速效应"的现象;另外,在模式末端行带式配置黄色区域的面积同样高于随机模式。

b. 覆盖度为 25%时水平空间风速流场特征

覆盖度增大为 25%后,在 10m/s 的实验风速下随机分布与两种行带式模式都形成了风影区（即背风侧的风速显著降低区）和风速加速区相互组合的水平空间流场结构（图 2.18）,其中行带式模式中蓝色区域的面积较小;随机模式在模式左端出现了面积较大的狭长形的蓝色区域,因而其防风效果要低于行带式配置。行带式模式在末端黄色区域的面积要显著高于随机模式,行带式模式降低风速的效果高于随机模式;两行一带整个模式中黄色区域的面积要大于单行一带模式,其防风效果高于随机模式。

当风速增加到 15m/s 后,3 种模式内同样形成了风影区和风速加速区相互组合的水平空间流场结构,从颜色标记来看,随机模式的防风效果同样低于行带式模式,单行一带模式低于两行一带模式。

B. 垂直空间风速流场特征分析

a. 风洞条件下垂直空间风速

在 6m/s、10m/s、12m/s 和 15m/s 4 种风速条件下,测定空洞时不同高度的风速变化

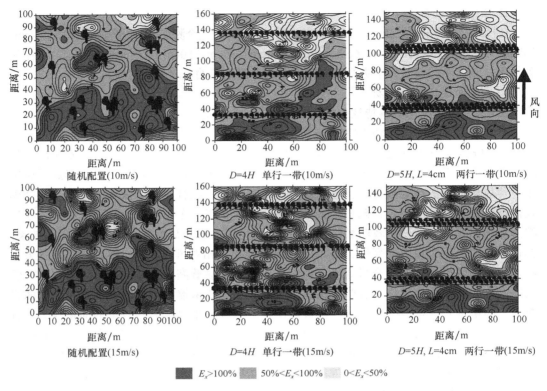

图 2.17 覆盖度为 20% 的不同配置模式水平空间风速流场图（详见书后彩图）

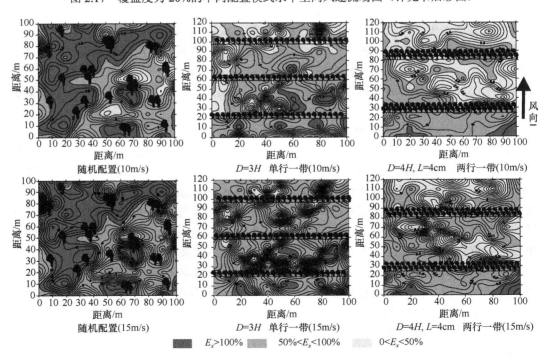

图 2.18 覆盖度为 25% 的不同配置模式水平空间风速流场图（详见书后彩图）

情况，根据测定结果绘制出空洞条件下的风速廓线图（图 2.19）。从图中可以看出，4 种风速条件下的风速 y 都随高度的增加而增大，并与高度 x 的对数值成正比。这种风速 y 正比于 $\ln x$ 的规律符合普朗特-冯·卡门的速度对数分布规律，这是在中性层结构条件下，纯气流在稳定床面上的风速分布规律（张龙生，1994）。

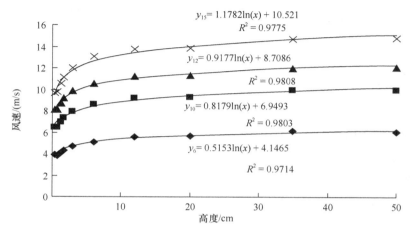

图 2.19　风洞条件下垂直空间风速变化

b. 覆盖度为 20%时垂直空间风速流场特征分析

从图 2.20 中可以看出：在两种风速下，3 种模式在 35cm 高度处沿来风方向的风速均无显著变化。行带式分布模式在 20cm 高度处沿来风方向的风速先增加后减少，但变化情况与林带的分布无关，而随机分布模式在 20cm 高度的风速仍未发生变化。两种行带式模式在林带前后 0.4~12cm 高度的风速变化情况有所不同，具体来讲为：单行一带模式内不同高度的风速在林带处均出现一个峰值，林带前后风速都有显著降低，且在第一林带处 6cm 和 12cm 高度的风速变化较大；而两行一带模式不同高度的风速在第一林带处均趋于一个较小值，在第二林带处出现峰值。上面的现象说明单行一带模式在来风通过林带后，在 0.4~12cm 这几个高度层都出现了"狭管增速效应"，而两行一带模式中林带的阻风能力较强，在第一林带处无峰值出现，没有产生"狭管增速效应"。随机分布模式在 0.4~12cm 高度的风速变化情况为：在与模式前端距离为 30cm 处开始发生变化，40cm 处不同高度的风速趋于一个稳定值，40cm 后风速变化没有明显的规律，到达模式末端后不同高度风速又趋于稳定，这是由于随机分布模式在 30cm 处的植株分布较密集，从而使不同高度通过该处的风速都发生较大的变化，进一步影响导致了 40cm 处不同高度都形成风速相近的风影区。

对 3 种模式进一步分析，将垂直空间风速划分为微变化层（20cm 和 35cm）、显著变化层（6cm 和 12cm）和稳定变化层（0.4~3cm）3 个层次。因此可以得出植株（林带）对不同高度风速扰动程度不同，存在一个对风速扰动的最佳高度，这个高度与植株（林带）高度和树干高度有关，与植株（林带）的配置方式及实验风速的大小无关。

c. 覆盖度为 25%时垂直空间风速流场特征分析

从图 2.21 中可以看出：在两种实验风速下，3 种模式在 35cm 高度处沿来风方向的风速均无显著变化。行带式分布模式在 20cm 高度处沿来风方向的风速先增加后减少，

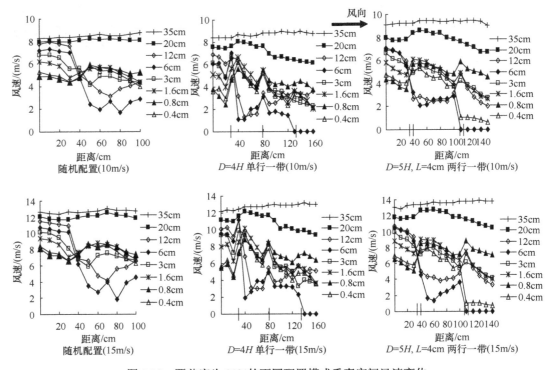

图 2.20　覆盖度为 20% 的不同配置模式垂直空间风速变化

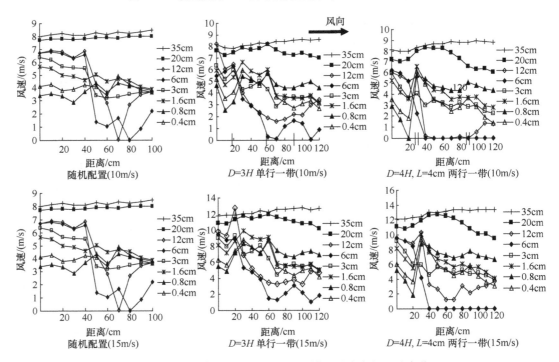

图 2.21　覆盖度为 25% 的不同配置模式垂直空间风速变化

但变化情况与林带的分布无关，而随机分布模式在 20cm 高度的风速仍未发生变化。两种行带式模式 0.4~12cm 高度在第一林带的风速变化情况相近，在林带处均出现一个峰值，林带前后风速都有显著的降低，同样 6cm 和 12cm 高度的风速变化较大；单行一带在第二林带的风速变化情况与第一林带相同，第三林带前后的风速变化较小，两行一带第二林带前后的风速变化较小。这说明在覆盖度增加到 25%后，单行一带第三林带前后和两行一带第二林带前后对不同高度风速的影响较稳定。随机分布模式在 0.4~12cm 高度的风速变化情况为：距模式前端 40cm 处不同高度风速有显著的降低，50cm 处趋于一个稳定值，之后风速变化稳定。这是由于随机分布模式在 40cm 处的植株分布较密集，从而使不同高度通过该处的风速都发生较大的变化。综上所述，覆盖度为 25%时 3 种模式的垂直空间风速同样被划分为微变化层（20cm 和 35cm）、显著变化层（6cm 和 12cm）和稳定变化层（0.4~3cm）3 个层次。

对覆盖度为 20%和 25%的几种模式进行综合分析：随机模式在 20cm 和 35cm 高度的风速无变化；行带式模式 35cm 高度无变化，20cm 高度的风速先增加后减少，但变化幅度低。对于 0.4~12cm 高度的风速变化，随机模式在植株密集地段后的风速变化显著；对于 0.4~12cm 高度的风速变化，两种行带式模式在不同林带前后风速变化不同。0.4~12cm 的风速在第一林带处均出现一个峰值，林带前后风速都有显著降低，6cm 和 12cm 高度的风速变化较大；单行一带在第二林带的风速变化情况与第一林带相同，第三林带前后的风速变化较小，两行一带第二林带前后的风速变化较小。

从以上分析可知，随机模式垂直空间风速的变化与植株位置有关，在植株密集地段风速变化较大；单行一带模式垂直空间风速在通过第一、第二林带后降低较大，且在林带处出现峰值，在第三林带前后变化较稳定；两行一带垂直空间风速在通过第一林带后降低较大，且在第一林带处出现峰值，第二林带前后变化较稳定。

（4）降低风速效果

A. 降低水平空间风速效果分析

a. 覆盖度为 20%时降低水平空间风速效果分析

两种实验风速下，对覆盖度为 20%的 3 种模式内的水平空间风速值进行方差检验可知，在两种风速下，单行一带与两行一带模式之间无差异，而行带式模式与随机分布模式存在极显著差异（$P<0.0001$）。在 10m/s 风速下，单行一带、两行一带和随机模式内的平均风速分别为 5.39m/s、5.08m/s 和 6.15m/s；在 15m/s 风速下，单行一带、两行一带和随机模式内的平均风速分别为 8.2m/s、7.72m/s 和 9.34m/s。在 10m/s 和 15m/s 风速下的对照风速分别为 8.26m/s 和 12.54m/s，根据公式（朱廷曜等，2001）$E_x=v_{xz}/v_{oz}$ 可计算出：在 10m/s 风速下，单行一带、两行一带和随机模式内的相对风速分别为 65.27%、61.52%和 74.45%；在 15m/s 风速下，单行一带、两行一带和随机模式内的相对风速分别为 65.42%、61.59%和 74.49%。分析以上数据可知，3 种模式整体的防风效果都达到了 25%以上，且行带式模式的防风效果要高于随机模式。

根据 3 种模式内风速与对照风速大小关系得出表 2.5。从表中可以看出 3 种模式的平均风速均相近，而单行一带和两行一带模式内低于对照风速所占的百分比分别为 78.52%和 81.03%，远大于随机模式的 59.17%，这说明行带式模式有效降低水平空间风速的能力高于随机模式。

表 2.5 覆盖度为 20%时 3 种模式水平空间风速与对照风速比较

与对照风速比较	项目	随机分布	单行一带	两行一带
<8.26m/s	平均风速/(m/s)	5.12	4.84	4.92
	均方差	1.13	1.80	1.40
	最小风速/(m/s)	1.09	0.05	0.07
	百分比/%	59.17	78.52	81.03
≥8.26m/s	平均风速/(m/s)	7.19	8.88	8.62
	均方差	0.93	0.66	0.36
	最大风速/(m/s)	9.32	9.43	9.18
	百分比/%	40.83	21.48	18.97

b. 覆盖度为 25%时降低水平空间风速效果分析

两种实验风速下，对覆盖度为 25%的 3 种模式内的水平空间风速值进行方差检验可知，在 10m/s 和 15m/s 两种风速下，3 种模式内的风速均存在极显著差异（$P<0.0001$）。在 10m/s 风速下，单行一带、两行一带和随机模式内的平均风速分别为 5.05m/s、21m/s 和 6.2m/s；在 15m/s 风速下，单行一带、两行一带和随机模式内的平均风速分别为 7.67m/s、6.63m/s 和 9.64m/s。在 10m/s 和 15m/s 风速下的对照风速分别为 8.26m/s 和 12.54m/s，根据风速防风效果公式（朱廷曜等，2001）$E_x=v_{xz}/v_{oz}$ 可计算出：在 10m/s 风速下，覆盖度为 25%的单行一带、两行一带和随机模式内的相对风速分别为 61.14%、50.97%和 75.06%；在 15m/s 风速下，单行一带、两行一带和随机模式内的相对风速分别为 61.16%、52.87% 和 76.87%。由以上分析可知，在覆盖度为 25%时，3 种模式整体的防风效果由强到弱依次为两行一带、单行一带、随机模式，且增大风速防风效果变化较小。

B. 降低垂直空间风速效果分析

a. 覆盖度为 20%时降低垂直空间风速效果分析

在分析覆盖度为 20%的两种配置下的 3 种模式降低垂直空间风速效果时，为了避免林带累加效益对分析结果的影响，只分析单行一带模式沿来风方向上 0~120cm 的数据（即分析第一林带和第二林带的影响），然后对 3 种模式在 10m/s 和 15m/s 的实验风速下的水平空间模式采用 SAS 软件进行方差分析。

在 10m/s 和 15m/s 的实验风速下，对 0.4~50cm 高度的垂直空间风速检验可知，3 种模式间均无显著差异。在 10m/s 的风速下，单行一带、两行一带和随机模式垂直空间风速平均值分别为 5.5m/s、5.32m/s 和 5.7m/s；在 15m/s 实验风速下，单行一带、两行一带和随机模式垂直空间风速平均值分别为 8.47m/s、8.15m/s 和 8.66m/s。

在两种实验风速下，覆盖度为 20%的 3 种模式与对照风速比较结果见表 2.6。在两种风速条件下，3 种模式各个高度的风速与对照风速（空洞条件下各个高度的风速）相比，均有一定的降低作用，而随着风速的增大这种降低作用没有减弱。从表 2.6 中可以看出，3 种模式在距地表 50cm、35cm、20cm 3 个高度降低对照风速的比率基本都在 20%以下，可以认为 3 种模式对这 3 个高度的风速影响较小；距地表 0.4~12cm 7 个测量高度降低对照风速的比率都在 20%以上，以 6cm 和 12cm 的比率最大。

表 2.6 中，在 10m/s 实验风速下，随机配置、单行一带、两行一带模式 0.4cm 高度

表 2.6　覆盖度为 20% 的 3 种模式垂直空间风速与对照风速比较

项目		高度									
		50/cm	35/cm	20/cm	12/cm	6/cm	3/cm	1.6/cm	1.2/cm	0.8/cm	0.4/cm
对照风速 10m/s		10.0	9.9	9.3	9.2	8.6	7.9	7.4	7.0	6.4	6.4
[（对照风速−行带式风速)/对照风速]/%	随机配置	5.2	14.5	13	41.3	49.7	32.8	26.6	24.7	20.1	22.8
	单行一带 D=4H	7.7	12.8	20.5	59.4	64.3	39.1	36.7	31.3	23.5	37.6
	两行一带 D=3H, L=4cm	4.8	6.1	16.1	58.9	67.8	40.5	35.8	36.8	21	47.8
对照风速 15m/s		14.9	14.7	13.8	13.8	13.1	12.0	11.1	10.5	9.8	9.7
降低对照风速的比率/%	随机配置	5.2	13.8	13.0	44.0	52.5	42.7	26.2	21.3	20.4	21.6
	单行一带 D=4H	9.1	13.9	19	55.7	59.3	38.8	33.8	30.7	22	31.2
	两行一带 D=3H, L=4cm	4.4	8	14.9	57	65.7	42.2	35.6	36.4	24.8	50.1

降低对照风速的比率分别为 22.83%、37.6%、47.8%；在 15m/s 实验风速下分别为 21.55%、31.2%、50.1%。由此可知，3 种模式降低近地表风速的能力未受到风速增大的影响，行带式配置对近地表风速的降低效果要明显高于随机配置，且两行一带配置的降低效果高于单行一带。前人研究表明，粗糙元素的平均高度（H）、植被覆盖率（σ）和叶面积指数（LAI）是垂直风速廓线的最基本参数（杨明等，1994）。因此，两种模式对近地表（0.4cm）风速降低效果不同的主要原因为叶面积指数（LAI）不同，在本研究中可以理解为林带的阻风能力不同。

b. 覆盖度为 25% 时降低垂直空间风速效果分析

同样在分析覆盖度为 25% 的单行一带和两行一带模式降低垂直空间风速效果时，为了避免林带累加效益的影响，只分析单行一带模式沿来风方向上 0~80cm 的数据，然后对两种模式在 10m/s 和 15m/s 的实验风速下的水平空间模式采用 SAS 软件进行方差分析。

在 10m/s 和 15m/s 的实验风速下，对 0.4~50cm 高度的垂直空间风速检验可知，两种行带式模式与随机模式存在显著差异（$P<0.05$），单行一带与两行一带模式间无差异。在 10m/s 实验风速下，单行一带、两行一带和随机模式垂直空间风速平均值分别为 5.33m/s、5.2m/s 和 6.18m/s；在 15m/s 实验风速下，单行一带、两行一带和随机模式垂直空间风速平均值分别为 8.15m/s、8.05m/s 和 9.2m/s。

在两种实验风速下，覆盖度为 25% 的 3 种模式与对照风速比较结果见表 2.7。在两种风速条件下，3 种模式各个高度的风速与对照风速（空洞条件下各个高度的风速）相比，均有一定的降低作用，而随着风速的增大这种降低作用没有减弱。

表 2.7 中，在 10m/s 实验风速下，随机配置、单行一带、两行一带模式 0.4cm 高度降低对照风速的比率分别为 37.12%、28.72%、51.65%；在 15m/s 实验风速下分别为 32.14%、28.4%、45.24%。由此可知，3 种模式降低近地表风速的能力未受到风速增大的影响，两行一带配置对近地表风速降低效果也高于单行一带和随机模式。

C. 小结

通过对覆盖度为 20% 和 25% 的 3 种配置模式风洞实验资料分析，初步形成如下结果。

对于水平空间流场，覆盖度为 20% 和 25% 的几种模式都形成了风影区（背风侧形

表 2.7　覆盖度为 25%的三种模式不同高度降低对照风速比率

项目		高度									
		50/cm	35/cm	20/cm	12/cm	6/cm	3/cm	1.6/cm	1.2/cm	0.8/cm	0.4/cm
对照风速 10m/s		9.95	9.92	9.3	9.21	8.61	7.92	7.35	6.96	6.42	6.41
降低对照风速的比率/%	随机配置	6.93	17.2	15.57	50.22	57.63	42.64	35.34	37.46	41.93	37.12
	单行一带 D=4H	7.42	17.77	17.54	57.52	61.2	41.16	28.24	26.13	29.9	28.72
	两行一带 D=3H，L=4cm	8.87	13.76	21.84	729	67.46	56.75	43.91	46.62	37.11	51.65
对照风速 15m/s		14.86	14.72	13.83	13.78	13.06	12.02	11.09	10.52	9.76	9.66
降低对照风速的比率/%	随机配置	7.57	16.25	15.05	43.45	54.44	39.6	32.1	32	32.65	32.14
	单行一带 D=4H	7.69	17.43	17.26	52.82	60.78	39.78	27.37	26.23	27.13	28.4
	两行一带 D=3H，L=4cm	6.66	12.15	18.16	65.85	65.67	54.06	42.58	43.14	32.73	45.24

成的风速显著降低区）和风速加速区相互组合的复杂流场结构。从整个模式内流场分布的情况来看，随机模式的防风效果要低于行带式配置模式，单行一带模式内出现了"狭管增速效应"，两行一带模式林带挡风作用较强，林带的防风效果要高于单行一带模式。

　　覆盖度为 20%和 25%的不同配置模式垂直空间风速特征不同，不同高度（0.4~50cm）的风速都不符合普朗特-冯·卡门的速度对数分布规律（邢兆凯和刘亚平，1990）。随机模式沿来风方向 20cm 以上高度的风速均无显著变化，在植株分布较密集处 0.4~12cm 高度的风速出现变化，且 6cm 和 12cm 高度的风速变化较大。单行一带和两行一带分布模式在 35cm 以上高度的风速均无显著变化；在 20cm 高度处沿来风方向的风速先增加后减少，但变化情况与林带的分布无关；0.4~12cm 高度在第一林带的风速变化情况相近，在林带处均出现一个峰值，林带前后的风速都有一定降低，6cm 和 12cm 高度的风速变化较大。综上所述，不同配置模式的垂直空间风速都可被划分为微变化层（20cm 和 35cm）、显著变化层（6cm 和 12cm）和稳定变化层（0.4~3cm）3 个层次。

　　在两种覆盖度下，对不同模式的水平空间风速进行方差分析，分析得出：覆盖度为 20%时，单行一带与两行一带模式之间无差异，而行带式模式与随机模式存在极显著差异（P<0.0001）；覆盖度为 25%时，单行一带、两行一带和随机模式间均存在极显著差异（P<0.0001）。

　　在两种覆盖度下，对不同模式的不同垂直高度风速进行方差分析，从而对降低垂直空间风速效果进行分析。在 10m/s 和 15m/s 的实验风速下，覆盖度为 20%的随机、单行一带和两行一带 3 种模式降低垂直空间风速效果均无显著差异；在 10m/s 和 15m/s 的实验风速下，覆盖度为 25%的两种行带式模式与随机模式存在显著差异（P<0.05），单行一带与两行一带模式间无差异。在两种覆盖度下的不同模式对 0.4~50cm 各个高度的降低水平不同，对 0.4~12cm 风速降低效果较大，且两行一带模式降低近地表（0.4cm）效果高于单行一带和随机模式。

2. 灌木固沙林风速流场变化特征与防风效应

　　灌木是指高度在 6m 以下，枝干系统不具明显的主干（如有主干也很短），并在出土后即行分枝，或丛生地上。

本研究以柠条锦鸡儿（*Caragana korshinskii*）为例，柠条锦鸡儿属豆科锦鸡儿属，灌木，又称为毛条、白柠条，为豆科锦鸡儿属落叶大灌木饲用植物，根系极为发达，主根入土深，株高为 40~70cm，最高可达 2m 左右。适生长于海拔 900~1300m 的阳坡、半阳坡。耐旱、耐寒、耐高温，是干旱草原、荒漠草原地带的旱生灌丛。柠条锦鸡儿不怕沙埋，沙子越埋，分枝越多，生长越旺，固沙能力越强。通过以下对柠条锦鸡儿不同格局的野外研究，分析比较行带式柠条锦鸡儿的防风效益。

（1）研究方法

A. 样地的选取

在两个研究区分别选择地势平坦开阔的柠条锦鸡儿固沙林作为观测样地，尽量确保两块样地及对照（CK）条件相似。其中，位于和林格尔县行带式样地（BF）的柠条锦鸡儿林配置株行距为 1m×15m，带的走向与主害风方向夹角为 80°~90°，平均株高 2.0~2.3m；覆盖度分别为 23%~24%；下垫面为固定沙地，有少量草本植物（样地内已清除），位于乌审旗的随机分布样地（RF）的柠条锦鸡儿林平均株高 1.9~2.2m，覆盖度为 21%~25%，下垫面为半固定沙地，有少量草本植物（样地内已清除），对照为开阔平坦的草地，草高 10~15cm。

行带式样地在西北边缘（迎风方向）选择了 3 条完整的有代表性的柠条锦鸡儿行带和第一、第二和第三行分别有缺口的行带作为观测对象，行带的组合为：第一林带间宽 15m、第二林带间宽 10m、第三林带间宽 15m、第四林带间宽 15m。

B. 风速的测定

采用多点式自计风速仪（GB-228）分别测定了两种配置类型林内和对照在 200cm、50cm 或 20cm 高处的风速；同时测定了行带缺口处的风速。在行带式样地内，从林带边缘开始，每隔 2.5m 布一个测点；在随机分布样地内的观测点随机分布在林内的空地中，在 1600m^2 的样地内，一次测定布设 20 个观测点，每 2s 自动记录一个值。

观测时间：2004 年 2 月 20 日至 4 月 30 日。

（2）结果分析

A. 行带式与随机分布的柠条锦鸡儿固沙林的防风效果

测定结果表明：林内 3 个高度总平均风速为行带式配置的林内仅为对照的 55.5%，而随机分布的林内是对照的 90.6%，平均防风效果比同密度行带式配置低 35.1%。

从林内不同高度的防风效果（表 2.8）来看：行带式柠条林以 20cm 高度处降低风速最显著，比对照平均低 61.2%，防风效果比随机分布高 48.4%；50cm 高度处次之，比对照平均低 42.7%，防风效果比随机分布的高 30.7%；200cm 高度处比较低，比对照平均低 29.6%，防风效果比随机分布高 27.4%。随机分布的柠条林的防风效果同样以 20cm 高度处平均降低风速最显著，比对照低 12.8%，且与 50cm 高度处（12%）和 200cm 高度处（3.2%）降低风速的差异不大，而且还出现多次 50cm 高度处降低风速的效果高于 20cm 高度处的现象；进而使得行带式柠条锦鸡儿林在不同高度的防风效果均显著。

进一步分析发现：随着风速的增加，无论是行带式固沙林，还是随机分布的固沙林，降低风速的效果均随风速的增大而增加（图 2.22），而随风速越大，行带式配置降低风速的效果越显著，其中，当对照 200cm 高度处风速在 3~4m/s 时，行带式固沙林降低风速的效果比随机分布的高 36.5%；4~5m/s 时，高 44.2%；5~6m/s 时，高 45.5%；6~7m/s 时，高 55.5%；图 2.22 中的曲线还反映出行带式柠条锦鸡儿固沙林内风速流场相对稳定，而随机分布的柠条锦鸡儿固沙林的变化复杂。

表 2.8　低覆盖度（20%~25%）不同配置的柠条锦鸡儿固沙林的防风效果　（单位：%）

高度 \ 风速样地	3~4m/s			4~5m/s			5~6m/s			6~7m/s			>7m/s		
	CK	RF	BF	CK	RF	BF	CK	RF	BF	CK	RF	BF	CK	RF	BF
200cm	100	103.3	82.6	100	102.4	75.1	100	94.6	69.3	100	93.7	65.1	100	90.1	59.9
50cm	100	99.7	67.7	100	95	62.2	100	88.3	57.0	100	82.5	49.7	100	73.8	48.8
20cm	100	97.8	44.3	100	86.5	42.3	100	83.5	38.0	100	89.5	34.3	100	78.9	34.9
平均	100	100.3	64.9	100	94.6	59.9	100	88.8	54.8	100	88.6	49.7	100	80.9	48.2

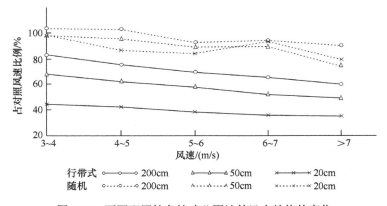

图 2.22　不同配置柠条锦鸡儿固沙林风力结构的变化

B. 行带式与随机分布的柠条锦鸡儿固沙林与对照风速的差异概率

在分析柠条锦鸡儿固沙林内的风速测试资料时，出现了随机分布的柠条锦鸡儿固沙林内的风速大于旷野对照风速的现象，因此，作者把林内风速与对照的百分比分成大于 100%、50%~100% 和小于 50% 3 个区间，统计不同风速区段在林内各观测点风速与对照风速的百分比分布在不同区间的概率，结果见表 2.9。

结果表明：同样在 20%~25% 的低覆盖度时，行带式配置的柠条锦鸡儿固沙林内的平均风速均比旷野对照风速低，没有一次观测结果超过旷野对照风速，因此，在 200cm、50cm 和 20cm 3 个高度，进入大于 100%、50%~100% 和小于 50% 3 个区间的平均概率分别为 0%、65% 和 35%；而随机分布的柠条锦鸡儿固沙林进入大于 100%、50%~100% 和小于 50% 3 个区间的平均概率分别为 41.3%、54.6% 和 4.1%，这说明约有 41.3% 的观测结果超过旷野对照风速，而能够降低 50% 以上风速的概率比行带式配置约低 31.4%，反映出随机分布的林分总体降低风速的效果显著下降。

从林内 3 个高度分别统计的结果来看：在 200cm 高度处，行带式配置的柠条锦鸡儿林内风速降低的百分比稳定在 50%~100%，而随机分布的柠条锦鸡儿固沙林内风速降低的百分比约有 42.5% 的观测结果超过旷野对照风速，有 57.5% 在 50%~100%，两种配置的林分风速降低的百分比均没有低于 50%；当高度降低到 50cm 处时，两种配置的林分降

表 2.9　不同配置柠条锦鸡儿固沙林内风速与对照风速的差异概率

（单位：%）

高度 配置	3~4m/s						4~5m/s						5~6m/s					
	>100%		50%~100%		<50%		>100%		50%~100%		<50%		>100%		50%~100%		<50%	
	BF	RF	BF	RF	BF	RF	BF	RF	BF	RF	BF	RF	BF	RF	BF	RF	BF	RF
200cm	0	62.5	100	37.5	0	0	0	87.5	100	12.5	0	0	0	25	100	75	0	0
50cm	0	62.5	87.5	37.5	12.5	0	0	62.5	75	37.5	25	0	0	12.5	75	87.5	25	0
20cm	0	50	50	25	50	25	0	62.5	37.5	37.5	62.5	0	0	37.5	25	37.5	75	25
平均	0	58.3	79.2	33.3	20.8	8.4	0	70.8	70.8	29.2	29.2	0	0	25	66.7	66.7	33.3	8.3

高度 配置	6~7m/s						>7m/s						平均					
	>100%		50%~100%		<50%		>100%		50%~100%		<50%		>100%		50%~100%		<50%	
	BF	RF	BF	RF	BF	RF	BF	RF	BF	RF	BF	RF	BF	RF	BF	RF	BF	RF
200cm	0	37.5	100	62.5	0	0	0	0	100	100	0	0	0	42.5	100	57.5	0	0
50cm	0	25	50	75	50	0	0	0	25	100	75	0	0	32.5	62.5	67.5	37.5	0
20cm	0	62.5	25	25	75	12.5	0	37.5	25	62.6	75	0	0	50	32.5	37.5	67.5	12.5
平均	0	41.4	58.3	54.5	41.7	4.1	0	12.5	50	87.5	50	0	0	41.3	65	54.6	35	4.1

低风速的效果均有增加，其中行带式配置的林分有 37.5% 进入小于 50% 区间，而随机分布的林分超过旷野对照风速的百分比（比 200cm 高度）降低了 10%，仍没有一次降到小于 50% 区间；而当高度降低到 20cm 处时，行带式配置的林分降低风速的效果显著增加，其中有 67.5% 的观测结果降到小于 50% 区间，但是，随机分布的林分超过旷野对照风速百分比的概率增加到 50%，同时，另有约 12.5% 的概率降到小于 50% 区间，这反映出低覆盖度随机分布的疏林使林内风场复杂化，同时降低了其防风效果。

C. 行带式内出现缺口对防风效果的影响

行带式配置的柠条锦鸡儿固沙林没有出现缺口时和分别在第一林带、第二林带和第三林带出现缺口时防风效果的变化见图 2.23。

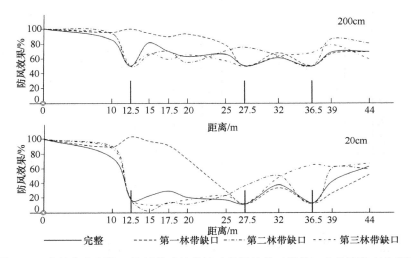

图 2.23 完整和出现缺口的行带式柠条锦鸡儿固沙林（灌丛）内风速的变化状况

分析图 2.23 发现：如果每一行带均完整，在 200cm 高度，风速从旷野穿过第一林带后，大约在 1H 处稍有升高，为对照的 81.2%，其后缓慢降低，穿过第二林带和第三林带虽有波动，基本维持在对照的 70% 以下，连续行带组合基本上没有累计增加防风效果。在 20cm 高度，在第一林带与第二林带间风速平稳且降低显著，维持在对照的 30% 以下，而在第二林带与第三林带间和第三林带与第四林带间出现了风速的抬升现象，其中在第三林带与第四林带之间中央（约第三林带后 3H 处）处抬升最高，约为对照的 62.6%。

图 2.23 中同时给出了第一林带、第二林带和第三林带分别出现 2.5~3.5m 的缺口时行带式柠条锦鸡儿固沙林内风速的变化状况。分析发现：无论是在 200cm 或 20cm 高度，迎风面第一林带出现缺口，缺口处的风速会显著增高，且超过旷野对照风速（200cm 高度为对照风速的 100.6%，20cm 高度为对照风速的 103%）；而分别在第二林带或第三林带出现缺口后，缺口处的风速分别为对照风速的 75%（200cm）和 37.1%（20cm）或 68.3%（200cm）和 65.3%（20cm），虽有抬升，但不显著，说明连续的行带组合在中间出现缺口处具有累计增加防风效果的作用。

D. 小结

在干旱半干旱地区沙地，覆盖度在 10%~40% 的乔、灌木固沙林才能符合水量平衡（周军莉，2001；金文，2002），但在 2~4 月的风季，植物处于冬态，且在 10%~40% 的覆盖度时防风效果差，处于半固定–半流动状态；而在低覆盖度时，人为改变灌丛的水平分布格局（改变随机分布为规则分布，同时减小株距，拉大行距，形成行带式配置）形成行带式配置后，不但能提高水分利用率和生产力（朱震达等，1962），而且从上述的分析充分肯定，行带式配置的柠条锦鸡儿固沙林的防风效果显著大于随机分布的柠条锦鸡儿固沙林。可见，在低覆盖度时，灌丛水平分布格局成为影响防风效果的重要因素，行带式配置能显著提高低覆盖度固沙林的防风效果。

当覆盖度在 20%~25% 时，随机分布的稀疏固沙林内的风速从大于对照风速（41.3%）到小于对照的 50%（4.1%）均有分布，地表粗糙度为 0.07~2.7cm，变化幅度均超过行带式配置的柠条锦鸡儿固沙林和旷野对照样地，说明随机分布的固沙林对风速的阻碍和改变作用相对较差，在灌丛风影区则可显著降低风速，而在灌丛与灌丛之间形成局部类似"狭管"的流场，有提升风速的作用，致使其流场结构复杂、变化多样，也成为低覆盖度时，沙地处于半固定、半流动状态，疏林内同时存在风蚀和积沙的重要因素（吴正和凌裕泉，1965）。

行带式配置的柠条锦鸡儿固沙林中，连续三带的完整行带组合未发现防风效果的累加现象（朱震达，1964），而从迎风一侧开始，第二林带、第三林带分别出现 2.5~3.5m 的缺口后，其缺口处的风速降低有明显的累加现象；第三林带与第四林带之间中央处出现风速抬升的现象，其原因有待于进一步研究。

3. 半灌木固沙林风速流场变化特征与防风效应

半灌木是指高在 1m 以下的低矮植物，仅茎基部木质化，多年生，而上枝草质并于花后或冬季枯萎，又称亚灌木。

本研究以油蒿（*Artemisia ordosica*）为例，油蒿是生长于中国西北沙漠地带的一种菊科蒿属植物，为半灌木。高 50~70（100）cm，主茎不明显，多分枝。油蒿是多年生植物，其根系十分发达，是一种优良的防风固沙植物。通过以下对油蒿不同格局的野外和风洞实验的研究，分析比较行带式油蒿的防风效益。

1）野外

（1）样地选择

本研究的野外试验在毛乌素沙地共选择了两块样地，即行带式配置油蒿和随机配置油蒿（图 2.24）。

图 2.24　油蒿的两种配置示意图

本研究在选择样地时,尽量确保比较样地的对照(CK)条件相似,两块样地均选择在毛乌素沙地境内。行带式配置的油蒿群丛样地(BF)选择了5条完整带,其配置为:第一林带间宽5m、第二林带间宽4m、第三林带间宽5m、第四林带间宽5m。林带的走向与主害风方向夹角为80°~90°,平均株高(0.63±0.15)m,覆盖度在20%左右,下垫面为固定沙地;随机分布的油蒿群丛样地(RF)选择了35m×35m的大样方,平均株高(0.67±0.23)m,覆盖度在20%左右,下垫面为半固定沙地。

(2)测点的布设

行带式油蒿样地测点的布置见图2.25,共布设了22个点。其中点1和2是带前的两个点,点1距第一林带4m,点2距第一林带2m;点3、8、12和17分别设在第一林带、第二林带、第三林带和第四林带的中心;点4、5、6和7设在第一林带和第二林带之间,点4在第一林带后1m处,其余3个点每隔1m布一点;点9、10和11在第二林带和第三林带之间,点9在第二林带后1m处,其余两个点每隔1m设一个;点13、14、15和16在第三林带和第四林带之间,点13在第三林带后1m处,其余3个点每隔1m设一个;点18、19、20和21在第四林带和第五林带之间,点18在第四林带后1m处,其余3个点每隔1m设一个,点22在第五林带后1m处。

35m×35m随机不均匀分布的油蒿样地测点的布置见图2.26,共布设了29个点,样地内设了25个点,样地外设了4个点。样地内的点是2~26,点2、3、4、5、6在同一水平上(距样地的东西线1.5m),相邻点之间相隔8m,点2的左右两侧大约1m处有灌丛,后侧大约4m处有灌丛,点3在灌丛边缘,点4附近无灌丛,点5在两丛灌丛的边缘,点6在前方约0.5m处有一灌丛;点7、8、9、10、11在同一个水平上(距样地的东西线9.5m),相邻点之间相隔8m,点7附近无灌丛,点8后侧大约1.5m处有一稀疏的灌丛,点9周围有3个灌丛,紧贴点10后侧有灌丛,紧贴点11后侧有灌丛;点12、13、14、15、16在同一水平上(距样地的东西线17.5m),相邻点之间相隔8m,点12在灌丛边缘处,点13附近无灌丛,点14左侧有紧密的灌丛,点15左侧大约1m处有灌丛,点16前方有灌丛;点17、18、19、20、21在同一水平上(距样地的东西线25.5m),相邻点之间相隔8m,点17左前方大约1m处有灌丛,点18附近无灌丛,点19附近无灌丛,点20周围大约1m处有灌丛,点21后侧大约0.5m处有灌丛;点22、23、24、25、26在同一水平上(距样地的东西线33.5m),相邻点之间相隔8m,点22右侧有灌丛,点23附近无灌丛,点24右前方大约1.5m处有灌丛,点25前方有灌丛,点26附近无灌丛。样地外布设了4个点,即点1在迎风方向距样方14m处(CK),为空旷地;样地两侧距样方12m分别设两点(点27和点29),点27周围无灌丛,点29周围有灌丛;背风方向距样方12m处设一点(点28),周围有灌丛。

(3)风速测定

采用多点式自计风速仪(GB-228)分别测定了两块样地。每块样地测定了样地内和对照的风速,每个测点同时测50cm和20cm两个高度。由于仪器数量有限,一次只能测8个点,数据必须通过轮换来收集,即采用固定旷野处一点不动(点1),其他点依次进行轮换(Mohammed et al.,1999;Feng et al.,2003),例如,第一轮测点1、2、3、4、5、6、7、8,第二轮测点1、9、10、11、12、13、14、15,以后依次类推。每2s自动记录一个值,每轮测1000个数据。主要是在2004~2006年的大风季节(3~4月)观测。

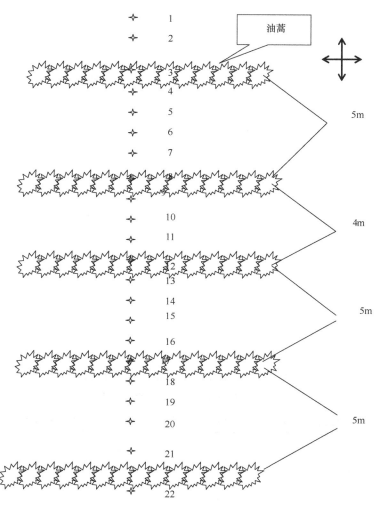

图 2.25　行带式配置油蒿测点剖面图

（4）测点高差的测定

在测风的同时，利用水准仪测定了样地内每个测点的高差，在样地内选择地形较高处固定水准仪，然后依次测每个点的高差。

（5）结果

A 行带式与随机分布的油蒿群丛的防风效果

利用防风效果计算公式计算测定结果表明：行带式配置的林内两个高度总平均风速仅为对照的 66.25%；而随机分布的林内是对照的 92.52%，平均防风效果比同密度行带式配置的低 26.27%。

从林内不同高度的防风效果（表 2.10）来看：行带式油蒿群丛内 50cm 和 20cm 高度降低风速的差异不大。50cm 高度比对照平均低 34.61%，防风效果比随机分布高 21.57%；20cm 高度比对照平均低 32.09%，防风效果比随机分布高 30.21%。随机分布的油蒿群丛的防风效果以 50cm 高度平均降低风速最显著，比对照低 13.05%；20cm 高度次之，比对照低 1.89%；进而使得行带式油蒿群丛在不同高度的防风效果均显著。

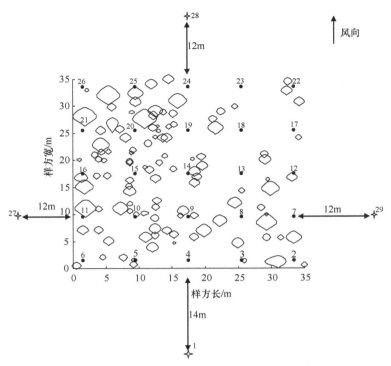

图 2.26　随机配置油蒿测点布置剖面图

图中的圆圈是油蒿灌丛，黑点是测点

表 2.10　低覆盖度（20%）不同配置的油蒿群丛的防风效果　　（单位：%）

风速	样地	高度		
		50cm	20cm	平均
3~4m/s	CK	100	100	100
	RF	103.51±44.12	115.92±54.24	109.72±49.38
	BF	70.14±27.17	64.78±23.94	65.89±24.97
4~5m/s	CK	100	100	100
	RF	88.15±36.94	100.29±46.44	94.23±42.03
	BF	65.79±25.53	65.20±25.34	65.50±25.12
5~6m/s	CK	100	100	100
	RF	81.31±31.51	92.76±38.88	87.06±35.54
	BF	65.10±24.35	71.33±26.89	68.22±25.53
6~7m/s	CK	100	100	100
	RF	74.85±32.62	83.49±39.01	79.09±35.88
	BF	60.52±22.47	70.32±28.73	65.42±25.95

注：表中 CK 为对照；RF 为随机配置；BF 为行带式配置

　　进一步分析发现：低风速时，行带式油蒿群丛 50cm 高度的防风效果低于 20cm 高度；高风速时，50cm 高度的防风效果高于 20cm 高度。随机分布的油蒿群丛，降低风速的效果均随风速的增大而增加（图 2.27）。而风速越大，行带式配置降低风速的效果基本保持平稳，变化幅度不大，其中，当对照 50cm 高度处风速在 3~4m/s 时，行带式油蒿群丛降低风速的效果比随机分布的高 33.37%；4~5m/s 时，高 22.36%；5~6m/s 时，高 16.21%；6~7m/s 时，高 14.32%。

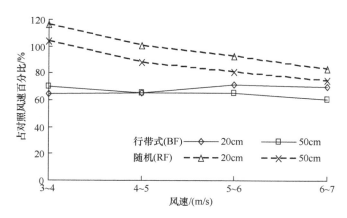

图 2.27 不同配置油蒿固沙群丛风力结构的变化

B. 行带式与随机分布的油蒿群丛与对照风速的差异概率

在分析油蒿群丛内的风速测试资料时，出现了风速大于旷野对照风速的现象，因此，作者把林内风速与对照风速的百分比分成大于 100%、50%~100% 和小于 50% 的 3 个区间，统计不同风速区段在林内各观测点风速与对照风速的百分比分布在不同区间的概率，结果见表 2.11。结果表明：同样在 20% 左右的低覆盖度时，行带式配置的油蒿群丛内的平均风速总体比对照风速低，偶尔有几次观测结果超过对照风速，在 50cm 和 20cm 两个高度，进入大于 100%、50%~100% 和小于 50% 的 3 个区间的平均概率分别为 6.55%、66.67% 和 26.79%；而随机分布的油蒿群丛进入大于 100%、50%~100% 和小于 50% 的 3 个区间的平均概率分别为 38.4%、45.99% 和 15.63%，这说明约有 38.4% 的观测结果超过旷野对照风速，而能够降低 50% 以上风速的概率平均比行带式配置低 20.68%，反映出随机分布的群丛总体降低风速的效果显著下降。

对林内两个高度分别统计的结果来看：在 50cm 高度处，行带式配置的油蒿群丛内的相对风速稳定在 50%~100%，有 26.19% 进入小于 50% 的区间，有 5.95% 超过旷野对照风速；而随机分布的油蒿群丛内有 33.04% 的观测结果超过对照风速，有 51.79% 进入 50%~100%，行带式配置的油蒿群丛内超过旷野对照风速的比随机配置的低 17.09%，进入 50%~100% 和小于 50% 区间的分别比随机配置的高 16.07% 和 11.01%，这说明行带式配置的防风效果显著高于随机配置。而当高度降低到 20cm 处时，行带式配置的群丛降低风速的效果稍有降低，其中超过对照风速的比 50cm 高度上的高 1.09%，进入 50%~100% 的比 50cm 高度上的低 2.38%，进入小于 50% 区间的比 50cm 高度上的高 1.19%；但是，随机分布的林分超过旷野对照风速百分比的概率增到 40.18%，同时，另有约 16.08% 的概率降到小于 50% 区间，这反映出低覆盖度随机分布的疏林使林内风场复杂化，同时，降低了其防风效果。

C. 行带式与随机分布的油蒿群丛的风速流场特征

从图 2.28 可看出，地形对风速的影响不是很大，形成一个相对稳定规则的流场，在

表 2.11 不同配置油蒿群丛内风速与对照风速的差异概率 （单位：%）

风速	占对照的比率区间	配置	高度		
			50cm	20cm	平均
3~4m/s	>100%	BF	14.29	0	7.145
		RF	53.57	60.71	57.14
	50%~100%	BF	61.9	71.43	66.67
		RF	32.14	25	28.57
	<50%	BF	23.81	28.57	26.19
		RF	14.29	14.29	14.29
4~5m/s	>100%	BF	4.76	0	2.38
		RF	35.71	46.43	41.07
	50%~100%	BF	71.43	66.67	69.05
		RF	50	39.29	44.65
	<50%	BF	23.81	33.33	28.57
		RF	14.29	14.29	14.29
5~6m/s	>100%	BF	4.76	9.52	7.14
		RF	25	39.29	32.15
	50%~100%	BF	71.43	66.67	69.05
		RF	60.71	46.43	53.57
	<50%	BF	23.81	23.81	23.81
		RF	14.29	14.29	14.29
6~7m/s	>100%	BF	0	19.05	9.53
		RF	17.86	28.57	23.22
	50%~100%	BF	66.67	57.14	61.91
		RF	64.29	50	57.15
	<50%	BF	33.33	23.81	28.57
		RF	17.86	21.43	19.65
平均	>100%	BF	5.95	7.14	6.55
		RF	33.04	43.75	38.4
	50%~100%	BF	67.86	65.48	66.67
		RF	51.79	40.18	45.99
	<50%	BF	26.19	27.38	26.79
		RF	15.18	16.08	15.63

每条林带后大致 1.5H 处有一风速减弱区，第三林带后减弱最强烈。进一步分析，在50cm高度上第一林带后平均风速降低百分比是 12.7%，第二林带后平均风速降低百分比是41.63%，第三林带后平均风速降低百分比是 50.84%，第四林带后平均风速降低百分比是60.12%；在20cm高度上第一林带后平均风速降低百分比是11.97%，第二林带后平均风速降低百分比是 39.68%，第三林带后平均风速降低百分比是48.19%，第四林带后平均风速降低百分比是 56.07%。从这些数据可看出，20cm高度上的平均风速降低百分比比 50cm高度上的低。而且，在50cm高度上第二林带后较第一林带后增加了28.93%，第三林带后

较第二林带后增加了 9.21%，第四林带后较第三林带后增加了 9.28%；在 20cm 高度上第二林带后较第一林带后增加了 27.71%，第三林带后较第二林带后增加了 8.51%，第四林带后较第三林带后增加了 7.88%；说明多带的组合使其防风效果的累加作用也越来越明显。

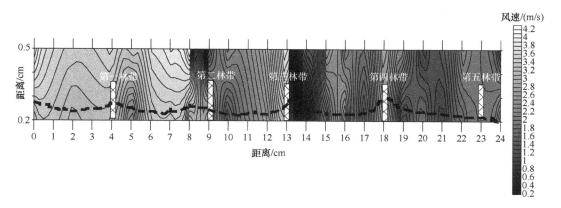

图 2.28　行带式配置在 200cm 高度风速为 6.0m/s 时的风速流场结构
图中粗的黑线代表测点高差

　　图 2.29A 是随机样地的地形高差等值线图。图 2.29B 和图 2.29C 分别是当对照 200m 高度上的风速为 6m/s 时，20cm 和 50cm 高度上随机分布的油蒿群丛的风速流场特征。从图 2.29B 和图 2.29C 可看出，两个高度上的风速流场特征基本一致，灌丛内的流场结构都非常复杂，整体上没有相对整齐、有规则的流场特征出现。进一步分析发现：在相对集中的灌丛后出现风影区，即背风侧形成一个风速显著降低区，而在灌丛两侧的空旷区，则有比较显著的风速抬升现象，成为风速加速区；在地形较低处形成风速降低区，在地形较高处形成风速加速区。整个模式内受灌丛或灌丛组合的分布特征及地形的影响，而形成有多个风影区和风速加速区组合的非常复杂的流场结构。在 50cm 高度上随机分布的样地内平均风速降低百分比是 23.51%，在 20cm 高度上随机样地内平均风速降低百分比是 15.6%，总体上来说，20cm 高度上平均风速降低百分比较 50cm 高度上低。

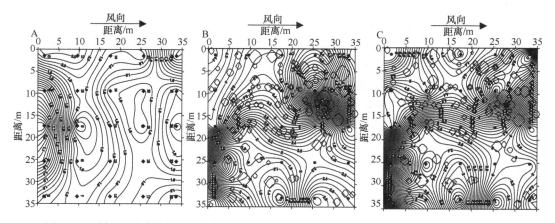

图 2.29　随机配置油蒿各测点的高差（A）和对照 200cm 高度上风速为 6.0m/s 时 20cm 和
50cm 高度上的风速流场图（B、C）
A. 菱形小黑点代表各测点；B、C. 加粗的圆圈代表样地中灌丛的位置。图中数据的单位是 m/s

综上所述，在相同覆盖度的情况下，就防风效果方面，行带式配置的油蒿较随机配置的好，其平均风速降低百分比高 20.6%。

D. 小结

半干旱地区沙地，在低覆盖度时，人为改变灌丛的水平分布格局（改变随机分布为规则分布，同时减小株距，拉大行距，形成行带式配置）形成行带式配置后，不但能提高水分利用率和生产力，而且从上述的分析充分肯定，行带式配置的油蒿群丛的防风效果显著大于其对应的随机分布，其平均风速降低百分比高 20.6%。

行带式配置的油蒿群丛形成一个相对稳定规则的流场，在每条林带后大致 1.5H 处有一风速减弱区，第三林带后减弱最强烈。而随机分布的油蒿群丛在灌丛风影区则可显著降低风速，在灌丛与灌丛之间形成的类似"狭管"流场的局部，有提升风速的作用；在地形较低处形成风速降低区，在地形较高处形成风速加速区，致使其流场结构复杂、变化多样，也成为低覆盖度时，沙地处于半固定、半流动状态，疏林内同时存在风蚀和积沙的重要因素。

行带式配置的油蒿群丛中，连续完整行带组合的防风效果表现出累加现象。在 50cm 高度上第二林带后较第一林带后增加了 28.93%，第三林带后较第二林带后增加了 9.21%，第四林带后较第三林带后增加了 9.28%；在 20cm 高度上第二林带后较第一林带后增加了 27.71%，第三林带后较第二林带后增加了 8.51%，第四林带后较第三林带后增加了 7.88%。这一结论与江爱良于 1958 年在广东徐闻及广西等地开展的华南植胶区的防护林防风累加效应的研究结论相符，也与严森于 1961 年对林带防风效应的连续效应做过的风洞实验结果，以及新疆林业科学研究所于 1975 年在吐鲁番艾丁湖公社前进四大队、蔡壮飞（1979）在内蒙古自治区赤峰市太平地乡等地、胡嘉良等于 1989 年、1990 年、1993 年在黑龙江省大庆市马鞍山农场进行的多条林带观测结论相符。

2）风洞

风洞实验是风沙运动学的重要组成部分，是风沙运动学发展的重要手段，风沙运动学中很多规律和公式都是在风洞实验的基础上发现和获得的。同时，风洞实验也是验证风沙运动理论和计算结果正确与否的依据。风洞作为一种测量工具被引入风沙运动规律的研究中后，就使得风沙运动的研究从野外走向室内，从只能定性地描述转化为定量的测量与计算，伴随着现代科学技术的发展，风洞结构越来越完善，实验方法越来越先进，实验结果越来越可靠，实验的地位也就越来越重要（丘明新，2000）。

模型实验法是研究林带防风效应常用的一种方法，这种方法是根据流体力学的相似原理，将缩小了的林带模型放在模拟大气边界层的风洞中，利用测速装置对林带的防风效应进行观测，加以分析研究。这样做的原因是，许多原型设备上利用实验手段去测试和研究气流的运动规律，常常是很不方便的，甚至是难办到的。因此进行模型实验，探索其内在的运动规律，然后根据相似原理推广应用于原型（实物），少走了弯路，节省了时间和经费（朱朝云等，1991；金文，2002）。

风洞最先是被用于航空方面的实验研究，后来在环保、气象、能源、建筑、电力、农业、林业等许多科学领域中得到广泛的应用。风洞是能产生气流并能在其中进行实验的装置。长期的实践证明，风洞是研究防护林效应的有力工具。早在 20 世纪 30 年代，英国学者拜格诺就曾利用低速风洞研究风沙流的规律和土壤风蚀；兹纳门斯基还专门设计和建造了沙风洞；丹麦 The Danish Heath Society 和哥本哈根皇家工学院于 1937 年合作进行了林带模型的风洞实验，此后许多国家的学者开展了风洞实验研究。中国科学院林业土壤研究所防护林组在 1964 年曾设计建造开路闭口吸气式低速风洞实验室，开展了模型实验研究。

　　和野外实测相比，风洞实验有以下优点（王元和吴延奎，1995）：①林带模型可以任意选取，这样便于求得林带最优结构的典型，而野外观测则仅能比较现有林带的优劣。②风洞实验不受天气条件的限制，可以在短时间内取得大量系统的观测资料。③风洞实验观测设备要比野外同数量测点的观测布设简便得多，可以节省大量的人力和物力。因此低速风洞实验室成为防护林实验研究的重要工具。

　　相似准则：为了使实验成本降低，防护林风洞实验的林带模型应远小于实际林带，如何将缩小的实验模型测出的实验结果换算到野外真实情况，是一个重要的理论问题。这就要利用流体力学的相似原理，要使缩小了的实验模型与实际情况完全相似，必须满足 3 个条件：①几何相似，模型的任何长度尺寸与实际林带相应的长度尺寸成比例。几何相似是力学相似的前提。有了几何相似，才有可能在模型流动和实际流动之间存在着相应点、相应线段、相应断面和相应体积这一系列相互对应的几何要素，才有可能在两种流动之间存在着相应流速、相应作用力等一系列相互对应的力学量，才有可能通过模型流动的相应点、相应断面的力学量的测定，来预测实际流动的特性。②运动相似，在模型实验和实际流动中相应的流线几何相似，所有相似点处流体质点的速度彼此间成比例。由于风洞实验主要研究流速场，因此，运动相似是模型实验的目的。③动力相似，模型和实物各对应点上作用着同样的力，力的大小成比例，方向一致，且具有相同的边界条件。一般情况下，在几何相似的条件下，只要满足了动力相似，则运动相似也就满足了。因此，动力相似是运动相似的保证。而为了保证流动的动力相似，必须寻找一些特殊量相等，这些特殊量就是相似准则。反映动力相似的相似准则数有欧拉数（Eu），弗劳德数（Fr），雷诺数（Re）等（邸耀全等，1996；韩致文等，2000）。

　　作用于空气质点上的力主要有惯性力、重力、黏性力、压力和科氏力等，实际上要有两种流动（野外实际的和风洞内的）满足完全相似的实验是不可能的，一般仅为部分相似。即在上述相似准则数中，一般只考虑最重要的一个相似准则数，这就是局部相似。在研究固定的物体在风力作用下绕流的问题，即防护林防风效益时，应主要考虑 Re 相同。

　　相似定理：彼此相似的现象，其同名相似准则的数值相同；两个现象的单值条件相似，以及由单值条件组成的同名相似准则数值相同，则这两个现象相似；现象的各物理参量之间的关系，可以转化为相似准则之间的关系。

　　（1）实验设备及装置

　　沙风洞结构主要包括进气口、风扇段、圆变矩形段、整流段、收缩段、实验段和扩散段（图 2.30）。

　　风扇段由电机和轴流风扇，以及一台外接变频器组成。该段是风洞的动力部分。当实验要求风洞内的气流流速发生变化时，利用变频器来调节风机转数。

　　整流段应有整流装置，即蜂窝器和整流网。蜂窝器是由许多方形或六角形小格子组成，形如蜂窝，故名。它可对气流起导向作用，并可使大漩涡的尺度减小，气流的横向

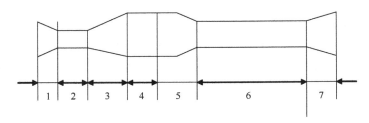

图 2.30 沙风洞结构纵剖面示意图
1. 进气口；2. 风扇段；3. 圆变矩形段；4. 整流段；5. 收缩段；6. 实验段；7. 扩散段

紊流度降低。整流网是由直径很小的金属丝编制而成的网，网孔十分细密，可有一层或数层。它的作用是使大尺度的漩涡分割为小尺度的漩涡，而小尺度的漩涡可在整流网后面的稳定段的足够长度内衰减下来，从而使气流的紊流度、特别是轴向紊流度明显减小。

收缩段是一段顺滑过渡的收缩曲线形管道，它位于稳定段和实验段之间。收缩段的主要功用是使来自稳定段的气流均匀地加速，并使实验段流场的品质得到改善。收缩段的设计应满足下列要求：气流沿收缩段流动时，流速单调增加，避免气流在壁面上发生分离；收缩段出口处气流速度分布均匀，方向平直，并且稳定，所以对这一段风洞的边壁处理为流线型〔维多辛斯基曲线），以保证实验段气流特征。

实验段是进行实验的场所，是整个风洞的核心。它的气流情况反映风洞的气动力设计好坏的两个方面之一（另一方面是风洞在工作时的总效率）。

扩散段起着将气流的动能变为压能的作用，气流通过实验段后，应尽量降低它的速度，以减少气流在风洞非实验段中的动能。扩散角度大致为 7°~10°，这样在减少能量损失的同时又可以避免气流在扩散段内的分离。

（2）风洞实验

A. 实验风洞

实验是在位于宁夏沙坡头的中国科学院兰州沙漠研究所的野外试验沙风洞进行的。该风洞是直流闭口吹气式活动风洞，主体结构由厚 3mm 的硬质铝合金板建成。风洞全长为 37m，实验段长 21m，截面为 1.2m×1.2m。采用防沙风速廓线皮托管自动记录风速（胡孟春等，2002，2004；薛娴等，2000）。

B. 实验模型

以单株灌木株高 0.65~0.7m、冠幅 0.8m×0.8m 为原型，本实验模型实物比为 1∶10，模拟温度为 22℃，气压为 873×10^{2}Pa。采用现采的活植物（油蒿）枝条制成类似灌木冠幅的样株，其中模型株高 7cm，冠幅 7~8cm；共 39 株模型，按照覆盖度为 20%，布设成行带式配置为 7cm×40cm；等株行距规则配置为 15cm×15cm，迎风方向第一排设为 6 株，第二排的 7 株植株设在第一排后每两株植株的中线上，形成"品"字形，同上设第三排6 株，依次类推共设了 6 排；随机不规则分布布设了 14 株单株的、6 个两株组成一丛的、3 个 3 株组成一丛的和 1 个 4 株组成一丛的。制作好模型后放入风洞，在 7m/s、10m/s、15m/s 3 种实验风速下，测定模型内 2cm 高度平面不同部位的风速。

C. 平面测点布设

在模型内布设了 126 个测点，测点高为 2cm；在模式内形成横排为 8cm、纵列为 10cm 的测点网络；同时，在模式第一林带（行或株）前方 85cm 处横排设了 5 个测点（类似空阔地对照风速测定点），作为矫正点，每轮必测。在同一试验风速下，每个测点分别观察 10~12 个平行风速值。

　　D. 剖面测点布设

　　共设两行油蒿，对 3 种带宽（40cm、56cm 和 64cm）的油蒿进行不同高度的观测。在模型中央纵剖面轴线上，40cm 带宽的在第一林带前布设 4 个测点（0*H*、1*H*、3*H*、5*H*），在两林带之间布设 8 个测点（每个测点间距为 5.7cm），共 18 个测点；56cm 带宽的在第一林带前布设 4 个测点（0*H*、1*H*、3*H*、5*H*），在两林带之间布设 11 个测点（每个测点间距为 5.6cm），共 20 个测点；64cm 带宽的在第一林带前布设 4 个测点（0*H*、1*H*、3*H*、5*H*），在两林带之间布置 12 个测点（每个测点间距为 5.8cm），共 22 个测点；即从模式迎风方向第一行前 30cm 处开始，直到模式背风侧最后一行后 30cm 处，每隔 6cm 布设一个测点，同时测定 0.6cm、0.8cm、1.8cm、2.4cm、4cm 高度处的风速。

　　E. 数据采集及制图

　　模拟温度为 20~22℃，气压为 $873×10^2$Pa。在设定的 7m/s、10m/s、15m/s 3 种实验风速条件下，采集风速资料，同一测点的平行风速值 10~12 个。求出算术平均值，用矫正点风速进行矫正后，用 Sufer8.0 进行制图和实验结果分析。

　　判定流体运动状态的准则（雷诺数）用公式（2.6）表示：

$$Re = \frac{\rho v l}{\mu} \tag{2.6}$$

式中，Re 为雷诺数；ρ=1.176kg/m^{-3}，为空气密度；l 为物体或对比空间的线性尺度；v 为风速；μ=1.862×10^{-5}Pa·s，为空气的动力黏滞系数。由公式（2.6）算出的雷诺数是：当实验风速为 7m/s 时，为 33 157.89；当试验风速为 10m/s 时，为 47 368.42；当试验风速为 15m/s 时，为 71 052.63。这说明本实验近地面层气流为湍流。

　　（3）3 种配置结构灌丛的风流结构特征

　　A. 行带式的风速流场结构特征

　　由测定资料绘制的 7m/s、10m/s、15m/s 3 种实验风速条件下行带式配置模式内 1cm 高度处的平面风速流场图见图 2.31。分析图 2.31 发现，不论风速是 7m/s、10m/s 还是 15m/s，行带式分布的灌丛具有非常显著地阻碍和降低风速的作用，形成相对规整的、与林带走向平行的风速等值线图，其流场特征都是在迎风面林带前 2.5m 左右、第一林带后 2m 处、第二林带前 2m 处和第二林带后 4m 处出现一个风速显著降低区，但在第二林带后 2m 处和第三林带前 1.5m 处出现一个风速微弱降低区，进而形成随林带而波浪变化的流场特征。

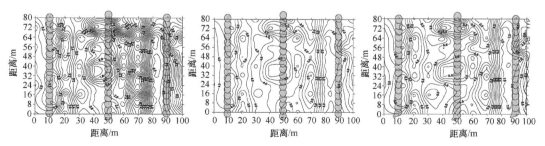

图 2.31　行带式配置从左到右依次在 7m/s、10m/s 和 15m/s 风速下的流场图
图中数据的单位是 m/s，图 2-32、图 2-33 同

B. 等株行距均匀分布的风速流场特征

图2.32是等株行距均匀配置的灌丛分别在风速为7m/s、10m/s、15m/s（从左到右）时的流场图。从图中可以看出，不论风速是7m/s、10m/s还是15m/s，等株行距均匀分布的灌丛在迎风面的第一行每一株灌丛后形成明显的风影区，即灌丛的冠幅后 2m 处有一个风速显著降低区，而两个冠幅之间由于存在较大的间距，形成一个类似狭管的通道，有使风速加快的作用，进而形成较复杂的流场特征；由于采用了"品"字形配置，迎风面的第一行冠幅之间加速的风，受到第二行正好对着的冠幅的强烈阻碍，使得7m/s风速的流场特征在第二行形成了与行带式相类似的、较规则的、沿行走向的风速等值线；而随着风速的增大，这种较规则的流场特征向下风方向推移，当风速为10m/s 和15m/s时，这个流场特征分别出现在第四行后和第五行后，反映出随着风速的增大，相对复杂的流场结构在模式内所占比例增加，进而使得流场特征变得相对复杂。

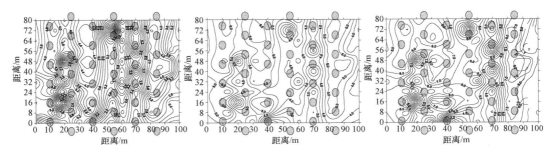

图 2.32　1.5m×1.5m 配置从左到右依次在7m/s、10m/s和15m/s风速下的流场图

C. 随机不均匀分布的风速流场特征

图2.33是随机不均匀配置的灌丛内风速分别为7m/s、10m/s、15m/s 时的流场图。从图中看出，不论风速是7m/s、10m/s还是15m/s，其灌丛内的流场结构都变得非常复杂，整体上没有相对整齐、有规则的流场特征出现。进一步分析发现：在相对集中的灌丛（3 或 4 个冠幅组合的较大灌丛）后出现风影区，即背风侧形成一个风速显著降低区，而在灌丛两侧的空旷区，则有比较显著的风速抬升现象，成为风速加速区；整个模式内受灌丛或灌丛组合的分布特征的影响，而形成有多个风影区和风速加速区组合的非常复杂的流场结构；而且，随着风速的增大，由于风影区对风速的显著降低和风速加速区随风速增加而显著增大，这种多个风影区和风速加速区组合的流场结构变得更加复杂。

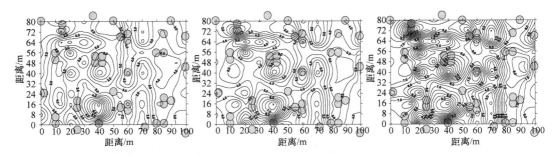

图 2.33　随机配置从左到右依次在7m/s、10m/s和15m/s风速下的流场图

（4）3 种配置结构的防风效果分析

统计分析 3 种风速（7m/s、10m/s 和 15m/s）条件下模式内 2cm 高度整个平面的风速资料（表 2.12）发现：不论是在 7m/s、10m/s 还是 15m/s 风速条件下，3 种模式内测定的 2cm 高度整个平面的平均风速均是行带式模式内的最低，等株行距模式内的次之，比行带式模式内的平均风速高 22.2%~24.7%，随机不均匀模式内最高，比行带式模式内的平均风速高 25.8%~28.4%，而且随着测定风速的提高均有一定提高，说明行带式模式的防风效果最好，而且随着风速的增大，行带式模式的防风效果增强。

表 2.12　3 种配置结构内风速统计结果

风速	项目	行带式	等株行距	随机不均匀
7.0m/s	平均/(m/s)	2.726	3.332	3.430
	百分比/%	100.000	122.200	125.800
	最大值/(m/s)	4.001	4.743	7.261
	最小值/(m/s)	0.686	0.754	0.776
10.0m/s	平均/(m/s)	3.699	4.539	4.726
	百分比/%	100.000	122.700	127.800
	最大值/(m/s)	5.736	6.367	8.715
	最小值/(m/s)	1.046	1.249	1.713
15.0m/s	平均/(m/s)	5.230	6.523	6.714
	百分比/%	100.000	124.700	128.400
	最大值/(m/s)	7.805	9.607	11.268
	最小值/(m/s)	1.671	1.672	1.817

进一步分析发现，不论是在 7m/s、10m/s 还是 15m/s 风速条件下，3 种模式内测定的最小风速值基本相似，风速差在 0.2m/s 之内；而 3 种模式内测定的最大风速则差异非常大，尤其是随机不均匀模式，要比行带式模式内的最大风速高 2.3~3.5m/s，高出 44.6%~57.4%；等株行距模式内最大风速比行带式大而比随机不均匀模式的最大风速小。说明行带式模式主要是降低了最大风速，同时也发现随机不均匀模式内局部出现了 11.268m/s 高风速，与对照点（矫正点）的 2cm 高度处的风速（在 7m/s 时为 4.08m/s，10m/s 时为 5.82m/s 和 15m/s 时为 8.62m/s）相比较，行带式模式内的最大风速均低于对照点的风速，等株行距模式内最大风速在 7m/s 和 10m/s 实验风速时基本与对照点的风速一致，在 15m/s 实验风速时则高出对照点的风速约 1.0m/s（11.6%），而随机不均匀模式内的最大风速分别高出对照点的风速 3.2m/s（78.4%）、2.9m/s（49.8%）和 2.6m/s（30.2%）。这个结果反映出随机不均匀模式内和等株行距模式内局部灌丛之间形成了类似"狭管"风速通道，有局部提高风速的作用。这是低覆盖度植被内出现局部风蚀，沙地处于半固定、半流动状态的主要原因。

图 2.34 是在 10m/s 风速下 3 种配置的风速曲线图。从这个图中的曲线变化趋势可看出，行带式配置和等株行距配置的风速变化是规则的，随机不均匀配置的风速变化是不规则的；行带式配置的总体风速是最低的，等株行距配置的次之，随机不均匀配置的变化剧烈。

从其离散程度（标准偏差）来说，行带式的离散程度最小，等株行距的次之，随机的最大。这说明行带式的防风效能是最好的，等株行距配置的次之，随机不均匀配置的最差。

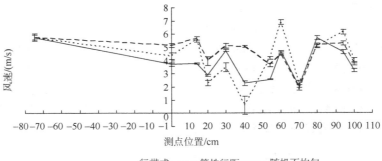

图 2.34　10m/s 风速下 3 种配置的风速曲线图
图中竖杠代表标准偏差

（5）不同宽度行带式的防风效果分析

图 2.35 是带间距分别为 40cm、56cm 和 64cm 的单行带式灌丛模式带间 0.6cm、0.8cm、1.2cm、1.8cm、2.4cm 和 4cm 高度处风速流场结构纵剖面图，可以看出其不同带宽的风速流场结构变化规则基本一致，即带前风速降低不明显，甚至在林带位置处有风速抬升现象，带间和带后有明显的风速降低区；随着带宽增加，带内出现多个风速显著降低区和风速微弱降低区，进而形成随林带而波浪变化的流场特征。

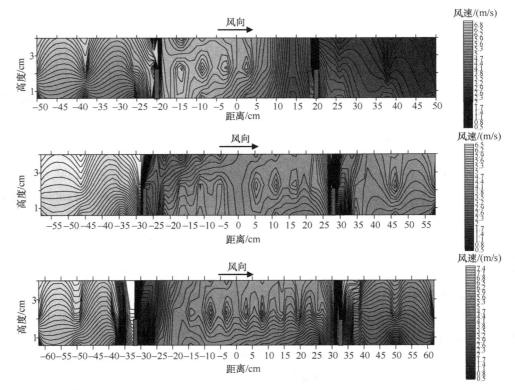

图 2.35　单行带式灌丛带间风速流场结构纵剖面图（由上到下带间距分别为 40cm、56cm 和 64cm）

表 2.13 是带间距分别为 32cm、40cm、56cm 和 64cm 的单行带式灌丛带间防风效果的差异。从表 2.13 中可看出，不管在哪个高度随着带宽的增加风速是降低的，相对于旷

野风速的百分比除了 40cm 大于 32cm，其余也呈下降趋势。当带宽为 32cm 时，平均风速降低 1.65%；当带宽为 40cm 时，平均风速增高 4.9%；当带宽为 56cm 时，平均风速降低 27.68%；当带宽为 64cm 时，平均风速降低 31.80%。说明 56cm 和 64cm 带宽的防风效果较好。

表 2.13　单行配置结构不同宽度带间防风效果的差异

项目	测定高度											
	0.6cm				1.8cm				2.4cm			
带宽/cm	32	40	56	64	32	40	56	64	32	40	56	64
风速/(m/s)	5.24	4.46	3.45	3.14	5.19	5.10	4.13	3.88	5.48	5.38	3.94	3.86
百分比/%	105.19	106.57	67.17	67.21	94.76	105.09	78.57	71.03	95.10	103.04	71.23	66.35

（6）小结

对于覆盖度为 20% 左右的灌丛，灌丛在水平空间的配置格局，对风速流场的阻碍和改变作用差异显著。其中行带式模式具有显著的阻碍和改变作用，且模拟风速越大，作用越明显，这成为覆盖度为 20% 左右能够完全固定流沙的重要因素；而等株行距模式（比行带式模式内的平均风速高 22.2%~24.8%）和随机不均匀的模式（比行带式模式内的平均风速高 25.7%~28.4%）对风速的阻碍和改变作用相对较差，且出现局部提高风速的现象，成为低覆盖度时，沙地处于半固定、半流动状态，疏林内同时存在风蚀和积沙的重要因素。

行带式模式内形成相对规整、波浪状的风速流场结构，其基本规律是在带后 2~3H 处、下一林带前 2H 处出现一个风速显著降低区，而在两个林带间的中央地带出现一个风速微弱降低区，出现"凹月"形沙面，对于带间距较宽的模式带间能够出现多个风速显著降低区和风速微弱降低区，进而形成随林带而波浪变化的流场特征。而等株行距和随机不均匀模式内的风速流场结构变得非常复杂，尤其是随机不均匀模式内，形成由多个风影区和风速加速区组合的非常复杂的流场结构；且随着风速的增大，流场结构变得更加复杂，而风影区是形成灌丛沙堆的重要因素。

在行带式模式内，连续的行带式分布对风速的阻碍和降低表现出明显的累加作用，这种累加作用正好与随机不均匀模式的风速加速区相对应，反映出对风速具有更加显著的阻碍和降低作用，进一步提高其防风固沙作用。

带间距为 56cm 和 64cm 的行带式模式的防风效果较带宽为 32cm、40cm 显著。说明把行带式的带宽增大到 64cm，而覆盖度降低为 11%~13%，其防风效果仍然不会降低，不但有利于固定流沙，而且有利于带间恢复草被，为"乔、灌、草复层结构，多树种带状混交"提供了重要的科学依据。

2.2　近地表输沙通量与固沙效益

风是塑造地貌形态的基本营力之一，也是沙粒发生运动的动力基础。对于确定某一种风可能搬运的沙粒数量来说，风速是最重要的，它是风沙流研究中的重要参数之一。但是，几乎所有搬运沙粒的风，不论是在风洞还是野外，全是湍流（紊动）的。

大气作湍流运动时，各点的瞬时流速大小和方向将是随时间脉动的，表现出一定的阵性变化。因此，在讨论近地层风速时，用一定时间间隔的平均风速代替瞬时风速（吴正等，2003）。用平均风速来研究风沙问题是一种常见而又方便的处理方法，易于把握风速的总体变化趋势。对这一方面的研究已取得了大量的成果，如地形对气流速度的影响、输沙量与风速之间的关系和沙粒粒径与起沙风速之间的关系等（贺大良，1993；李振山，1999；李振山和倪晋仁，2001；倪晋仁和李振山，2002；杨具瑞等，2004；慕青松等，2004）。另外，对各种工程防沙措施中风况对其防护效益的影响机理也进行了大量研究（屈建军等，2005；汪万福等，2005；张克存等，2005）。但由于气流的紊动性，在研究风沙问题时，如果不考虑风速的脉动特征，将使部分信息受损，对风沙现象的描述也不够细致和准确，得到的结果往往与实际情况有一定的偏差（包慧娟和李振山，2004）。

　　输沙率为气流在单位时间单位宽度内搬运的沙粒的质量。它可以用来判断地表的蚀积状况，掌握风成地貌的形态发育及演变规律（McTainsh *et al.*，1998）。同时它也是衡量沙区沙害程度的主要指标之一和防沙工程设计的主要依据（朱朝云等，1991）。在已经发表的论文、专著中，有关用来计算输沙率的理论和经验公式很多。拜格诺于 1941 年最早从理论上推导出了风力输沙率（Q）的计算公式。

$$Q = c\sqrt{\frac{d}{D}}\frac{\rho}{\text{g}}u_x^3 \tag{2.7}$$

式中，D 为 0.25mm 标准沙的粒径；d 为所研究的沙粒粒径；g 为重力加速度；u_x 为风速；c 为经验系数，具有如下的取值：对于几乎均匀的沙，c =1.5；对于天然混合沙（如沙丘沙），c=1.8；对于粒径分散很广的沙，c =2.8。

　　后来，陆续有人从不同角度提出了计算输沙率理论和经验公式。但这些公式在实际中不能直接用来计算，需要作进一步的修改。推算某个地区的输沙量，一般采用分析影响输沙率的影响因子来推算某一地区输沙量的方法，而决定特定空间上输沙率的因素比较多，如风速、高度、沙丘类型、沙粒性状、植被状况等。所以一般多次测定该地区的风速及其所对应的输沙率，进而建立起输沙率与风速的函数关系，即可推算出该地区的输沙量。输沙量的测定对于评价治沙效果的可靠性具有十分重要的意义（李清河等，2003）。

　　Butterfield（1991，1998，1999）用能够连续记录观测高频积沙动态的光学传感器和热线风速仪研究了恒定和非恒定两种紊流条件下输沙率与风速脉动之间的关系，发现近地表的输沙率与风速波动具有很好的正相关性（图 2.36）。如果将这些观测数据平均，这种波动性将会消失。

　　张克存等（2006）通过对不同孔隙度栅栏中风速脉动和风沙流结构特征研究发现，栅栏内风沙流中各高度层脉动与风速具有很好的相关性，特别是在风速较小时，相关性非常显著。各高度层风速脉动强度随进口风速的增大而增大，随孔隙度的增加而减小，而风速脉动相对值变化不大，随高度的增加呈减小趋势。随不同高度间距增加，瞬时风速在时间序列上波动的均一性呈递减趋势。瞬时风速的波动性主要与其所在高度层沙粒的运动状态和工程效益有关。

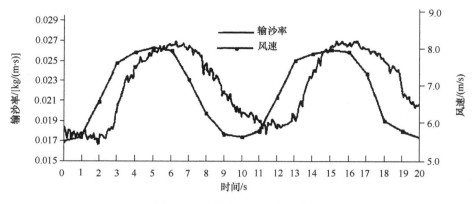

图 2.36　输沙率与风速脉动特征

2.2.1　输沙量空间分布

表征一个地区风沙危害程度的数量标志可以有很多种，如极端最大风速及其持续时间、年（月）大风日数、输沙量大小及其方向、年（月）扬沙能力及其方向。不同地区可以视本地特点选择不同的危害指征作为防护的目标，例如，戈壁地区沙源较少，可以取大风日数作为危害的指征；风沙地区可以取极端最大风速及其持续时间作为危害指征等；而广大沙区最普遍应用的危害指征仍属输沙量及其强度（输沙率）。输沙量是指单位宽度内通过的沙量，单位为 t/m 或 kg/m。输沙强度为单位时间单位宽度内通过的沙量，单位为 t/(m·d)或 kg/(m·h)。

本研究主要研究行带式、随机分布、等株行距 3 种配置格局的输沙量空间分布，通过风洞实验，3 种配置模式在不同实验风速（10m/s 和 15m/s）下吹蚀 30min、20min、10min 后输沙量的空间分布情况见图 2.37。

风洞实验是在测定风速时，设计 3 种水平配置格局（行带式、等株行距和随机配置）在 3 种实验风速下进行观测。在制作好植被分布格局模型后放入风洞中，测完风速后，从模式迎风方向第一林带（行或株）前 20cm 处开始到模式后 10cm，均匀平铺 2cm 厚的风成沙（风成沙来自沙坡头实验站附近的沙丘上）。制作成风洞内的风沙观测场。5m/s 为裸露沙地起沙风，本试验在 10m/s、15m/s 3 种实验风速下，分别对 3 种植被配置格局的风沙观测场进行吹时 10min、20min、30min，同时利用网格法测定风沙观测场内外平铺沙面的变化状况，测定精度为 1mm，平均每平方厘米 1 个测点，变化剧烈的位置，每平方厘米 3 或 4 个测点。并在风沙观测场背风方向距沙缘 25cm 处中部安置一个集沙仪，测定形成风沙流的强度，集沙仪分 10 层，每层高 2cm。

2.2.2　风沙流结构

根据风沙流结构特征，即风沙流中平均输沙量搬运高度的恒久性和各层输沙量的不均匀性（用结构数或特征值作为风沙流结构指标），判断风蚀、沙埋和搬运的状况。结构数是最大输沙量（即 1cm 层输沙量）与 1~10cm 平均输沙量之比。一切沙质表面，搬运时的结构数为 3.8，小于此数者为风蚀，大于此数者为堆积。特征值为 3~10cm 层输沙量与 1cm 层输沙量之比。特征值等于 1 为搬运，小于 1 为堆积，大于 1 为风蚀。

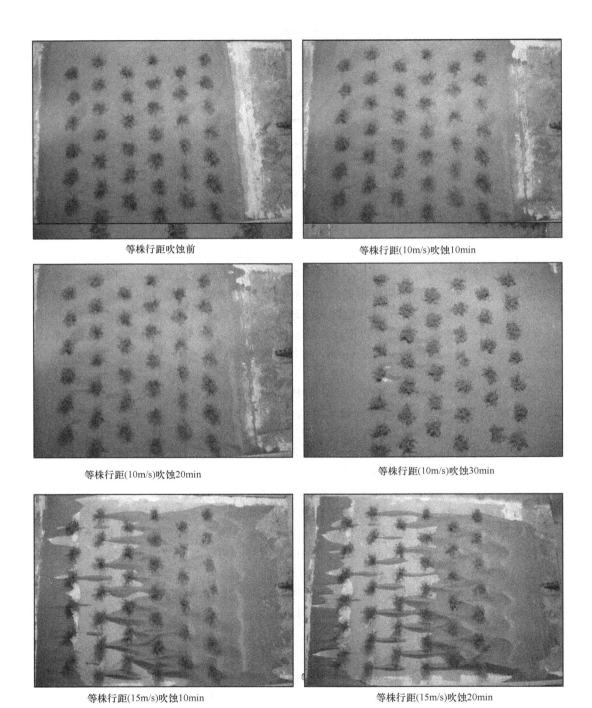

等株行距吹蚀前　　　　　　　　　　等株行距(10m/s)吹蚀10min

等株行距(10m/s)吹蚀20min　　　　　　　　　　等株行距(10m/s)吹蚀30min

等株行距(15m/s)吹蚀10min　　　　　　　　　　等株行距(15m/s)吹蚀20min

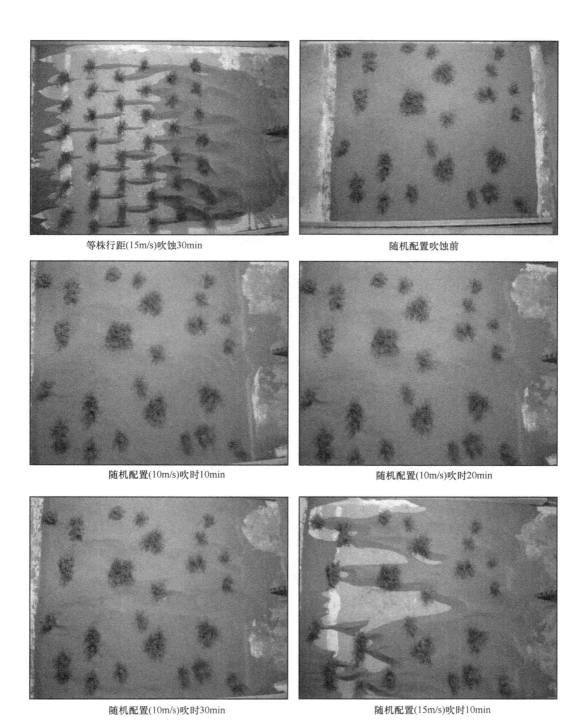

等株行距(15m/s)吹蚀30min

随机配置吹蚀前

随机配置(10m/s)吹时10min

随机配置(10m/s)吹时20min

随机配置(10m/s)吹时30min

随机配置(15m/s)吹时10min

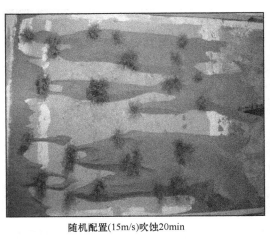

随机配置(15m/s)吹蚀20min

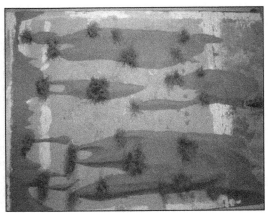

随机配置(15m/s)吹蚀30min

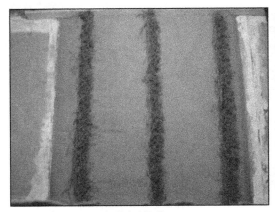

行带式吹蚀前

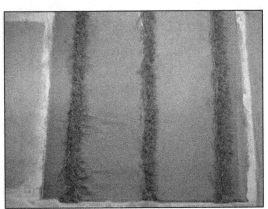

行带式(15m/s)吹蚀10min

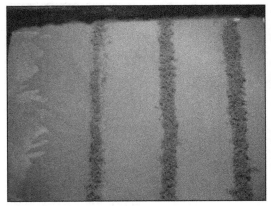

行带式(15m/s)吹蚀20min

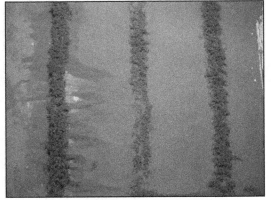

行带式(15m/s)吹蚀30min

图 2.37 不同配置下的吹蚀效果

风蚀、搬运和堆积是风沙运动的 3 种基本床面过程，床面蚀积状态是风沙流结构变异的直接指征。下垫面性质在床面蚀积过程中起着非常重要的作用，并引起风沙流结构的不同响应形式。由于风沙流结构受风与下垫面等多种因素影响,如风速、风向、沙源、地形、植被等,一些特殊床面条件下的风沙流结构变异,使传统的定性标志床面蚀积状态的方法出现偏差。在饱和及非饱和风沙流所形成的不同床面过程中,沙源起着重要作用。虽然输入床面的沙量成为衡量风沙堆积与侵蚀的重要指标之一,但是实测资料拟合出的输沙率公式需要床面蚀积观测资料的进一步支撑。近几十年来,国内外对砾石床面的蚀积变化与风沙流互馈机制的研究,主要集中在实验与模拟;野外观测薄弱,而对由沙源供给丰富程度和风速大小导致的戈壁床面风沙流结构变异、风沙流结构与床面蚀积的互馈等科学问题,限于工作条件,尚未深入研究(来自寒旱所在不同沙源供给条件下砾石床面的风沙流结构与蚀积量变化风洞实验研究中取得的进展)。

本书主要以风洞实验的实验结果作为分析的主要对象。

1. 行带式配置格局的风沙流结构

行带式配置模式在实验风速 7m/s 和 10m/s 下吹蚀 30min 后沙面没变化,说明没有蚀积发生。

在实验风速为 15m/s 时,行带式配置模式内大约吹风 2min 开始出现风蚀现象。吹风10min、20min 和 30min 后的蚀积状况见图 2.38。图 2.38A 是行带式配置吹风 10min 的结果:从图中可看出行带式配置模式发生的规律是首先在第一林带前发生风蚀,在第一林带及其背风面出现积沙,大约 5min 后,带前风蚀的沙开始在第二林带前发生堆积,同时,在第一林带和第二林带之间的中央部位开始出现风蚀,大约 10min 后,形成图 2.38A 的沙面形态,最大风蚀深度约 1.7cm,最大积沙厚度约 2.4cm。继续吹风,第二林带前的沙堆向后推移在第二林带处或第二林带后发生堆积,且第一林带前堆积的沙开始出现风蚀,沙面高度降低,第二林带及其背风面的积沙量增加,沙面高度增高,20min 后,形成图2.38B 的沙面形态,最大风蚀深度约 2.0cm,最大积沙厚度约 2.7cm。继续吹风,风蚀量和积沙量已经很小,基本形成了稳定的沙面,30min 后,形成图 2.38C 的沙面形态;最大风蚀深度约 2.0cm,最大积沙厚度约 2.7cm,在第三林带附近基本没有风蚀现象,有非常微小的积沙量,没有沙被吹出模式以外。

本实验还对行带式配置在 20m/s 风速下进行了吹沙,得出行带式配置吹沙的总趋势是:先在林带前进行堆积,然后沙子越过林带继续后移直至把沙子全吹走。不过这个过程是很困难的,需要强大的风速和很长时间的吹沙。

2. 等株行距配置格局的风沙流结构

等株行距配置模式在 7m/s 实验风速下吹蚀 30min 后沙面没变化。在 10m/s 实验风速下吹蚀 10min 变化也不太明显,最大风蚀深度约 0.2cm,最大积沙厚度约 0.5cm,分别出现在第一行第四株灌丛的两侧和第二行第三株灌丛的背风侧;吹蚀 20min 和 30min 后的沙面变化如图 2.39 所示。吹蚀 20min 蚀积主要发生在前两排灌丛的左右两侧,最大风蚀深度约 1.0cm,最大积沙厚度约 1.0cm,形成图 2.39A 的沙面形状。继续吹风,风积面积扩大,第一行和第二行的灌丛两侧基本上都出现风蚀,风蚀深度增加,而风蚀的沙量主要在第三行和第五行灌丛的背风侧堆积,到 30min 后形成图 2.39B 的沙面形状。最大风蚀深度 1.4cm,最大积沙厚度 1.2cm。这些表明随着吹蚀时间的增加,蚀积都在增加,且波及的面积也在扩大。

15m/s　　风向　→

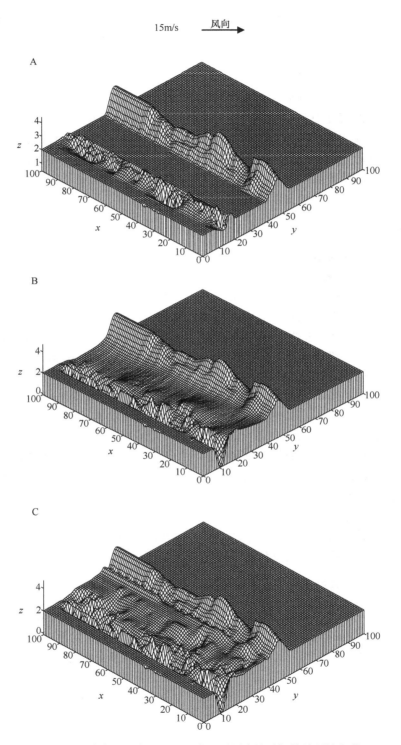

图 2.38　行带式配置在 15m/s 风速下不同吹蚀时间的沙面蚀积状况
图中 x 轴和 y 轴表示测点位置（m）；z 轴表示集沙高度（cm）；风向垂直于 y 轴；下同

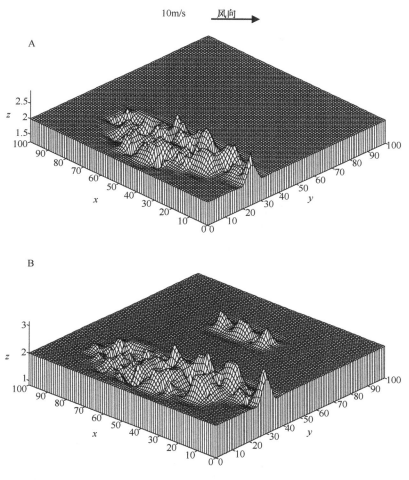

图 2.39　等株行距配置在 10m/s 风速下不同吹蚀时间的沙面蚀积状况

　　在 15m/s 实验风速下吹风 10min、20min 和 30min 后的变化见图 2.40。当实验风速为 15m/s 时，等株行距模式内大约吹风 1min 开始在第一行灌丛的两侧出现风蚀现象；而且风蚀面很快扩展到前 3 行的所有灌丛，被风蚀的沙量在第三、第四行堆积，并且已经有沙被吹出模式，到 10min 时，形成图 2.40A 的沙面形状，风蚀深度达到 2.0cm 的面积为 14%，积沙最大厚度为 3.6cm。继续吹风，风蚀面积增加，堆积面积减小，积沙厚度增加，到 20min 时，形成图 2.40B 的沙面形状，风蚀深度达到 2.0cm 的面积为 25%，第一行附近的沙基本全部被吹走，第二行仅在灌丛背风侧有少量沙未被吹走，积沙最大厚度为 3.0cm。继续吹风，风蚀面积进一步增加，堆积面积减小，积沙厚度增加，到 30min 时，形成图 2.40C 的沙面形状，风蚀深度达到 2.0cm 的面积为 38%，第一行和第二行附近的沙基本全部被吹走，第三行仅在灌丛背风侧有少量沙未被吹走，积沙最大厚度为 8.2cm。

　　等株行距配置模式风蚀发生的规律是：首先在第一排灌丛间隔处发生风蚀，在第二排灌丛的阻挡下风蚀减小，但由于灌丛间的距离较大，风蚀继续扩展，达到一定风蚀后，将在后排灌丛产生堆积，随着实验风速和吹蚀时间的增加，将发生先风蚀后堆积的现象，即风蚀面积增加，堆积面积减小，堆积高度增加。

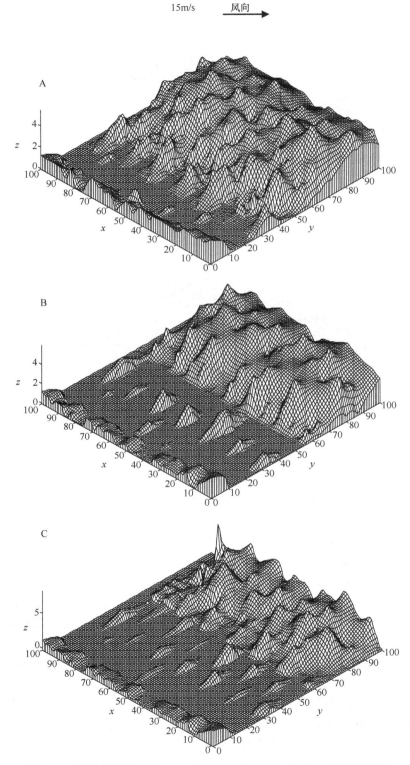

图 2.40　等株行距配置在 15m/s 风速下不同吹蚀时间的沙面蚀积状况

3. 随机不均匀配置格局的风沙流结构

随机配置模式在 7m/s 实验风速下吹蚀 30min 后沙面没变化。

在 10m/s 实验风速下吹风 10min、20min 和 30min 的沙面变化情况见图 2.41。在随机配置模式下，风蚀首先在灌丛分布最大的空隙间开始发生风蚀，吹风 10min 后形成图 2.41A 的沙面形状。除在灌丛稀少的空间出现风蚀外，其余部位基本没变化，最大风蚀深度为 1.1cm，最大积沙厚度为 0.6cm。继续吹风，风蚀深度进一步增加，积沙厚度增加，到 20min 时，形成图 2.41B 的沙面形状，与吹风 10min 的沙面形状基本相似，风蚀最大深度达到 1.25cm，积沙最大厚度为 0.45cm。继续吹风到 30min 后，形成图 2.41C 的沙面形状，沙面整体形状基本未发生变化，起伏程度加大，风蚀最大深度达到 2.0cm，积沙最大厚度为 0.4cm。

随机配置模式在 10m/s 实验风速下，风蚀发生的规律是在灌丛稀少的地方明显出现两条风蚀沟，随着吹蚀时间的增加，风蚀沟在逐渐加深加宽，其他地方的风蚀也在普遍增加，堆积在普遍减少。

随机配置模式在 15m/s 实验风速下吹蚀 10min、20min 和 30min 后的蚀积状况见图 2.42。当实验风速为 15m/s 时，随机不均匀配置格局模式内大约吹风 40s 就开始在灌丛分布的较大空隙间出现风蚀现象；随着吹风时间的增长，首先大空隙间的沙被严重风蚀，而在灌丛背风侧出现积沙，且在灌丛相对集中的地方积沙越多，到 10min 后，形成如图 2.42A 所示的沙面非常复杂的形状，风蚀深度达到 2.0cm 的面积为 18%，积沙最大厚度为 3.0cm，并且已经有沙被吹出模式之外。继续吹风，灌丛没有分布或分布稀疏的空阔区域被进一步风蚀，而在灌丛相对集中区域的背风侧进一步积沙，到 20min 后，形成如图 2.42B 所示的沙面形状，风蚀深度达到 2.0cm 的面积为 29%，积沙最大厚度为 2.6cm。继续吹风，模式内的空阔区域被进一步风蚀，出现风蚀的面积进一步扩大，而在灌丛相对集中区域的背风侧的积沙也被部分风蚀，到 30min 后，形成如图 2.42C 所示的沙面形状，风蚀深度达 2.0cm 的面积为 40%，积沙最大厚度为 2.5cm。

4. 小结

3 种配置油蒿模型的防风蚀作用：当实验风速为 7m/s 时，吹蚀 30min 后 3 种配置格局均没有出现风蚀现象，说明低覆盖度植被在低风速时具有防止风蚀的作用。当实验风速为 10m/s 时，行带式配置格局吹蚀 30min 未出现风蚀现象，而等株行距配置在 8min、随机配置模式在 3min 内出现风蚀；且等株行距配置和随机配置模式已经分别有占模式内总沙量 3.78%和 9.97%的沙形成风沙流而飘出模式。当实验风速增大为 15m/s 时，行带式配置格局在 2min、等株行距配置在 1min、随机配置模式在 40s 内出现风蚀；且等株行距配置和随机配置模式吹风 30min 后，风蚀深度达到 2cm 的面积已经分别超过 38%和 40%，占模式内总沙量的 65.57%和 66.96%的沙形成风沙流而飘出模式。

3 种配置模式的风蚀规律：行带式配置模式先在林带前发生风蚀，随着吹风时间延长，在林带处或林带后发生堆积，即沙子越过林带而后移的过程；等株行距配置是从第一行中部灌丛株间开始风蚀，随着吹风时间延长，风蚀区逐步扩大到第一行、第二行，再到第三行的灌丛株间空隙，风蚀面相对均匀；随机配置是从灌丛分布的大空隙间开始

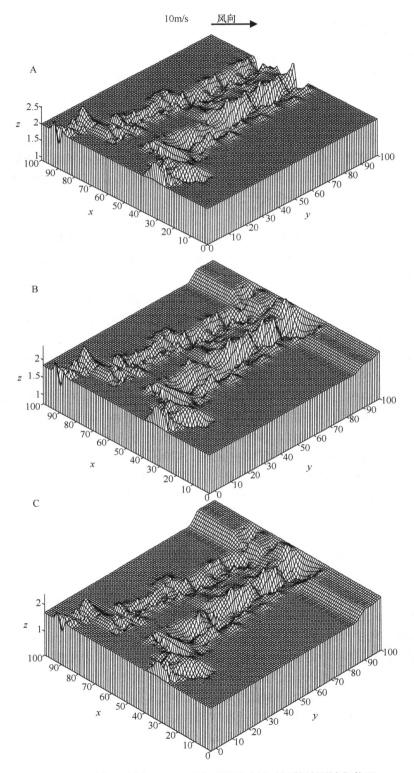

图 2.41 随机配置在 10m/s 风速下不同吹蚀时间的沙面蚀积状况

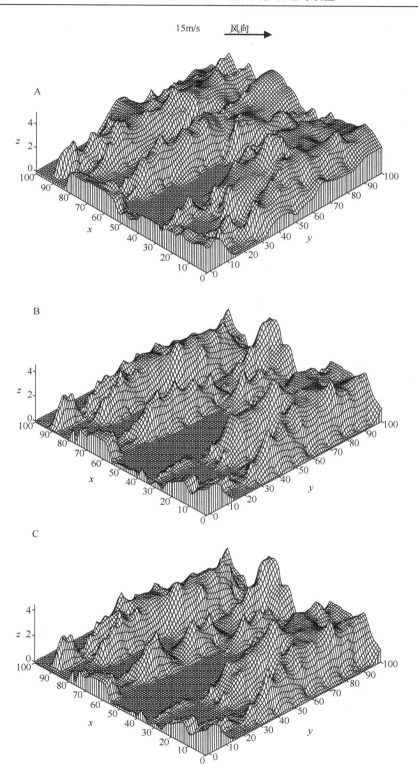

图 2.42　随机配置在 15m/s 风速下不同吹蚀时间的沙面蚀积状况

风蚀，随着吹风时间延长，风蚀区逐步向小空隙间扩展，在灌丛相对集中的部位积沙，因此形成非常复杂的沙面形状。

2.2.3　固沙效益

固沙林的防风固沙效益（韩德儒等，1996）：防风固沙林的建立，增加了地面粗糙度，减小了风速，从而减小了风沙流的挟沙量，降低了输沙率，达到防风固沙的目的（吴正和凌裕泉，1965；朱震达，1964；王涛，2003；周军莉，2001）。许多人对固沙林的防风固沙效益进行了观测，得出了同样的结论。固沙林还能减小土壤风蚀（高尚武，1984），当气流含沙量较大时，如遇到植物群体就会产生积沙现象，因此，通过植物的滤沙作用，气流含沙量减小。另外据测定，当挟沙气流和不挟沙气流两者作用于同一质地的地表时，挟沙气流的吹蚀力为不挟沙气流的 5 倍。因而在有植物存在时，由于固沙体的降风（孙洪祥，1991）和滤沙作用，减小了气流对土壤的侵蚀。

本研究以风洞实验为例，说明不同配置下的固沙效益。

本实验测定了不同实验风速下出现风蚀的时间，并在吹前和吹后 30min 测定用沙量（表 2.14）。

表 2.14　不同配置模式的风蚀时间和风蚀量

实验风速	指标	配置形式		
		行带式	等株行距	随机
7m/s	T	无	无	无
	Q_q/kg	42.4	45.3	44.65
	Q_h/kg	42.4	45.3	44.65
	Q_c/kg	0	0	0
10m/s	T	无	8min	3min
	Q_q/kg	42.4	45.3	44.65
	Q_h/kg	42.4	43.65	40.2
	Q_c/kg	0	1.65	4.45
15m/s	T	2min	1min	40s
	Q_q/kg	42.4	44	44.95
	Q_h/kg	42.4	15.15	14.85
	Q_c/kg	0	28.85	30.1

注：表中 T 代表出现风蚀的时间；Q_q 代表吹前所铺的沙量；Q_h 代表吹蚀 30min 后剩余的沙量；Q_c 代表风蚀量

分析表 2.14 可得出，在 7m/s 实验风速下 3 种配置吹蚀 30min 后均没有出现风蚀；当实验风速增加到 10m/s 时，行带式配置吹蚀 30min 后仍然没有出现风蚀，但等株行距配置吹蚀 8min 就出现了风蚀，随机配置吹蚀 3min 就出现了风蚀；当实验风速达 15m/s 时，3 种配置均出现了风蚀，出现风蚀的时间分别为 2min、1min 和 40s。这些说明随着实验风速的增加，风蚀越易发生；比较 3 种配置在不同实验风速下出现的风蚀时间说明行带式配置最不易发生风蚀，等株行距次之，随机配置最易发生风蚀。

分析 3 种配置在不同实验风速下的风蚀量，当实验风速为 7m/s 时，3 种配置均没有风蚀；当实验风速增到 10m/s 时，行带式配置没有发生风蚀，等株行距配置和随机配置出现了风蚀，其风蚀量分别是 1.65kg 和 4.45kg，即风蚀了 3.78% 和 9.97%，随机配置的风蚀较等株行距配置多 6.19%；当实验风速达 15m/s 时，3 种配置均发生了风蚀，但行带式配置的沙子没有被吹跑，只是将前面的风蚀推移到了后面产生了堆积，等株行距配置和随机配置的风蚀量分别是 28.85kg 和 30.1kg，即风蚀了 65.57% 和 66.96%，随机配置和等株行距配置的风蚀差不多（只多了 1.39%），这说明等株行距配置的固沙效益在 15m/s 以上实验风速时和随机配置的差不多。随着实验风速的增加，3 种配置的风蚀均在增加，实验风速在 15m/s 时，等株行距和随机配置分别较 10m/s 时增加了 61.79% 和 56.99%；从这些方面也可明显看出行带式配置的固沙效果最好，等株行距的次之，随机配置的最差。

3 种配置模式的输沙量见表 2.15。由于行带式配置在 3 种实验风速下和其余两种配置在 7m/s 实验风速下均没有输沙量，因此在表 2.15 中没有列入。从表 2.15 中可看出当实验风速是 10m/s 时，等株行距配置和随机配置的输沙量均随高度的增加而减小。而当实验风速增加到 15m/s 时，等株行距配置吹蚀 10min 后输沙量在高度 20~80mm 是增加的，80mm 以上是逐渐减小的，吹蚀 20min 后随着高度的增加在逐渐减小，吹蚀 30min 后在 40mm 高度上输沙量最大，40mm 以上逐渐减小；随机配置的输沙量均在 40mm 高度上最大，40mm 以上逐渐减小。进一步分析，随机配置的输沙量均比等株行距配置的高，且每种配置的输沙量均随实验风速的增加而增加。

表 2.15　两种配置的输沙量

高度/mm	集沙量/g											
	10m/s						15m/s					
	等株行距			随机			等株行距			随机		
	10min	20min	30min	10min	20min	30min	10min	20min	30min	10min	20min	30min
200	0.005	0.019	0.001	0.004	0.002	0	1.02	0.34	0.076	1.068	0.405	0.073
180	0.003	0	0.009	0.009	0.007	0.007	1.867	0.696	0.118	1.783	0.609	0.155
160	0.002	0.001	0.008	0.022	0.034	0.018	2.914	1.186	0.232	2.737	0.942	0.231
140	0.002	0.004	0.007	0.03	0.048	0.032	4.403	2.019	0.369	4.282	1.506	0.389
120	0.002	0.01	0.016	0.097	0.108	0.071	6.264	3.161	0.679	6.367	2.398	0.646
100	0.002	0.016	0.024	0.181	0.232	0.154	8.163	4.729	1.365	9.764	4.032	1.09
80	0.007	0.018	0.043	0.333	0.451	0.343	9.223	6.4	3.076	13.924	7.252	2.033
60	0.039	0.027	0.051	0.604	0.935	0.834	8.416	7.515	6.96	17.66	16.314	5.245
40	0.08	0.039	0.074	1.455	2.756	2.997	8.242	8.177	16.378	27.858	28.24	16.243
20	0.08	0.077	0.15	3.812	5.628	4.821	7.84	9.441	14.467	15.811	7.366	6.005

2.3　固沙林对土壤风蚀的影响

风蚀是在风力作用下对地表土壤的大量搬运和堆积，是导致干旱半干旱区土地沙化和荒漠化进程的重要原因之一。它是一个综合的自然地理过程，受气候、土壤、植被和人类活动等因素的共同制约，从而更加体现了风蚀系统的复杂性和综合性。在风蚀过程中，地表覆盖的植被可以通过分解风力、阻挡输沙等多种途径形成对地表土壤的保护，而地表覆盖的植被类型、覆盖度大小、配置格局的不同对风蚀过程有较大的影响。目前，有关植被对土壤风蚀影响的研究大都是通过野外观测或室内风洞模拟实验来完成的，但这两种方法都有一定的局限性。野外观测受自然条件的影响与限制，研究问题的随机性较强，缺乏一般性，很难实现同一地表在不同风速吹蚀或不同地表在同一风速吹蚀下相关数据的获取；室内风洞实验在取样时会造成对原地表土的扰动，且土样规模小，风蚀作用时间短，缺乏磨蚀作用。

张克存等（2006）通过风洞模拟实验研究得出，由于下垫面性质对挟沙气流的能量分布起决定作用，而挟沙气流又是影响风沙流特性的主要因素，在沙粒的物理学特性（粒度级配、水分含量、磨圆度等）相同的情况下，下垫面性质通过影响风沙活动层气流的能量分布来影响风沙流的结构。在不同风速下，草方格中同一高度层输沙量与风速具有很好的相关性。研究风沙流中的风速脉动特征和输沙量之间的关系有可能更深刻地了解风沙两者之间的互馈机制。

本节对低覆盖度下的不同配置格局植被在风洞模拟条件下的吹沙结果进行分析研究，从而进一步研究植被对土壤风蚀的抑制作用。

2.3.1　土壤风蚀强度动态变化

土壤风蚀是干旱半干旱地区主要的土地退化过程，也是一个综合的自然地理过程，受气候、土壤、植被和人类活动等因素的共同制约，从而更加体现了风蚀系统的复杂性和综合性。

植被作为地理环境的重要组成部分，处于大气圈与土壤圈之间，强烈地影响着大气圈与土壤圈的能量转换与传递，因而是影响土壤风蚀最活跃的因素之一（董治宝和Fryrear，2000）。植物防止土壤风蚀的作用早已为人类所认识，目前在世界各地正被广泛地应用。在土壤风蚀量的预报中，植被被列为主要的风蚀因子之一（Woodruff and Siddoway，1965；Hagen，1991；Cheng，2001）。植物通过 3 种方式阻止地表风蚀或风沙活动：一是覆盖部分地表，使覆盖部分免受风力作用；二是分散地面以上一定高度内的风动量，从而减弱到达地表的风动量；三是拦截运动沙粒，促其沉积。上述作用都是通过下垫面与近地表气流场的相互作用来实现的。目前，有关植被对土壤风蚀影响的研究大都是通过野外观测或室内风洞模拟实验来完成的，但这两种方法都有一定的局限性：野外观测受自然条件的影响与限制，研究问题的随机性较强，缺乏一般性，很难实现同一地表在不同风速吹蚀或不同地表在同一风速吹蚀下相关数据的获取；室内风洞实验在取样时会造成对原地表土的扰动，且土样规模小，风蚀作用时间短，缺乏磨蚀作用。

本研究主要以风洞实验的方法来说明在植被不同配置模式下土壤风蚀的动态变化。

1. 行带式配置的风蚀强度

行带式配置模式在实验风速 7m/s 和 10m/s 下吹蚀 30min 后沙面没有变化，说明没有蚀积发生。

在实验风速为 15m/s 以下时，行带式配置模式内大约吹风 2min 开始出现风蚀现象。行带式配置吹风 10min 的结果：首先在第一林带前发生风蚀，在第一林带及其背风面出现积沙, 大约在 5min 后, 带前风蚀的沙开始在第二林带前发生堆积, 同时, 在第一林带和第二林带之间的中央部位开始出现风蚀, 大约 10min 后, 最大风蚀深度约 1.7cm, 最大积沙厚度约 2.4cm。继续吹风, 第二林带前堆积向后推移, 在第二林带处或第二林带后发生堆积, 且第一林带前堆积的沙开始出现风蚀, 沙面高度降低, 第二林带及其背风面的积沙量增加, 沙面高度增高, 20min 后, 最大风蚀深度约 2.0cm, 最大积沙厚度约 2.7cm。继续吹风, 风蚀量和积沙量已经很小, 基本形成了稳定的沙面, 30min 后, 最大风蚀深度约 2.0cm, 最大积沙厚度约 2.7cm, 在第三林带附近基本没有风蚀现象, 有非常微小的积沙量, 没有沙被吹出模式以外。

本实验还对行带式配置在 20m/s 风速下进行了吹沙, 得出行带式配置吹沙的总趋势是: 先在林带前进行堆积, 然后沙子越过林带继续后移直至把沙子全吹走。不过这个过程是很困难的, 需要强大的风速和很长时间的吹沙。

2. 等株行距配置的风蚀强度

等株行距配置模式在 7m/s 实验风速下吹蚀 30min 后沙面没变化。在 10m/s 实验风速下吹蚀 10min 变化也不太明显, 最大风蚀深度约 0.2cm, 最大积沙厚度约 0.5cm, 分别出现在第一行第四株灌丛的两侧和第二行第三株灌丛的背风侧; 吹蚀 20min 蚀积主要发生在前两排灌丛的左右两侧, 最大风蚀深度约 1.0cm, 最大积沙厚度约 1.0cm。继续吹风, 风积面积扩大, 第一行和第二行的灌丛两侧基本上都出现风蚀, 风蚀深度增加, 而风蚀的沙量主要在第三行和第五行灌丛的背风侧堆积, 到 30min 后最大风蚀深度 1.4cm, 最大积沙厚度 1.2cm。这些表明随着吹蚀时间的增加, 蚀积都在增加, 且波及的面积也在扩大。

当实验风速为 15m/s 时, 等株行距模式内大约吹风 1min 在第一行灌丛的两侧开始出现风蚀现象; 而且风蚀面很快扩展到前 3 行的所有灌丛, 被风蚀的沙量在第三、第四行堆积, 并且已经有沙被吹出模式, 到 10min 时, 风蚀深度达到 2.0cm 的面积为 14%, 积沙最大厚度为 3.6cm。继续吹风, 风蚀面积增加, 堆积面积减小, 积沙厚度增加, 到 20min 时, 风蚀深度达到 2.0cm 的面积为 25%, 第一行附近的沙基本全部被吹走, 第二行仅在灌丛背风侧有少量沙未被吹走, 积沙最大厚度为 3.0cm。继续吹风, 风蚀面积进一步增加, 堆积面积减小, 积沙厚度增加, 到 30min 时, 风蚀深度达到 2.0cm 的面积为 38%, 第一行和第二行附近的沙基本全部被吹走, 第三行仅在灌丛背风侧有少量沙未被吹走, 积沙最大厚度为 8.2cm。

等株行距配置模式风蚀发生的规律是: 首先在第一排灌丛间隔处发生风蚀, 在第二排灌丛的阻挡下风蚀减小, 但由于灌丛间的距离较大, 风蚀继续扩展, 达到一定风蚀后, 将在后排灌丛产生堆积, 随着实验风速和吹蚀时间的增加, 将发生先风蚀后堆积的现象, 即风蚀面积增加, 堆积面积减小, 堆积高度增加。

3. 随机不均匀配置格局的风蚀强度

随机配置模式在 7m/s 实验风速下吹蚀 30min 后沙面没变化。在 10m/s 实验风速下, 首先在灌丛分布最大的空隙间开始发生风蚀, 吹风 10min 后, 除在灌丛稀少的空间出现风蚀外, 其余部位基本没变化, 最大风蚀深度为 1.1cm, 最大积沙厚度为 0.6cm。继续吹风, 风蚀深度进一步增加，积沙厚度增加，到 20min 时，与吹风 10min 的沙面形状基本相似，风蚀最大深度达到 1.25cm，积沙最大厚度为 0.45cm。继续吹风到 30min 后，沙面整体形状基本未发生变化，起伏程度加大，风蚀最大深度达到 2.0cm，积沙最大厚度为 0.4cm。

随机配置模式在 10m/s 实验风速下，风蚀发生的规律是在灌丛稀少的地方明显出现两条风蚀沟，随着吹蚀时间的增加，风蚀沟在逐渐加深加宽，其他地方的风蚀也在普遍增加，堆积在普遍减少。

当实验风速为 15m/s 时，随机不均匀配置格局模式内大约吹风 40s 就开始在灌丛分布的较大空隙间出现风蚀现象；随着吹风时间的增长，首先大空隙间的沙被严重风蚀，而在灌丛背风侧出现积沙，且在灌丛相对集中的地方积沙越多。10min 后，形成非常复杂的沙面形状，风蚀深度达到 2.0cm 的面积为 18%，积沙最大厚度为 3.0cm，并且已经有沙被吹出模式之外。继续吹风，灌丛没有分布或分布稀疏的空阔区域被进一步风蚀，而在灌丛相对集中区域的背风侧进一步积沙。20min 后，风蚀深度达到 2.0cm 的面积达到 29%，积沙最大厚度为 2.6cm。继续吹风，模式内的空阔区域被进一步风蚀，出现风蚀的面积进一步扩大，而在灌丛相对集中区域的背风侧的积沙也被部分风蚀。30min 后，风蚀深度达到 2.0cm 的面积为 40%，积沙最大厚度为 2.5cm。

随机配置是从灌丛分布的大空隙间开始风蚀，随着吹风时间延长，风蚀区逐步向小空隙间扩展，在灌丛相对集中的部位积沙，因此形成非常复杂的沙面形状。

2.3.2　固沙林对土壤风蚀的抑制作用

土壤风蚀是干旱半干旱区主要的土地退化过程，是干旱半干旱区土地沙漠化与沙尘基灾害的首要因素，也是世界上许多国家和地区的主要环境问题之一（拜格诺，1959）。在沙地环境中，植被能够有效降低风速、减轻土壤风蚀，从而减少地表土壤细微颗粒及养分的损失（朱朝云等，1991）。植被的这种防风抗蚀生态效应一直是国内外有关学者关注和研究的焦点。已有的研究结果表明：植被主要通过覆盖地表、增加下垫面粗糙度和拦截运动的沙粒 3 种生态过程来缓解气流对地表的侵蚀作用；植被对气流的影响主要反映在地表粗糙度和摩阻速度的改变上，而植被对风蚀的影响则直接表现在地表风蚀率的变化上，其影响程度主要取决于植被类型及植被特征如盖度、高度等（何文清等，2009）。长期以来，由于风蚀发生期与植物生长期在时间上的不完全一致性，加之风蚀过程的复杂性及野外观测难度的局限，以往关于植被影响风蚀的研究结果多通过理论推导或风洞模拟实验而获得，且得出了许多有关粗糙度、摩阻速度及风蚀率等随植被特征变化的重要规律（刘玉璋等，1992）。而植被尤其是沙质植被防风抗蚀生态效应的野外观测研究尚不多见。

本研究在不同植物种固沙林的不同配置模式的野外定位观测和风洞实验下，通过粗糙度和摩阻速度等物理指标来分析固沙林对土壤风蚀的抑制作用。

1. 乔木

1）野外

（1）物理指标

粗糙度是反映下垫面特征的一个重要指标，它体现了地面结构特征。地表越粗糙，摩擦阻力就越大，相应地风速零点高度就越高，这样隔绝风蚀不起沙的作用就越大，因此粗糙度是反映地标性质的物理量，也是衡量治沙措施防护效益的指标。采用公式（2.8）计算固沙群丛内地表粗糙度（Z_0）（李志熙，2005；朱朝云，1991）（最初由拉依哈特曼提出）：

$$logZ_0=（logZ_2-AlogZ_1）/（1-A）\tag{2.8}$$

式中，Z_0 为地表粗糙度；Z_1 和 Z_2 是两个高度；A 是两个高度上风速之比的平均值。

摩阻速度是对因地面摩擦阻力而产生的风速梯度的衡量，实质上是表示风速廓线与高度纵轴之间的倾斜程度。一般其倾斜度较大时，地面阻力就较大。采用公式（2.9）计算群丛内的摩阻速度（u_*）（最初由拜格诺提出）：

$$u_*=Ku/（lnZ/Z_0）\tag{2.9}$$

式中，u_* 为摩阻速度；u 为高 Z 处的风速；Z_0 为粗糙度；K 为卡门常数，数值为 0.38~0.43，平均取 0.4。

（2）地表粗糙度分析

利用地表粗糙度（Z_0）公式计算的不同对照风速下，行带式与随机分布乔木林内地表粗糙度结果见表 2.16。

表 2.16　低覆盖度（20%）不同配置乔木林的粗糙度　　　　（单位：cm）

样地	测点	2~3		3~4		4~5		5~6		平均	
		A	Z_0	A	Z_0	A	Z_0	A	Z_0	A	Z_0
随机配置（RF）	1	1.19	0.03	1.18	0.02	1.19	0.04	1.19	0.03	1.26	0.22
	2	1.11	0	1.15	0.01	1.12	0	1.11	0		
	3	1.40	2.12	1.44	2.89	1.49	2.76	1.48	1.60		
	4	1.26	0.25	1.17	0.01	1.22	0.08	1.29	0.44		
	5	1.17	0.01	1.16	0.01	1.16	0.01	1.16	0.01		
	6	1.08	0	1.10	0	1.12	0				
	7	1.17	0.01	1.18	0.02	1.19	0.04				
	8	1.46	2.40	1.50	3.07	1.47	2.69				
	9	1.30	0.47	1.29	0.41	1.30	0.46				
	10	1.40	1.56	1.41	1.72	1.40	1.52				
行带式（BF）	1	1.20	0.04	1.21	0.07	1.22	0.09			1.35	1.01
	2	1.48	2.75	1.50	3.07	1.54	3.90				
	3	1.36	1.01	1.37	1.22	1.37	1.14				
	4	1.65	5.94	1.44	2.12	1.75	1.41	1.41	1.75		
	5	1.44	2.08	1.34	0.83	1.30	1.34	1.34	0.89		
	6	1.24	0.14	1.23	0.11	1.26	1.23	1.23	0.11		

注："—"表示无数据，空白表示未计算。下同

从表 2.16 中可以看出：在低覆盖度（20%）时，随机配置林内地表粗糙度（Z_0）为 0~3.07cm，而行带式配置沙蒿群丛内地表粗糙度为 0.04~5.94cm，从其变化范围和最大值来看，行带式分布乔木林内地表粗糙度高，而随机分布乔木林内地表粗糙度低。除去最大值和最小值求得两种配置下的平均粗糙度，行带式分布乔木林内地表粗糙度为 1.01cm，

而随机分布乔木林内地表粗糙度仅为 0.22cm。以往研究表明（董玉祥和刘毅华，1992）：地面越粗糙，摩擦阻力就越大，相应地风速的林点高度就越高，防风固沙的作用就越大。因而当行带式配置林内的粗糙度高于随机配置时，可以得出前者防风固沙的作用要优于后者。这可以作为解释低覆盖度随机分布的疏林内出现局部风蚀，处于半固定、半流动状态这一现象的原因。

（3）摩阻速度分析

利用摩阻速度（u_*）公式计算的不同对照风速下，行带式与随机分布乔木林内摩阻速度结果见表 2.17。从表 2.17 中可以看出：在低覆盖度（20%）时，随机配置林内摩阻速度为 0.16~2.36m/s，行带式配置林内摩阻速度为 0.27~0.90m/s。从变化范围来看，行带式配置的乔木林内摩阻速度变化较稳定，而随机配置林内摩阻速度变动范围大。除去最大值和最小值求得两种配置林内平均摩阻速度，行带式配置林内为 0.5m/s，而随机配置林内为 0.72m/s。前人研究表明：摩阻速度与风速（u）存在正比例关系（刘家琼等，1982；朱朝云等，1991）。因而当行带式乔木林内摩阻速度高于随机分布时，可以得出前者林内的平均风速低于随机配置林，推出其防风效果明显高于随机配置。

表 2.17　低覆盖度（20%）不同配置乔木林的摩阻速度　　　　（单位：m/s）

样地	测点	2~3		3~4		4~5		5~6		平均	
		u_{50}	u_*	u_{50}	u_*	u_{50}	u_*	u_{50}	u_*	u_{50}	u_*
随机配置（RF）	1	2.27	0.87	4.91	0.59	5.33	0.69	6.00	0.74	26.00±0.77	0.72±0.23
	2	2.39	0.48	4.89	0.50	4.33	0.35	5.91	0.44		
	3	2.11	0.61	3.78	1.22	4.45	1.42	6.48	1.73		
	4	3.32	1.15	3.79	0.43	5.60	0.80	6.14	2.36		
	5	2.01	0.87	2.39	0.26	27.00	0.45	7.02	0.76		
	6	3.58	0.16	4.38	0.21	4.33	0.33				
	7	3.40	0.38	4.19	0.50	4.33	0.55				
	8	3.20	0.97	3.48	0.23	3.45	1.09				
	9	3.32	0.66	3.58	0.69	3.60	0.71				
	10	2.01	0.53	2.26	0.62	2.27	0.60				
行带式（BF）	1	2.56	0.33	2.41	0.34	2.55	0.37			2.14±0.8	0.50±0.19
	2	1.56	0.50	1.42	0.47	1.37	0.50				
	3	1.57	0.39	1.08	0.27	1.24	0.30				
	4	1.30	0.56	2.97	0.87	1.80	0.90	2.73	0.75		
	5	2.28	0.66	2.56	0.58	1.74	0.34	2.40	0.55		
	6	2.02	0.32	2.72	0.71	2.06	0.36	4.58	0.69		

注：u_{50} 表示 50cm 高度的风速值；u_* 表示摩阻速度

（4）小结

在低覆盖度（20%）时，随机配置林内地表粗糙度（Z_0）为 0~3.07cm，行带式配置沙蒿群丛内地表粗糙度为 0.04~7.93cm。两种配置下的平均粗糙度，行带式分布乔木林内地表粗糙度为 1.01cm，而随机分布乔木林内地表粗糙度仅为 0.22cm。在低覆盖度（20%）时，随机配置林内摩阻速度（u_*）为 0.16~2.36m/s，行带式配置林内摩阻速度为

0.27~0.87m/s。两种配置林内平均摩阻速度，行带式配置林内为 0.5m/s，而随机配置林内为 0.72m/s。通过对两种配置地表粗糙度（Z_0）和摩阻速度的分析得出：行带式的地表摩擦阻力较随机的高，其对风速的阻碍和改变作用相对较强，因而说明行带式配置具有显著的防止风蚀、固定流沙的作用。

2）风洞实验粗糙度分析

（1）覆盖度为 20%时粗糙度分析

在 7m/s、10m/s 和 15m/s 3 种实验风速下，选取覆盖度为 20%的随机、单行一带和两行一带模式中 0.4cm 和 20cm 两个高度的垂直空间风速进行粗糙度计算，结果见表 2.18。在 7m/s、10m/s 和 15m/s 3 种实验风速下，随机配置的粗糙度分别为 0.000 14~0.015 42cm、0.000 20~0.009 11cm 和 0.000 11~0.005 50cm，平均粗糙度为 0.002 51cm、0.002 00cm 和 0.001 28cm；单行一带的粗糙度分别为 0.000 82~0.079 09cm、0.000 50~0.052 21cm 和 0.000 17~0.035 28cm，平均粗糙度为 0.022 12cm、0.014 12cm 和 0.009 90cm；两行一带的粗糙度分别为 0.000 24~0.157 64cm、0.000 65~0.195 54cm 和 0.000 60~0.074 39cm，平均粗糙度为 0.043 89cm、0.022 67cm 和 0.025 28cm。从不同风速条件下粗糙度变化范围、极大值和平均粗糙度来看，两行一带模式略高于单行一带，前两种模式的平均粗糙度为随机模式的 8~10 倍，因此可以得出行带式配置相应地风速零点高度高于随机配置模式，隔绝风蚀不起沙的作用都大于随机配置。另外，3 种模式的平均粗糙度均随风速的增加而降低。

表 2.18　覆盖度为 20%的 3 种模式粗糙度　　　　　　　（单位：cm）

测点位置	随机			单行一带			两行一带		
	7m/s	10m/s	15m/s	7m/s	10m/s	15m/s	7m/s	10m/s	15m/s
0	0.000 49	0.000 72	0.000 14	0.015 17	0.012 43	0.006 93	0.003 21	0.001 32	0.001 53
10	0.000 57	0.000 62	0.000 33	0.005 45	0.006 38	0.002 16	0.001 90	0.002 12	0.002 45
20	0.000 23	0.000 78	0.000 42	0.077 38	0.030 02	0.021 84	0.007 23	0.005 90	0.006 13
30	0.001 98	0.003 36	0.002 74	0.000 82	0.000 50	0.000 46	0.007 33	0.005 95	0.008 72
40	0.000 58	0.001 62	0.000 97	0.001 74	0.005 58	0.000 78	0.000 78	0.000 93	0.001 05
50	0.003 52	0.001 49	0.000 47	0.001 51	0.000 68	0.000 17	0.000 24	0.000 65	0.000 60
60	0.000 30	0.000 20	0.000 13	0.009 56	0.005 26	0.003 49	0.003 25	0.002 81	0.002 14
70	0.000 14	0.000 21	0.000 11	0.024 02	0.012 15	0.007 68	0.004 17	0.004 33	0.005 88
80	0.001 27	0.000 83	0.000 56	0.006 92	0.001 34	0.003 04	0.004 49	0.004 05	0.005 07
90	0.003 09	0.003 08	0.002 68	0.005 38	0.003 17	0.003 04	0.009 46	0.010 99	0.028 48
100	0.015 42	0.009 11	0.005 50	0.014 99	0.010 25	0.005 70	0.025 37	0.021 50	0.036 53
110				0.028 64	0.014 56	0.009 97	0.157 64	0.022 80	0.031 82
120				0.056 38	0.044 93	0.030 47	0.152 21	0.021 25	0.055 11
130				0.010 84	0.008 91	0.009 11	0.048 23	0.037 62	0.070 77
140				0.010 11	0.010 19	0.009 06	0.138 77	0.024 90	0.073 88
150				0.028 13	0.021 46	0.019 01	0.138 04	0.195 54	0.074 39
160				0.079 09	0.052 21	0.035 28			
平均	0.002 51	0.002 00	0.001 28	0.022 12	0.014 12	0.009 89	0.043 90	0.022 67	0.025 28

　　进一步观察可以看出，行带式配置不同测点的粗糙度变化情况与林带的位置有很大的关系。单行一带配置的 3 条林带分别位于距模式前端 28cm、80cm 和 132cm 处，而在20cm、70cm 和 120cm 处的粗糙度要显著高于周围测点；两行一带配置的两条林带分别位于 25~29cm 和 81~85cm，而在 20cm、30cm、80cm 和 90cm 处的粗糙度要显著高于周围测点，由此可知行带式模式林带前后粗糙度有显著增高的现象，在林带前后的防风蚀作用较高。

　　（2）覆盖度为 25%时粗糙度分析

　　在 7m/s、10m/s 和 15m/s 3 种实验风速下，选取覆盖度增大为 25%的随机、单行一带和两行一带模式中 0.4cm 和 20cm 两个高度的垂直空间风速进行粗糙度计算，结果见表 2.19。在 7m/s、10m/s 和 15m/s 3 种实验风速下，随机配置的粗糙度分别为 0.001 19~0.177 59cm、0.000 56~0.021 14cm 和 0.000 28~0.013 35cm，平均粗糙度为 0.035 88cm、0.009 21cm 和 0.004 13cm；单行一带的粗糙度分别为 0.000 11~0.366 80cm、0.000 50~0.038 33cm 和 0.000 01~0.031 49cm，平均粗糙度为 0.048 02cm、0.012 6cm 和 0.010 07cm；两行一带的粗糙度分别为 0.000 87~0.223 89cm、0.000 41~0.124 10cm 和 0.000 67~0.063 56cm，平均粗糙度为 0.077 37cm、0.044 10cm 和 0.025 47cm。从不同风速条件下粗糙度变化范围、极大值和平均粗糙度来看，两行一带模式>单行一带模式>随机配置模式，两种行带式模式平均粗糙度均达到随机模式的 3~4 倍。

表 2.19　覆盖度为 25%的 3 种模式粗糙度　　　　　　（单位：cm）

测点位置	随机			单行一带			两行一带		
	7m/s	10m/s	15m/s	7m/s	10m/s	15m/s	7m/s	10m/s	15m/s
0	0.177 59	0.017 78	0.003 04	0.366 80	0.000 90	0.007 23	0.106 82	0.030 21	0.012 40
10	0.011 84	0.003 55	0.001 61	0.013 21	0.010 39	0.005 70	0.138 70	0.051 86	0.020 85
20	0.026 49	0.009 72	0.003 17	0.000 11	0.003 90	0.000 22	0.223 89	0.108 18	0.060 33
30	0.018 59	0.007 60	0.002 36	0.007 06	0.000 33	0.000 20	0.000 87	0.000 41	0.000 80
40	0.006 37	0.004 15	0.001 89	0.000 36	0.000 10	0.000 07	0.005 59	0.001 42	0.000 67
50	0.022 18	0.006 32	0.002 30	0.002 49	0.001 22	0.000 94	0.051 48	0.023 29	0.012 81
60	0.064 61	0.021 14	0.013 35	0.018 18	0.000 04	0.000 01	0.083 64	0.036 20	0.023 27
70	0.001 19	0.000 56	0.000 28	0.013 95	0.012 47	0.012 01	0.144 81	0.067 14	0.043 06
80	0.010 35	0.004 54	0.002 30	0.035 08	0.019 40	0.020 69	0.071 78	0.037 31	0.024 48
90	0.023 08	0.010 90	0.004 48	0.060 91	0.038 33	0.031 49	0.007 99	0.002 71	0.003 99
100	0.032 45	0.015 09	0.010 68	0.055 16	0.025 84	0.013 80	0.066 80	0.016 71	0.019 79
110				0.018 15	0.015 17	0.011 03	0.040 66	0.073 78	0.045 16
120				0.032 76	0.035 69	0.027 54	0.062 72	0.124 10	0.063 56
平均	0.035 89	0.009 21	0.004 13	0.048 02	0.012 60	0.010 07	0.077 37	0.044 10	0.025 47

　　（3）小结

　　在两种覆盖度下，计算随机、单行一带和两行一带模式中的粗糙度，可以得出两行一带模式中的粗糙度高于单行一带，且行带式模式的平均粗糙度高于随机模式，在覆盖度为 20%时行带式模式是随机模式的 8~10 倍，增大到 25%后行带式模式是随机模式的3~4 倍。因此，可以得出行带式配置相应地风速零点高度高于随机配置模式，隔绝风蚀不起沙的作用都大于随机配置。

2. 灌木

1）行带式与随机分布的柠条固沙林内地表粗糙度分析

计算的不同对照风速条件下，行带式与随机分布的柠条固沙林内地表粗糙度见表 2.20 中。从表 2.20 可以看出：同样在 20%~25% 的低覆盖度时，行带式配置的柠条固沙林内地表粗糙度高且稳定，平均为 8.01~14.82cm，而随机分布的柠条固沙林内地表粗糙度低且变动范围大，平均为 0.07~2.74cm，比行带式配置低，其地表粗糙度低的部位的值接近流沙地的值。这是低覆盖度随机分布的疏林内出现局部风蚀，处于半固定–半流动状态的原因。进一步分析发现：随着风速的增大，两种样地内地表粗糙度有微小降低，但不明显。

表 2.20　不同配置柠条林内地表粗糙度分析　　　　　　（单位：cm）

配置	随机	行带式
3~4/m/s	0.09~2.74	8.73~14.82
4~5/m/s	0.14~1.92	9.55~14.45
5~6/m/s	0.08~1.54	9.54~13.68
6~7/m/s	0.07~1.12	8.01~13.69
3~7m/s 风速的粗糙度变动范围	0.07~2.74	8.01~14.82

2）小结

行带式配置林内地表粗糙度比随机配置的高 5.4~114.4 倍，说明行带式配置具有显著的防止风蚀、固定流沙的作用。

3. 半灌木

1）野外行带式与随机分布的油蒿群丛内地表粗糙度及摩阻速度分析

利用公式（2.8）计算的不同对照风速条件下，行带式与随机分布的油蒿群丛内地表粗糙度结果见表 2.21 和表 2.22。

表 2.21　随机配置油蒿群丛地表粗糙度计算　　　　　　（单位：cm）

测点	3~4m/s			4~5m/s			5~6m/s			6~7m/s		
	A	σ	Z_0	A	σ	Z_0	A	σ	Z_0	A	σ	Z_0
1	0.726	0.030	1.774	0.713	0.010	2.060	0.711	0.028	2.089	0.732	0.030	1.644
2	0.749	0.029	1.295	0.722	0.032	1.848	0.650	0.050	3.643	0.608	0.100	4.837
3	0.951	0.007	0.000	0.965	0.007	0.000	0.962	0.005	0.000	0.978	0.008	0.000
4	0.899	0.009	0.006	0.909	0.006	0.002	0.895	0.010	0.008	0.909	0.012	0.002
5	0.807	0.008	0.433	0.821	0.009	0.297	0.814	0.016	0.363	0.818	0.013	0.329
6	0.696	0.012	2.451	0.697	0.009	2.439	0.696	0.013	2.462	0.715	0.005	2.016
7	0.822	0.014	0.289	0.811	0.016	0.387	0.794	0.022	0.590	0.835	0.014	0.193
8	0.974	0.004	0.000	0.980	0.003	0.000	0.980	0.007	0.000	0.981	0.015	0.000
9	0.774	0.008	0.869	0.789	0.009	0.654	0.790	0.017	0.633	0.781	0.013	0.768

续表

测点	3~4m/s			4~5m/s			5~6m/s			6~7m/s		
	A	σ	Z_0	A	σ	Z_0	A	σ	Z_0	A	σ	Z_0
10	0.648	0.016	3.711	0.654	0.011	3.552	0.679	0.017	2.869	0.671	0.030	3.091
11	0.883	0.008	0.020	0.868	0.007	0.047	0.867	0.018	0.050	0.883	0.059	0.020
12	0.596	0.031	5.186	0.597	0.017	5.143	0.589	0.024	5.374	0.504	0.043	7.880
13	0.756	0.015	1.178	0.746	0.012	1.362	0.775	0.020	0.850	0.796	0.048	0.562
14	0.882	0.017	0.021	0.871	0.021	0.042	0.897	0.026	0.007	0.881	0.117	0.023
15	0.744	0.014	1.389	0.736	0.015	1.546	0.759	0.012	1.115	0.786	0.019	0.686
16	0.811	0.014	0.392	0.808	0.013	0.420	0.850	0.032	0.109	0.831	0.037	0.223
17	0.704	0.020	2.265	0.708	0.007	2.179	0.718	0.024	1.948	0.727	0.135	1.745
18	0.852	0.009	0.103	0.863	0.012	0.062	0.832	0.027	0.216	0.802	0.112	0.494
19	0.813	0.010	0.371	0.807	0.010	0.434	0.829	0.031	0.234	0.821	0.018	0.303
20	0.759	0.023	1.118	0.766	0.008	0.989	0.752	0.050	1.241	0.662	0.021	3.330
21	0.839	0.071	0.167	0.798	0.051	0.534	0.722	0.133	1.862	0.417	0.589	10.394
22	0.874	0.010	0.035	0.860	0.014	0.073	0.861	0.026	0.069	0.961	0.056	0.000
23	0.743	0.016	1.411	0.729	0.010	1.710	0.758	0.038	1.141	0.769	0.012	0.944
24	0.876	0.010	0.031	0.891	0.161	0.011	0.852	0.149	0.103	0.932	0.096	0.000
25	0.712	0.019	2.066	0.710	0.026	2.130	0.705	0.038	2.242	0.709	0.034	2.139
26	0.894	0.022	0.009	0.930	0.020	0.000	0.925	0.088	0.000	0.832	0.066	0.212
27	0.933	0.006	0.000	0.936	0.004	0.000	0.944	0.024	0.000	0.924	0.041	0.000
28	0.625	0.073	4.352	0.679	0.057	2.871	0.519	0.208	7.454	0.762	0.135	1.066
29	0.573	0.023	5.847	0.614	0.039	4.648	0.697	0.072	2.419	0.677	0.048	2.939

表 2.22　行带式配置油蒿群丛地表粗糙度计算　　　　（单位：cm）

测点	3~4m/s			4~5m/s			5~6m/s			6~7m/s		
	A	σ	Z_0	A	σ	Z_0	A	σ	Z_0	A	σ	Z_0
1	0.913	0.115	0.001	0.839	0.076	0.171	0.750	0.048	1.280	0.711	0.085	2.107
2	0.906	0.006	0.003	0.876	0.011	0.032	0.862	0.012	0.065	0.898	0.044	0.006
3	0.847	0.009	0.123	0.860	0.019	0.071	0.855	0.011	0.090	0.857	0.018	0.084
4	0.436	0.028	9.840	0.440	0.017	9.742	0.467	0.036	8.957	0.508	0.063	7.758
5	0.795	0.005	0.570	0.795	0.032	0.574	0.786	0.039	0.696	0.844	0.051	0.138
6	0.817	0.003	0.333	0.813	0.017	0.371	0.823	0.014	0.280	0.841	0.027	0.157
7	0.631	0.019	4.162	0.643	0.021	3.834	0.649	0.013	3.675	0.635	0.047	4.051
8	0.327	0.054	12.806	0.288	0.061	13.816	0.315	0.070	13.136	0.502	0.076	7.943
9	0.609	0.027	4.813	0.557	0.041	6.315	0.550	0.084	6.535	0.544	0.108	6.706
10	0.798	0.027	0.535	0.780	0.023	0.771	0.788	0.025	0.669	0.818	0.072	0.325
11	0.833	0.012	0.209	0.818	0.013	0.323	0.821	0.032	0.296	0.827	0.036	0.248
12	0.652	0.019	3.588	0.672	0.010	3.058	0.720	0.021	1.897	0.733	0.024	1.610
13	0.171	0.025	16.558	0.153	0.018	16.959	0.176	0.038	16.455	0.158	0.037	16.840
14	0.613	0.011	4.697	0.621	0.015	4.443	0.633	0.020	4.128	0.605	0.057	4.906
15	0.720	0.019	1.887	0.731	0.026	1.656	0.720	0.035	1.894	0.700	0.041	2.351

续表

测点	3~4m/s			4~5m/s			5~6m/s			6~7m/s		
	A	σ	Z_0	A	σ	Z_0	A	σ	Z_0	A	σ	Z_0
16	0.760	0.010	1.102	0.731	0.030	1.656	0.721	0.016	1.865	0.697	0.046	2.429
17	0.790	0.017	0.631	0.801	0.010	0.500	0.802	0.010	0.490	0.811	0.040	0.394
18	0.330	0.009	12.744	0.369	0.019	11.696	0.391	0.025	11.098	0.411	0.041	10.563
19	0.197	0.016	15.977	0.306	0.082	13.361	0.426	0.052	10.128	0.510	0.104	7.710
20	0.734	0.033	1.590	0.677	0.029	2.919	0.661	0.053	3.343	0.664	0.041	3.259
21	0.753	0.038	1.227	0.727	0.025	1.736	0.711	0.023	2.104	0.705	0.071	2.241
22	0.440	0.030	9.743	0.488	0.024	8.344	0.502	0.014	7.946	0.523	0.024	7.311

从表 2.21 和表 2.22 中可以看出：同样在 20%左右的低覆盖度时，随机配置油蒿群丛内地表粗糙度为 0~10.394cm，而行带式配置油蒿群丛内地表粗糙度为 0.001~16.959cm，从其变化范围来看，行带式配置的油蒿群丛内地表粗糙度高，而随机分布的油蒿群丛内地表粗糙度低。除去最大值和最小值后，行带式配置的油蒿群丛内地表粗糙度基本在 4cm 左右，而随机配置的油蒿群丛内地表粗糙度基本是在 1cm 左右，这些充分说明行带式配置的防风效果明显高于随机配置的。这是低覆盖度随机分布的疏林内出现局部风蚀，处于半固定–半流动状态的原因。

利用公式（2.9）计算的不同对照风速条件下，行带式与随机分布的油蒿群丛内摩阻速度结果见表 2.23 和表 2.24。

表 2.23　随机配置油蒿群丛摩阻速度计算　　　　（单位：m/s）

测点	摩阻速度			
	3~4	4~5	5~6	6~7
1	0.376	0.490	0.570	0.578
2	0.551	0.671	0.909	1.087
3	0.086	0.067	0.080	0.049
4	0.155	0.147	0.183	0.172
5	0.329	0.324	0.346	0.336
6	0.748	0.760	0.780	0.765
7	0.353	0.373	0.419	0.349
8	0.071	0.054	0.053	0.052
9	0.397	0.424	0.444	0.437
10	0.493	0.547	0.547	0.668
11	0.172	0.228	0.243	0.243
12	0.509	0.528	0.541	0.571
13	0.457	0.467	0.406	0.376
14	0.172	0.196	0.155	0.219
15	0.350	0.367	0.349	0.291
16	0.245	0.291	0.247	0.310
17	0.373	0.414	0.448	0.401

测点	摩阻速度			
	3~4	4~5	5~6	6~7
18	0.161	0.177	0.267	0.273
19	0.228	0.212	0.213	0.164
20	0.364	0.334	0.357	0.419
21	0.064	0.092	0.123	0.015
22	0.167	0.180	0.199	0.055
23	0.324	0.379	0.400	0.352
24	0.042	0.042	0.115	0.036
25	0.271	0.309	0.339	0.352
26	0.100	0.071	0.090	0.206
27	0.150	0.159	0.144	0.206
28	0.134	0.118	0.174	0.085
29	0.279	0.262	0.244	0.316
平均	0.28±0.17	0.30±0.19	0.32±0.21	0.32±0.24

表 2.24　行带式配置油蒿群丛摩阻速度计算　　　　　（单位：m/s）

测点	摩阻速度			
	3~4	4~5	5~6	6~7
1	0.100	0.219	0.405	0.592
2	0.091	0.145	0.190	0.177
3	0.161	0.170	0.214	0.240
4	0.577	0.643	0.740	0.777
5	0.212	0.249	0.309	0.264
6	0.208	0.245	0.264	0.288
7	0.470	0.527	0.592	0.696
8	0.560	0.684	0.776	0.680
9	0.267	0.301	0.445	0.514
10	0.145	0.156	0.208	0.205
11	0.155	0.172	0.217	0.234
12	0.411	0.408	0.428	0.463
13	0.428	0.445	0.508	0.600
14	0.391	0.392	0.424	0.527
15	0.269	0.268	0.332	0.402
16	0.142	0.187	0.231	0.289
17	0.195	0.214	0.246	0.262
18	0.499	0.537	0.593	0.622
19	0.702	0.607	0.502	0.428
20	0.136	0.192	0.218	0.226
21	0.195	0.245	0.282	0.295
22	0.479	0.511	0.544	0.561
平均	0.31±0.18	0.34±0.17	0.39±0.18	0.42±0.19

从表 2.23 和表 2.24 中可以看出：同样在 20%左右的低覆盖度时，随机配置油蒿群丛内摩阻速度为 0.015~1.087m/s，而行带式配置油蒿群丛内摩阻速度为 0.091~0.777m/s，从其变化范围来看，行带式配置的油蒿群丛内摩阻速度变化稳定，而随机分布的油蒿群丛内摩阻速度变动范围大。除去最大值和最小值后，行带式配置的油蒿群丛内摩阻速度基本在 0.4m/s 左右，而随机配置的油蒿群丛内摩阻速度基本是在 0.3m/s 左右，这些充分说明行带式配置的防风效果明显高于随机配置的。结合地表粗糙度说明行带式的地表摩擦阻力较随机的高。说明行带式配置具有显著的防止风蚀、固定流沙的作用。

图 2.43 和图 2.44 分别反映随机配置和行带式配置油蒿的平均摩阻速度与风速的关系。从图中可以看出，不管是哪种配置的摩阻速度与风速有显著的正相关性，即随着风速的增加摩阻速度也在提高。

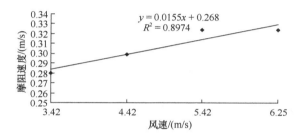

图 2.43　随机配置油蒿摩阻速度与风速的关系

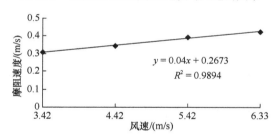

图 2.44　行带式配置油蒿摩阻速度与风速的关系

2）小结

当覆盖度在 20%左右时，随机分布的油蒿群丛内地表粗糙度为 0~10.394cm，摩阻速度为 0.015~1.087m/s，变化幅度均超过行带式配置的油蒿群丛。除去两个极值后，行带式配置的油蒿群丛内平均地表粗糙度是随机配置的 4 倍，平均摩阻速度是随机配置的 1.3 倍，说明随机分布的固沙群丛对风速的阻碍和改变作用相对较差。

3）风洞实验不同配置模式的抑制风蚀作用

3 种配置（均匀、随机、集群）油蒿模型的防风蚀作用：当实验风速为 7m/s 时，吹蚀 30min 后 3 种配置格局均没有出现风蚀现象，说明低覆盖度植被在低风速时具有防止风蚀的作用。当实验风速为 10m/s 时，行带式配置格局吹蚀 30min 未出现风蚀现象，而等株行距配置在 8min、随机配置模式在 3min 出现风蚀；且等株行距配置和随机配置模式已经分别有占模式内总沙量 3.78%和 9.97%的沙形成风沙流而飘出模式。当实验风速增大为 15m/s 时，行带式配置格局在 2min、等株行距配置在 1min、随机配置模式在 40s 出现风蚀；且等株行距配置和随机配置模式吹风 30min 后，风蚀深度达到 2cm 的面积已经分别超过 38% 和 40%，占模式内总沙量 65.57% 和 66.96% 的沙形成风沙流而飘出模式。

3 种配置模式的风蚀规律：行带式配置模式先在林带前发生风蚀，随着吹风时间延长，在林带处或林带后发生堆积，即沙子越过林带而后移的过程；等株行距配置是从第一行中部灌丛株间开始风蚀，随着吹风时间延长，风蚀区逐步扩大到第一行、第二行，再到第三行的灌丛株间空隙，风蚀面相对均匀；随机配置是从灌丛分布的大空隙间开始风蚀，随着吹风时间延长，风蚀区逐步向小空隙间扩展，在灌丛相对集中的部位积沙，因此形成非常复杂的沙面形状。

4. 总结

通过上述不同配置模式的固沙林的地表粗糙度和摩阻速度的分析，可以看出以下几点。

在低覆盖度（20%）时，对于乔木固沙林，随机配置林内地表粗糙度（Z_0）为 0~3.07cm，行带式配置沙蒿群丛内地表粗糙度为 0.04~7.93cm。两种配置下的平均粗糙度，行带式分布乔木林内地表粗糙度为 1.01cm，而随机分布乔木林内地表粗糙度仅为 0.22cm。在低覆盖度（20%）时，随机配置林内摩阻速度（u_*）为 0.16~2.36m/s，行带式配置林内摩阻速度为 0.27~0.87m/s。两种配置林内平均摩阻速度，行带式配置林内为 0.5m/s，而随机配置林内为 0.72m/s。通过对两种配置地表粗糙度（Z_0）和摩阻速度（u_*）的分析得出：行带式的地表摩擦阻力较随机的高，其对风速的阻碍和改变作用相对较强，因而说明行带式配置具有显著的防止风蚀、固定流沙的作用。

在风洞实验两种覆盖度条件下，计算随机、单行一带和两行一带模式中的粗糙度，可以得出两行一带模式中的粗糙度高于单行一带，且行带式模式的平均粗糙度高于随机模式，在覆盖度为 20% 时行带式模式是随机模式的 8~10 倍，增大到 25% 后行带式模式是随机模式的 3~4 倍。因此，可以得出行带式配置相应地风速零点高度高于随机配置模式，隔绝风蚀不起沙的作用都大于随机配置。通过两种实验手段得出，对于乔木固沙林，其行带式配置抑制风蚀的作用大于随机配置。

对于灌木固沙林，行带式配置林内地表粗糙度比随机配置的高 5.4~114.4 倍，说明行带式配置具有显著的防止风蚀、固定流沙的作用。

对于半灌木固沙林，当覆盖度在 20% 左右时，随机分布的油蒿群丛内地表粗糙度为 0~10.394cm，摩阻速度为 0.015~1.087m/s，变化幅度均超过行带式配置的油蒿群丛。除去两个极值后，行带式配置的油蒿群丛内平均地表粗糙度是随机配置的 4 倍，平均摩阻速度是随机配置的 1.3 倍，说明随机分布的固沙群丛对风速的阻碍和改变作用相对较差。

风洞实验中 3 种配置模式的风蚀规律：行带式配置模式先在林带前发生风蚀，随着吹风时间延长，在林带处或林带后发生堆积，即沙子越过林带而后移的过程；等株行距配置是从第一行中部灌丛株间开始风蚀，随着吹风时间延长，风蚀区逐步扩大到第一行、第二行，再到第三行的灌丛株间空隙，风蚀面相对均匀；随机配置是从灌丛分布的大空隙间开始风蚀，随着吹风时间延长，风蚀区逐步向小空隙间扩展，在灌丛相对集中的部位积沙，因此形成非常复杂的沙面形状。从风蚀规律来说，行带式配置其风蚀的规律较随机配置的稳定。

对于半灌木固沙林来说，其行带式配置抑制风蚀的作用大于随机配置。

综上所述，行带式配置固沙林内的地表粗糙度和摩阻速度较随机配置的高，风蚀规律前者较后者稳定，说明前者抑制风蚀的作用大于后者。

参 考 文 献

阿拉木萨, 裴铁璠, 蒋德明. 2005. 科尔沁沙地人工固沙林土壤水分与植被适宜度探讨. 水科学进展, 16(3): 426-432.

白明英, 白星. 1992. 河西走廊防风固沙体系生态经济效益调查研究. 生态经济, (3): 41-44.

拜格诺. 1959. 风沙和荒漠沙丘物理学. 钱宁等, 译. 北京: 科学出版社.

包慧娟, 李振山. 2004. 风沙流中风速纵向脉动的实验研究. 中国沙漠, 24(2): 244-247.

常兆丰. 1997. 河西走廊沙区防护林研究综述. 防护林科技, (4): 16-19.

常兆丰, 仲生年, 韩富贵, 等. 1997. 民勤沙区风害及防风固沙林的效益观测研究. 甘肃环境研究与监测, 10(4): 11-14.

崔国发. 1998. 固沙林水分平衡与植被建设可适度探讨. 北京林业大学学报, 20(6): 89-94.

邸耀全, 王锡来, 刘贤万. 1996. 沙障工程防治格状沙丘前移的风洞实验研究. 干旱区研究, 13(1): 14-19.

董学军, 张新时, 杨宝珍. 1997. 依据野外实测的蒸腾速率对几种灌木水分平衡的初步研究. 植物生态学报, 21(3): 208-225.

董玉祥, 刘毅华. 1992. 国外沙漠化监测评价指标与分级标准. 干旱环境监测, 6(4): 234-237.

董治宝. 2005. 中国风沙物理研究五十年. 中国沙漠, 25(3): 293-305.

董治宝, Fryrear D W. 2000. 直立植物防沙措施粗糙特征的模拟实验. 中国沙漠, 20(3): 260-263.

高函. 2010. 低覆盖度带状人工柠条林防风阻沙效应研究. 北京: 北京林业大学博士学位论文.

高琼, 董学军, 梁宁. 1996. 基于土壤水分平衡的沙地草地最优覆盖率的研究. 生态学报, 16(1): 33-40.

高尚武. 1984. 治沙造林学. 北京: 中国林业出版社: 34-46.

关德新, 朱廷曜. 2000. 树冠结构参数及附近风场特征的风洞模拟研究. 应用生态学报, 11(2): 202-204.

韩德儒, 杨文斌, 杨茂仁. 1996. 干旱半干旱区沙地灌(乔)木种水分动态关系及其应用. 北京: 中国科学技术出版社: 19-26.

韩致文, 刘贤万, 姚正义, 等. 2000. 覆膜沙袋阻沙体与芦苇高立式方格沙障防沙机理风洞模拟实验. 中国沙漠, 20(1): 40-44.

何文清, 严昌荣, 赵彩霞, 等. 2009. 我国地膜应用污染现状及其防治途径研究. 农业环境科学学报, 28(3): 533-538.

贺大良. 1993. 输沙量与风速关系的几个问题. 中国沙漠, 13(2): 14-18.

胡孟春, 屈建军, 赵爱国, 等. 2004. 沙坡头铁路防护体系阻沙效益系统仿真研究. 应用基础与工程科学学报, 12(2): 140-147.

胡孟春, 赵爱国, 李农. 2002. 沙坡头铁路防护体系阻沙效益风洞实验研究. 中国沙漠, 22(6): 598-602.

黄富祥, 高琼. 2001. 毛乌素沙地不同防风材料降低风速效应的比较. 水土保持学报, 15(1): 27-30.

黄富祥, 王明星, 王跃思. 2002. 植被覆盖对风蚀地表保护作用研究的某些新进展. 植物生态学报, 26(5): 627-633.

焦树仁. 1987. 防风固沙林的生态效益分析. 辽宁林业科技, (4): 46-51.

金文. 2002. 林带防护效应的实验研究. 西安: 西安建筑科技大学硕士学位论文.

雷志栋, 胡和平. 1999. 土壤水研究进展与评述. 水科学进展, 10(3): 311-318.

李清河, 包耀贤, 王志刚, 等. 2003. 乌兰布和沙漠风沙运动规律研究. 水土保持学报, 17(4): 86-89.

李显玉. 1997. 半干旱杨树用材林"两行一带"配置造林技术研究. 呼和浩特: 内蒙古人民出版社.

李新荣, 马凤云. 2001. 沙坡头地区固沙植被土壤水分动态研究. 中国沙漠, 21(3): 217-221.

李振山. 1999. 地形起伏对气流速度影响的风洞实验研究. 水土保持研究, 6(4): 75-79.

李振山, 倪晋仁. 2001. 挟沙气流输沙率研究. 泥沙研究, (1): 1-10.

李志熙, 廖允成, 白岗栓. 2005. 毛乌素沙地植被特征与建设. 水土保持通报, 25(5): 66-70.

梁海荣, 王晶莹, 董慧龙, 等. 2009. 低覆盖度乔木两种分布格局内风速流场和防风效果风洞实验. 中国沙漠, 29(6): 1021-1028.

凌裕全, 屈建军, 金炯. 2003. 稀疏天然植被对输沙量的影响. 中国沙漠, 23(1): 12-17.

刘昌明, 孙睿. 1999. 水循环的生态学方面: 土壤–植被–大气系统水分能量平衡研究进展. 水科学进展, 10(3): 251-259.

刘发民, 金燕, 张小军. 2001. 荒漠地区柽柳人工固沙林土壤水分动态研究. 西北植物学报, 21(5): 937-943.

刘家琼, 黄子琛, 鲁作民, 等. 1982. 对甘肃民勤人工梭梭林衰亡原因的几点意见. 中国沙漠, 2(2): 44-46.

刘玉璋, 董光荣, 李长治. 1992. 影响土壤风蚀主要因素的风洞实验研究. 中国沙漠, 12(4): 41-49.

马士龙, 丁国栋, 郝玉光, 等. 2006. 单一白刺灌丛堆周围风速流场的试验研究. 水土保持研究, 13(6): 147-149.

马世威. 1988. 风沙流结构的研究. 中国沙漠, 8(3): 8-22.

慕青松, 苗天德, 马崇武. 2004. 对均匀沙流体起动风速研究. 兰州大学学报(自然科学版), 40(1): 21-25.

倪晋仁, 李振山. 2002. 挟沙气流中输沙量垂线分布的实验研究. 泥沙研究, (1): 30-35.

努尔·买买提, 文科军, 苏文锷. 1991. 吐鲁番市固沙林生态效益的初步调查研究. 八一农学院学报, 14(4): 49-52.

丘明新. 2000. 我国沙漠中部地区植被. 兰州: 甘肃文化出版社: 20-62.

屈建军, 凌裕泉, 俎瑞平, 等. 2005. 半隐蔽格状沙障综合防护效益观测研究. 中国沙漠, 25(3): 329-335.

屈建军, 张伟民, 吴丹. 1992. 金字塔形沙波纹的风洞实验研究. 科学通报, 37(20): 1870-1872.

孙洪祥. 1991. 干旱区造林. 北京: 中国林业出版社: 164-196.

汪万福, 王涛, 樊锦诗, 等. 2005. 敦煌莫高窟顶尼龙网栅栏防护效应研究. 中国沙漠, 25(5): 640-648.

王涛. 2003. 中国沙漠与沙漠化. 石家庄: 河北科学技术出版社: 12-34.

王元, 吴延奎. 1995. 塔南绿洲优化防护模式风洞实验研究初探. 干旱区研究, 12(4): 76-80.

吴征镒. 1980. 中国植被. 北京: 科学出版社: 430-650.

吴正, 凌裕泉. 1965. 风沙运动为若干规律及防止风沙危害问题的初步研究. 治沙研究, (7): 7-14.

吴正, 等. 2003. 风沙地貌与治沙工程学. 北京: 科学出版社: 21-61.

邢兆凯, 刘亚平. 1990. 樟子松固沙林动力效应的研究. 生态学杂志, 9(6): 31-35.

许明耻, 周心澄. 1987. 灌木固沙林与沙地水分平衡的研究. 陕西林业科技, (1): 9-14.

薛娴, 张伟民, 王涛. 2000. 戈壁砾石防护效应的风洞实验与野外观测结果——以敦煌莫高窟顶戈壁的风蚀防护为例. 地理学报, 55(3): 375-383.

薛文辉, 谢晓丽. 2005. 21世纪中国沙化问题的思考与防沙治沙技术对策的探讨. 防护林科技, 37(02): 73-74.

杨具瑞, 方铎, 毕兹芬, 等. 2004. 非均匀风沙起动规律研究. 中国沙漠, 24(2): 248-251.

杨明, 董怀军, 杨文斌, 等. 1994. 四种沙生植物的水分生理生态特征及其在固沙造林中的意义. 内蒙古林业科技, 2(2): 4-7.

杨文斌. 1997. "两行一带"杨树丰产林的优势及效益分析. 内蒙古林业科技, (3): 15-19.

杨文斌, 白育英, 杨正礼, 等. 2003. 内蒙古生态脆弱带森林生态网络体系建设技术研究. 干旱区资源与环境, 17(5): 86-90.

杨文斌, 丁国栋. 2006. 行带式柠条固沙林防风效果的研究. 生态学报, 26(12): 4106-4112.

杨文斌, 卢琦, 吴波, 等. 2007. 低覆盖度不同配置灌丛内风流结构与防风效果的风洞实验. 中国沙漠, 27(9): 791-797.

杨文斌, 任居平. 1998. 农牧林复合轮作系统治沙模式和效益分析. 中国沙漠, 18(增1): 81-92.

杨文斌, 王晶莹. 2004. 干旱半干旱区人工林水分利用特征与优化配置结构研究. 林业科学, 40(5): 3-9.

杨文斌, 张团员, 阎德仁, 等. 2005. 库布齐沙漠自然环境与综合治理. 呼和浩特: 内蒙古大学出版社.

杨文斌, 赵爱国, 王晶莹, 等. 2006. 低覆盖度油蒿群丛的水平配置结构与防风固沙效果研究. 中国沙漠, 26(1): 108-112.

张克存. 1994. 毛乌素沙地东南部人工植被演替研究. 中国沙漠, 14(1): 79-82.

张克存, 屈建军, 董治宝, 等. 2006. 风沙流中风速脉动对输沙量的影响. 中国沙漠, 26(3): 336-340.

张克存, 屈建军, 俎瑞平, 等. 2005. 不同结构的尼龙网和塑料网防沙效应研究. 中国沙漠, 25(4): 483-487.

赵文智, 刘志民. 1992. 奈曼沙区植被土壤水分状况的研究. 干旱区研究, 9(3): 40-44.

赵兴梁. 1991. 沙坡头地区植物固沙问题的探讨. 流沙治理研究(二). 银川: 宁夏人民出版社: 47-55.

周军莉. 2001. 林带防护效应的数值模拟研究. 西安: 西安建筑科技大学硕士学位论文.

周心澄, 高国雄, 张龙生. 1995. 国内外关于防护林体系效益研究动态综述. 水土保持研究, 2(2): 79-84.

朱朝云, 丁国栋, 杨明远. 1991. 风沙物理学. 北京: 中国林业出版社.

朱廷曜, 关德新, 周广胜, 等. 2001. 农田防护林生态工程学. 北京: 中国林业出版社.

朱震达. 1962. 应用实践方法研究风沙地貌形成过程的若干特点. 治沙研究, (4): 7-14.

朱震达. 1964. 塔克拉玛干沙漠西南地区绿洲附近沙丘移动的研究. 地理学报, 30(1): 33-47.

朱震达, 陈广庭. 1994. 中国土地沙质荒漠化. 北京: 科学出版社: 14-67.

朱震达, 刘恕. 1981. 中国北方地区的沙漠化过程及其治理区划. 北京: 中国林业出版社: 3-7.

Ash J E, Wasson R J. 1983. Vegetation and sand mobility in the australian desert dune field. Zeitschift für Geomorphologie Supplementband, 45: 7-25.

Berndtsson R, Nodomi K. 1996. Soil water and temperature pattern sima-arid desert dune sand. Journal of Hydrology, (185): 221-240.

Butterfield G R. 1991. Grain transport rates in steady and unsteady turbulent airflow. Acta Mechanica, (Suppl 1): 97-122.

Butterfield G R. 1998. Transitional behavior of saltation: wind tunnel observation of unsteady wind. Journal of Arid Environments, 39: 377-394.

Butterfield R G. 1999. Application of thermal anemometry and high-frequency measurement of mass flux to aeolian sediment transport research. Geomorphology, 29: 31-58.

Cheng X. 2001. Rethinking of the transition zone between agricultural and pastoral areas, and the innovation of industries of grass and livestock. Journal of Grasses Industry, 10(1): 27-35.

Guan D X(关德新), Zhu T Y(朱廷曜). 2000. Wind tunnel exper-iment on canopy structural parameters of isolated tree and wind ve-locity field characters nearby. Chin J Appl Ecol(应用生态学报), 11(2): 202-204(in Chinese).

Hagen L J. 1991. A wind erosion prediction system to meet the user's needs. Journal of Soil and Water Conservation, 46(2): 106-111.

Huang F X(黄富祥), Wang M X(王明星), Wang Y S(王跃思). 2002. Recent progress on the research of vegetation protection in soil erosion by wind. Acta Phytoecol Sin(植物生态学报), 26(5): 627-633(in Chinese).

Li F R, Zhang H, Zhao L Y, et al. 2003. Pedoecological effects of a sand-fixing poplar(*Populus simonii* Carr.)forest in a desertified sandy land of Inner Mongolia, China. Plant and Soil, (256): 431-442.

McTainsh G H, Lynch A W, Tews E K. 1998. Climate controls upon dust storm occurrence in Eastern Australia. Journal of Arid Environments, 39: 457-466.

Mohammed E, Stigter C J, Adam H S. 1999. Wind regimes windward of a shelterbelt protecting gravity irrigated crop land from moving sand in the Gezira Scheme(Sudan). Theor Appl Climatol, (62): 221-231.

Nish M S, Wierenga P J. 1991. Time series analysis of soil moisture and rain along aline transection arid range land. Soil Science, (152): 189-198.

Southgate R I, Master P. 1996. Precipitation and biomass change sin the Namib desert dune ecosystem. Journal of Aentsridenvironm, (33): 267-280.

Tsoar H, Moller J T. 1986. The role of vegetation in the formation of linear sand dunes. Aeolian Geomorphology, pvoc, from the 17th Annual Binghamton Geomorphology Symposium: 75-95.

Woodruff N P, Siddoway F H. 1965. A wind erosion equation. Soil Science Society of America Proceedings, 39: 602-608.

Zhu T Y(朱廷曜), Guan D X(关德新), Wu J B(吴家兵), et al. 2004. Structural parameters of wind protection of shelterbelts andtheir application. For Sci(林业科学), 40(4): 9-14(in Chinese).

第3章 低覆盖度行带式固沙林水分
利用机制与生态水文效应

水分是沙地生态系统中最重要的限制因子，而沙土中水分的量及动态变化对土地沙漠化的发生或者逆转过程具有非常显著的作用，是土地沙漠化的主要调控者（杨文斌，1991；Berndtsson and Chen，1994；刘新平等，2006；李小雁，2011；朱雅娟等，2012）；在国际上，甚至把植被冠层到地下水含水层底部的区域，称为"地球关键带"，其中水和土是重要组成部分。由于干旱半干旱沙区降水稀少，土壤保水性差，降水入渗和深层渗漏显得尤为重要，成为水资源形成、转化及消耗过程中最关键的因素（雷志栋等，1999）。因此，沙地水分一直是陆地荒漠生态系统研究的重点和热点（刘元波等，1995；Southgata *et al.*，1996；冯起和程国栋，1999；赵文智和程国栋，2001；中国科学院寒区旱区环境与工程研究所，2009；Stone and Edmunds，2012）。

水分是沙区植被建设极为重要的生态限制因素。在干旱半干旱沙区降水少、蒸发强、土壤含水量低，土壤水成为影响植被建设的首要因素（雷志栋等，1999；Simmons *et al.*，2008）。干旱半干旱沙区水资源缺乏，降水是该区土壤水分主要补给来源，合理有效利用有限水资源成为固沙植被长期稳定和可持续发展的前提基础（Wang *et al.*，2004）。我国沙区植被建设取得了举世瞩目的成就，有效遏制了沙漠化的发展，促进了局地生态恢复（李新荣等，2013），然而，大规模的固沙造林均以完全固定流沙为首要目的，因此成林后植被覆盖度大多都高于 40%（高尚武，1984），结果出现密度大、水分失衡等问题，造成大面积固沙植被衰退和死亡现象（姜丽娜等，2012），影响了沙区生态恢复及防风固沙效益发挥的可持续性。针对目前我国沙区因土壤进一步旱化、地下水位持续下降而引起的植被衰退、土地退化等一系列生态问题，系统研究水分与植被格局的关系已成为沙地生态系统维持稳定和生态恢复研究急需解决的关键科学问题。如何以有限水资源的充分利用为核心，调节造林密度，选择适当的物种和植被配置格局，实现植被的持续稳定生长，从而获得防风固沙的综合生态效益迫在眉睫（中国科学院沙坡头试验站，1991；冯金朝和陈荷生，1994；王庆锁和梁艳英，1997；王涛等，1999；董光荣等，1999）。

在干旱半干旱区沙地，虽然降水稀少，但经过漫长地质年代的自然演替，逐步发育形成了一些稀疏的乔木和灌木植被，由于不同树种水分生理特性的差异，不同植被间存在着密度差异，如在自然条件下，半干旱区的柠条林可达 550~700 株/hm²，半干旱区的榆树林可达 200~500 株/hm²，杨树林的密度可达 200~400 株/hm²，但这些植被的密度基本上呈现与区域降水量相匹配的关系，是符合水量平衡条件的，从而确保了林分稳定性。但是，这种疏林因结构配置的原因不能有效地防风固沙，沙地仍处于半固定、半流动状态。另外，20 世纪五六十年代以来，我国在营造防风固沙林方面，主要按照植被盖度大、防风固沙效益好的原则，采用了高覆盖度或者也称为大密度固沙造林方式，密度一般在 2000 株/hm² 以上，这样的林分在造林 10~20 年后普遍出现大面积衰败死亡现象。因此，在营造防风固沙林时不能只考虑防风固沙效益，还应考虑与当地自然条件相适宜，在自然条件较差、特别是水分条件较差的地区，必须考虑林分水量平衡这个关键因素（董慧龙，2009）。

由于水分胁迫导致土壤–植被–大气系统（SPAC）的水分不能正常运转，新中国成立以来营造的各种人工林出现了影响其可持续发展的许多问题，如形成"小老树"，或出现成片衰退死亡现象。降水通过渗透贮存到土壤中的水分基本上是干旱半干旱区大面积生态建设的唯一水分补给源。调查表明，干旱半干旱区雨养的天然乔、灌木林的密度一般不高于 800 株/hm²，覆盖度不高于 30%，这说明造林密度是影响雨养条件下人工林能否正常生长和林分稳定的关键因素。然而在荒漠化地区，当植被覆盖度小于 5% 时沙地处于流动状态；植被覆盖度达 5%~15% 时，沙地处于半流动状态，当植被覆盖度达 15%~30% 时沙地处于半固定状态，因此根据人工林边行的水分利用和沙土的水分特征，提出接近天然植被密度和覆盖度、既能符合水量平衡又能显著提高防风固沙效益的人工林优化配置结构模式，成为干旱半干旱区实现以水定林的重要理论依据。低覆盖度植被是在我国干旱半干旱区经过漫长的自然演替过程逐步发育形成的且广泛分布的植被类型，覆盖度一般为 10%~30%，其中行带式格局是能够完全固定流沙的配置类型。那么，低覆盖度行带式固沙林水分利用机制及生态水文效应也就成为一个值得关注和急需解决的问题。

本章从正常固沙林、衰退固沙林的水分状况、固沙林密度与水量平衡及生长的关系入手，通过分析主要固沙树种植被–水分关系阈值、固沙树种 SPAC 水分关系、低覆盖度行带式固沙林水分动态、边行水分优势、水分运动及生态水文效应，阐述低覆盖度行带式固沙林的水分利用机制及生态水文效应，探讨沙区植被建设的生态用水对策。

3.1　固沙林密度与水分的关系

在干旱半干旱区，水分因子是影响植物生存、生长、发育及土壤植被承载力的关键因素。植被恢复与重建是防治土地沙漠化的主要措施。以往固沙造林多选用乔木，并且造林密度偏大，导致林木水分营养面积不足、土壤水分亏缺，从而引起林分衰退，甚至死亡。造林与沙地水分平衡的关系是现在和将来土地沙漠化防治研究的重点问题之一（崔国发，1998）。摸清不同生长状况下固沙林水分状况为分析和探讨低覆盖度行带式固沙林水分利用优势提供了重要依据，同时，低覆盖度行带式固沙林水分利用机制的研究也为今后确定固沙林适宜栽植密度提供依据。

3.1.1　干旱区固沙林

梭梭（*Haloxylon ammodendron*）是重要的固沙造林树种之一，广泛用于干旱区固沙造林中，已起到了显著的生态效益和社会效益。但是，20 世纪 80 年代以来，营造的梭梭林大量蒸腾消耗沙土中蓄存的水量，导致沙土含水率显著降低，出现人工梭梭林大面积衰退，以致成片死亡现象。

新疆莫索湾梭梭固沙林，春季融雪水可湿润的深度在 2m×4m 的林地土壤可达 1m，2.5m×3m 可湿润到 0.9m，1.5m×1.5m 也可湿润到 0.9m，而天然荒漠林则可湿润到 1.5m，3 种密度的人工林相差不大，并且湿润深度都较天然荒漠林小。其主要原因是人工林地 60cm 处的壤黏土层阻隔，而生长在平坦沙地上的天然荒漠林，这一壤黏土层的下伏深度为 120cm 处。高含水量层的深度范围和延续时间各林分是不同的，反映出林地水分状况的结果是天然荒漠林好于 2.5m×3m，2m×4m 次之，1.5m×1.5m 最差。用深度范围和时间过程构成的面积方法来评价林地的水分状况，可克服因土类复杂造成的湿度间相互比较的困难。土壤水分减少量的变化过程情形也完全证实了上述面积分析法反映的林地水分状况的差异。结果表明，不同密度林分内的土壤水分减少量的变化是天然荒漠林与 2.5m×3m 最为相近，8 月以前曲线的下降斜率都比 2m×4m、1.5m×1.5m 小。1.5m×1.5m 的林地土壤水分减少量最大，其次是 2m×4m（李银芳和杨戈，1998）。以上结果说明，低覆盖度的天然梭梭固沙林水分状况要优于覆盖度高的人工固沙林，而且当固沙林成林后，其覆盖度可达 100%，虽然固定了流沙，防治了荒漠化，但是其稳定性和可持续性难以保障。

通过临泽、民勤、磴口和吉兰泰等地区大量测定的梭梭人工林下沙土含水率（表 3.1）发现：正常生长的梭梭林下 0~40cm 沙层的含水率与流动沙丘相似，为 1.45%~2.7%；生长衰退的梭梭林下 0~40cm 沙层的含水率小于 1.5%，40~200cm 沙层的含水率为 1.0%~2.0%，当林下沙土含水率继续下降到 1.0%左右时，梭梭整株枯黄，严重衰退，死亡植株相继出现（韩德儒等，1996）。

表 3.1　不同生长状况梭梭人工固沙林下沙土含水率

类型	调查地点	地下水位/m	沙土含水率/%		生长状况	
			0~40cm	40~200cm	株高/m	状况描述
正常	民勤宗和林场南	6.9	1.5±0.13	2.6±0.31	2.1±0.20	树冠全绿，旺盛
	内蒙古吉兰泰	6.5	1.7±0.58	3.4±0.69	2.6±0.34	树冠全绿，旺盛
	临泽治沙站	6.0	1.1±0.35	2.2±0.43	2.3±0.22	树冠全绿，旺盛
	内蒙古磴口	7.7	1.3±1.40	2.8±0.51	3.0±0.27	大部分绿，旺盛
衰退	民勤羊路口	6.1	1.3±0.18	1.4±0.21	3.2±0.24	中下部枯黄，树冠变小
	民勤治沙站西北	6.6	1.1±0.09	1.3±0.24	2.0±0.13	中部以下枯黄
	临泽治沙站西北	9.0	0.78±0.13	1.3±0.20	1.5±0.12	中下部枯黄
	临泽治沙站北部	8.0	0.9±0.11	1.4±0.22	1.6±0.13	中下部枯黄
	民勤宗和林场南	6.9	1.1±0.08	1.4±0.13	1.6±0.17	中部以下枯黄，树冠变小
	磴口实验局植物园东	6.0	0.6±0.14	1.1±0.20	1.7±0.27	中部以下枯黄，树冠变小
	磴口实验局植物园南	7.5	0.6±0.10	1.4±0.20	2.8±0.31	中下部枯黄，树冠变小
严重衰退	民勤宗和青松堡	6.9	1.1±0.11	0.9±0.16	1.4±0.26	顶部绿色，大部枯黄
	磴口实验局植物园东	5.0	0.5±0.09	0.8~1.1	1.2±0.29	整株枯黄
	临泽治沙站西北	7.0	1.0±0.17	1.0~1.1	1.5±0.31	整株枯黄

梭梭是甘肃河西走廊防风固沙林主要树种之一，造林时栽植密度过大，丘间低地大规模农垦，过渡开采地下水，导致梭梭根系分布层土壤含水量逐年递减，林分衰败、枯萎，对梭梭林间伐至合理密度是延长林分寿命的有效方法之一，研究表明，人工梭梭防

风固沙林保持正常生长发育和沙丘内水分状态平衡的造林密度为 4m×4m 或 5m×4m；同时认为低密度梭梭人工林对土壤含水量的影响较少，保证了林下植被的演替（刘克彪，1998）。梭梭林地土壤湿度为 0.9%~2.0%时，梭梭单株日耗水量随着林地土壤湿度的降低而升高，经模拟梭梭单株日含水量与土壤湿度呈线性函数关系（常学向等，2007）。在干旱民勤地区营造梭梭防风固沙林密度以 1095 株/hm² 为宜，同时认为营造沙拐枣、梭梭混交林是较理想的林分结构或行间混交（胡明贵和张晓琴，2000）。

民勤沙区 20 世纪 70 年代以来出现了梭梭林分衰败和成片枯死现象，通过调查、测定工作得出结论：长期持续的地下水位下降导致土壤干旱是引起梭梭死亡的根本原因，栽植密度过大是加速梭梭衰亡的重要因素，因此在今后营造梭梭固沙林时，必须控制密度，每亩留苗以 50~60 株为宜，最多不要超过 100 株，对已衰退的林分应适当砍伐，加大株行距，如大量死亡则重新栽植，同时与其他耐旱树种混交，但仍需控制密度（丁声怀等，1982）。黄子琛等（1983）的研究结果也表明土壤干旱是梭梭衰亡的根本原因，栽植密度过高是加速梭梭衰亡的重要因素，土壤盐渍化对梭梭生长并非致害因素。

梭梭人工林的衰退导致沙丘活化，促使荒漠化蔓延速度加快，严重威胁到绿洲区的生存与发展。阿拉善荒漠梭梭林的退化主要是由于持续的干旱导致梭梭体内水分不足，从而生长受到抑制直接死亡，再加上过度放牧、人为破坏和鼠害等都不同程度地加剧了梭梭林的退化（张希林，1999）。同时梭梭接种肉苁蓉也会引起其生长衰退（郑国琦等，2005；谭德远等，2007）。甘肃和内蒙古不同区域和生境中梭梭退化主要是因为林地土壤水分受造林时间和造林密度的影响而耗尽（杨文斌，1991）。吉兰泰地区梭梭固沙林中退化梭梭光合生理和蒸腾速率等生理指标对土壤含盐量最敏感（韩永伟等，2001，2002）。土壤结皮和黏土层等因素影响梭梭对降水的利用效率，导致绿洲边缘的梭梭林退化（安富博等，2006）。

古尔班通古特沙漠西部梭梭退化与植株年龄关系不大，分析认为沙漠地下水埋深和水质影响了退化区对地下水的利用，高的土壤盐分、慢的土壤水分入渗速率及较少的浅层根系分布又限制了梭梭对降水的利用，且土壤盐分又严重限制了退化梭梭种群的更新，最终造成梭梭林大面积退化（刘斌，2010；司朗明，2011）。

3.1.2　半干旱区固沙林

1. 油蒿

以毛乌素沙地不同覆盖度油蒿（*Artemisia ordosica*）固沙群落土壤水分动态为例，研究认为毛乌素沙地适宜植被覆盖度为 30%~40%；不同覆盖度下油蒿群落土壤水分季节动态规律与流动沙丘基本相同，即土壤的干、湿与气候的干、湿同步。然而，由于油蒿根系活动与蒸腾耗水的影响，无论从土壤水分的垂直分布上，还是从时间变化上看，都加剧了土壤水分的亏缺，为植物自身的生长提供了恶劣的水分环境。与流动沙丘相比，覆盖度为 10%~15%、30%~40%、>60%的油蒿固沙林土壤水分亏缺的低含水期（1%~2%）分布深度分别为 100cm、120cm、>180cm，覆盖度为 10%~15%的油蒿固沙林持续时间最短，为 120d。然而在干旱季节维持植被的高覆盖度（>60%）对植物的生长十分不利，可能造成植被群落的大面积死亡。胡小龙等（1996）认为，植被覆盖度控制在中等程度，

30%~40%时即可达到控制风沙危害的目的，且不会造成严重的土壤水分亏缺而导致植物群落的大面积死亡。以上研究结果说明覆盖度高增加了土壤水分的消耗，如果遇到极端降雨年份，即使中等覆盖度的油蒿群落也有可能出现衰退死亡现象。

　　毛乌素沙地油蒿固沙植被土壤水分变化可分为 3 个时期：①土壤水分低值期（2 月初至 4 月初），由于无降水，土壤尚未解冻，土壤水分含量较低，维持在 1%~4%；②土壤水分恢复期（4 月初至 7 月初），随着气温的升高，早春积雪融化，土壤解冻，同时在这个时期还有少量降雨，使土壤含水量升高到 6%~9%；③土壤水分贮存期（7~10 月），7 月以后降水增多，在较大的降水或连续降水的条件下，不同深度的土壤含水量可超过15%，由于土壤水分渗透很快，在短时间内便可降至 9%，随后土壤水分下渗缓慢，并较长时间维持在 9%~13%。油蒿固定半固定沙地土壤水分季节变化规律与流动沙地基本相似，但进入油蒿生长季（6~8 月）后，土壤水分出现亏缺期，含水量不足 5%，这个亏缺期时间随油蒿植被盖度增加而延长，半固定沙地近 60d，固定沙地近 180d（崔利强，2009）。研究表明，固定、半固定沙地油蒿植株主要利用 0~40cm 的土壤水分，而流动沙地油蒿能够更多地利用 40cm 以下土壤水分；从流动沙地到固定沙地，植被盖度不断增加，植被对土壤水分的消耗也逐渐加大，同时由于地表发育的生物结皮具有阻碍降水入渗的作用，造成固定沙地土壤水分不断恶化，久之将造成固定沙地油蒿群落的衰退；且油蒿固定、半固定沙地 0~190cm 土壤各层含水量均显著低于流动沙丘（张军红等，2012）；油蒿固定沙地不同部位土壤含水量也存在差异，表层含水量变异性大，油蒿群落存在明显的空间异质性（王海涛等，2007；张友焱等，2010）。覆盖度在 26.57%的油蒿片状固沙林（群落），每亩 179 株，油蒿林（群落）生长季水分消耗为 120.15mm，小于生长季降雨，说明自然降雨能够满足油蒿林的水分消耗，人工林（群落）是稳定的。油蒿侧根发达，通常是冠幅的 7~8 倍，主根不深，说明油蒿根系在浅层沙土中就能够吸收水分进行蒸腾，供植株生长，因此油蒿对土壤深层水分的影响不大（王博，2007）。油蒿适合流动沙丘的初期改良和固定阶段，油蒿生活力最强的是 3~5 年，5 年以后当沙丘被固定住，基质结构逐渐发生变化，促使其株丛矮小，枯枝增多，逐渐衰老死亡（张昊，2001），油蒿的枯死也说明它的生长不会对沙土水分造成较大影响。毛乌素固定沙地油蒿群落在 2005年 7 月、8 月是处于亏损状态的，而流动沙地先锋植物群落、半固定油蒿群落是处于盈余状态的，占有绝对的优势，固定沙地油蒿群落 7 月、8 月共亏缺 22.79mm，试验地当年 7 月、8 月降水量为 64mm，全年降水量为 178mm，属于干旱年（张仲平，2006）。

　　通过毛乌素沙地不同覆盖度油蒿 180cm 以下土壤深层渗漏水量监测发现，流动沙丘渗漏量为 120~160mm/a，覆盖度 10%~15%时为 100~120mm/a，覆盖度 30%~40%时为20~40mm/a，覆盖度>60%时接近零；表明随着固沙植被覆盖度的增加，不但增加了土壤水分的消耗，而且明显降低了土壤深层水分的补给，随着时间的延长将造成地下水位下降，严重影响固沙群落稳定性。

2. 沙柳

　　以毛乌素沙地不同覆盖度沙柳（*Salix psammophila*）固沙林为例，研究认为毛乌素沙地沙柳固沙林适宜植被覆盖度为 25%~45%（高永等，1996）；当沙柳林覆盖度增加时会明显消耗土壤水分，改变固沙林内小气候，从配置结构看，林带的水文效应要优于片林，因此，也就说明，固沙林结构的改变不但会改变防风固沙效应，而且还会对水分消耗及水文效应产生较大的影响。

　　毛乌素沙地南缘不同栽植密度沙柳灌丛土壤水分状况存在显著差异（安慧和安钰，2011），随栽植密度的增加，沙柳灌丛土壤含水量呈单峰曲线，栽植密度为 0.6 株/m² 时达到最大值，显著高于 0.2 株/m² 和 0.8 株/m²，而 0.2 株/m² 和 0.8 株/m² 的土壤含水量差异不显著，土壤水分变化趋势相似，含水量整体较低，且变化幅度很小。随着土壤深度的增加，不同栽植密度沙柳灌丛土壤含水量呈增加趋势，且 0.6 株/m² 的表层 0~10cm 土壤含水量均显著高于其他栽植密度，从表层土壤的 2.7% 增加到深层的 6.0%，然后逐渐趋于稳定。生长季沙柳灌丛土壤含水量呈"S"形曲线变化趋势。7 月中旬达到最低值，之后随着降雨量的增加，土壤水分得到补充，8 月中旬达到最高值，9 月随着降雨量的减少，土壤含水量稍有下降。7~8 月沙柳灌丛 0~100cm 深度土壤含水量呈剧烈波动状态，不同深度土壤含水量差异明显。沙柳灌丛区土壤水分变异主要受到降雨的影响。土壤含水量的季节变化与同期降雨分布相关，0.2 株/m²、0.6 株/m² 和 0.8 株/m² 的相关系数分别为 0.727、0.738 和 0.721，均达到显著水平。生长季沙柳灌丛 0~100cm 土壤贮水量也呈"S"形曲线变化。沙柳灌丛土壤贮水量在 7 月中旬达到最低值，7~8 月逐渐增加，8 月中旬达到最高值，8~9 月逐渐降低，但贮水量仍保持在较高的水平。6~7 月沙柳灌丛土壤贮水量为负值，说明此阶段土壤水分以支出为主，蒸散量大于降雨量，导致土壤水分亏缺；7 月、8 月正值毛乌素沙地降雨的主要分布期，沙柳灌丛土壤贮水量增高，是土壤水分贮存的重要阶段；8 月、9 月，各栽植密度沙柳灌丛土壤水分均呈缺失状态。根据生长季土壤水分动态和水分平衡特征，毛乌素沙地南缘沙柳适宜栽植密度为 0.6 株/m²（安慧和安钰，2011）。

　　毛乌素沙地丘间低地沙柳（2~4 年生）随着年龄的增长，表层土壤水分含量表现出增大的趋势，且各年龄沙柳表层土壤水分含量间表现出一定的差异性（P<0.05），但表层土壤容重差异不显著；空间变异分析表明，随着年龄的增长，沙柳表层土壤水分与容重具有高度的空间变异性，但是不同年龄沙柳表层土壤水分含量的空间变异与容重的空间变异相关性不显著（P>0.05）（姚月锋和蔡体久，2007）。8~9 年生沙柳人工林，0~20cm 土壤含水量为丘间低地>固定沙地>半固定沙地迎风坡>半固定沙地背风坡；40~100cm 为固定沙地>丘间低地>半固定沙地背风坡>半固定沙地迎风坡；同时，不同立地类型沙地同期土壤含水量年变化特征为土壤含水量随降水量增加而增加，其中固定沙地与半固定沙地背风坡土壤含水量年变化幅度相对较大（莫日根苏都，2011）。毛乌素沙地沙柳人工林 0~100cm 没有明显的贮水稳定层，但是各层次间贮水变化差异很小，土壤贮水量有 2 个高峰，一个是在 4 月，另一个是在 7 月或 8 月，此期间为雨季，也就是土壤水分的恢复补给时期，5~7 月为水分主要失水期，8~10 月土壤蒸散量大，成为第 2 个失水时期，沙柳林地蒸散量要大于流动沙丘，沙柳年均蒸散量为 277.624mm（张国盛，2002；张进虎，2008）；宁夏盐池沙地沙柳林（1m×4m）生长季蒸腾耗水为 226.8mm（温存，2007）。盐池沙地覆盖度 70% 和 35% 的沙柳林在 2006 年、2007 年各样地土壤水分均呈不同程度的盈亏状态；2006 年降水稀少，70% 覆盖度的沙柳林亏缺为 57mm，35% 的盈余 45.64mm（张进虎，2008）。毛乌素沙地图克境内柳湾人工林内沙柳 5 月土壤含水量最大，平均含水量为 16.28%，含水量在 100cm 深度为 13.93%；6 月土壤含水量有所下降，为 8.64%；

7 月由于长时间降雨较少，含水量也下降，为 5.3%；8 月土壤水分含量为 4.79%（丁晓纲，2005）。毛乌素沙地沙柳细根分布深度为 1.5m 左右，且随土壤深度的增加细根生物量逐渐减少，细根根量最大值出现在表层，在 0~20cm 集中分布，约占总根量的 1/2；沙柳水平根系发达，细根主要分布在冠幅半径 3 倍左右的范围内，表明沙柳通过水平扩展来获取分布于土壤浅层的大气降水；丘顶沙柳林地根量小于丘底林地根量，土壤水分的含量和分布决定沙柳细根根量的大小和分布；同时，细根与土壤含水量有很好的相关性，呈负相关关系（刘健等，2010；张莉等，2010；杨峰等，2011）；土壤水分条件较好处植物根系比较发达，沙柳植株正下方的土壤含水量明显偏小，说明植物根系促进了对土壤水分的吸收利用，从而影响土壤水分的分布，土壤水分和根系存在相互作用的关系（赵磊等，2012）。

库布齐沙漠东北缘流动沙地在 40cm 土层以下有稳定而较高的含水层，整体剖面的水分状况明显好于 8 年生沙柳人工林（造林密度 1m×2m）；在旱季的测定结果为流动沙丘 0~60cm 土层含水量要好于沙柳林地，而在 60cm 土层以下深度，土壤含水量有趋同的变化，同时，人工造林对不同土层深度土壤含水量的影响程度不同，其影响比较明显的是 20~60cm 土层，此深度也是沙柳根系分布最集中的范围（闫德仁等，2011）。内蒙古伊克昭盟（现鄂尔多斯市）达拉特旗境内的密度为 1995 株/hm² 的沙柳人工林没有出现土壤水分亏缺现象，其水分关系紧张系数均较大，整个生长季沙柳人工林生长正常（杨文斌等，1995）。

3. 柠条锦鸡儿

在内蒙古鄂尔多斯、巴彦淖尔、乌兰察布等地区营造的大面积柠条锦鸡儿（*Caragana korshinskii*）固沙林中，虽然还未出现类似梭梭固沙林大面积成片衰亡现象，但生长基本停滞，并有衰退现象，这样的人工柠条锦鸡儿固沙林分仍占相当比重。在库布齐沙漠东部达旗境内，对生长于相似风沙土上的柠条锦鸡儿固沙林下沙土含水率的调查结果（表 3.2）表明，正常生长的柠条锦鸡儿固沙林下各层土壤含水量为 4.87%~8.57%；当林下沙土 40~160cm 沙层各层含水率小于 4.0% 时，柠条锦鸡儿固沙林生长基本停滞，叶片呈灰白色，极少结果或基本不结果。这与柠条锦鸡儿属于深根性树种、能利用深层次土壤水分的特性有关（党宏忠等，2009）。

表 3.2　不同生长状况的柠条锦鸡儿林下沙土含水率

生长状况	样地位置	不同深度土壤含水率/%		
		0~40m	40~160m	160~200m
生长正常	达旗七里沙	4.87	6.89	6.84
	达旗沙母花	6.91	7.00	8.57
	达旗沙母花	5.24	5.68	7.56
生长衰退	达旗七里沙	4.36	3.98	4.20
	达旗瓦窑西	4.07	3.80	3.84
	达旗沙母花北	2.74	3.72	4.98
	达旗沙母花南	3.10	3.67	4.02
	达旗展旦召南	4.63	3.49	3.44

　　黄土高原半干旱区覆盖度 55%的柠条锦鸡儿人工林，0~200cm 平均含水量仅为 8%，表现出土壤严重干旱的特点，土壤含水量随深度增加呈下降趋势，0~200cm 水分变化大，为水分主要利用层（张益望等，2006）。柠条锦鸡儿适宜的土壤含水量为 10.3%~15.2%，土壤水合补偿点（接近于凋萎系数）为 4.0%（崔建国，2012）；风沙土上生长的柠条锦鸡儿土壤含水量"经济水阈"大约在 4.5%，"生命水阈"大约在 3.5%（杨文斌等，1997）。黄土半干旱区 16~17 年生 87 丛/100m² 的柠条锦鸡儿人工林整个生长季土壤含水量差异主要集中在 0~260cm 土层，260~400cm 土层差异不大，各层土壤含水量为 7%~14%；4 月、10 月、11 月柠条锦鸡儿土壤含水量随土层深度先增加后减少，然后趋于稳定，地表 20~60cm 土壤水分最大；5~9 月土壤水分随深度呈指数逐渐减少，而后缓慢增加，最后趋于稳定（王振凤，2012）。

　　土壤水分植被承载力为土壤水分承载植物的最大负荷，它是指在较长时期和特定条件下，土壤水分所能维持相应植物群落健康生长的最大密度；多年生柠条根系虽然可分布到 500cm 以下土层，但是大部分根量分布在 0~150cm 土层，根系随深度分布可用指数方程描述；降水最大入渗深度为 170~270cm。柠条主要吸收利用 0~270cm 土层的土壤水分；一年内植物生长与土壤水分的关系可分为 4 个阶段；柠条密度与生产力或土壤水分补给量为线形关系，与土壤水分消耗量为二次抛物线关系，黄土丘陵半干旱区柠条林地土壤水分承载力为 8115 丛/hm²（郭忠升和邵明安，2006）。

　　毛乌素沙地两行一带覆盖度为 38.9%（188 株/亩）的柠条锦鸡儿人工林，5 月柠条锦鸡儿 40cm 土壤水分含量最高，80cm 次之、60cm 最低，由于表面枯落物较少，20cm 土壤水分含量较低；林地生长季水分损失总量为 130.892mm，大于生长季降雨总量，自然降雨不能够满足柠条锦鸡儿生长季的水分消耗，林分不稳定；柠条锦鸡儿根系密集层为 10~100cm，根深根幅多在 1~4m；在植被建设中柠条锦鸡儿对水分的依赖很大（王博，2007）。

　　对宁夏河东沙地不同密度柠条锦鸡儿草地 0~100cm 土壤含水量垂直变化研究表明，0~20cm 土层，1665 丛/hm² 柠条锦鸡儿草地含水量最高，显著高于 2490 丛/hm² 和 3330 丛/hm²；20~40cm 土层 1665 丛/hm² 柠条锦鸡儿草地含水量也显著高于其他两种密度，且 2490 丛/hm² 也显著高于 3330 丛/hm²；40~60cm 土层 1665 丛/hm² 和 2490 丛/hm² 柠条锦鸡儿草地含水量显著高于 3330 丛/hm²；60~80cm、80~100cm 也表现出相同的趋势，随着密度的升高含水量降低，且差异显著。0~100cm 土壤贮水量 1665 丛/hm² 最高，其次是 2490 丛/hm²，显著高于 3330 丛/hm²。土壤物理性质、水分参数、土壤水分入渗特征都表现出低密度林分好于高密度（徐荣，2012；潘占兵等，2004）。综合分析，低密度柠条锦鸡儿林对水分含量有较大的改善效果，而高密度柠条锦鸡儿林可造成土壤的旱化，营造 2490 株/hm² 或 1665 株/hm² 密度的柠条锦鸡儿林能充分利用天然降水，获得较高的生物产量（王占军等，2012）。宁夏盐池沙地 11 年生柠条锦鸡儿 1（1m×4m）、柠条锦鸡儿 2（1.2m×4m）、柠条锦鸡儿 3（1.4m×4m）土壤水分季节动态有一定差异，4~10 月柠条锦鸡儿 1 土壤含水量为 9.63%，柠条锦鸡儿 2 为 11.08%，柠条锦鸡儿 3 为 10.38%，没有表现出随着密度的增加土壤含水量降低的趋势（弓成和温存，2008），然而由于采用地点和柠条种植部位的不同，在一定范围内，随着植被覆盖度的增加，土壤含水量有增加的趋势（陈有君等，2000），这还有待于进一步的研究证实。

　　宁夏盐池沙地覆盖度 35%的柠条锦鸡儿人工林生长季耗水量为 202.4mm，覆盖度为 30%的为 193.63mm，5 月为土壤水分弱失水阶段，6~8 月为土壤水分消耗阶段，9 月为土壤水分缓慢恢复阶段；土壤水分分布垂直方向分为水分低值层、水分活跃层、水分相对稳定层（温存，2007；张进虎，2008；王翔宇等，2008）。

腾格里沙漠沙坡头地区正常降水年份，75 株/100m² 的柠条锦鸡儿人工林蒸散量大于降水量，占同期降雨的 131.1%，柠条锦鸡儿蒸腾量占蒸散量的 43.4%。在 100~200mm 降水时，沙地物理蒸发量与降水量的比值随降水量的减少而增大；降水量为 100mm 是人工固沙植被所需降水的最低下限，降水的时空分布和地表结皮的形成对人工植被水分平衡与水分利用产生较大的影响（冯金朝和陈荷生，1994）。

3.1.3　亚湿润干旱区固沙林

1. 小叶锦鸡儿

对科尔沁沙地盖度 60%（17 年生）、40%（9 年生）、15%（5 年生）的小叶锦鸡儿（*Caragana microphylia*）土壤水分研究表明：小叶锦鸡儿人工林灌丛土壤含水量明显低于流动沙丘，随着小叶锦鸡儿的生长，土壤水分明显下降，年龄较大、覆盖度较大的灌丛土壤含水量最低，与其他两种覆盖度的小叶锦鸡儿人工林相比差异显著；不同覆盖度人工林年际变化均呈现明显的波动现象，整体变化趋势与降水变化相似，以 6 月土壤含水量最低；随着植被年龄增加，含水量随土层深度的增加呈明显减少的趋势，特别是超过 14 年的覆盖度高的人工林，由于浅层土壤中密布植物根系，降水不能满足其生长需求，深层土壤水分不能得到补充；因此，科尔沁沙地人工植被恢复过程中，应参照地带性和隐域性原生植被的特征，并根据立地条件的空间异质性，进行植物种类和密度的选择，控制适宜的栽植密度和选择抗旱树种（阿拉木萨等，2002，2004，2006，2007；曹成有等，2004；史小红等，2006；蒋德明等，2011）。小叶锦鸡儿人工林丘间地（3800 株/hm²）土壤水分条件最好，丘中（3000 株/hm²）次之，丘上（2700 株/hm²）最低，灌丛区土壤水分含量随深度增加而增加，生长季不会发生水分胁迫，深层土壤水分与降雨高度相关，且变异大于表层（黄刚等，2009）。密度为 1m×1m 的 11 年生、22 年生小叶锦鸡儿土壤含水量较低，垂直分布上呈下降趋势，绝大多数土层含水量低于 1.5%，水分状况较差，在生长季，人工林绝大部分降雨都被蒸散（王娟等，2009）。

科尔沁沙地不同密度小叶锦鸡儿人工固沙林土壤水分存在差异，对 2003 年生长季 0~200cm 深度土壤水分平均含量分析发现，天然植被群落、2m×2m 密度群落土壤含水量显著高于其他群落，含水量平均值超过 2%，高于凋萎湿度（1.55%）；其他群落土壤含水量均低于凋萎湿度。各群落土壤水分垂直分布表现出两种类型，第一类包括天然植被和 2m×2m 密度群落，第二类包括 1m×2m 密度群落和 1m×0.5m 密度群落。第一类各层深度土壤含水量均高于第二类，且高于凋萎湿度（1.55%）。第二类表现出各层土壤中含水量差异不明显，均为 1%~1.5%，低于凋萎湿度，属于低含水区域，植被无法利用。结果表明：在小叶锦鸡儿人工固沙林中，2m×2m 密度群落土壤水分状况好，能够保证植被生长季节的水分需求；1m×2m 密度群落、1m×0.5m 密度群落土壤水分状况不容乐观，整个生长季节土壤含水量低于小叶锦鸡儿凋萎湿度，植物生长处于缺水状态，严重影响植被群落的稳定性（阿拉木萨等，2005a，2007）。

人工植被的建立降低了沙丘的土壤含水量。成龄小叶锦鸡儿人工固沙林生长季节土壤水分随着栽植密度的增大而降低，1m×0.5m 密度、1m×2m 密度植被区 0~200cm 土壤水分低于凋萎湿度，2m×2m 密度植被群落土壤水分生长季节保持较高水平，能够满足植被的水分需求。在 1m×1m 栽植密度下，小叶锦鸡儿人工固沙林地 0~200cm 深度土壤水分随着植被树龄的增加而降低，16 年生和 19 年生植被区在 70cm 以下深度含水量急剧下降，明显低于凋萎湿度，形成"干沙层"，严重影响小叶锦鸡儿植被群落的生存状态。人工植被区蒸散量与植被树龄和栽植密度密切相关。在 1m×1m 栽植密度下，固沙植被群落生长季节蒸散量表现出随着植被树龄增加而不断增大的趋势。成龄小叶锦鸡儿人工固沙植被群落生长季节蒸散量随着植被密度增加而增大；植被群落蒸散量分布与同期降水量呈现显著正相关；生长季节植被区蒸散量最高为 1m×0.5m 密度植被群落，蒸散量达到同期降水量的 97.90%，几乎所有降水都通过植被蒸散作用消耗掉，土壤水分无法得到降水补充，最低为 2m×2m 密度植被区，土壤水分在生长期末节余 24.491mm。根据小叶锦鸡儿固沙林生长季土壤水分和蒸散量分析结果，建议在科尔沁沙地西部建立小叶锦鸡儿固沙林时，固沙林幼年期密植（1m×1m），以后通过间伐，成龄期密度控制在 2m×2m（阿拉木萨等，2005a，2006）。

　　科尔沁沙地 20 年小叶锦鸡儿（1075 株/hm²，地被植物盖度 25%）在低土壤含水量条件下的水分利用能力较强，表现出良好的耐旱性和稳定性，其蒸腾耗水为 0.51~2.79mm/d，平均为 1.98mm/d；8 月小叶锦鸡儿蒸腾耗水量为 86.5mm，占同期降水的 137.7%（牛丽等，2008）；树干液流日变化中，在 13：00 左右达到峰值，峰值大小为 17.3~27.1mg/h，在 20：30 降到最低，晚间具有明显的液流活动（岳广阳等，2006）。

　　在半干旱地区的盐池沙地，小叶锦鸡儿维持叶片水分利用效率最高时的土壤含水量为 11.0%，适宜生长的土壤含水量为 6.2%~11.0%（段玉玺等，2009），且当土壤水分适宜时，提高土壤氮肥有效性有助于小叶锦鸡儿的根系生长，提高人工林稳定性（黄刚等，2009）。黄土丘陵区小叶锦鸡儿灌丛土壤含水量大小垂直分布为 5 年>10 年>20 年>30 年>40 年，随着生长年限增加人工灌丛土壤水分亏缺严重（冀瑞瑞，2007）。

2. 樟子松

　　樟子松（*Pinus sylvestris* var. *mongolica*）人工固沙林土壤水分利用可分为水分弱利用层、水分利用层和水分调节层，其中水分利用层对林木能否正常生长影响最大；目前衰退的樟子松固沙林水分利用层土壤水分有效性很差。由于地下水位下降，土壤水分难以通过毛细管作用得到补偿，将引起严重的土壤水分亏缺，影响林木正常生长的水分需求。这是造成樟子松人工固沙林衰退的最重要诱发因素。樟子松人工固沙林属于防护林。在章古台沙地引种樟子松造林初期，为了保证造林成活，初植密度多在 3300~4400 株/hm²，有些地块甚至达 6600 株/hm²。成林后，由于林分密度调整不及时，通风透光不良，导致树木个体营养面积和水分供给严重不足，树木生长衰弱。林龄越大，保存的密度越高，林分衰退枯死越重，有的地块濒死树和枯死树已超过半数。可见章古台地区樟子松人工固沙林提早衰退，与营林技术不合理有很大关系（吴祥云等，2004）。1955 年辽宁章古台引种樟子松治沙造林，1962 年引种造林成功，然而在近 60 年的实验中，樟子松受环境条件影响，生理机能与生长发育发生了改变，出现提早衰弱、水分亏缺、感病等现象（焦树仁，2009），造成这种现象的主要原因是高密度种植水热条件变化大，5 月、6 月干旱水分亏缺，7 月、8 月降雨集中，高温高湿，感染枯梢病（焦树仁，2001）。以上结果表明覆盖度高也是造成樟子松固沙林水分状况差，引起衰退死亡的原因之一。

科尔沁沙地的气候和土壤条件适合栽植樟子松，但初始密度应控制在 2800 株/hm² 以下，并应根据生长情况在进入生长高峰期后对林木进行适时间伐，20 年林分其密度应保持在 2100 株/hm² 左右为宜（移小勇等，2006）。科尔沁沙地章古台地区 27~28 年沙地樟子松林表层土壤水分在生长季节一般会低于 30g/kg；但在降水较多的年份，表层土壤含水量在雨季也有较高的时候，如在 2004 年，年降水为 500mm。6~10 月表层土壤含水量一直维持在较高水平（>60g/kg）（朱教君等，2007）。科尔沁沙地密度为 1m×1.5m 的 13 年生樟子松人工林 300cm 深层的土壤水分已基本耗竭，而且整个生长季还在持续减少，土壤水分不能够得到有效补给；林分生长衰弱，并出现大量枯梢；林木生长已受到土壤水分亏缺的严重制约，开始衰败，但林下草本层生长良好，覆盖度较高（张继义等，2005）。科尔沁沙地 400 株/hm² 的 20 年樟子松人工林在土壤水分严重亏缺的月份，日蒸腾耗水量呈明显下降趋势，为 0.21~1.17mm/d，平均为 0.81mm/d；水分条件较好的 8 月，樟子松蒸腾耗水量为 86.5mm，占同期降水的 137.7%（牛丽等，2008）。章古台地区 32 年、密度为 404 株/hm² 的樟子松人工林内降水量、树干径流量、林冠截留量分别为 422.7mm、0.8mm、28.1mm；樟子松蒸腾耗水量、枯落物+林下植被+土壤蒸散量、土壤贮水量变化量分别为 116.1mm、287.3mm、20.1mm；樟子松蒸腾耗水量占林地内蒸散量的 28.8%，枯落物+林下植被+土壤蒸散量占林地内蒸散量的 71.2%（韩辉等，2012）。密度为 404 株/hm² 的 32 年樟子松人工林年均单株液流通量约为 2877kg，4~10 月液流密度日峰值均值分别为 5.12g/（h·cm²）、8.88g/（h·cm²）、10.63g/（h·cm²）、10.06g/（h·cm²）、13.07g/（h·cm²）、12.88g/（h·cm²）、6.59g/（h·cm²），液流密度日均值分别为 1.76g/（h·cm²）、3.41g/（h·cm²）、4.48g/（h·cm²）、3.42g/（h·cm²）、4.61g/（h·cm²）、4.23g/（h·cm²）、2.18g/（h·cm²）（韩辉等，2013）。不同林龄土壤含水量有明显区别，0~20 年生林分土壤含水量较高，至 27 年生林分土壤含水量为最低，27 年以后林分土壤含水量有所回升；从改良土壤水分物理性质效果看，樟子松杨树是较好的混交类型，600~800 株/hm² 是章古台樟子松固沙林适宜的林分密度（孙海红等，2003）。降雨、蒸散、地形及土壤质地等因素对沙地土壤水分影响显著，0~200cm 土壤贮水量以沙丘下部樟子松（35 年，密度 2100 株/hm²）林地最高，流动沙地次之，丘顶（33 年，密度 2020 株/hm²）林地最低；表层 0~5cm 土壤含水量受降雨影响变幅较大，林地高于流动沙地；樟子松主要根栖层 25~50cm 土壤含水量低于流动沙地；5 月、6 月、9 月为失墒期，7~8 月为蓄墒期，其中以 6 月土壤贮水量最低（白雪峰等，2004）。

可将章古台沙区樟子松人工林土壤水分生长季动态特点划分为 4 个时期，即土壤水分消耗期（5 月底至 6 月底）、土壤水分积聚期（7 月初至 8 月底）、土壤水分平衡期（9 月底至 10 月底）、土壤水分稳定期（11 月底开始）；垂直变化可分为土壤水分弱利用层（0~10cm）、土壤水分利用层（10~100cm）、土壤水分调节层（100cm 以上）（张咏新，2002）。

在干旱区民勤沙区，栽植樟子松必须灌溉才能生长，研究认为在干旱沙区的适宜造林初植密度为 2857 株/hm²（株距 1.9m），稳定保存密度为 1220 株/hm²（株距 2.9m）；5~22 年樟子松的合理灌水量为 0.64~6.13m³/株或 1828.5~7478.6m³/hm²（吴春荣等，2003）。在半干旱区同时要注意樟子松固沙林的密度，保证林分生长的水分供应，得出樟子松的适宜栽植密度为 35 株/亩（杨文斌等，1992）；榆林毛乌素沙地造林密度与沙层水分状况密切相关，樟子松造林的适宜密度为 56 株/亩，即造林行距为 3m×4m（赵晓彬，2004）。

在亚湿润区不同密度樟子松人工林土壤水分的垂直分布、生长季节变化规律、历年变化情况、贮水量存在差异，研究表明樟子松人工林土壤水分变化受密度制约，适宜的密度为 625~830 株/hm²（苑增武，2000）。

3.1.4　固沙林密度与水量平衡

在干旱半干旱和亚湿润干旱区，水分因子是影响植物生存、生长发育和环境对植被支持力的关键因素。植被恢复与重建是防治土地沙漠化的主要措施。以往固沙造林多选用乔木，并且造林密度偏大，导致林木水分营养面积不足、土壤水分亏缺，从而引起林分衰退，甚至死亡。造林与沙地水分平衡的关系是现在和将来土地沙漠化防治研究的重点问题之一；固沙林水分平衡的研究为确定固沙林适宜密度提供依据（崔国发，1998）。

章古台位于科尔沁沙地东南缘，年降水量 369.1~641.4mm（平均 496.7mm），蒸发量 1700mm（曾德慧，1996）。1954 年开始在半流动沙地营造樟子松人工林后，引起了土壤含水量下降（水分状况的恶化主要是由于樟子松林蒸腾耗水量大）。24 年生樟子松人工林（密度 1250 株/hm²）在生长期（1981 年 4 月 21 日至 10 月 20 日）每公顷耗水量 348.3mm。林分蒸腾是水分输出的主要途径，占输出水量的 82.8%，导致土壤水分亏缺，生长期内水分亏缺 55.3mm；水分亏缺主要靠地下水和土壤水补给，地下水减少 33mm。1955~1982年，地下水位降低 2.2m，在干旱年份，樟子松固沙林引起严重水分亏缺（焦树仁，1989）。林地土壤水分含量降至凋萎系数，在年平均降水量 500mm 的情况下，章古台地区樟子松固沙林在大于 25 年生以后可用于蒸腾的水量为 255mm（注：未考虑无效降水）（曾德慧，1996）。在林分郁闭成林后，水分供应将十分紧张，会引起林木死亡。

科尔沁沙地西缘翁牛特旗乌兰敖都地区，年降水量 200~467.8mm（年平均降水量 340.5mm），年蒸发量 2500mm（曹新孙，1990）。1970 年营造了樟子松固沙林，初植密度为 4444 株/hm²，1978 年保存株数是 4000 株/hm²，在生长季林分蒸腾耗水量为 565mm；即使初植密度为 2500 株/hm²，1978 年林分在生长季耗水也将达 353mm。根系分布层的土壤含水量降至凋萎系数（曹新孙，1984）。由于该区降水年变率较大，一年中降水又多集中于 7 月和 8 月，如果樟子松固沙林密度偏大，将引起土壤水分亏缺，影响固沙林生态稳定性，甚至导致林木死亡。

在其他沙地（沙漠）造林后，由于林分蒸腾消耗沙土中的蓄存水分，致使樟子松、梭梭、柠条锦鸡儿等人工林下风沙土含水量均低于无林地；并且林分密度越大、林龄越大，风沙土含水量降低越显著。半干旱区库布齐沙漠东南部鄂尔多斯达拉特旗，12 年生柠条锦鸡儿固沙林（1365 株/hm²，2045 株/hm²）40~200cm 层土壤含水量一般小于 4.5%，而对照流动沙丘则为 8.0%左右。林分蒸腾消耗了大量水分，密度为 1365 株/hm² 的柠条固沙林生长期蒸腾量 100mm；密度为 2045 株/hm² 的林分蒸腾量 119mm。土壤的蒸发量也较大，两个林分分别为 146.6mm 和 136mm。固沙林下土壤贮水量明显低于流动风沙土，0~40cm层，固沙林下固定风沙土与流动风沙土贮水量近似，生长期为 10mm；40~100cm 层，固定风沙土为 31mm，流动风沙土为 64mm；100~180cm 层，固定风沙土为 51~63mm，流动风沙土 122~134mm；180~220cm 层，固定风沙土为 29mm，流动风沙土为 68mm（韩德儒等，1996）。

　　干旱区的巴丹吉林沙漠西南缘的甘肃临泽县年平均降水量 116.5mm，最低年降水量 54mm，年平均蒸发量 2314mm。营造梭梭固沙林后，土壤干沙层增厚，贮水量减少。一年生梭梭林下干沙层增厚 25cm；4 年生梭梭林下 0~200cm 层含水率降至 1.5%以下；7 年生林分也是如此。天然梭梭林密度一般仅为 300~450 株/hm²，生长良好（韩德儒等，1996）。由此可见，人工固沙林密度偏大，即使在水分状况较好的松嫩沙地（年降水量 360~480mm），24 年生樟子松人工固沙林密度大于 625 株/hm² 时，也会出现土壤水分亏缺。对毛乌素沙地人工植被调查结果表明，流动沙丘造林后，沙丘向半固定、固定沙丘方向发展的过程中，土壤水分有效性显著减小，部分植物衰退，甚至死亡，人工植被最后的覆盖度与地带性天然植被的盖度将是近似的。

3.1.5　固沙林适宜密度

　　在干旱半干旱和亚湿润干旱区，为了使固沙林尽快发挥防风固沙作用，往往造林密度偏大，林木水分营养面积不足。林分蒸腾耗水引起土壤水分亏缺；土壤水分胁迫导致林木生长衰退，形成"小老树"，甚至成片死亡。在选择节水、耐旱树种的前提下，应该降低固沙林的造林密度，以维护其持续稳定性。适宜密度的林分既可充分利用水分资源，又不会造成土壤干旱胁迫，此时的林分应属于"疏林"（注：指低密度林，不确指郁闭度小于 0.3 的林分）（崔国发，1998）。在干旱区，年平均降水量小于 250mm，以降水量小于 5mm 的降水日数为主，占总降水日数的 87%（甘肃临泽），小于 5mm 的降水多属于无效降水，有效降水量为降水量的 20%~40%。可选择植物有梭梭、柠条锦鸡儿、沙拐枣、沙枣，梭梭固沙林适宜密度为 400~600 株/hm²，柠条锦鸡儿为 300~500 株/hm²，沙拐枣为 200~300 株/hm²，沙枣仅适于丘间低地和覆沙厚度小于 1m 的沙地，密度小于 200 株/hm²。在半干旱区和亚湿润干旱区，年降水 250~500mm，有效降水占降水量的 40%~60%。可选择树种有柠条锦鸡儿、花棒、樟子松、榆树和杨树等。在半干旱区，柠条锦鸡儿、小叶锦鸡儿固沙林的适宜密度为 600~900 株/hm²，花棒、花柴为 800~1200 株/hm²，沙柳为 1000~1500 株/hm²，樟子松为 300~500 株/hm²，杨树、榆树为 200~400 株/hm²。在亚湿润干旱区，柠条锦鸡儿、小叶锦鸡儿固沙林的适宜密度为 1500~1800 株/hm²，沙柳为 1500~2000 株/hm²，樟子松为 500~800 株/hm²，杨树、榆树为 400~800 株/hm²（韩德儒等，1996）。

　　通过研究发现在干旱半干旱和亚湿润干旱区防风固沙林的适宜密度都是较低的，如果按照传统配置模式栽植或是随机分布，则在水分供给方面是能够满足的，但是其防风固沙效应低，不能够完全固定流沙，只能使沙丘处于半固定或是半流动状态。而通过改变固沙林栽植配置格局，即行带式配置方式，不仅能够在水分利用方面得到满足，而且能够完全固定流沙，减少风沙危害。也就是说，在相同的覆盖度下改变植被的格局就能够既达到防风固沙又能够保证植被长期稳定生长的水分需求。

3.2　主要固沙树种土壤–植物水分关系及阈值

3.2.1　乔木固沙树种

　　以内蒙古赤峰市敖汉旗新惠林场四道湾作业区赤峰杨幼林为例。研究区地理坐标为北纬 42°27′34″，东经 119°37′25″；地处科尔沁沙地南缘，大兴安岭南段东坡，松嫩平原西南部，燕山山地丘陵向松辽平原的过渡地带，总的地势为南高北低，从南向北由低山丘陵过渡到黄土漫岗。降水量从南到北递减，平均为 310~460mm，极端最大降雨量可达 740mm，极端最低降雨量只有 200mm。海拔 150~250m，属温带半干旱季风气候区，年平均气温为 5~7℃；年平均日照时数 2850~2950h，年平均风速 3.8m/s，大风天气集中在 3~5 月，最大风速可达 24.4m/s。地带性土壤为栗钙土，由于地质历史年代沉积了丰富而松散的地表沙质沉积物，在风力吹扬作用下，形成波状起伏的沙地，受风力和成沙过程影响，为固定风沙土和栗钙土型风沙土，机械组成以物理性沙粒为主，地下水深埋在 15m 以下，植被以地带性植被为主，造林树种以赤峰杨（*Populus simopyramidalis*）为主。草本有狗尾草（*Setaria viridis*）、盐蒿（*Artemisia halodendron*）、赖草（*Leymus secalinus*）、蒺藜（*Tribulus terrestris*）、蒲公英（*Taraxacum mongolicum*）、苍耳（*Xanthium strumarium*）、黑沙蒿（籽蒿）（*Artemisia ordosica*）、芦苇（*Phragmites australis*）、小白蒿（*Artemisia frigida*）等。

1. 试验设计与测定方法

试验地布设：选择 3 年生赤峰杨育苗地，按照东西走向选择 16m 长、4m 宽的苗地，平均分为 4 个处理样地，每块样地内有 3 年生赤峰杨 50 株。每个样地四周挖 2m 深沟，用塑料布将每块样地进行包裹，包裹深度为 2m，使每块样地与林外土壤隔断，试验地地下水埋深超过 10m，可以保证每块样地基本不与样地外发生水分交换。样地上方搭建阳光棚，棚檐向样地外延伸 1m，保证样地土壤含水量不受降雨影响。对 4 个样地分别进行不同的灌水处理，每块样地的灌水量分别是样地田间持水量的 60%、40%、20% 及 0，每个样地为一个控水级别（分别记为 T1、T2、T3、T4）。各样地分别在 2012 年 11 月和 2013 年 4 月进行一次灌水，然后通过 ECH$_2$O-5 对 2013 年 5~10 月的土壤含水量进行实时测定，测定频率为每 10min 记录一次含水量数据，样地外充分灌溉下的林地作为对照（记为 CK，下同）。水分胁迫持续时间均为 2013 年 5~9 月，持续 150d。试验地土壤物理特性见表 3.3，土壤容重、田间持水量和最大持水量采用环刀法测定；剖面法按照 20cm、40cm、60cm、80cm、100cm、150cm、200cm 深度分层采样，每层取 3 个重复。各指标的测定按照中华人民共和国林业行业标准《森林土壤水分–物理性质的测定》（LY/T 1215—1999）执行。

表 3.3　试验地土壤物理特性

项目	容重/（g/cm³）	田间持水量/%	自然含水量/%	最大持水量/%	机械组成（<0.01mm）/%
测定结果	1.43	31.86	22.03	37.27	25.6

土壤含水量测定：在 4 个样地分别按 20cm、40cm、60cm、80cm、100cm、150cm、200cm 安装 ECH$_2$O-5（±2%）土壤水分传感器测定土壤体积含水量；对照林地土壤含水量采用烘干称重法测定，换算为体积含水量。

水势测定：枝叶水势采用美国 PMS 公司生产的压力室进行测定，6~9 月每月选择 3 个典型晴天，从 6：00~18：00 每 2h 测定一次，每次每块样地选择 3 株，每株选择向阳生长健康的 3 个枝条进行测定，取平均值，得到枝条水势。

生长状况：每月枝条水势测定完成后进行生长状况调查，分别测量 4 个处理和对照林地幼林的树高、地径、死亡株数、叶片颜色、新生枝木质化程度等指标。

2. 不同水分胁迫下赤峰杨幼树水势变化

一般来说，土壤水势–1.5MPa 是大多数植物根系能否有效吸水的临界值（韩德儒等，1996；杨文斌等，1997；秦耀东，2003；张友焱等，2010），前期对本试验区土壤水分特征曲线的测定表明，土壤水势为–1.5MPa 时对应的土壤体积含水量为 5.27%，试验通过控制样地土壤水分含量，运用 ECH_2O-5 实时监测土壤水分变化，各样地生长季土壤水分含量区间见表 3.4，各样地土壤含水量在整个生长季上下浮动均不超过 2.75%，T4 样地在生长季末期，土壤含水量值低于临界值 5.27%，其他样地在整个生长季均不低于该临界值。

表 3.4　水分调控下样地土壤水分动态区间

干旱程度	轻度（T1）	中度（T2）	重度（T3）	极重度（T4）
土壤含水量/%	17.72±2.75	13.01±2.75	11.32±2.75	7.12±2.75

赤峰杨幼林地生长季（5~9 月）各层土壤体积含水量见图 3.1：由试验前苗木取样发现，3 年生赤峰杨幼苗主根在土体中分布的深度临界值为 80cm 左右；一般水平根系分布深度不超过 40cm。因此，试验地赤峰杨幼苗土壤水分利用层主要为 100cm 及以上各层，而且，各个处理下 40~100cm 土层体积含水量差异显著，不同处理下赤峰杨幼林受到不同程度的水分胁迫。

通过分析不同水分处理下赤峰杨幼苗枝条水势日变化发现（图 3.2），赤峰杨幼苗水势日变化格局也随不同土壤含水量处理而不同，在 6：00~18：00 各处理间都有较大

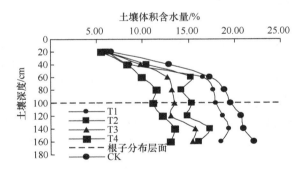

图 3.1　生长季不同处理赤峰杨幼林地的土壤含水量

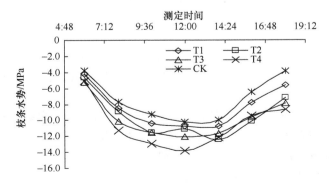

图 3.2　不同水分胁迫下赤峰杨幼林水势日变化

差别,其中清晨(6:00)时水势对照最低,然后依次是 T1 样地到 T4 样地,上午随着气温升高,太阳辐射增强,各个样地的赤峰杨枝条水势都开始下降,到中午(12:00~14:00)前后,各处理样地水势都达到一天的最低值。14:00 点以后随着光照减弱,气温下降,水势开始逐渐回升,到日落时趋于稳定,各个样地幼苗枝条水势恢复程度因土壤水分状况的好坏呈现由高到低的趋势。

在各样地中分别选择株高、胸径和长势接近的标准株进行标记,对标准株进行清晨水势(6:00)测定,并同时测定土壤含水量,得到枝条清晨水势与土壤含水量的关系曲线见图 3.3,赤峰杨幼林土壤含水量和清晨枝条水势可以用幂函数很好地拟合,关系式为:$y = 260.68x^{-1.7342}$,$R^2 = 0.9773$。从图 3.3 可以看出,11.03% 的土壤含水量是影响赤峰杨幼林枝条清晨水势变化的临界值,当土壤含水量低于 11.03% 时,枝条水势进入快速下降区间,随着土壤含水量的进一步降低,枝条水势快速下降;当土壤含水量高于 15.6% 时,枝条水势变化不明显,其值一般不低于 –5.9MPa。当土壤含水量位于 11.03%~15.6% 时,幼林受到轻度到中度的干旱胁迫,此时,根系从土壤中吸收的水分不足以维持叶片蒸腾消耗,水势会缓慢升高,在一定程度上引起植株蒸腾速率的变化。当土壤含水量低于 11.03% 时,枝条水势进入快速下降趋势,表明植物已经很难从土壤中吸取水分用以弥补叶片的蒸腾耗水。

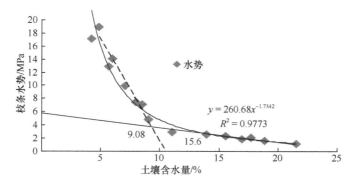

图 3.3 赤峰杨幼林枝条水势与土壤含水量的关系

3. 不同水分胁迫对赤峰杨幼树长势的影响

土壤含水量与幼林地长势密切相关,样地内试验初始时的生长指标见表 3.5。

表 3.5 试验样地幼树生长状况表

项目	T1	T2	T3	T4	CK
株高/cm	2.21	2.26	2.13	2.4	2.34
地径/cm	2.07	2.01	1.88	2.16	2.28

各个试验样地的赤峰杨幼林株高、地径生长曲线见图 3.4,不同水分胁迫下对赤峰杨幼林的生长状况均影响明显,可以看出,进入生长期初期,各样地之间的株高、地径生长量没有明显差异(表 3.6);进入生长季中期和后期,株高和地径生长量开始出现显著差异,表明干旱胁迫对个体生长产生较大影响。对照与 T1 样地具有较高的地径和树高生长速率,整个生长期生长力旺盛,T3 和 T4 样地在中后期生长放缓,到后期基本停止生

长，开始出现个别植株死亡。生长量计算结果表明，整个生长季 4 个处理树高、地径生长量均小于对照，其中对照株高生长量分别为 T1 和 T2 的 1.28 倍和 1.69 倍，地径生长量分别为 1.21 倍和 1.58 倍；T3 和 T4 树高、地径生长量与对照的差异更加明显，对照样地树高生长量分别是 T3 和 T4 的 1.98 倍和 2.68 倍，地径生长量分别为 2.86 倍和 3.54 倍；同时发现，随着水分胁迫程度的加剧，树木的叶片颜色由深变浅，新生枝条木质化程度由高变低。生长量和生长状况的差异表明，不同水分胁迫造成林木植株个体健壮程度减弱，从而影响整个林分的稳定性。

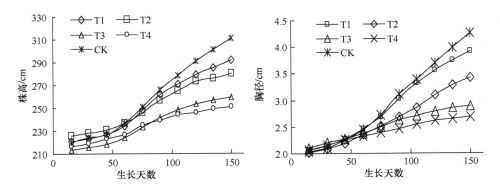

图 3.4　不同程度水分胁迫下赤峰杨生长曲线

表 3.6　不同程度水分胁迫下赤峰杨生长量

项目	株高生长量/cm	地径生长量/cm	死亡株数	生长季末期生长状况描述
T1	71	1.84	0	叶片深绿，新枝木质化程度较高
T2	54	1.41	0	叶片浅绿，部分新枝木质化
T3	46	0.78	2	叶片浅黄，少有新枝木质化
T4	34	0.63	7	部分枝条枯萎
CK	91	2.23	0	叶片深绿，新枝木质化程度高

4. 赤峰杨适宜土壤水分区间

赤峰杨幼林在生长季土壤水分不足时，出现水分胁迫，测定结果表明，不同程度的干旱胁迫对赤峰杨幼林的枝条水势影响明显，赤峰杨幼林枝条水势随土壤含水量的下降而下降。有研究表明，当土壤水分饱和的情况下，植物枝条水势的变化与土壤含水量无显著相关关系（杨文斌等，2004），而当土壤供水不足，植物受到干旱胁迫时，枝条水势会随土壤含水量的降低而下降，当降低到一定程度时，通过调节植物的生长发育和气孔导度，对植物的蒸腾进行调节控制，从而抑制植物的正常生理活动（郭惠清和田有亮，1998；杨文斌等，1997；付爱红等，2005）。通过建立枝条水势、土壤含水量与植物生长之间的关系，可以确定植物适宜生长的土壤水分区间，并通过土壤水分的调节维持整个林分稳定性（姜丽娜等，2013）。

根据不同土壤含水量处理下的赤峰杨幼林日水势变化可以看出：当土壤水分不同程度亏缺时，枝条水势虽然日变化趋势基本相同，但总体上是土壤水分含量越低，枝条水势越低；赤峰杨清晨枝条水势和土壤含水量的关系方程为 $y = 260.6x^{-1.75}$，不同含水量条件下枝条水势的变化可以理解为植物从土壤中吸收水分的难易程度，水势越低表明赤峰杨越难以吸收足够的水分供个体生长需要。拟合曲线表明，11.03%的土壤含水量是影响赤峰杨幼林枝条清晨水势变化的临界值，当土壤含水量低于 11.03%时，枝条水势快速下降，水分难以被赤峰杨吸收；当土壤含水量高于 15.6%时，枝条水势下降趋势不明显，其值一般不低于–0.59MPa，水分容易被吸收利用。当土壤含水量位于 11.03%~15.6%时，根系从土壤中吸收的水分不足以维持叶片蒸腾消耗，水势会缓慢升高，表现出对植株蒸腾的调解控制。

土壤含水量对赤峰杨生长的影响明显，随着土壤含水量的降低，赤峰杨树高、地径生长量均呈现下降趋势。当土壤含水量大于（17.72±2.75）%时，赤峰杨幼树生长正常，生长量增加趋势快速明显；当土壤含水量下降为（11.32±2.75）%~（13.01±2.75）%时，赤峰杨幼树生长速率明显下降，生长量增加趋势缓慢；当土壤含水量在（7.12±2.75）%以下，其土壤水势基本处于–1.5MPa，赤峰杨出现严重衰退特征，到生长季中后期，生长基本停滞，生长量没有增长趋势，个体开始出现死亡。赤峰杨幼树生长的适宜土壤水分为大于（7.12±2.75）%，可以避免赤峰杨衰败死亡，并维持林分的稳定性。

3.2.2　灌木固沙树种

以乌兰布和沙漠梭梭及库布齐沙漠柠条锦鸡儿为例。

梭梭：在乌兰布和沙漠东南缘磴口沙漠林业实验中心进行了野外试验，海拔为 1050~1060m。温带大陆性干旱气候，年平均降雨量 152.7mm，年平均潜在蒸发量 2351mm，为降水量的 15 倍。年平均气温 7.5℃，最高气温 38.7℃，最低气温–32.8℃。气候干旱、多风、夏热冬冷。主要植被为灌木，包括白沙蒿（*Artemisia blepharolepis*）、白刺（*Nitraria tangutorum*）、沙蒿（*Artemisia desertorum*）、梭梭（*Haloxylon ammodendron*）等，大多数植被生长在沙丘下部和丘间低地，覆盖度为 10%~30%。

柠条锦鸡儿：内蒙古自治区达拉特旗，该区位于库布齐沙漠东南缘。海拔 1200m，土壤属栗钙土类，土质为风沙土。试验区沙漠化严重，多平缓沙地和新月形沙丘；沙层平均厚度 1.8m；沙土容重 1.50~1.60g/cm³；地下水埋深 5~9m；年平均气温 6.1℃；绝对最高气温 40.2℃；绝对最低气温–34.5℃；年平均降水量 300mm 左右，主要集中在 6~8 月；潜在蒸发量 2100mm 左右；属典型大陆性季风气候。该区主要天然固沙植被包括沙蒿（*Artemisia desertorum*）、沙柳（*Salix psammophila*）、柠条锦鸡儿（*Caragana korshinskii*）等。

1. 测定方法

土壤水分特征曲线采用压力膜法测定（中国科学院水土保持研究所测定与制作）；RH-3T 露点电位计测量土壤水势；植物 P-V 曲线用 Hammel 方法制作（Tyree *et al.*, 1972）；叶水势日动态采用压力室测量，蒸腾速率日变化采用 Li-1600 气孔计测量当年生叶片，测定时每个样点再设 3 个重复（叶水势、蒸腾速率测定时间为 3d，时段为 6：00、8：00、10：00、12：00、14：00、16：00、18：00）；含水率采用烘干法测量，测量深度为 0cm、10cm、20cm、40cm、60cm、80cm、100cm、120cm、150cm、200cm。土样采集位置均为柠条锦鸡儿冠幅边缘垂直下方东、南、西、北 4 个方向。数据为 3 年测定处理后的平均值，仪器和计算误差采用标准误差表示。用 SPSS14.0、SAS9.0 软件进行数据统计分析。

2. 梭梭土壤水分关系阈值

1）风沙土水分特征曲线

相关性分析结果表明：沙土含水量（ω）和水势（ψ_s）的关系为

$$\psi_s = -10.919\,44 \times 0.255\,59^{\omega} \quad (R^2 = 0.9997) \tag{3.1}$$

沙土含水量和水势在拐点（图 3.5）分别为：$\omega = 2.0\%$，$\psi_s = -0.72$。

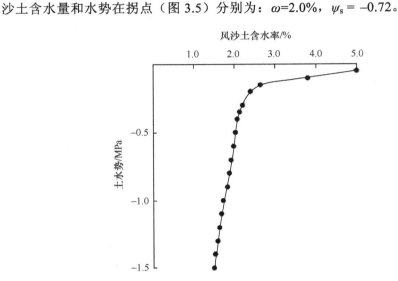

图 3.5   梭梭林下风沙土水分特征曲线

2）梭梭 P-V 曲线

梭梭 P-V 曲线确定的梭梭生长期的 ψ_x^{100} 和 ψ_x^0 见表 3.7。其水分参数的平均值分别为：$\psi_x^{100} = -2.82\text{MPa}$，$\psi_x^0 = -3.41\text{MPa}$，$\text{RWD}^0 = 10\%$，$V_s = 0.35$，$V_a V_s^{-1} = 1.86$，$\varepsilon_{\text{mas}} = -8.4$。结果表明：当相对水分亏缺为 10.53% 时，梭梭同化枝膨压消失，然而，膨压为 0 时的渗透势低至 −3.41MPa（图 3.6）。

表 3.7   梭梭生长期 ψ_x^{100} 和 ψ_x^0

月份	6	7	8	9	平均
ψ_x^0/MPa	−3.36±0.12	−3.39±016	−3.42±0.06	−3.46±0.09	−3.41±0.11
ψ_x^{100}/MPa	−2.72±0.08	−2.79±013	−2.86±0.08	−2.92±0.11	−2.82±0.10

3）同化枝水势与沙土含水量的关系

当沙土含水量下降到 2.69%、1.12%、0.98% 时，梭梭同化枝的水势分别为 −3.55MPa、−4.13MPa、−4.58MPa（表 3.8）。水分胁迫下同化枝水势下降，露点水势下降了 59% 和 128%，中午的水势（最低）下降了 4% 和 11%。之后在低的沙土水分条件下同化枝水势日变化范围下降了 26% 和 50%（图 3.7）。

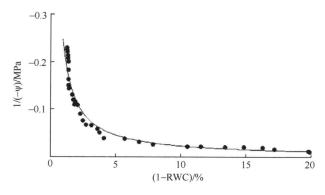

图 3.6　梭梭 P-V 曲线

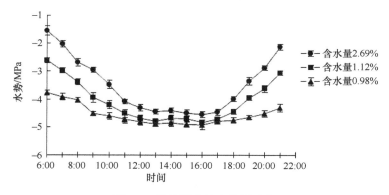

图 3.7　梭梭同化枝水势日动态

表 3.8　不同类型梭梭固沙林同化枝水势

类型	8~10 年人工林（No.1）	8~10 年人工林（No.2）	天然群落（No.3）
风沙土平均含水率/%	1.12±0.23	0.98±0.16	2.69±0.19
风沙土平均土水势/MPa	−1.36±0.15	−2.40±0.24	−0.28±0.11
同化枝日平均水势/MPa	−4.13±0.41	−4.58±0.37	−3.35±0.29
同化枝清晨水势/MPa	−2.55±0.24	−3.65±0.29	−1.60±0.16
同化枝水势最小值/MPa	−4.70±0.25	−5.00±0.39	−4.50±0.31

沙土水分特征曲线见方程（3.1），梭梭露点水势（ψ_m）和沙土含水量（ω）的关系表现为

$$\psi_m = 1.023\ 32\mathrm{e}^{1.4759\omega-1} \quad (R^2=0.9997) \tag{3.2}$$

梭梭同化枝的水势大约为 −2.82MPa，与此相关的沙土含水量为 2.0%（图 3.8）。梭梭同化枝露点水势（ψ_m）、中午水势（ψ_{14}）、晚上水势（ψ_{21}）的关系见图 3.9，见方程（3.3）和方程（3.4）：

$$\psi_{14}=3.042\ 82+0.530\ 87\psi_m \quad (r=0.910\ 17) \tag{3.3}$$

$$\psi_{21}=1.417\ 08+0.723\ 1\ 62\psi_m \quad (r=0.9881) \tag{3.4}$$

同样，也可以回归其他时间的方程。这些方程可以模拟在一天内任何时间不同沙土含水量下的同化枝水势。因此，梭梭同化枝水势日动态和沙土含水量的关系能够被模拟（图 3.10）。作者的数据显示，即使在高水分条件下，梭梭同化枝清晨水势也不能恢复到

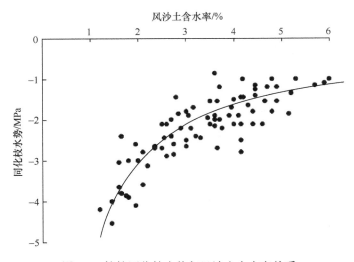

图 3.8　梭梭同化枝水势与风沙土含水率关系

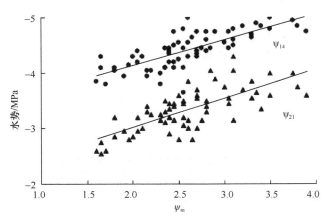

图 3.9　梭梭同化枝不同时间水势对比

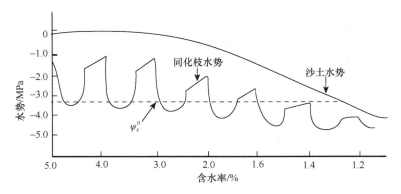

图 3.10　梭梭同化枝水势与风沙土含水量动态关系模拟

与沙土水势相等，而且，在具有强度蒸发潜力的晴朗天气下，午后 14：00 左右的同化枝水势会降得很低，时常出现低于 ψ_x^0 的现象。

4）梭梭生长的土壤水分阈值

结合乌兰布和区域不同生长状况梭梭的沙土含水量调查结果（表 3.1）表明：生长正常的梭梭林沙土含水量基本维持在 2.0%以上，出现衰退特征的梭梭林沙土含水量均低于2.0%，而当沙土含水量低于 1.0%后，梭梭林严重衰退，相继出现死亡植株。

梭梭是生长在干旱气候区，沙漠中的大灌木。在长期的干旱环境胁迫下，与环境形成了特殊的水分生理生态关系。前人的研究表明，梭梭超过 90%的生长根分布在 0~0.9m土层中，根系的最大深度为 3.32m，离 5.2m 深的地下水还很远（Xu et al.，2007）。由于乌兰布和沙漠地区地下水位较低（7m 以下），沙土水分可能是梭梭生长的主要来源。

乌兰布和沙漠沙土水分特征曲线的转折点在 2.0%。当高于这个点时，沙土含水量下降 1%，沙土水势将下降 0.18MPa。然而，当沙土含水量低于这个点时，沙土含水量与沙土水势呈大倾角的线性关系，此时沙土含水量下降 1%，沙土水势将下降 2.09MPa，这将迅速减小沙土水分的有效性。因此，2%的沙土含水量似乎是乌兰布和沙漠沙土水分特征的临界值。

从 P-V 曲线的参数看，梭梭有一个非常低的 ψ_x^{100} 和 ψ_x^0，表明同化枝有较高的细胞原生质黏度和结合水（张国盛，2000）。沙土含水量在 2.0%以上，沙土水势均高于 −0.70MPa，同时，梭梭同化枝的渗透势总是低于 −2.82MPa，因此保证了同化枝的水势高于零膨压时的渗透势。当沙土含水量低于 1%时，沙土水势低于 −2.82MPa，梭梭同化枝的水势迅速下降，无法抑制其渗透势下降，甚至低于 −3.41MPa。

随着沙土含水量的降低，梭梭同化枝的水势日进程曲线降低，有利于植物从沙土中吸收水分。梭梭露点水势与中午水势或晚上水势呈线性关系。由于沙土含水量的下降，梭梭露点水势比中午水势下降幅度大，进而使得同化枝水势的日进程曲线逐步平缓，日较差变小，当沙土含水量降低到 2.0%以下，上述同化枝水势的变化过程随沙土含水量的降低而加速，且日进程曲线变得非常平缓，直到清晨亦不能恢复膨压。当沙土含水量为2%时，梭梭同化枝的露点水势为 −2.82MPa，这是线性下降与曲线下降的边界，类似于郭连生和田有亮（1992）所述的临界值。其生态价值如下：当沙土含水量大于 2.0%时，沙土含水量的变化对梭梭同化枝水势的影响较小，同化枝水势能够在一夜恢复到膨压消失点以上，不会对梭梭的正常生长产生水分胁迫，梭梭能够有正常的光合作用和有机物质积累；而当沙土含水量小于 2.0%时，沙土含水量的微小降低，就会导致梭梭水势的迅速而显著降低，进而出现水分的严重胁迫。另一个沙土含水量为 1.0%的点，对应的沙土水势为 −2.82MPa，是梭梭出现严重衰退和个别植株开始死亡的沙土含水量"临界值"，对应的清晨同化枝水势为 −3.50MPa，已低于 ψ_x^0= −3.41MPa，说明梭梭同化枝已不能恢复膨压。

当沙土水分较好时（大于 2.0%），梭梭生长正常，其蒸腾速率的日进程曲线在整个生长期都呈"弓"形，主要受光照强度的影响。一旦沙土含水量下降到 2.0%以下，沙土水分就成为影响蒸腾速率的主要因子。水分的胁迫可使整个生长期蒸腾速率的日进程曲线出现双峰或第二个峰消失直到变得非常平缓，蒸腾速率日平均值下降 80.0%以上，进而起到节约用水的作用。特别是在相对水分亏缺下降到 1.0%以下后，细胞膨压就消失了（由于梭梭属肉质状灌木，此时不出现萎蔫现象），渗透势已达 −3.41MPa 以下。一方面要降低蒸腾速率，另一方面要加强根系吸水作用，以维持细胞的生命，渡过干旱期（Xu *et al.*，2007）。

　　结合实际调查结果，作者有理由认为：梭梭的 P-V 水分参数可以称为梭梭的"水分参数水阈"，如 ψ_x^0 和 ψ_x^{100}，是在 –3.41MPa 和 –2.82MPa 附近的一个小区域。而在沙土上生长的、能够维持梭梭林正常干物质积累的"经济水阈"大约是在沙土含水量为 2.0% 附近的一个小区域；沙土含水量高于这个"经济水阈"，同化枝露点水势才能恢复到零膨压以上。而"生命水阈"大约是在沙土含水量为 1.0% 附近的一个小区域。沙土含水量低于这个"生命水阈"，其同化枝的露点水势不能够恢复。这是由于自然过程的复杂性导致的水分特征值在一个小区域内波动，随着研究的深入和资料的累积，这个"阈幅"将被确定。

3. 柠条锦鸡儿土壤水分关系阈值

1）风沙土水分特征曲线

　　当土壤含水率较高时，随着含水率的降低，沙土水势降低缓慢，降至一定程度后，有一个明显的转点；其后，每降低 1% 含水率，则引起沙土水势迅速降低，将曲线分成两个区段，明显的两个变化区段则成为风沙土的一个水分特征。

　　柠条锦鸡儿林下风沙土水分特征曲线（图 3.11）表示了柠条锦鸡儿林下风沙土含水率（ω）与风沙土水势（ψ_s）的关系。从图 3.11 中可以看出，风沙土水分特征曲线存在一个明显的转点：即风沙土水势随风沙土含水率降低曲线从缓慢降低到迅速降低的拐点，这个拐点处风沙土含水率为 4.50%左右。越过了拐点之后，风沙土水势与含水率的关系呈斜率很大的直线关系，此时风沙土含水率每降低 1.00%，可使风沙土水势降低约 0.75MPa。这说明，此时每降低风沙土中微小的水分，就会引起风沙土水势显著降低，使得植物吸收风沙土中的水分更加困难，风沙土中水分的有效性显著降低，这是制约植物在风沙土上生长的重要水分特征之一。

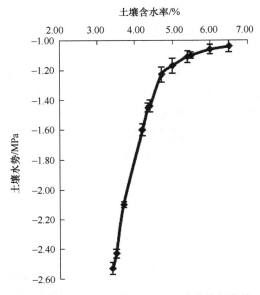

图 3.11　柠条锦鸡儿林下风沙土水分特征曲线

2）柠条锦鸡儿 P-V 曲线

柠条锦鸡儿 P-V 曲线见图 3.12。通过 P-V 曲线计算的充分膨压渗透势（ψ_π^{100}）为（−1.30±0.09）MPa，膨压为 0 时的渗透势（ψ_π^0），即初始质壁分离时的渗透势为（−1.62±0.12）MPa。

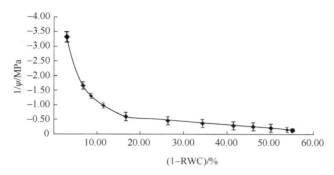

图 3.12　柠条锦鸡儿 P-V 曲线
ψ 为平衡压；RWC 为相对含水量

3）叶水势与沙土含水量的关系

不同风沙土含水率（ω）下柠条锦鸡儿叶片清晨水势（ψ_m）的测试结果见图 3.13。经统计分析发现，柠条锦鸡儿叶片清晨水势与风沙土含水率存在着如下关系，见公式（3.5）：

$$\psi_m = -0.359\,29 e^{6.3114/\omega} \tag{3.5}$$

相关系数为 R=0.983 10[用 t 检验，$|t| > t_{0.01}(f = n - 2)$]，为极显著，相对误差 V_0=4.02%。

经计算，对应上述 4.5%沙土含水率的清晨叶水势为−1.68MPa，从图 3.13 可知，基本上清晨叶水势随沙土含水率降低呈现由直线缓慢下降向曲线转变并迅速降低的趋势，而当沙土含水率降到 3.5%时，对应的清晨叶水势约为−2.18MPa。

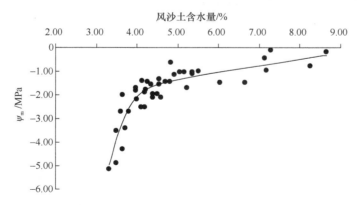

图 3.13　柠条锦鸡儿清晨叶水势与风沙土含水量的关系

沙土含水率的变化，不仅影响清晨叶水势，而且影响叶水势的日变化。图 3.14 是在不同风沙土含水率条件下测定的柠条锦鸡儿叶水势日变化曲线。不同风沙土含水率条件下的叶水势特征值见表 3.9。由图 3.14 可知，不同沙土含水率条件下，叶水势的日变化趋势相似，No.1 曲线总是在 No.2 曲线的下方，主要是因为风沙土含水率降低，风沙土水势降低，使得柠条锦鸡儿根系吸水困难，导致日进程曲线叶水势降低。从表 3.9 可知：

柠条锦鸡儿林下风沙土平均含水率从6.67%降到3.86%后，对应的日平均叶水势、清晨叶水势、日水势最低值分别降低约0.48MPa、0.73MPa、0.33MPa；谷底水势较清晨叶水势多降低了0.05MPa，使得柠条锦鸡儿叶水势日较差增大约0.30MPa。从P-V曲线的分析可知，叶水势的降低，首先是膨压迅速下降，而渗透势下降非常缓慢，当风沙土含水率降低导致叶水势降低时，由于沙土水分的胁迫，迫使树木降低水势（主要是降低膨压），增加根系吸水能力。也就是说沙土含水率的降低，主要影响膨压的恢复。

表3.9 不同风沙土含水量下叶水势特征值

沙土含水量	平均土水势	日平均叶水势	清晨叶水势	日水势最低值	日较差
正常（No.1）：3.16±0.85	−1.61±0.08	−1.73±0.10	−1.67±0.11	−1.82±0.09	−0.15±0.10
衰退（No.2）：6.67±0.77	−1.05±0.11	−1.25±0.09	−0.94±0.08	−1.49±0.10	−0.45±0.09

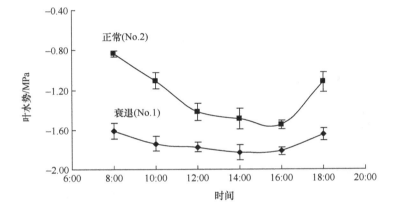

图3.14 不同风沙土含水量条件下叶水势日动态

柠条锦鸡儿清晨叶水势与谷底值（约14：00）、日落后（约21：00）的叶水势（图3.15）回归方程分别见公式（3.6）和公式（3.7）：

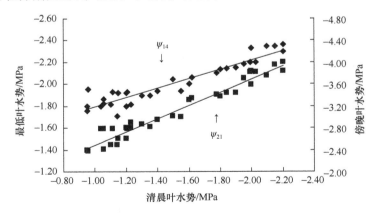

图3.15 柠条锦鸡儿清晨叶水势与谷底值、日落后叶水势关系

$$\psi_{14:00} = -1.292\,48 + 0.485\,77\psi_{m} (R = 0.9627) \tag{3.6}$$

$$\psi_{21:00} = -0.555\,78 + 0.848\,10\psi_{m} (R = 0.9877) \tag{3.7}$$

把公式（3.5）～公式（3.7）输入计算机，结合水分特征曲线就可以模拟出柠条锦鸡

儿叶水势日变化与风沙土含水率消长过程的关系（图 3.16）。

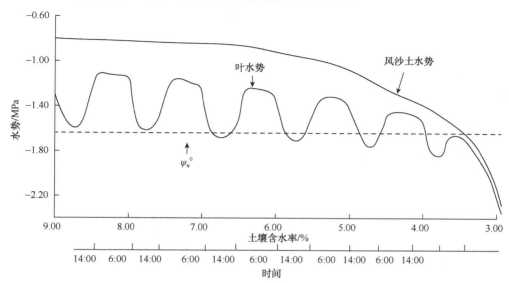

图 3.16　柠条锦鸡儿叶水势与风沙土含水量动态关系模拟

从图 3.16 可以看出，柠条锦鸡儿叶片水势，即使在风沙土供水充足时，其清晨叶水势也不能恢复到与沙土水势数值相等的状况，而总是低于沙土的水势形成一个水势梯度。在正常的天气条件下，随着风沙土含水率的降低，也就是土壤水势的降低，柠条锦鸡儿清晨叶水势恢复得越来越少，当风沙土水势随含水率的微小降低而显著下降时，柠条锦鸡儿叶水势日变化趋于平缓。

当风沙土含水率大于 4.50%时，风沙土水势相对较高且相对稳定，在干旱区干燥的小气候环境下，柠条锦鸡儿叶水势日进程变化剧烈，日较差大，植物正常生长；随着风沙土含水率的下降，进入柠条锦鸡儿林下风沙土水分特征曲线拐点 4.50%附近时，风沙土含水率的降低使得风沙土水势的降低速度加快，进而导致柠条锦鸡儿叶水势日进程变化趋缓，日较差变小，出现水分胁迫现象，但在这个阶段，经过一个夜晚后仍能够恢复膨压，水分胁迫开始对植物正常生长产生影响；而当土壤水分进一步下降（小于 3.5%），含水量的微小降低就会导致土壤水势迅速而显著降低，此时出现严重水分胁迫，小枝的水势日进程变得非常平缓，日较差很小，已经不能够恢复膨压，植物生长衰退，进而出现死亡。所以，图 3.16 能够很好地反映土壤水分消长、胁迫与柠条锦鸡儿生长的关系。

4）柠条锦鸡儿生长的土壤水分阈值

柠条锦鸡儿是生长在干旱半干旱气候区沙漠中的大灌木。在长期的干旱环境胁迫下，与环境形成了特殊的水分生理生态关系，柠条锦鸡儿超过 78%的水平生长根分布在距树基 60cm 范围土层中，垂直根分布在 30~90cm 土层中（张莉等，2010），在库布齐沙漠中沙土水分可能是柠条生长的主要来源。研究区柠条锦鸡儿固沙林下水分特征曲线表示了风沙土含水率（ω）与风沙土水势（ψ_s）的关系，曲线转折区域在风沙土含水率为 4.50%左右，对应的水势值约为–1.42MPa。当风沙土含水率大于此区域时，风沙土水势较稳定，且保持在较高水平，水分易被柠条锦鸡儿吸收；而当风沙土含水率降至该区域以下时，风沙土含水率的微小降低，将导致对应的风沙土水势迅速降低，水分的有效性明显减小，致使柠条锦鸡儿吸水困难，出现干旱胁迫现象。因此，作者认为 4.5%左右的沙土含水量似乎是库布齐沙漠沙土水分特征的临界值，也就是库布齐沙漠柠条锦鸡儿生长在风沙土上的一个水分分界阈值。

柠条锦鸡儿 P-V 曲线确定的水分参数表明，柠条锦鸡儿具有较低的 ψ_π^{100} 和 ψ_π^0，ψ_π^0 值为–1.62MPa，结合风沙土水分特征曲线、柠条锦鸡儿叶水势日变化与风沙土含水率消长过程的关系分析，当柠条锦鸡儿林下沙土含水率大于 4.50%时，风沙土水势维持在–1.42MPa 以上，柠条锦鸡儿叶片 ψ_π^0 为–1.62MPa，其水势差即吸水力也总大于–0.20MPa，其清晨叶水势能够恢复到零膨压以上，因此不会产生水分胁迫。而当风沙土含水率降到 3.50%左右时，微小含水率变化引起了水势迅速显著的降低，此时风沙土水势迅速下降到–2.27MPa 左右，这说明柠条锦鸡儿叶水势最高也达不到–2.27MPa，已不能恢复膨压（–1.62MPa），柠条锦鸡儿林将会出现衰退现象，因此，作者认为该小区域是库布齐沙漠柠条锦鸡儿生长在风沙土上的另一个水分分界阈值。

实际调查结果显示（表 3.2），正常生长的柠条锦鸡儿林土壤各层含水率都在 4.5%以上，而出现轻度衰退现象的大部分在 4.5%以下，有个别柠条锦鸡儿衰退死亡的土壤含水率已低于 3.5%。作者有理由认为：柠条锦鸡儿的 P-V 水分参数可以称为柠条锦鸡儿的"水分参数水阈"，如 ψ_x^0 和 ψ_x^{100}，是在–1.62MPa 和–1.30MPa 附近的一个小区域。而在沙土上生长的、能够维持柠条锦鸡儿林正常干物质积累的"经济水阈"（不会产生水分胁迫，柠条锦鸡儿正常生长时的土壤临界含水率）大约是在风沙土含水率为 4.50%附近的一个小区域；而"生存水阈"（不能够恢复膨压，产生严重水分胁迫，柠条锦鸡儿林内开始出现衰退现象时的土壤临界含水率）大约是在风沙土含水率为 3.50%附近的一个小区域。由于自然过程的复杂性导致水分特征值在一个小区域内波动，随着研究的深入和资料的累积，这个"阈幅"将被确定。

3.3 行带式固沙林土壤水分空间分布格局与动态变化

林分的边行优势已被人们认识到，人们普遍认为：由于林分的边行通风好，光照充足，林木单株所占有的土地面积大，具有相对充足的水分、养分、光照资源供植物吸收利用，进而为边行林木提供更好的条件，促进林木更好地生长，这一理论也是符合界面生态原理的，行带式固沙林正是利用了这一原理从而更好地发挥林分边行优势。一般而论，土壤水分的消耗主要归因于植被的蒸腾耗水及土壤蒸发散，对于沙地而言，由于土壤质地较粗的物理结构能切断土壤因毛管作用的水分散失，从而有一定的保护土壤水分的作用，因此，植被的蒸腾耗水对于土壤水分的变化动态具有更显著的影响。降水是沙区水分主要补给来源，不同覆盖度对降雨截留也是不同的，间接影响降水对沙区土壤水分的补给。

本节主要从固沙片林土壤水分空间分布格局及动态变化入手，分析边行水分优势，之后结合行带式固沙林的边行水分优势，进而分析和探讨低覆盖度行带式固沙林的水分空间格局及动态变化。也就是说，行带式固沙林就是将固沙片林的边行水分优势最大化地转换成为行带式带间水分优势，因此，低覆盖度下的行带式固沙林带间都将具有边行水分优势，更加有利于带间植被及土壤恢复。

3.3.1　乔木固沙林

1. '白城 41 号' 杨树固沙片林

在亚湿润干旱区,对内蒙古科左中旗的 15 年生杨树人工林进行调查研究,调查杨树品种为'白城 41 号'(*Populus xiaozhuanica* cv. *'Baicheng-41'*),造林株行距 1m×3m,林内平均胸径为 13.8cm,平均标准木单株材积总量为 0.114m³,已出现严重衰退和腐烂病;而边行的平均胸径可达 19.2cm,平均标准木单株材积总量为 0.210m³,分别比林内平均胸径和单株材积增加 39.1%和 84.2%,未出现严重衰退和腐烂病。

从表 3.10、图 3.17 中可以看出,边行及其外侧 6m 之内,各层沙土含水量基本相同;6m 以外,随距边行杨树的距离增大,不同深度沙层含水率逐步增加,直到 10m 以后,

表 3.10　'白城 41 号'杨树林带外侧不同距离沙土含水量　　　(单位:g/kg)

土层深度/cm	距离								
	对照	0m	2m	4m	6m	8m	10m	12m	14m
40	58.4	57.6	59.3	62.0	64.0	78.6	85.8	85.4	87.6
60	61.0	60.5	62.6	62.1	72.6	72.4	88.4	101.4	99.7
80	65.6	64.8	68.6	68.6	74.5	86.4	92.5	98.2	99.2
120	64.6	67.6	67.8	73.2	82.6	89.8	95.8	98.8	100.6
160	70.4	73.4	75.6	78.6	87.9	98.0	99.8	102.1	103.2
平均	64.0	64.8	66.8	68.9	76.3	85.0	92.5	97.1	98.1

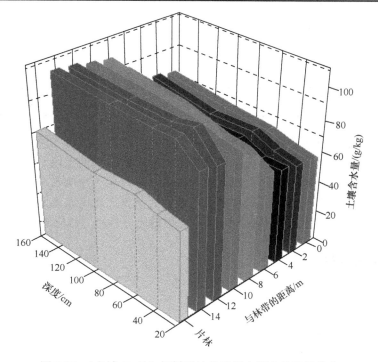

图 3.17　'白城 41 号'杨树固沙林外侧土壤水分空间分布

其含水量基本与对照相似，如在沙土 60cm 深度沙层，以距离杨树 14m 处的含水量为对照（100%），则 12m、10m、8m、6m、4m、2m 处的含水量分别占到 101.4%、88.7%、72.6%、72.8%、62.3%和 62.8%，到边行基部仅为 60.7%。可以看出，0~10m 成为杨树边行树木的水分主要利用带，8~10m 及其以外沙土中蓄存的水分成为侧渗补给的水源，在干旱年份通过 6~10m 的含水量梯度侧渗补给到沙土水分主要利用带供树木利用。同样，在亚湿润干旱区，杨树人工林边行外侧含水量等湿度线的分布类似一个 6m 之内坡度较小、6~10m 坡度较大的斜面。不同深度沙层含水量随距林分边行距离增大的变化趋势基本相同，仅变化速率有微小差异，上层变化速率较深层的为小，10m 之外基本不受影响（杨文斌和王晶莹，2004）。

2. '白城 41 号' 杨树行带式固沙林

在亚湿润干旱区，对内蒙古科左中旗的 12 年生的杨树"两行一带"配置结构的人工林进行调查研究，调查杨树品种为'白城 41 号'，造林株行距配置结构为 3m×3m~20m—3m×3m~20m，平均胸径为 14.8cm，在带间每隔 2m 测定的土壤含水量分布状况见表 3.11。0~150cm 土壤的平均含水量以林带中间 10m 处为 100%，向两侧林带方向距林带 8m 处分别降低 19.6%和 19.2%；6m 处分别降低 25.6%和 22.0%；4m 处分别降低 34.5%和 30.6%；2m 处分别降低 23.6%和 32.5%；0m 处分别降低 44.4%和 47.6%。

表 3.11 '白城 41 号'杨树"两行一带"固沙林不同距离沙土含水量（单位：g/kg）

土层深度/cm	距离										
	0m	2m	4m	6m	8m	10m	8m	6m	4m	2m	0m
20	21.4	26.1	19.9	26.6	31.6	38.8	36.6	25.6	19.9	20.1	19.4
40	17.0	27.2	27.2	34.6	56.8	67.9	54.8	36.6	30.2	28.1	15.1
60	33.5	47.5	34.0	39.6	26.2	41.6	26.2	49.6	34.0	47.5	33.5
100	25.1	28.9	28.1	36.1	37.4	48.6	34.4	35.1	32.4	25.6	20.2
150	41.0	59.6	53.5	47.4	47.6	51.0	48.6	46.4	55.5	46.2	42.0
平均	27.6	37.9	32.5	36.9	39.9	49.6	40.1	38.7	34.4	33.5	26.0

在干旱半干旱区形成边行优势的沙土水分利用特征为从边行向外侧形成一个由低向高的含水量梯度，这个梯度一直延伸到土壤含水量稳定不变的地段，明显地出现了一个土壤水分主要利用带及其外侧的高含水量带，作者称后者为土壤水分渗漏补给带。行带式在不同气候区、不同林种、不同密度或配置方式的带间宽度是有所不同的。因此，如何在行带式中更好地应用这个渗漏补给带，要根据固沙种类选择合理的带宽。

3.3.2　灌木固沙林

1. 梭梭固沙片林

对甘肃临泽梭梭（*Haloxylon ammodendron*）人工林的调查研究表明，密度为 3105 株/hm²、7 年生的梭梭固沙片林，边行梭梭的平均高度可达 1.5m，长势明显好于林内（平均高 0.88m）植株，未出现严重衰退和死亡植株。

对其边行及其外侧风沙土不同深度沙层含水量的分析也表明（表 3.12）：边行及其外侧 4m 之内各层沙土含水量基本相同，是梭梭边行最主要的沙土水分利用带，4m 之外，随着距离增大，不同深度沙层含水量逐步增加。直到 10m 以后，其含水量基本与流沙对照相似，如在沙土 120cm 深度沙层，若以距离梭梭 12m 处的含水量来对比（100%），则 10m、8m、6m、4m、2m 处的土壤含水量分别占到 93.3%、76.2%、62.5%、56.4%、38.0%，到边行基部仅占 37.4%。可以看出，0~8m 成为梭梭边行树木水分主要利用带，8~10m 及其以外沙土中蓄存的水分成为侧渗补给的水源，在干旱年份通过 4~8m 的含水量梯度侧渗补给到沙土水分主要利用带供树木利用。由此可见，梭梭固沙林边行外侧含水量等湿度线的分布类似一个 4m 之内坡度较小、4m 之外坡度较大的斜面（图 3.18）。不同深度沙层含水量随距固沙林边行距离增大的变化趋势基本相同，仅变化速率有微小差异，上层变化速率较深层的为小。

表 3.12　梭梭固沙片林边行外侧沙土含水量　　　（单位：g/kg）

土层深度/cm	距离							
	0m	2m	4m	6m	8m	10m	12m	平均
40	0.860	0.870	1.192	1.103	1.306	2.012	2.010	1.336
60	0.892	0.980	1.289	1.328	1.436	2.450	2.785	1.594
80	1.116	1.026	1.426	1.752	1.993	2.902	2.912	1.875
120	1.183	1.201	1.782	1.977	2.408	2.950	3.162	2.095
160	1.277	1.280	1.991	2.150	2.908	3.196	3.908	2.387
300	1.213	1.301	1.864	2.362	3.304	4.135	3.992	2.596
平均	1.090	1.110	1.591	1.779	2.226	2.941	3.128	1.981

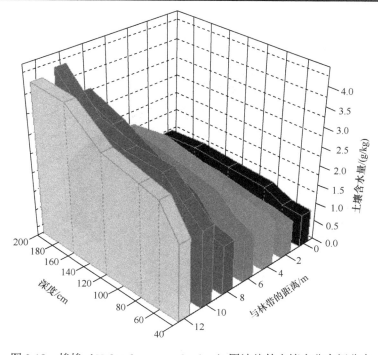

图 3.18　梭梭（*Haloxylon ammodendron*）固沙片林土壤水分空间分布

2. 柠条锦鸡儿行带式固沙林

在半干旱区，对内蒙古达拉特旗营造的两行一带式柠条锦鸡儿（*Caragana korshinskii*）林地进行了调查研究，调查林带行距 1.5m，株距 1.0m，两行组成一带，带间距 30m。对照样地为同年营造的 2m×4m 柠条片林。片林平均株高 1.20m，而两行一带行带式林带平均株高可达 1.75m。从表 3.13、图 3.19 中可以看出，柠条锦鸡儿林带外侧 0~2m 沙土各层含水量基本与片林相似，林带外侧 4~6m 沙土的含水量逐步提高，分别比 10m 处平均含水量约低 18.6g/kg 和 11.2g/kg，成为柠条锦鸡儿林带沙土水分主要利用带；8~10m 及其以外沙土中蓄存的水分成为侧渗补给的水源，在干旱年份通过 4~6m 的含水量梯度侧渗补给到沙土水分主要利用带供树木利用。8~10m 的沙土含水量基本相同。

表 3.13　柠条锦鸡儿林地外侧不同距离沙土含水量　　　（单位：g/kg）

土层深度/cm	距离							
	对照	0m	2m	4m	6m	8m	10m	平均（不含对照）
40	28.4	27.6	29.3	32.0	44.0	58.6	57.6	41.5
60	31.0	34.5	38.6	45.6	52.6	62.4	63.4	49.5
80	35.6	35.8	38.6	48.6	54.5	63.4	64.5	50.9
120	38.6	37.6	40.8	49.8	55.6	66.8	65.8	52.7
160	38.4	38.1	45.6	52.6	58.9	69.0	70.2	55.7
平均	34.4	34.7	38.6	45.7	53.1	64.0	64.3	50.1

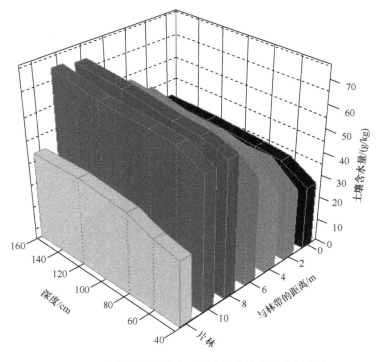

图 3.19　行带式柠条锦鸡儿固沙林土壤水分空间分布

在干旱半干旱草原区，水分是植物生存、分布和生长的一个重要限制因子，是决定与影响生态系统结构与功能的关键因子。降水对柠条锦鸡儿带式植被系统土壤水分的再分配有着直接的影响，对林龄为 18 年的柠条锦鸡儿行带式不同种植密度林分土壤水分的调查表明，柠条锦鸡儿 10m 带距（1660 丛/hm²）20~100cm 土层的贮水量最高、7m（2500 丛/hm²）次之、4m（3300 丛/hm²）和对照（荒地）的土壤贮水量最差。各带距贮水量季节变化一般出现 2 个高峰，第一高峰出现在 4 月，该时期从前一年 10 月下旬开始，植物枝叶开始枯萎，土壤水分散失减少，加之土壤冻结作用，使得水分逐渐恢复积累。第二个高峰出现在 8~9 月，这个时期为雨季形成土壤的补水期，9 月下旬随降雨量的减少使土壤贮水量又开始下降，进入下一个循环中（王占军等，2005）。

3.3.3　低覆盖度行带式固沙林

以赤峰市敖汉旗低覆盖度行带式（3m×5m×25m）赤峰杨固沙林（图 3.20）为例。

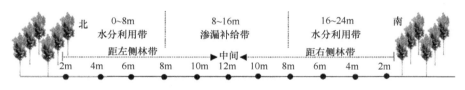

图 3.20　低覆盖度行带式赤峰杨固沙林示意图

1. 行带式固沙林土壤水分日变化特征

图 3.21 为 2013 年 7 月 5 日、7 月 10 日、7 月 15 日、7 月 25 日低覆盖度行带式赤峰杨固沙林带间不同距离土壤含水量变化，从图中看出，20cm 层土壤含水量均表现出林带中间低于两边的趋势；40cm、120cm、140cm、160cm 层含水量均表现出林带中间大于两边的趋势；60cm、80cm、100cm 层含水量随距离左右林带远近变化较复杂。从 0~160cm 层土壤平均含水量看，同样表现出林带中间高于两边的趋势，而且随着距左右林带距离越远含水量呈增加趋势。表层 20cm 深度中间部位含水量低的主要原因是没有固沙林的遮荫作用，地表蒸发强于其他位置；赤峰杨根系层主要分布在 40~100cm 层，因此表现出在 60cm、80cm、120cm 层各距离含水量变化复杂的趋势，且不同距离中有的表现出中间部位低于两边的趋势，初步说明中间部位水分能够运移到两边供给赤峰杨吸收利用；120cm 以下各层表现出明显的中间部分含水量大于两边的趋势，0~8m、8~16m、16~24m 平均含水量大小为 8~16m>16~24m>0~8m，因此，可以初步认为 8~16m 为水分渗漏补给带，而 0~8m、16~24m 为水分主要利用带。结合各层含水量变化趋势看，初步表明水分渗漏主要补给深度为 120cm 以下土层，而 8~16m 渗漏补给带的 60~100cm 层水分主要侧渗补给给水分利用带。

2. 行带式固沙林土壤水分月变化特征

图 3.22 为 2013 年 5 月、6 月、7 月、8 月、9 月低覆盖度行带式赤峰杨固沙林带间不同距离各层土壤含水量月变化。从图 3.22 中看出，20cm 层 7 月、8 月、9 月表现出带中间含水量大于两边的趋势，5 月表现出中间右侧距离含水量高的趋势、6 月表现出两边

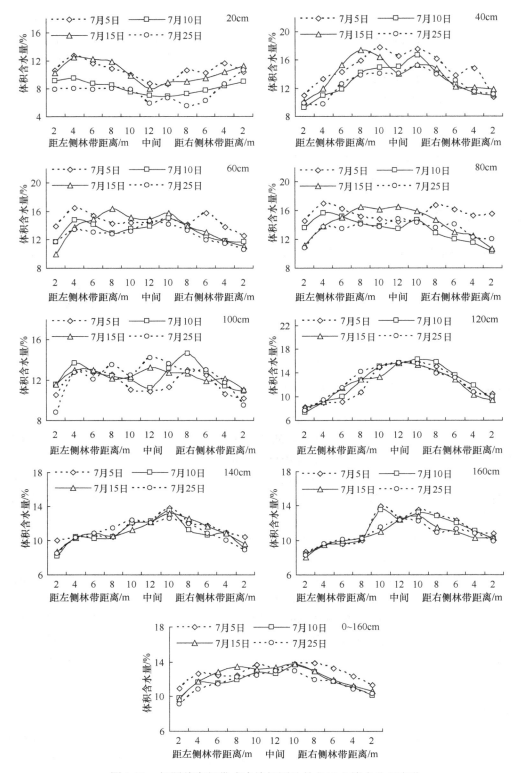

图 3.21　低覆盖度行带式赤峰杨固沙林各层土壤水分日变化

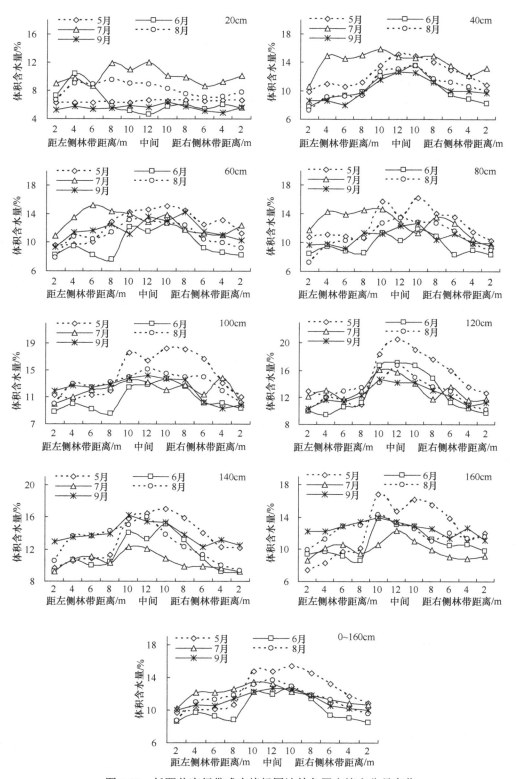

图 3.22 低覆盖度行带式赤峰杨固沙林各层土壤水分月变化

高于中间部分的趋势；40cm、100cm、120cm、140cm、160cm层表现出中间部位大于两边的趋势；60cm、80cm层7月表现出两边大于中间部位的趋势，5月、6月、8月、9月表现出中间大于两边的趋势。从0~160cm层土壤平均含水量看，同样表现出林带中间高于两边的趋势，而且随着距左右林带距离越远含水量呈增加趋势，且0~8m、8~16m、16~24m平均含水量大小为 8~16m>16~24m>0~8m。月变化特征与日变化特征基本一致，不同的是6月进入雨季，降雨显著影响各层土壤含水量变化，特别是在7月，20cm、40cm层含水量受降雨影响最大，含水量最高；而且也是在7月20cm、40cm、60cm、80cm含水量表现出中间低于两边的趋势，可能是由于降雨和赤峰杨及带间植被生长等多种因素综合作用的结果。以上结果进一步说明，8~16m为水分渗漏补给带，而0~8m、16~24m为水分主要利用带，结合各层含水量变化趋势看，进一步证明水分渗漏主要补给深度为120cm以下土层，而0~8m渗漏补给带的60~80cm层水分主要侧渗补给给水分利用带。

从月变化特征看，行带式分布格局下，不同深度的土壤水分均存在如下规律：①土壤水分含量垂直于林带的方向上，随着距离林带的距离越来越远，含水量呈现上升趋势，在林带与林带中央附近达到最高值，然后随着与下一条林带的距离逐渐靠近而土壤水分含量呈下降趋势（60cm、80cm规律不明显）；②行带式固沙林不同深度各层土壤含水量月变化趋势基本一致，除20cm、40cm（7月最高）土层外各层含水量5月最高，表明固沙林进入生长季后，由于蒸腾耗水增加，造成土壤含水量下降。可以看出，行带式固沙林40~160cm各层土壤含水量在两个方向距林带8m左右的距离上均有一个明显的上升和下降趋势，这种明显的峰值规律，进一步证明靠近林带的0~8m和16~24m，存在着两个固沙林水分高利用区域，即带前水分利用区和带后水分利用区（水分主要利用带），而8~16m存在着一个土壤水分的补给区域，即带间水分补给区（水分渗漏补给带）。同时，行带式分布格局的固沙林土壤水分空间分布规律也体现了植被利用对土壤水分空间分布格局的影响作用。

3. 行带式固沙林土壤水分时间动态变化

土壤水分是土壤质量的重要标志，影响着土壤的特性和植物的生长，决定着固沙林的寿命，在时空尺度上具有高度的异质性。行带式的配置格局在一定程度上影响并改变了沙地土壤水分动态分布状况，同时，作者在研究中也发现，行带式固沙林带间不同区域土壤水分的空间异质性很强，对固沙林生长季土壤水分动态监测，如图 3.23 所示：0~40cm深度的土壤中，由于土壤水分状况受降雨和蒸发的影响剧烈，水分条件波动剧烈，对比林带不同区域 0~40cm 土壤水分可以发现，无论水分利用带还是渗漏补给带土壤水分随时间上的变化都随着降雨的时间上下波动，但在6月23日连续降雨以前，只有6月9日和6月16日有两场 11.4mm 和 14.2mm 的降雨，这两场降雨降雨量不大且降雨强度很小，水分利用带和渗漏补给带土壤含水量随着这两场降雨迅速升高，而 16~24m 的水分利用带土壤含水量对这两场降雨的响应不大，说明行带式固沙林不同区域对降雨响应的敏感程度不同。显然，0~8m 水分利用带和 8~16m 渗漏补给带由于受到降雨、林冠截留及风速、风向等气象因素的影响较小，土壤含水量对于降雨的响应更加敏感，而 16~24m 水分利用带由于在生长季处于背风面，风速、风向及林冠截留对降雨影响较大，此区域对降雨的吸纳要少于 0~8m 和 8~16m 的区域，造成 16~24m 区域土壤水分含量对降雨敏感度降低。0~40cm土层含水量随着降雨结束而快速下降,这种土壤含水量在雨后的消退过程中,0~8m水分利用带和8~16m渗漏补给带趋于一致,都较16~24m水分利用带更加迅速,这可能是由于其在白天受到遮荫的时间比0~16m区域长,地面蒸发小于0~16m区域,因此0~40cm土层土壤水分损失较慢。40~160cm深度土壤水分状况受降雨影响较小,趋于稳定,连续的高强度降雨可以使土壤水分含量缓慢升高,从图3.23可以看到,6月6日和6月16日的降雨对0~40cm深度的土壤水分含量产生影响,但没有影响到40cm以下的土壤层,土壤水分含量呈现缓慢下降的趋势,到6月23日开始的连续降雨使40~160cm深度土壤水分含量缓慢上升,含水量上升幅度以0~8m水分利用带和8~16m渗漏补给带较高,分别达到了3.23%和3.81%。渗漏补给带40~160cm土壤水分含量在生长季波动较0~8m和16~24m小,这主要是因为赤峰杨根系分布主要集中在水分利用带,蒸腾耗水造成土壤水分的消耗。对比40~160cm深度生长季前期和生长季末不同区域土壤含水量可以发现,0~8m和16~24m水分利用带土壤含水量基本持平,而渗漏补给带土壤水分含量在生长季初期较高,到生长季末则下降到与两个水分利用带相近的水平,表明整个生长季过程中,渗漏补给带土壤水分补给区域对于两边的土壤水分高利用区域具有一定的调控作用,也在一定程度上证明行带式固沙林存在着明显的边行水分利用优势。

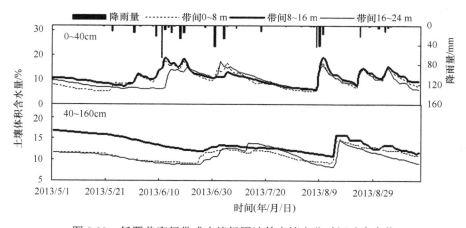

图3.23 低覆盖度行带式赤峰杨固沙林土壤水分时间动态变化

计算林带间不同区域生长季土壤贮水量见图3.24,分析表明,行带式固沙林生长季不同区域土壤贮水量随降雨影响明显,各区域贮水量均随着降雨量的大小而消长,其中渗漏补给带土壤贮水量整个生长季均维持在一个较高的水平,生长季平均贮水量分别为渗漏补给带195.25mm、0~8m利用带173.23mm、16~24m利用带164.40mm,大小与生长季土壤含水量排序一致。16~24m利用带土壤贮水量最小,尽管其受遮荫影响,土壤蒸发量小,但由于土壤水分的高利用率和降雨量受林冠截留影响,使得土壤水分条件反而不如0~16m。

3.3.4 行带式固沙林水分格局探讨

行带式固沙林由于其特殊的配置格局,在一定程度上改变了固沙林土壤水分分布格局，株距×行距×带距为 3m×5m×25m 的固沙林生长季土壤水分在带与带之间垂直于林带的方向上具有明显的高值和低值区域，在带前 0~8m 和带后 16~24m 距离上的土壤水分含量明显低于带间 8~16m 处。由此将带间 25m 的宽度划分为带前、带后土壤水分高利用区（水分利用带）和带间土壤水分补给区（渗漏补给带）。

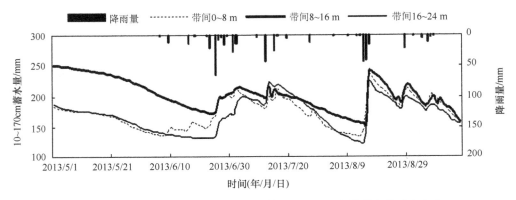

图 3.24　低覆盖度行带式赤峰杨固沙林 10~170cm 土壤蓄水量动态变化

行带式固沙林不同区域生长季各层土壤水分变化均受降雨量影响较大，而区别是 2 个水分利用带和渗漏补给带对于降雨响应的敏感程度不同，主要表现在两个方面，一方面是即使较少的降雨量也能引起 0~8m 利用带和渗漏补给带土壤含水量的变化，而对 16~24m 利用带的土壤含水量影响较小；另一方面是土壤含水量随着降雨结束而快速下降，0~8m 利用带和渗漏补给带趋于一致，相比较 16~24m 利用带更加迅速。原因可能是其吸纳的降雨量由于受到风速、风向等气象因素的影响，而较 0~8m 利用带和渗漏补给带少，而白天受到遮荫的时间比 0~8m 利用带和渗漏补给带区域长，地面蒸发小于 0~8m 利用带和渗漏补给带区域，因此土壤水分损失较慢。

对比生长季前期和生长季末不同区域土壤含水量和贮水量可以发现，两个水分利用带基本持平，而渗漏补给带在生长季初期处于高值，到生长季末则下降到与水分利用带相近的水平，表明整个生长季过程中，渗漏补给带土壤水分补给区域对于两边的土壤水分高利用区域具有一定的调控作用，也在一定程度上证明行带式固沙林存在着明显的边行水分利用优势。

在我国干旱半干旱区，行带式配置格局的固沙林在种植密度上最接近经过自然演替、逐步发育形成的稀疏林分，覆盖度低于 30%，这个密度被证明与区域降水量相匹配，是符合水量平衡条件的，能够确保林分的稳定性（Valentin and d'Herbès，1999），更为重要的是，这种行带式配置格局的固沙林能够完全固定流沙（杨文斌等，2006，2008；杨红艳等，2008），并且具有显著的界面生态效益，有促进带间植被恢复的功能（姜丽娜等，2011），可以促进自然植被的恢复和土壤的形成，提高固沙复合植被的生物生产力，这也是低覆盖度行带式固沙林的生态功能之一。众所周知，在干旱半干旱区，土壤水分影响着土壤的特性和植物的生长，而行带式配置格局的固沙林在一定程度上影响并改变了沙地土壤水分空间、时间动态分布格局（Holland，1987；杨文斌等，2004，2007），通过对行带式分布格局的赤峰杨固沙林土壤水分动态的研究，摸清了行带式格局下土壤水分空间、时间分布规律。研究表明，行带式配置格局下，带与带之间存在着一个水分的高值区域（渗漏补给带），这是行带式固沙林具有明显的界面生态效益和边行水分利用优势的基础，同时也是配置结构对于土壤水分影响和调控的具体表现。带间补给区（渗漏补给带）与 0~8m、16~24m 水分利用区（水分利用带）之间存在的水量交换，以及量值的确定还需要进一步研究确定。

从以上对不同气候区、不同树种固沙林土壤水分含量空间分布格局的分析可以看出，行带式格局随着距林带距离的增加，不同深度土壤水分均表现出逐渐增大的趋势，到林带中央达到最大值。这反映出行带式配置下林木对土壤水分空间格局强大的调控效应，这种调控效应普遍存在，但因树种、立地、气候条件的不同而有差异。行带式配置下的土壤水分空间格局均存在着较明显的主要利用带与渗漏补给带，这也是行带式配置格局最主要的生态水文效应。

3.4　低覆盖度行带式固沙林水分生态位适宜度

生态位是现代生态学中一个非常重要的概念，自 20 世纪 90 年代以来，这一概念在生态学界受到了广泛关注（Leibold，1995），并在种的适合性测定、种间关系、群落结构和生态位构建等方面得到广泛应用（Leibold，1995；Thompson and Gaston，1999）。由于生态位适宜度能够较好地反映不同植物对其生境条件（土地）的适宜程度并分析限制植物生长的因子，已成为当前生态位理论与应用的前沿问题。物种的生态位适宜度就是指物种的现实生态位与其最适生态位之间的贴近程度，具体表征该物种对其生境条件的适宜程度（李自珍等，1993，1996；李自珍和李文龙，2003）。因此，分析低覆盖度行带式固沙林的生态位适宜度也是沙区植被建设需要解决的一个重要的科学问题，特别是水分生态位适宜度。

3.4.1　水分生态位适宜度理论

植物水分生态位适宜度概念的建立是以经典的生态位理论为基础的。生态位（ecological niche）理论属于现代生态学的核心内容之一，它在生物种对其环境条件的适合性测度、种间竞争与共存机制、群落的多样性维持、种群生存力分析及资源利用等方面得以广泛的应用（Pinaka，1973；Grubb，1977）。自 20 世纪 60 年代以来，有关生态位理论与其应用研究更多地集中在物种对其生境资源的利用方面（van Valen，1965；Brown，1971；Belford et al.，1987）。从物种对其生境资源的利用角度看，定量研究生物种在其生态位域内适宜度的变化规律，对于植物水分供需关系的调控和持续发展具有重要作用。李文龙等（1999）曾探讨了生态位适宜度的定义和测度，并将其应用于植物治沙及生态工程中（李自珍等，1998）。Li 和 Lin（1997）对各种生态位定义（Hutchinson，1957；May，1974）的内涵进行了分析，定义植物种水分生态位适宜度是现实水资源位点与最适水资源位点之间的贴近程度，它具体表征植物对其生境水分条件的适宜程度。

由于水分是我国西北干旱区防护林营建过程中的主要限制因素，因此，其人工林营建的主要问题就是根据干旱区有限的自然降水，通过选择种植抗风沙、抗干旱、抗逆性强的树种，人工调控营林密度与林木覆盖率，从而达到水分供需平衡，以实现人工林的稳定共存发展（李自珍等，1997）。以沙坡头地区人工防护林为研究对象，将经典的生态位理论引进人工固沙植被的研究过程中，组建干旱区植物种的水分生态位适宜度模型，并且依据有关林区试验观测结果，对植物水分利用的适宜程度过程进行数值模拟试验分析，从而为在干旱区人工林营建中确定合理营林密度与适宜林木覆盖率提供理论模式与定量依据（李自珍等，2001）。

3.4.2　水分生态位适宜度应用

1）数学模型

在干旱地区，水分是制约植物生长发育的主要生态因子，将试验林区土壤在垂直梯度上不同深度的含水量的量化值分别记作 x_1, x_2, ..., x_n；如 $x_i(i=1, 2, ..., n)$ 是与所论植物种有关的生态因子，则该种的生态位函数可表示为

$$X=(x_1, x_2, ..., x_n), E_n=\{X|f(X)>0, X=(x_1, x_2, ..., x_n)\} \qquad (3.8)$$
$$N=f(X)=f(x_1, x_2, ..., x_n)$$
$$X\in E_n$$

以上诸生态因子的每组量化值 $X=(x_1, x_2, ..., x_n)$ 构成所论植物种的水分生态位点，E_n 是其 n 维资源空间。若在 E_n 中存在着一点 $X_a=(x_{1a}, x_{2a}, ..., x_{na})$ 使得 $f(X_a)=\max\limits_{x\in E_n}\{f(X)\}$，则称 X_a 为该种的最适生态位点。

种的水分生态位适宜度是其最适生态位点与种的现实生态位点之间贴近程度的定量表征。据此建立如下模型：

$$y=\sum_{i=1}^{n}a_i\min(x_i/x_{ia}, x_{ia}/x_i) \qquad (3.9)$$

$$y=\sqrt{\frac{1}{n}\sum_{i=1}^{n}(x_i/x_{ia})^2} \qquad (3.10)$$

$$y=1-0.5\sum_{i=1}^{n}|p_i-q_i| \qquad (3.11)$$

其中，$p_i=x_i/\sum_{i=1}^{n}x_i, q_i=x_{ia}/\sum_{i=1}^{n}x_{ia}$

$$y=\frac{1}{n}\sum_{i=1}^{n}\frac{\min\{|x_i-x_{ia}|\}+a\max\{|x_i-x_{ia}|\}}{|x_i-x_{ia}|-a\max\{|x_i-x_{ia}|\}} \qquad (3.12)$$

式中，y 为水分生态位适宜度值；x_i 为第 i 层（$i=1, 2, ..., n$）土壤中水分生态因子实测值；x_{ia} 为第 i 层土壤中水分生态因子最适值；A_i 为第 i 层的权重因子（$\sum_{i=1}^{n}a_i=1$），A_i 可以根据实验观测的植物根系分布情况估算。

2）样地概况

　　沙坡头地区人工防护林水分平衡场的试验林区地处宁夏回族自治区中卫县境内，位于腾格里沙漠东南缘，海拔 1340m 左右，年均降水量为 186.6mm，且主要集中在 7~9 月（占全年降水量的 60%以上），年蒸发量达 3000mm 以上，其自然降水一般均渗入沙体内，无地表径流发生，也无外来径流补给，而沙丘的地下水埋 50m 以下，不能为植物所利用。试验林区土壤主要为沙粒，养分含量很低。试验地为 1987 年秋平整的 1000m² 沙丘，为保证沙面稳定，曾扎草方格。试验植物选取当地耐旱优良固沙植物柠条锦鸡儿（*Caragana korshinskii*）和油蒿（*Artemisia ordosica*）。小区编号为 1~8；其中 No.1、No.2、No.7 种植柠条锦鸡儿，No.3、No.4、No.8 种植油蒿，No.5、No.6 为油蒿与柠条锦鸡儿间种。试验区土壤水分含量的测定是在各小区采用随机取样（重复 3 次），用土钻取样烘干称重法。

3）根据模型计算的水分生态位适宜度值

　　根据模型计算出的水分生态位适宜度值见表 3.14（李自珍等，2001）。

4）水分生态位适宜度值讨论

　　营林密度、覆盖率和种植方式对水分生态位适宜度具有明显的影响。对柠条锦鸡儿而言，实验小区 No.1、No.2、No.7 的水分生态位适宜度均值分别为 0.6018、0.4949、0.5069；这说明柠条锦鸡儿对水分的适宜度以 No.1 样地最大，No.2 样地水分适宜度最低，其覆盖率分别为 8.6%和 16.1%；对于油蒿而言，样地 No.3、No.4 和 No.8 的水分生态位适宜度均值分别为 0.6676、0.6437 和 0.6343；其覆盖率分别为 14.4%、13.8%和 18.1%；适宜度值大，说明植物对水分适宜性高，而植物覆盖率也大。

　　比较单种营林与油蒿、柠条锦鸡儿混播，从表 3.14 可知，No.5、No.6 样地中油蒿的适宜度均值分别为 0.6044 和 0.6180；柠条锦鸡儿的适宜度值分别为 0.6985 和 0.7281。

表 3.14　各样地水分生态位适宜度数值

月份	样地 1 柠条锦鸡儿	样地 2 柠条锦鸡儿	样地 3 油蒿	样地 4 油蒿	样地 5 油蒿	样地 5 柠条锦鸡儿	样地 6 油蒿	样地 6 柠条锦鸡儿	样地 7 柠条锦鸡儿	样地 8 油蒿
1	0.5523	0.4278	0.6149	0.6087	0.6394	0.6257	0.7021	0.7478	0.5347	0.6397
2	0.4890	0.5017	0.6000	0.6358	0.7260	0.7833	0.6353	0.4806	0.3933	0.6049
3	0.6279	0.4873	0.7370	0.6271	0.6940	0.8096	0.6994	0.6032	0.4225	0.7293
4	0.4700	0.4509	0.7229	0.5812	0.6136	0.7795	0.6734	0.6622	0.4207	0.5936
5	0.6063	0.6027	0.6604	0.6998	0.4770	0.8054	0.4425	0.7709	0.4884	0.5259
6	0.6443	0.3608	0.7313	0.5537	0.6349	0.6649	0.5335	0.7292	0.5572	0.6484
7	0.4861	0.4741	0.5704	0.5800	0.3022	0.5928	0.2140	0.5596	0.5605	0.6337
8	0.5688	0.5126	0.5941	0.6510	0.6872	0.6425	0.7773	0.7807	0.0969	0.6102
9	0.6990	0.5720	0.7148	0.6072	0.6326	0.7451	0.6980	0.8628	0.4563	0.6365
10	0.6812	0.4895	0.6072	0.6079	0.5740	0.5935	0.7157	0.8208	0.7605	0.5802
11	0.6947	0.5698	0.7078	0.7730	0.5963	0.7115	0.5806	0.8447	0.7176	0.7052
12	0.7014	0.4893	0.7505	0.7985	0.6760	0.6282	0.7445	0.8748	0.6741	0.7036
均值	0.6018	0.4949	0.6676	0.6437	0.6044	0.6985	0.6180	0.7281	0.5069	0.6343

混播下油蒿适宜度值显著降低，柠条锦鸡儿的适宜度值显著增高。尽管油蒿与柠条锦鸡儿的根系分布深度不同，但其重叠部分对土壤水分利用的竞争导致油蒿适宜度下降，柠条锦鸡儿适宜度增大。计算结果表明，在试验条件下，柠条锦鸡儿和油蒿混播样地 No.6 有较高的适宜度值，其种植密度为 5000 株/hm²，这是试验条件下的最好结果。

干旱区自然降水是土壤水分输入的主要来源，降水的年际与年内变化影响到土壤含水量的变化。该地区自然降水的主要特征是年际变幅大，年内分布不均匀，多集中在 7~9 月。根据气象资料，该地区近 30 年中最大降水量为 300mm 左右，最低为 80mm。以 No.1 样地为例，降水较少的 1~6 月，油蒿的水分生态位平均值为 0.5650，降水较多的 7~12 月其平均值为 0.6385，显然，雨季及其后适宜度值有较大幅度的提高（增加 13%）。植物水分生态位适宜度值的变化不仅与土壤供水条件有关，而且与植物固有属性有关。从试验设置的单种群种植情况看，由于油蒿在生长发育过程具有整株及构件（枝条）水平上的自疏能力，通过自我调节以适应供水条件的变化，因此 No.3、No.4 与 No.8 样地中不同营林密度下适宜度均值介于 0.63~0.67；相对地，柠条锦鸡儿自疏能力比油蒿差，不同营林密度下适宜度均值变幅较大。从混播的情况看，由于油蒿是浅根系（根深 0~100cm）植物，主要利用土壤上层水分，柠条锦鸡儿根系较深，其主根可深达 200cm，根幅达 330cm，因此柠条锦鸡儿利用水分的幅度较广，适宜度值大于油蒿的适宜度，在混播下有一定的优势。由于混播下植物覆盖率高达 20%~25%，柠条锦鸡儿适宜度值比单种种植大，防风固沙能力强，因此油蒿、柠条锦鸡儿混播样地 No.6 是一种值得推广的营林方式。

3.4.3　低覆盖度行带式固沙林水分生态位适宜度探讨

1. 水分生态位适宜度探讨

通过前人关于植物水分生态位适宜度的研究表明，土壤含水量、土壤质地、植物本身的属性、根系分布、水分利用特征等方面都是影响植物水分生态位适宜度的因素。目前，有关低覆盖度行带式固沙林的水分生态位适宜度研究还未见报道，但是已有研究表明了不同固沙树种的水分阈值，如果从密度调控的角度分析，低覆盖度固沙林水分生态位适宜度应该是较大的，因为低覆盖度行带式固沙林不仅减少了土壤水分的消耗，而且加速了带间植被和土壤的修复，促使固沙植被从单一的物种演变为复合的生态系统，这不仅对维持固沙林稳定性有促进作用，而且在水分生态位适宜度方面，不同植被的根系分布调控了土壤水分的空间分布格局。

从李自珍等（2001）的研究结果看，油蒿低密度种植且植被覆盖率大时，其水分生态位适宜度值高；柠条锦鸡儿的研究结果为混播条件下水分生态位适宜度值高。从固沙的角度看，起初要使流沙固定，而传统观念是覆盖度要大于 40%，而低覆盖度行带式通过改变固沙林配置格局，覆盖度在 20%~30%就能够完全固定流沙，符合低密度种植下水分生态位值高的要求，同时流沙完全固定后，低覆盖度行带式配置格局又能够加速带间植被和土壤的修复，加大了固沙植被的覆盖率，这样也是符合植被覆盖率大时其水分生态位值高的要求的。低覆盖度行带式配置格局的两行一带格局，完全可以遵循混播的原则，两行种植不同的树种形成一带。

然而目前并没有确切的研究得出低覆盖度行带式固沙林的水分生态位适宜度值高的结论，但是，从已有的研究分析，低覆盖度行带式固沙林可以达到更佳的水分生态位适宜度值，为固沙林的稳定性和可持续性提供一个更宽的水分适宜空间，应对极端降雨年份对固沙林稳定性的影响。当然，这还需要进一步的研究和验证。这也是未来低覆盖度固沙所面临的一个急需解决的问题，而且，通过水分生态位适宜度的研究还可以为低覆盖度行带式配置格局提供更优的配置方式，以满足不同类型区的固沙需求。

2. 基于叶水势的油蒿不同盖度水分生态位分析

水分是植物生存的必要条件，植物的一切生理活动都必须在适宜的水分条件下才能正常进行。水势（water potential）是反映植物水分状况的基本度量单位，也是目前最常用的水分生理指标。水势作为反映植物水分状况的一个直接指标，可用来确定植物受干旱胁迫的程度和其抗旱能力高低，叶水势（leaf water potential，LWP）代表着植物水分运动的能量水平，能反映植物组织水分状况，是衡量植物抗旱性的一个重要生理指标，能真实反映植物体内水分传输状况。

在水分条件受限的干旱半干旱地区，研究植物叶水势对了解植物的生存状况、耐旱能力具有重要意义。杨文斌等通过分析柠条锦鸡儿叶水势与土壤水分的关系，提出风沙土上柠条锦鸡儿的"经济水阈"约为 4.5%，而"生命水阈"约为 3.5%。李秀媛等研究认为："叶水势高低与气孔调节能力的大小对植物的地理分布具有重要影响"。胡杨叶水势日、季节变化曲线均呈单峰型，且与气温、大气相对湿度和光合有效辐射值之间具有十分显著的相关关系。其他的研究也都发现生活在干旱半干旱地区的植物叶水势的日变化与气温、光量子通量密度呈负相关，与大气相对湿度呈正相关，与土壤水分和植物根系分布也具有一定的相关性。地处农牧交错带的毛乌素沙地是我国北方重要的生态屏障，油蒿是当地最重要的建群植物之一，是毛乌素沙地面积最大的群落类型，对维持毛乌素沙地生态系统稳定起着重要作用。研究不同植被盖度沙地油蒿的叶水势，对分析不同生境油蒿的水分胁迫十分重要。

研究区位于毛乌素沙地中部，海拔约 1200m。该地区属于温带半干旱大陆性季风气候，年均降水量 300~350mm，7~9 月降水量占年降水量的 60%~70%。年均蒸发量 1800~2500mm。土壤为风沙土，地表物质疏松，沙源物质丰富，风大且频繁，风沙活动强烈。植被以稀疏、低矮的沙生植被为主。油蒿是沙地最主要的建群植物，其寿命一般在 10 年左右，最长可达 15 年。研究区油蒿群落固定沙地植被盖度约 50%，除建群种油蒿外，还分布有猪毛蒿（*Artemisia scoparia*）、狗尾草（*Setaria viridis*）、雾冰藜（*Bassia dasyphylla*）等植物，地表覆盖厚度 0.5~1.5cm、盖度 80%左右的生物结皮；半固定沙地植被盖度 20%~30%，主要植物有油蒿、白沙蒿（*Artemisia blepharolepis*）、赖草（*Leymus secalinus*）等，植被更新良好，地表有 0.1~0.4cm、盖度 30%左右的生物结皮；流动沙地植被盖度约 5%，主要植物有零星分布的油蒿、沙米（*Agriophyllum squarrosum*）、沙鞭属植物（*Psammochloa villosa*）、白沙蒿等，地表无生物结皮覆盖，土质疏松易风蚀。

在研究区根据植被盖度和表层土壤特征，选取流动沙地、半固定沙地和固定沙地。在以上 3 种样地随机选择长势良好的油蒿各 12 株，做上标记作为实验样本植株，在选取的每株油蒿上，选取树冠外围南向、中部、生长发育正常的枝条中部叶片为样叶，用 WP4 露点水势仪测量叶水势（WP4 露点水势仪的测量区域为–40~0MPa，具有读数快、误差小、易维护、校准简单等特点）。实验选取 5 个天气晴朗的标准日测定日进程（取样前 3d 内无降雨），油蒿叶水势测定从早上 5：00 到下午 19：00，每 2h 取样一次，取样后立即进行测定。用自动气象站测定当时的大气温度、大气相对湿度、光合有效辐射等环境因子。用 AR-5 土壤水分自动监测系统连接的 EC-5 土壤水分传感器，记录不同固定程度沙地 10cm、30cm 和 60cm 处土壤含水率。

不同固定程度沙地油蒿叶水势日变化动态见图 3.25。早上 5：00 固定、半固定和流动沙地油蒿叶水势均处于全天中的最大值，分别是–2.63MPa、–2.46MPa 和–2.63MPa，半固定沙地油蒿叶水势显著高于流动沙地，而固定沙地油蒿叶水势值介于半固定和流动沙地之间且与两者均无显著差异。从早上 5：00 到中午 13：00，3 种样地油蒿叶水势均呈现递减的趋势；7：00、9：00 和 11：00 油蒿叶水势的情况均是流动沙地>半固定沙地>固定沙地。固定沙地油蒿叶水势的最低值出现在中午 11：00，为–5.03MPa，而半固定和流动沙地油蒿叶水势均出现在 13：00，分别为–5.03MPa 和–4.86MPa。此后 3 种样地油蒿叶水势均呈递增的趋势，15：00 和 17：00 均以固定沙地油蒿叶水势最高，显著大于流动沙地，而半固定沙地油蒿叶水势与固定和流动沙地均无显著差异；19：00 三者间叶水势无显著差异。油蒿叶水势的日平均值以半固定沙地最低，为–4.98MPa，其次是流动沙地–4.97MPa，固定沙地油蒿叶水势最高，为–4.79MPa。

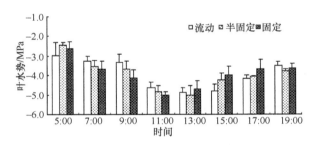

图 3.25　不同固定程度沙地油蒿叶水势日变化

研究期间大气温度早上 5：00 最低，为 13.73℃。从早上 5：00 到午后 15：00，大气温度不断增加，15：00 大气温度最高值达 30.00℃，此后大气温度开始下降，到 19：00 下降到 24.83℃。与大气温度的情况相反，大气相对湿度在早上 5：00 有最大值 32.67%，此后便不断下降，一直到下午 17：00 出现最低值 4.67%，19：00 略有回升，为 6.23%。光合有效辐射（photosynthetically active radiation，PAR）的变化趋势与大气温度的变化趋势一致，均呈现先增加后降低的趋势，只是变化更剧烈。早上 5：00 光合有效辐射值很低，仅为 6.32μmol/（m²·s），此后随太阳高度角的增加迅速升高，13：00 出现最大值 1226.01μmol/（m²·s），午后随太阳高度角的降低而下降，到 19：00 下降到 65.92μmol/（m²·s）（图 3.26）。

3 种样地 10cm、30cm 和 60cm 深度土壤水分均无明显的日动态变化（图 3.27），但是不同样地间相同深度土壤水分差异很显著。10cm 处流动沙地土壤水分显著高于半固定沙地和固定沙地，半固定沙地和固定沙地间土壤水分虽无显著差异，但是半固定沙地的

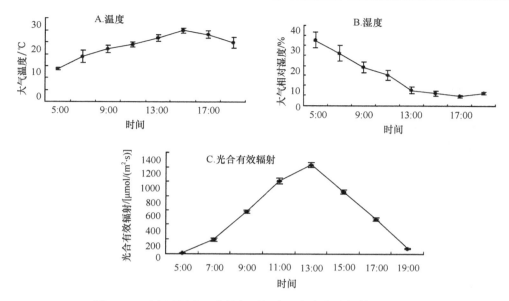

图 3.26　研究区温度、大气相对湿度和光合有效辐射值日变化

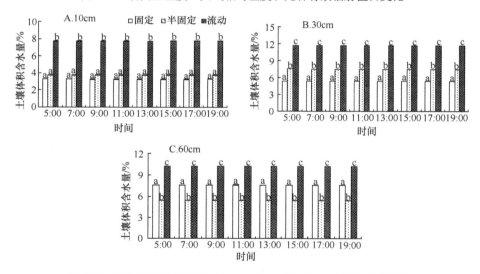

图 3.27　不同固定程度沙地 10cm、30cm 和 60cm 土壤水分日变化

值高于固定沙地。10cm 深处固定、半固定和流动沙地的平均土壤含水率分别为：3.23%、3.73% 和 7.70%。

30cm 处流动沙地土壤含水率显著高于半固定沙地和固定沙地，半固定沙地的土壤含水率又显著高于固定沙地。30cm 处固定、半固定和流动沙地的土壤平均含水率分别为：5.34%、7.51% 和 11.69%。

60cm 处土壤含水率仍以流动沙地最高，显著高于半固定沙地和固定沙地，与 30cm 不同的是此处固定沙地土壤含水率又显著高于半固定沙地。60cm 处固定、半固定和流动沙地土壤平均含水率分别为：7.52%、4.45% 和 10.25%。

固定、半固定和流动沙地油蒿叶水势均与对应时间内的光合有效辐射、大气温度呈显著线性负相关。半固定沙地油蒿叶水势与光合有效辐射、大气温度的相关性最强，其次是流动沙地，固定沙地最弱。半固定沙地油蒿叶水势与大气相对湿度呈显著线性正相关，而固定和流动沙地油蒿叶水势与大气相对湿度的相关性不显著；3 种样地油蒿叶水势与不同深度土壤水分的相关性均不显著。

位于半干旱地区的毛乌素沙地降水相对较少，油蒿基本上处于水分逆境中，因此油蒿叶水势的变化可以反映其受水分胁迫的程度。由油蒿叶水势日变化规律可看出，3 种样地油蒿的叶水势均在 5：00 最高，随着太阳辐射强度的增强，叶水势逐渐降低，直到中午 13：00 左右达到最低值，此后随着太阳高度角的降低，叶水势又逐渐开始升高，这与其他荒漠植物的叶水势变化趋势一致。油蒿叶水势日变化规律是由树木蒸腾耗水和植物根系的水分供应之间存在阻力和时间差造成的。

中午 13：00 以前 3 种样地油蒿叶水势的基本情况是流动沙地>半固定沙地>固定沙地，这段时间固定沙地油蒿受水分胁迫最为严重，流动沙地油蒿受水分胁迫最弱。而 15：00~17：00 这段时间 3 种油蒿叶水势与中午相反，表现为：固定沙地>半固定沙地>流动沙地，这主要是由两个因素导致的。一方面油蒿吸收根集中分布的浅层土壤水分含量表现为：流动沙地>半固定沙地>固定沙地，这就造成整体上流动沙地上油蒿植株受到的水分胁迫最弱，而固定沙地上油蒿植株遭受的水分胁迫最严重，从清晨到中午这段时间 3 种样地油蒿叶水势表现正反映了这种整体上的土壤水分差异；另一方面由于固定沙地油蒿以中、老龄植株居多，而半固定和流动沙地上的油蒿植株以中、幼龄植株居多，中、幼龄油蒿植株枝繁叶茂，蒸腾强烈，流动和半固定沙地上相对富裕的土壤水分仍无法弥补大量的蒸腾耗水，而固定沙地上的油蒿一般枝叶稀疏，蒸腾耗水远低于半固定和流动沙地，与流动和半固定沙地相比，这就弥补了土壤水分的劣势，所以经过一个中午的蒸腾作用后，3 种样地油蒿叶水势状况发生了逆转，表现为流动沙地上油蒿植株所受水分胁迫最严重，而固定沙地上油蒿所受水分胁迫最弱。同时也说明在大气温度和光合有效辐射强度较高的情况下，流动沙地上油蒿植株吸收水分的能力最强，而固定沙地上油蒿植株的吸水能力最弱，加之固定沙地自身匮乏的土壤水分条件，久之必将导致固定沙地上油蒿群落的衰退。

在干旱半干旱地区沙地，覆盖度在 10%~40% 的乔、灌木固沙林才能符合水量平衡规律，但在 2~4 月的风季，植物处于冬态，且在 10%~40% 的覆盖度时防风效果差，处于半固定、半流动状态；而在低覆盖度时，人为改变灌丛的水平分布格局（改变随机分布为规则分布，同时减小株距，拉大行距，形成行带式配置）形成行带式配置后，不但能提高水分利用率和生产力，而且在低覆盖度时，灌丛水平分布格局成为影响防风效果的重要因素，行带式配置能显著提高低覆盖度固沙林的水分生态位适宜度。

3.5　低覆盖度行带式固沙林水分利用机制

干旱半干旱地区降水不足，而潜在蒸散量却很大，降雨入渗到土壤中并被贮存的水分是该地区植被恢复的主要水源。由于降水的季节分布和强烈的大气蒸发潜力的影响，土壤中贮存的水量在一个生长季节内会发生明显的变化，而土壤蓄水量会对每种植物的生存、数量、种群结构等产生调控作用。因此，在干旱半干旱区植被恢复过程中，要实现可持续发展，必须研究不同立地和植被条件下土壤–植被–大气系统（SPAC）的水分运转、土壤水量动态平衡、植物蒸散及需水、植物群落对干旱的适应性等。根据土壤水分动态平衡，明确建群植物对水分胁迫的调节能力，确定不同类型区植物种群的适宜结构（植物种组成、比例、配置格局）和密度。而人工林对密度的调控主要在于防护林的配置参数。从防风阻沙的角度而言，灌木防护林的密度（盖度）应该说越大越好，而从干旱半干旱沙区水分平衡的角度讲，林木密度又不应该过大，否则强烈的蒸腾作用将会导致沙地土壤水分的过渡散失，其结果必然是植被的衰退乃至死亡（高函，2010）。

　　而低覆盖度行带式固沙林既能够完全固定流沙，又能够减少土壤水分的消耗，增加带间植被向近自然植被发展，因此，要想明确低覆盖度行带式固沙林的水分消耗及利用原理，固沙林的 SPAC 系统水分循环、水分胁迫下的生理响应、根系吸收特征、林下土壤水分运动就为分析低覆盖度行带式固沙林水分利用机制提供了依据。本节主要从这几方面分析和讨论低覆盖度行带式固沙林的水分利用机制，为确定不同固沙林合理配置密度提供依据。

3.5.1　SPAC 系统植物蒸腾

　　Philip 于 1966 年提出了土壤–植物–大气系统（SPAC）（图 3.28），使得土壤–植物水分关系的研究迅速发展。

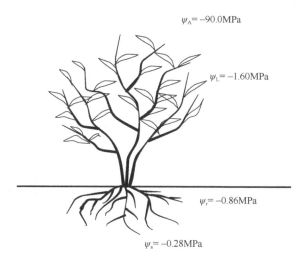

$$\psi_A = -90.0\text{MPa}$$

$$\psi_L = -1.60\text{MPa}$$

$$\psi_r = -0.86\text{MPa}$$

$$\psi_s = -0.28\text{MPa}$$

图 3.28　单株植物体水势示意图

$\psi_s = -0.28\text{MPa}$，为土水势；$\psi_r = -0.86\text{MPa}$，为根须水势；
$\psi_L = -1.60\text{MPa}$，为叶部水势；$\psi_A = -90.0\text{MPa}$，为大气水势

　　沙地水分平衡是以沙地土壤水分收支平衡为基础的。在 SPAC 系统中，土壤水分是植被蒸腾耗水的直接来源，植被通过根系不断地从土壤中吸收水分并蒸散到大气中，土壤水分的丰与亏决定了植物是否受到胁迫。土壤水分的主要补给源则是大气降水和地下水，大气降水通过入渗进入土壤并在其中蓄积和重新分配，土壤作为 SPAC 系统中水分释放与蓄积的"源"与"汇"的转换器，扮演着十分重要的角色。植物蒸腾是植物生理特性之一，也是沙地水分支出的重要指标，蒸腾作用受大气蒸发潜势、土壤可利用水分、

物种特性的影响。因植被蒸腾耗水，导致根系分布区土壤贮水量减少，使植物生长受到干旱胁迫，导致生长不良（崔国发，1998）。研究表明，不论植被的初植密度多大，经过自然选择，沙地稳定生存的人工植被其最后的覆盖度与地带性天然植被的盖度近似（姚洪林和廖茂彩，1995），这与土壤"水库"的贮量关系密切。土壤"水库"容量的多少，有效水分的数量等直接影响沙地上植被生长的数量及其稳定性。因此，在干旱半干旱区进行植被建设，不仅要研究植被的蒸腾耗水特征，而且要从时间与空间尺度全面研究SPAC 系统中的各个层面，确定沙地水分与植被稳定发展的关系，为选择适合的树种、确定适宜的造林密度、维护其持续稳定性提供理论依据（格日乐，2005）。

1）单株植物水分利用

以生长在沙丘迎风坡中部的单株梭梭为例，梭梭沿迎风坡中部等高线方向的水分状况见图 3.29，在沙丘迎风坡生长的单株梭梭，0~200cm 沙层不同层次的含水率均表现为梭梭基部最小，向外侧扩展，随距梭梭的距离增大而增大。例如，在沙层 120cm 深处，以距离梭梭基部 8m 处的含水率为 100%，其他分别为 6m 83.3%，4m 52.1%，2m 47.2%，基部 45.8%。由此可见，单株梭梭周边的含水率等湿度线的分布类似漏斗状。

不同深度沙层含水率随距单株梭梭的距离增大的变化趋势相同，仅变化速率有微小差异，上层的变化速率较深层的小。高 2m、冠幅 8m^2 的单株梭梭可使其周围 8m 远沙层的含水率降低，呈漏斗状，影响的深度达 200cm 深。

单株梭梭周围半径为 2m 的面积内，沙丘 0~200cm 沙层的贮水量为 0.06m^3；半径为 4m、6m、8m 时，贮水量分别为 0.63m^3、2.32m^3、5.73m^3。如果以梭梭周围 0~200cm 沙层的平均含水率为稳定湿度（3.2%）60%的水量（1.92%）作为适宜梭梭生长的沙层湿度，计算，贮水体的半径约 4m，换算成密度为 13 株/亩。因此，在甘肃临泽密度在 13 株/亩左右的梭梭林可能维持正常生长，其覆盖度约为 16%。

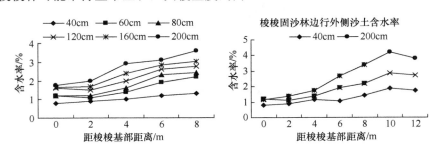

图 3.29　单株梭梭水平方向水分利用特征

图 3.30、图 3.31 为单株柠条锦鸡儿、杨树、沙柳的水平方向水分利用特征，从图中看出，随着距植物基部的距离增加呈现的趋势与梭梭基部相同，也呈漏斗状特征。这一结果也为低覆盖度行带式固沙林确定适宜的带宽、分析行带式植物主要水分利用带提供了参考。

2）生长期蒸腾速率的日进程变化

蒸腾速率是植物最重要的水分特征之一，据 Li-1600 气孔计测定的蒸腾速率变化规律表明，沙柳（*Salix psammophila*）6 月与 8 月的日平均值分别为 834.1μg/（g·s）和 781.2μg/（g·s），

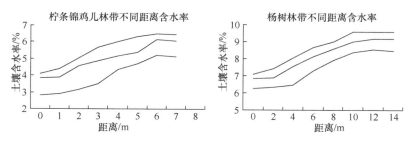

图 3.30　单行柠条锦鸡儿、杨树水平方向水分利用特征

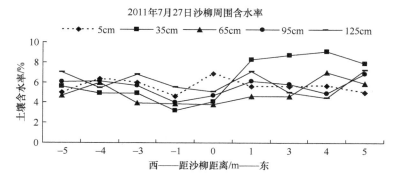

图 3.31　单株沙柳水平方向水分利用特征（赵磊等，2012）

而柠条锦鸡儿（*Caragana korshinskii*）则有很大差异，6 月柠条锦鸡儿的蒸腾速率的日进程很平缓，远低于沙柳的日进程曲线，日平均值为 329.4μg/（g·s）。到 8 月，柠条锦鸡儿的蒸腾速率有了很大的提高，日进程曲线变得很陡，且一日之内均大于沙柳林的蒸腾速率，日平均值为 856.8μg/（g·s），比 6 月高 2.6 倍以上。从同步观测的气温等小气候资料来看，两日的光照强度相似，而气温和水汽压亏缺两项均是 6 月大于 8 月，反映出 6 月的蒸发潜力较 8 月大，沙柳的蒸腾速率 6 月的平均值较 8 月的大 52.9μg/（g·s），反映出小气候因素的影响作用。而柠条锦鸡儿的蒸腾速率恰好相反，且在 6 月变得很低，这说明小气候因子对柠条锦鸡儿蒸腾速率的影响作用甚小，另有一个远较其作用大的因子决定着柠条锦鸡儿的蒸腾速率。

3）蒸腾速率与叶水势的关系

叶内水势反映叶内水分的能势状况，也反映出植物从叶内蒸腾水分的难易程度。一般来说，对于同种植物，叶水势低，蒸腾水分所需的通量就大，蒸腾速率就低。沙柳的叶水势与蒸腾速率在 6 月、8 月的日变化趋势基本相似，而柠条锦鸡儿的叶水势差异较大，整日内，8 月的叶水势日变化曲线均处于 6 月之上，平均比 6 月的叶水势高 0.30MPa，最高达 0.76MPa，对应的 8 月的蒸腾速率远较 6 月高，即使 6 月蒸发潜力高于 8 月。这说明叶水势可能是造成柠条锦鸡儿上述蒸腾速率差异的主要因子。

4）土壤水分与水势对蒸腾速率的影响

在 SPAC 系统中，土壤水分和蒸腾速率相互影响，紧密相关。据测定（表 3.15），在生长期内密度为 2040 株/hm² 的柠条锦鸡儿其林下土壤水分在 6 月较差，0~2m 的土层中只有 2m 深处含水率达 6.289%，其他各层的含水率均小于 4.0%，平均为 3.66%。而且，

表 3.15　土壤含水率（%）和土壤水势（-MPa）的变化

树种	时间（月/日）	项目	取样深度										平均
			5cm	10cm	20cm	30cm	40cm	60cm	80cm	100cm	150cm	200cm	
柠条锦鸡儿（沙母花南）	6/22	ω	2.130	3.177	3.632	3.090	3.457	3.356	3.684	3.932	4.980	6.289	3.77
		ϕ	7.270	3.000	4.750	3.220	2.360	2.770	1.950	1.540	0.650	1.200	2.87
	7/18	ω	4.316	2.448	2.254	3.299	3.305	3.013	3.651	4.539	6.461	8.160	4.14
		ϕ	1.140	5.560	6.540	2.690	2.630	3.430	2.000	0.940	0.180	0.800	2.59
	8/20	ω	6.899	5.025	4.776	5.862	6.573	7.073	7.919	7.594	6.180	8.838	6.67
		ϕ	0.130	0.620	0.780	0.310	0.170	0.110	0.050	0.070	0.230	0.560	0.30
	9/22	ω	4.467	3.461	4.836	4.411	3.782	3.024	3.421	3.663	4.964	8.674	4.47
		ϕ	1.010	2.350	0.730	1.040	1.790	3.400	2.430	1.980	0.860	0.600	1.62
柠条锦鸡儿（沙母花北）	6.22	ω	3.306	5.167	6.267	5.452	3.457	3.454	3.925	4.658	4.654	4.335	4.46
		ϕ	2.680	0.550	0.220	0.430	2.360	2.360	1.580	0.850	0.850	1.120	1.30
	7/18	ω	2.277	3.888	3.973	4.209	3.261	3.995	3.142	3.082	4.243	4.294	3.63
		ϕ	6.420	1.630	1.530	1.240	2.780	1.500	3.080	3.240	1.210	1.160	2.38
	8/20	ω	4.835	6.114	6.333	5.972	6.198	6.008	6.599	7.525	7.399	5.388	6.24
		ϕ	0.730	0.250	0.210	0.280	0.220	0.210	0.160	0.070	0.080	0.960	0.32
	9/22	ω	3.461	4.467	4.834	4.416	3.782	3.024	3.421	3.263	4.964	3.674	3.93
		ϕ	2.350	1.000	0.730	1.040	1.790	3.400	2.430	2.780	0.660	1.960	1.81
沙柳	6.22	ω	4.633	6.231	5.936	6.265	6.063	5.601	6.684	8.571	11.631	9.386	7.10
		ϕ	0.870	0.220	0.290	0.230	0.250	0.380	0.150	0.040	0.010	0.020	0.25
	7/18	ω	5.019	7.744	6.758	6.039	5.431	6.256	6.218	7.987	8.844		6.70
		ϕ	0.610	0.080	0.220	0.300	0.410	0.230	0.300	0.050	0.020		0.25
	8/20	ω	8.388	9.895	9.817	8.809	9.055	7.907	8.153	11.376	13.268	11.675	9.83
		ϕ	0.040	0.020	0.020	0.020	0.020	0.050	0.030	0.010	0.010	0.010	0.02
	9/22	ω	5.734	5.431	6.749	6.448	6.378	7.053	7.743	8.009	9.874	6.257	6.97
		ϕ	0.340	0.440	0.140	0.190	0.20	0.110	0.060	0.050	0.020	0.220	0.18

对应的水势也较低，只有 150cm 以下土层的土水势大于–1.5MPa，平均值为–2.87MPa，这说明土壤水分已严重不足，致使植物吸水困难，蒸腾速率下降，日进程曲线平缓，日平均值仅 329.4μg/（g·s），到 8 月，由于降水补给，柠条锦鸡儿林下土壤各层的含水率比 6 月提高 2%~4%，其平均含水率值为 6.67%，平均提高 3.01%，对应各土层的土水势均上升到–1.5MPa，平均值达–0.30MPa，比 6 月提高 2.57MPa，这表明，土壤水分充足，土水势高，很容易被植物吸收，因而叶水势增高，相应的蒸腾速率增高，致使 8 月的日平均蒸腾速率比 6 月高 527.6μg/（g·s），另外，由于蒸腾耗水，土壤含水率逐渐下降，到 9 月，0~2m 土壤的平均含水率降到 4.47%，平均土壤水势也降到–1.6MPa，此时，柠条锦鸡儿的蒸腾速率日平均值降到 422.7μg/（g·s），日进程曲线再一次降到沙柳的下面。可见，柠条锦鸡儿的蒸腾速率在 6 月和 9 月末都不同程度地受到土壤水分胁迫的影响。在沙母花北部另一块密度为 1365 株/hm² 的柠条锦鸡儿的蒸腾速率日变化主要是土壤水分胁迫的结果，也反映出柠条锦鸡儿具有较强的水分调节能力。

密度为 1995 株/hm²（株行距约 1m×5m）的沙柳林，其林下土壤含水率在整个生长季内均较高，对应的土水势均在–1.5MPa 以上，这说明沙柳的蒸腾速率日、季变化没有受到土壤干旱胁迫的影响，其生长期内日平均蒸腾速率分别为 6 月的 830.1μg/（g·s），7 月的 741.2μg/（g·s），8 月的 781.2μg/（g·s）和 9 月的 489.1μg/（g·s），变化规律主要受小气候因子变化影响。

3.5.2　土壤–植物水势梯度

1）SPAC 系统水势差

水分在 SPAC 系统中的动力是这个系统中各部分之间的水势差，从表 3.16 中可以清楚地看出从土壤到植物叶间形成的一个明显的水势梯度，这说明植物能从土壤中吸收水分，但是，由于土水势不同，同样大小的吸水力（水势差）实际吸收到的水量不同，进而影响植物叶的蒸腾速率，可见，叶水势和土壤水势的关系成为 SPAC 系统中的核心，关于这个关系，根据以上讨论，可以用公式（3.13）定义：

$$Q = \frac{\psi_L - \psi_s}{\psi_s} \tag{3.13}$$

式中，ψ_L 为叶水势；ψ_s 为土壤水势；Q 值表示柠条锦鸡儿、沙柳的土壤–叶片间的水分关系紧张状况。由表 3.16 计算的 Q 值列于表 3.17 中。

从表 3.17 中可知：在 6 月 19 日、6 月 21 日，7 月 20 日和 9 月 22 日，柠条锦鸡儿的 Q 值均低于 1.0，只有 8 月 20 日和 8 月 21 日的 Q 值大于 1.0；8 月 20 日、21 日的土壤水分充足，Q 值大于 1.0，其观测日的土壤水分都偏低，不能满足柠条锦鸡儿的需要，水分胁迫的结果使柠条锦鸡儿的蒸腾速率显著降低，其对应的 Q 值均低于 1.0。沙柳的 Q 值较大，说明其水分关系不紧张，土壤水分状况较好，沙柳能够吸收到足够的水分，保证树木正常的水分生理过程，这与上面的分析结果相同。由此可见，Q 值能够较好地反映出同种植物体内的水分与土壤水分的关系，可用于评价土壤对植物的干旱胁迫，同时具有测算较简单的特点，可以在生产中实用（杨文斌等，1995）。

表 3.16 柠条锦鸡儿、沙柳清晨小枝水势和土壤水势状况 (单位：-MPa)

日期	6月19日	6月21日	6月21日	7月20日	7月20日	8月20日	8月21日	8月21日	9月22日	9月22日
品种	柠条锦鸡儿1	柠条锦鸡儿2	沙柳	柠条锦鸡儿1	沙柳	柠条锦鸡儿1	柠条锦鸡儿2	沙柳	柠条锦鸡儿1	沙柳
小枝水势	1.64	1.24	0.89	1.25	0.69	0.47	0.54	0.35	1.95	1.24
土壤水势	1.33	0.97	0.15	0.79	0.2	0.21	0.22	0.02	1.1	1.12

表 3.17 柠条锦鸡儿、沙柳的 Q 值

日期	6月19日	6月21日	7月20日	7月20日	8月20日	8月20日	8月21日	8月21日	9月22日	9月22日
品种	柠条锦鸡儿1	柠条锦鸡儿2	柠条锦鸡儿1	沙柳	柠条锦鸡儿1	沙柳	柠条锦鸡儿2	沙柳	柠条锦鸡儿1	沙柳
Q 值	0.1	0.35	0.58	4.93	1.24	2.45	1.45	16.5	0.77	9.33

2）土壤含水量与土壤水势的关系

从风沙土水分特征曲线中可以看出，土壤含水量与土壤水势的关系为土壤含水量高其土壤水势就高，有利于植物吸收水分，形成水势差。而且通过这个水势差可以用来分析植物的水分关系阈值。

3）水势梯度下的生命水阈分析

在 5~10 月，定期定点地测定了柠条锦鸡儿固沙林下风沙土含水率的季节动态，柠条锦鸡儿样地的测定结果表明：柠条锦鸡儿林下沙土各层的含水率均低于对照样地，且不同层次的差异和变化规律不同，表现为 5cm 沙土层，柠条锦鸡儿林下沙土含水率大小与对照相似，两者的含水率均有变化剧烈、起伏较大的特点，反映出主要受降水和蒸发的影响，而实际蒸发量是土壤表层含水率和温度的函数，40cm 沙土层，林下沙土含水率的季节动态规律与对照基本相似，但平均含水率比对照降低约 2.6%，且起伏小于 5cm 土层；100cm 沙土层，对照沙土的含水率的起伏变化已显著减小，从 6 月 20 日至 7 月 20 日前，含水率基本没有变化，维持在 8.0%左右，由于 7 月 21 日的特大降水，此层含水率从约 8.0%提高到 12.0%，其后缓慢下降，而林下此层的含水率在 7 月 20 日之间均低于 4.5%，比对照的 8.0%约低 3.5%，但受 7 月 21 日的特大降水补给后，土壤含水率迅速提高到基本与对照相近的水平，其后由于柠条锦鸡儿蒸腾耗水的提高，土壤含水率迅速下降，到 9 月 22 日柠条锦鸡儿生长结束时，含水率又降到 4.5%以下，此时已比对照低 4.7%左右；200cm 土层，对照的沙土含水率的季节变化与 100cm 层相近，而林下沙土的含水率基本变化不大，稳定在 4.5%左右，反映出 80.9mm 的特大降雨也不能入渗到林下 200cm 沙土及其以下土层中，同时说明小于 4.5%的含水率已不易被柠条吸收利用，含水率低于 4.5%已影响到柠条的正常生长（杨文斌等，1997）。

从植物水分阈值分析可知，当柠条锦鸡儿林下土壤含水率大于 4.5%时，沙土水势稳定维持在–0.88MPa 以上，柠条锦鸡儿叶片的渗透势总低于–1.81MPa，其水势差即吸水力也总大于–0.92MPa，能够保持柠条锦鸡儿清晨叶片水势维持在膨压消失点以上，即柠条锦鸡儿的清晨叶水势总大于–1.8MPa；而当沙土含水率降到 3.5%左右时，沙土水势下降到–2.07MPa，对应清晨叶水势降到–2.18MPa 以下，也不能阻止柠条锦鸡儿叶片水势迅速降低，即使在清晨也不能恢复膨压，柠条锦鸡儿林将会出现严重衰退现象。

树木抗旱的生理生态水分关系是土壤干旱与植物对干旱的适应相结合的土壤–植物–大气系统（SPAC）的水分关系，它沿着沙土削减的水分生态位的变化，寻找出与土壤水分特征相适应的植物水分特征与生长关系的"临界阈值"，结合生产实践和上述讨论，确定出两个临界阈值，即"经济水阈"和"生命水阈"，前者是指能维持该树木正常产生经济干物质积累量的土壤最低水分含量，后者是指能维持该植物生命的土壤最低含水率，它是以清晨亦不能恢复膨压来确定的。对于上述沙土上生长的柠条锦鸡儿固沙林而言，其"生命水阈"大约是沙土含水率等于 3.5%附近的一个小区阈，而"经济水阈"大约是沙土含水率等于 4.5%附近的一个小区阈（杨文斌等，1997）。

3.5.3　水分胁迫对植物水分生理生态特征的影响

在相同的沙土质地，不同的沙土含水率（测试样地沙土容重 1.55g/cm³，比重 2.65g/cm³，孔隙度 41.5%，-1.3MPa 和-1.5MPa 的含水率分别为 5.7%和 3.9%）条件下，当柠条锦鸡儿 0~200cm 沙层中各层的含水率小于 4.0%时（表 3.18），平均约 3.86%对应沙土水势的平均值约为-1.54MPa，柠条锦鸡儿清晨叶水势降低为-1.46MPa，日较差减少，平均为 0.46MPa，相对的蒸腾速率下降，日变化曲线平缓，日平均值仅 329.4μg/（g·s），而当林下沙土含水率提高到平均值约达 6.67%时，对应沙土水势的平均值约为-0.21MPa，此时，柠条锦鸡儿清晨叶水势可达-0.47MPa，比对照提高约 0.99MPa，叶水势日较差增大，日变化曲线变陡，平均日较差可达 0.92MPa，比对照增大约 0.46MPa；相应的蒸腾速率明显提高，日变化曲线变得很陡，日平均值可达 586.8μg/（g·s），比对照约高 2.3 倍。

表 3.18　柠条锦鸡儿固沙林下沙土含水率　　　　　　（单位：%）

柠条锦鸡儿林	取样深度									
	10cm	20cm	30cm	40cm	60cm	80cm	100cm	150cm	200cm	平均
未灌水处理	3.18	2.63	3.09	3.46	3.27	3.68	3.93	4.98	6.29	3.83
灌水处理	5.05	4.78	5.86	6.57	7.07	7.92	5.95	6.18	8.84	6.47

3.5.4　根系分布及吸水特征

根是林木直接与土壤接触的器官，也是林木生物量的重要组成部分。根系不仅可与土壤颗粒形成根网，将林木牢牢地固定于土壤中，起到固土、固定流沙的作用，而且可通过根系不断地从土壤中吸收水分、养分来满足生长发育所需。不同树种因其根系形态、分布及生理特性的差异而对林木 SPAC 系统的水分循环产生着重大影响。

对比研究表明，沙柳和柠条锦鸡儿垂直根系都很发达，向下直伸，但随土层深度的增加，沙柳、柠条锦鸡儿的根系分布差异明显，其中沙柳的根系主要分布在 0~30cm，根量占总根量的 54%，30~60cm 根量占总根量的 35%，60~90cm 根量只占 11%，说明沙柳对水分的吸收利用主要以浅层和中层为主（60cm 土层以内），对较深的地下水利用较少；而柠条锦鸡儿的根系在土层 0~30cm 深度分布很少，只占 4%且主要为毛根，30~60cm 深度根量占总根量的 59%，60~90cm 占 37%，说明柠条锦鸡儿以利用中层以下水为主（30~90cm）（张莉等，2010）。沙柳属于主根型植物，水平根也非常发达，在地表 5cm 以下就有分布，强大的根系表面积有利于根系吸收更多的水分、养分和微量元素，从而促进整株林木的生长。柠条锦鸡儿主根发达，为垂直根系型，在水平 0~20cm、垂直 0~30cm 有大量的毛根、侧根向四周延伸，柠条锦鸡儿根系的这种分布特征也有利于其在干旱的生境中最大限度地吸收水分和养分。

不同树种根系分布及吸收水分特性方面的差异是在长期适应自然环境的过程中进化形成的特点，反映了其占据、利用资源能力的差异。在行带式造林的设计中应该充分依据这种根系吸水特性的差异科学规划带内密度、带间距的大小，保证土壤水分渗漏补给区域的形成，维持系统的水量平衡。

3.5.5　SPAC 系统水分的补给与平衡机理

Philip 于 1966 年提出土壤-植物-大气连续体概念，在农田水循环、水分灌溉管理、土壤评价、各种水流模型中得到了应用。由于水系统在时间上具有高度的动态性、周期性和随机性，在空间上具有显著的地带性和区域性。因此，水循环的微观分解表现出极其复杂的系统性质，它是指把生物圈内水分循环及水分能量平衡微观分解为在土壤–植物–大气连续体各个界面上和过程中的传输（贡璐等，2002），SPAC 是由几个系统组成的耦合系统，系统耦合过程中存在着一系列的系统界面，水分在 SPAC 中运行时要往返通过系统的界面包括植物与大气、土壤与大气、土壤与根系、潜水层与土壤层等之间的多个界面。湍流是边界层大气运动的主要形式。SPAC 理论的提出，改变了以往孤立、静止的研究观点。由于提出了统一的能量参数——水势，为分析和研究水分运移、能量转化的动态过程提供方便。将土壤–植物–大气连续体作为一个整体，用连续的、系统的、动态的观点和定量的方法研究系统中水分运移、热能传输的物理学和生理学机理及其调控理论（张强，2007）。

行带式造林形成的植被带，加速了风沙土的固定，表层及浅层（0~30cm）土粒细化，或出现不同厚度的生物与物理结皮，从而改变了风沙土水分的运行特征。从作者的观测得知，流动风沙土上按行带式配置格局栽植固沙灌木大致 10 年左右，带间形成"凹月"形稳定沙面并能在沙面形成厚度为 3cm 左右的结皮和粉沙层，理论上会削弱降水入渗的能力，但实际上由于沙地本身较强的渗透性、地面平坦及沙地本身降水少，结皮对行带式系统水分循环整体的影响并不大，结皮的固沙效应非常显著。调查还发现在行带的背风侧与迎风侧分别会形成 4.0m 和 0.5m 宽的风速显著降低区，成为发挥防风固沙效果的核心区域，加之遮荫的效果，从而也会显著降低土壤水分的无效蒸发（杨文斌等，2006）。一般来说，风沙土栽植固沙植物后，由流动风沙土向半固定或固定风沙土的转变过程中，表层会有结皮层形成并有浅层土壤剖面的发育，会增加表层持水量，减少下渗水分，致使沙层深处得不到水分补给，土壤水分条件逐渐恶化。如果这种情况长期持续，可能导致浅根性固沙植被的衰退与死亡（张国盛等，2002）。但低覆盖度行带式配置下植被格局因覆盖度只有 20%左右，所以这种结构系统内仍有大部分区域是水分的贮存与补给区，林带内入渗量少是主要利用区，这种结构改变了降水分配规律，使等量的降雨形成不等量的区域分配，土壤水分出现高水分区（带间）和低水分区（带内），这种看似不均衡的分配恰恰保证了林带的水分需求，提高了行带式固沙植被的水分平衡度，这也说明在干旱半干旱沙地营建植被必须对树种选择、配置方式、种植密度进行合理规划，才能在维持水量平衡基础上形成高防护功能的固沙植被，达到固沙植被结构稳定、可持续发展的目的。

3.5.6　土壤水分主要利用带与渗漏补给带间的水分运动机制

通过行带式杨树土壤水分的研究表明，在干旱半干旱区形成边行优势的沙土水分利用特征主要为：从边行向外侧形成一个由低向高的含水量梯度，这个梯度一直延伸到土壤含水量稳定不变的地段，明显地出现了一个土壤水分主要利用带及其外侧的高含水量带，称后者为土壤水分渗漏补给带，这个补给带因无树冠截留从而有利于降水在土壤中的渗透，故含水率高，成为林分形成边行优势的重要水分条件（杨文斌等，2004）。而且行带式这种水分空间格局也保证了固沙林能够渡过 20 年一遇的干旱，在极端干旱年份，水分渗漏补给带作用减弱，但是水分调节层中的水分将供给固沙林的根系吸收层，通过根系吸收作用将水分调节层的水分补给给水分主要利用层，保证固沙林正常生长对水分的需求，这也就是低覆盖度固沙林水分利用格局和机制的核心，通过常规降雨年份水分渗漏补给带对水分调节层和水分主要利用层的补给和调节，保证固沙林的水分利用和补给深层土壤水分，一旦遇到极端降雨年份，水分调节层将发挥重要的作用，这样就保证了固沙林的长期稳定性和可持续性。

根据人工林边行优势、边行水分利用特征和沙土的渗透特征，设计了干旱半干旱区人工林合理配置结构，也称为行带式配置结构。在这个设计中，首先作者强调发挥林分的边行优势，形成由两行林木组成的林带，实现了两行林木都具有边行优势；其次按照人工林水分利用特征在林带的两侧保留相应的土壤水分利用带，确保正常年份林木的水分供应；最后根据降水入渗深度与土壤含水量成反比的原理，在林带两侧的土壤水分主要利用带中间，空出一个土壤水分渗漏补给带；这个带不受树冠截留的影响，带内土壤含水量较高，有利于降水的入渗，能够在正常年份或多雨年份有一定的降水渗透到土壤水分调节层或补给地下水。这部分水在干旱年份通过侧渗或向上渗透补给水分供林木利用，避免干旱年份土壤水分亏缺对林木的严重胁迫。土壤水分主要利用带和渗漏补给带的宽度在不同气候区可能不同（图 3.32），一般干旱区的宽度大于半干旱区和亚湿润区，在同一气候区，乔木树种的宽度大于灌木树种。表 3.19 为不同固沙种的主要水分利用带宽度。

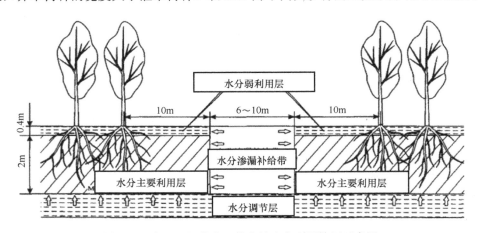

图 3.32　合理配置的人工林土壤水分利用特征示意图

表 3.19　不同固沙树种土壤水分主要利用带宽度

树种	水分主要利用带/m	树种	水分主要利用带/m
杨树	8~10	樟子松	8~10
旱柳	7~8	油松	8~11
榆树	7~9	杨柴	4~5
柠条锦鸡儿	5~6	花棒	4~5
小叶锦鸡儿	4~5	沙棘	4~5
梭梭	8~10	沙柳	4~6
油蒿	3~4	柽柳	4~7

3.6　低覆盖度行带式固沙林生态水文效应

水文效应是森林植被最重要的生态功能之一，广泛存在于各种类型的森林植被中，但随着地域、植被类型、林分与配置的不同，不同林分间表现出很强的异质性（党宏忠，2004）。从水文学过程看，森林能通过林冠截留、林下植被层、枯枝落叶层和土壤层等界面层的调节作用（主要表现为截留、渗透、蓄积和蒸散等作用），进而对系统的水量平衡发挥着巨大的调控作用。具有多种配置并具有立体复合结构的林分，对水量平衡调节的作用更大。就每个过程而言，不同林分间也存在着较大的差别，其原因不仅在于林分的异质性，还依赖于土壤、环境、气象因子间的差异。因此，植被的水文学过程是一个极为复杂的生态学过程。

本节主要从低覆盖度固沙林的降水截留、土壤入渗、蒸发散、深层渗漏等方面探讨和分析低覆盖度固沙林的生态水文效应优势，同时行带式配置格局则更能够发挥这种优势，获得更好的生态水文效应。其良好的生态水文效应与固沙林的配置格局、水分利用机制和调节机制是密不可分的，本节也将深入分析行带式配置格局增加生态水分效应的机制。

3.6.1　降水截留效应

林冠层是树木传输水分的第一活动层。林冠对降水的调节作用主要有两方面，即对"能"的调节和对"量"的调节。降水在穿过林冠层到达林地时雨滴大小分布、速度、动能的相对大小都发生了改变，其改变程度随降雨强度不同和冠层特性（包括冠层高度、树种、郁闭度和叶表面的物理性状等）的不同而异。林冠截留对降水产生的再分配使林内的降水量、降水强度和历时等降水特性发生了很大变化，从而显著影响水文过程（党宏忠，2004）。

据作者调查，樟子松等人工林郁闭度可达 0.8 左右，降水必须经过枝叶密集的林冠层，才能到达林下土壤表面。所以，降水首先必须湿润枝叶表面直到枝叶表面附着了相当量的水分后，才能滑落或沿树干流入土壤中，测定结果表明：降水量少于 1.0mm 时，80%以上的降水被林冠截留，以后随着降水量增加，截留量的百分比下降，直到降水量大于 20mm 后截留量小于降水量的 10%。整个生长期间，林外降水 191.2mm，林内降水 129.00mm［大于 1.0mm 的林外降水量（W_o）与林内降水量（W_i）间的回归方程为 $W_i=-1.6504+0.9718W_o$（$R=0.99$）］，截留量为 62.2mm，占林外降水量的 32.5%，这些截留的水量将直接蒸发到大气中，不能被植物有效利用。

一般来说，大气降水到达林地后，存在一个水量再分配问题，即分成林冠截留水量、地表径流水量、深层渗漏水量和贮存于沙土中的水量。在柠条锦鸡儿固沙林的林冠截留水量中，根据降水后柠条锦鸡儿地上部生物量表面吸附的水量，结合不同密度柠条锦鸡儿固沙林地上部生物量的关系，推算的林冠截留水量（Pc）和密度（Dint）关系如下：

$$Pc = 9.542\,347 \times 10^{-3}\,Dint^{0.793\,348} \tag{3.14}$$

低覆盖度行带式配置造林因其整体覆盖度低，从而能有效地减少林冠截留损失，带间形成高效的降水蓄积区域，从而有利于林带的水分利用。

　　研究结果表明，低覆盖度行带式赤峰杨固沙林各部位降雨量均与林外（对照）有显著差异（图 3.33），行间、株间、12.5m（渗漏补给带）、7.5m、18m（水分利用带）平均截留率分别为 33.4%、33.6%、11.3%、17.1%、22.3%；均匀分布林内平均截留率为 38.67%，行带式为 19.56%，远低于均匀分布。这种降雨截留差异，直接影响林内土壤水分特征，并间接促进行带式固沙林形成明显的界面生态效益。

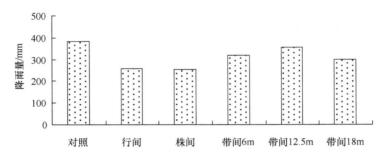

图 3.33　低覆盖度行带式赤峰杨固沙林不同部位降雨量

　　降水是试验区内固沙林土壤水分的主要来源，它对土壤水分有直接的影响，但是影响深度及影响程度受植被的作用较大，行带式固沙林由于其特殊的结构，林带不同部位由于受植株冠幅截留的影响，林下土壤受降雨补给的量值区别较大。林带内不同部位降雨量表明，对于带状赤峰杨固沙林，在行带内不同位置处冠层厚度和冠幅对于降雨量的影响较明显。统计不同林带位置处林冠降雨量发现：行间林冠平均截留率为 33.4%，株间平均截留率为 33.6%，12.5m（渗漏补给带）截留率为 11.3%，7.5m（水分利用带）截留率为 17.1%，17.5m（水分利用带）截留率为 22.3%。可以看出，林带间不同部位的降水补给不同，由于林带截留影响，水分利用带降雨量少于渗漏补给带，这种量值上的差异，造成同一场降雨对于林带内不同部位土壤水分补给的深度和程度不同。

3.6.2　土壤入渗

　　林地土壤层的水分传输作用主要表现在透水和贮水性能两方面。土壤入渗能力与土壤的毛管和非毛管孔隙度密切相关，土壤的通透性主要取决于当量孔径超过 0.02（或 0.06）mm 的非毛管孔隙，其中由植物根系等形成的大孔隙结构对土壤入渗性能的影响更大。一般而言，在同一土壤含水量条件下，土壤的非饱和导水率随土层深度的增加而缓慢地减小。在同一土层深度，土壤的非饱和导水率随土壤含水量的增加而增加。土壤饱和导水率是一个重要的土壤水分运动参数，在一定程度上可作为衡量各种土壤渗透性的指标，随着土层深度的增加，土壤饱和导水率呈负指数递减。

1. 降水的入渗特征及其相关因子分析

　　降水到达风沙土表层后，逐步渗入沙土深层。沙土中不同部位蓄存的水分向植物根部渗透，以及在风沙土剖面中其他一些水分渗透现象，均为风沙土中水的运动，有关水在多孔介质中恒温的、稳态液体水流的过程已由达西根据他研究水流通过砂滤的结果而

得出，一般方程可写为

$$T_\omega = -K_\omega \frac{\delta_{\psi h}}{\delta_S} \qquad (3.15)$$

式中，T_ω 是水的通量密度；K_ω 称为导水率；$\delta_{\psi h}/\delta_S$ 是水力势梯度。这里主要研究风沙土降水的入渗与导水率、湿润峰、渗流特征和湿气扩散等的相互关系。

2. 降水入渗动态图

降水到达风沙土表层后，在补充上层沙土水分达到饱和后逐步向深层渗流，形成明显水头，当水头消失后，则靠沙土水势梯度由高水势区向低水势区传导，降水后水分在沙土中的入渗动态过程见图 3.34。图 3.34 反映出沙土中降水的入渗过程，这个过程首先是水头的向下渗流过程，然后是在水势梯度力的传导过程。

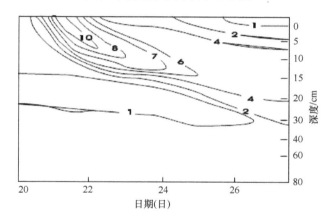

图 3.34　临泽梭梭林下降水（26.2mm）入渗动态图

3. 导水率与含水率的关系

从流体力学可知，传导率的值主要依赖于流的物质和介质传导这个物质的能力两个方面。在这里，主要讨论单一流体——水的运动，这个传导率就称为导水率，它由水所通过的多孔介质（沙土）的性质决定，需要说明的是，沙土中水是一种溶解物质的土壤溶液，而且随着该溶液在沙土中的运动，它的成分或浓度会改变，但是在这里，假定其保持不变的，首先讨论含水率对导水率的影响。在土壤中，水流不是出现在固体颗粒内部，而只在固体周围互相联结的孔隙之间运动，而且，如果孔隙局部充有空气，水流仅能发生在孔隙充有水的部分，可见土壤孔隙若被空气占据后，则成为水的非导体，除非空气被排出，因而可以看到这样一种现象，当降暴雨时，在流动沙丘上能形成很厚的一层水层，水层上不断产生气泡的现象，这反映出水层阻止了表层干沙层中空气的排出，进而限制了水分的入渗，这也是使水分在沙丘上流动，形成地表径流的原因之一。正如 Childas 于 1969 年已提出的，如果孔隙的空气部分用蜡填充，其导水率几乎不会改变。这一点说明，各种土壤不但其孔隙度和机械组成不同，其导水率不同，而且，就同一种土壤，不同含水量条件下的导水率也是不同的。同时也说明，饱和的导水率简单来说就是当所有土壤孔隙被水充满时的导水率，而当土壤饱和时，全部互相连接的孔隙对水的传导都是有效的，因此，其导水率为最高，且此时的导水率将是土壤孔隙状况的函数。

水分入渗的湿润峰的形状和前进速率极大地取决于系统的初始含水量（杨文斌等，1997），降水的入渗深度、入渗速率和入渗水量同样受到初始含水量的影响。结果表明（表3.20），初始含水量达 54.8g/kg 时，只需 5min 水分就入渗达 5.0cm 深处，渗透速率分别比初始含水量为 6.8g/kg、39.8g/kg 时增加了 6.0 倍和 1.28 倍。

表 3.20　人工模拟不同沙土初始含水量条件下水分的入渗过程

初始含水量/（g/kg）	开始供水时间	入渗深度/cm	到达时间	渗透时间/min	渗透速率/（cm/min）
6.8	13：20	5	13：52	32	0.154
25.6	13：21	5	13：35	14	0.352
39.8	13：22	5	13：28	6	0.725
54.8	13：23	5	13：28	5	0.926

初始含水量与降水入渗量和入渗深度的关系还可以从表 3.21 的实地观测数据中体现出来。在 1 号样地，0~200cm 沙层各层最低初始含水量为 62.2g/kg，平均含水量为 71.5g/kg 时，7 月 20 日为 77.9mm 降水，到 7 月 29 日（降水后 8d 时），200cm 处的含水量增加了 47.7g/kg；而对于 2 号样地，初始含水量最低仅为 30.0g/kg，平均仅为 36.1g/kg，同样的降水量，降水 8d 后才入渗到 100cm 沙层，使 100cm 处的含水量比初始含水量增加了 73.4g/kg，直到 8 月 20 日（降水 29d 后），降水才入渗到 150cm 沙层以下，使该层含水量比初始含水量增加了 32.5g/kg，而 200cm 沙层的含水量仍与初始含水量相似（杨文斌等，1993）。

表 3.21　沙土初始含水量与降水入渗的关系（7 月 21 日降水 77.9mm）（单位：g/kg）

样地	项目	测定日期	取样深度							
			10cm	20cm	40cm	60cm	80cm	100cm	150cm	200cm	平均
No.1	初始含水量	7 月 20 日	77.4	67.6	62.6	62.6	62.2	79.9	88.5	71.1	71.5
	降水 8d 后含水量	7 月 29 日	75.9	84.0	95.0	104.0	105.3	116.1	132.4	118.8	103.9
	降水 29d 后含水量	8 月 20 日	99.0	98.1	91.7	79.1	84.5	113.8	122.7	116.8	100.7
No.2	初始含水量	7 月 20 日	38.9	39.7	32.6	30.0	31.4	30.8	42.5	42.9	36.1
	降水 8d 后含水量	7 月 29 日	63.0	75.4	74.0	82.7	92.7	104.2	50.1	42.9	73.1
	降水 29d 后含水量	8 月 20 日	61.1	63.3	62.0	60.1	66.0	75.4	74.0	59.8	65.2

相似的结果亦在达拉特旗境内的库布齐沙漠东部沙蒿花的风沙土水分动态调查中发现（图 3.35）。由于春季干旱，7 月 20 日时风沙土 0~30cm 土层含水量均已降到 15g/kg 以下，7 月 20 日晚 22：00 左右突然降了一场约为 44.3mm 的大雨，21 日 18：00 左右测定的湿润峰入渗深度约为 19cm，平均渗透速率约为 0.95cm/h；21 日 22：00 左右又降了一场约为 33.6mm 的大雨，此后，降水在近饱和的沙土中入渗，到 22 早 7：00 左右测定的湿润峰入渗 33cm，平均渗透速率可达 3.67cm/h，渗透速率比沙土干燥时增加了 4.4 倍。

从图 3.35 还可以看出，在降水停止后，40cm 沙层以上的风沙土初始含水量小于 25g/kg 时，形成一个明显的滞留区间。而一旦水头渗透到初始含水量大于 25g/kg 的约 40cm 以下沙层后，下渗速率明显加快，到 24 日 21：00 左右，水头下降到 57cm 处，平均渗透速率增加到 0.69cm/h，比前者增加了约 3.3 倍。可见沙土水分主要利用带沙土含水量低，降水的入渗深度、入渗速率和入渗水量要比沙土水分渗漏补给带低，加上林冠的截留，使得沙土水分主要利用带降水的有效性要远低于土壤水分渗漏补给带（杨文斌和王晶莹，2004）。

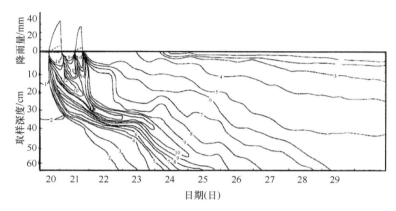

图 3.35　达拉特旗库布齐沙漠东部沙母花沙土中降水后水分入渗过程等湿度线图

低覆盖度行带式固沙林，能够减少带间表层土壤的蒸发，保证表层土壤与其他配置格局相比具有较高的初始含水量，将更加有利于降雨的入渗，能够显著增加降雨的入渗补给。同时也增加了深层水分的渗漏量，保证了水分调节层的水分调节作用。

3.6.3　蒸发散

1. 土壤蒸发

定量计算输入水量和输出水量是研究土壤水分状况的重要途径，降水到达土壤表面的水量可以用雨量计比较准确地测定，而蒸散量（蒸发量和蒸腾量）较难测定，至今尚无满意的测定方法。

EKO-蒸散仪是采用通量平衡法和湿汽扩散法相结合估测近地层蒸散量的仪器。该仪器有一组高精度探头，分别测定放射收支量（R）、地中热流量（G）、50cm 和 150cm 高度处的干球温度（T_1 和 T_2）和湿球温度（T_{w1} 和 T_{w2}），然后由公式（3.16）计算蒸发潜力（E）为

$$E = \frac{R-G}{L}\left[1 + \frac{r}{kr}\left(\frac{T_1 - T_2}{T_{w1} - T_{w2}}\right)\right] \quad (3.16)$$

式中，L 为潜热；r 为干湿球温度常数；k 为在平均湿球温度状态下的饱和水汽压曲线的倾斜度。

在林冠下，大气湿度较高，湿度测定期间均大于 60%，加之林冠下基本无风，因而土壤蒸发量主要取决于太阳辐射和水汽压梯度。所以，把 EKO-蒸散仪置于林冠下，用连续测得的精确资料，采用公式（3.16）估算林下近地层的潜在蒸散发量是非常有用的，也是比较接近真实蒸散量的。因此，可以根据 EKO-蒸散仪在林下测定的资料，估算潜在蒸散量近似地作为林下土壤蒸发量，特别是用于估算较长期间的蒸发量，则估算值就更为有效。

　　在生长季节里，把 EKO-蒸散仪放置林下，每隔 1min 测试一次，结果表明：林地土壤仅在白天蒸发失水，夜间有大气凝结水补给土壤，反映出生长期内，林地土壤蒸发和凝结的昼夜变化趋势和季节差异。

　　生长期内，林下土壤各月的蒸发量和大气凝结量的统计结果见表 3.22。可以看出，自 5 月 1 日至 10 月 20 日共蒸发水量 41.00mm，但同期的大气凝结量为 30.87mm，所以，实际蒸发量仅为 10.13mm，由此可见，林冠下大气凝结量较多，占同期蒸发量的 71.6%，这在干旱及半干旱区具有相当重要的意义。

表 3.22　林下土壤逐月蒸发量和大气凝结量　　　　　　（单位：mm）

项目	月份						合计
	5	6	7	8	9	10	
蒸发量	−8.07	−6.05	−8	−8.56	−6.5	−3.82	−41
大气凝结量	4.52	4.11	5.8	5.1	5.6	5.74	30.87
合计	−3.55	−1.94	−2.2	−3.46	−0.9	1.92	−10.13

　　土壤蒸发受天气状况的影响较大，但由于林冠的作用，天气状况对林地土壤蒸发的影响减小，如在 7mm 的降水后，在裸地表面仅需两个晴天后即可使土壤表面蒸干，而在林冠下 7~8d 后土壤表面还是潮湿的。如果把林地土壤各月蒸发量与同期降水量对比（表3.23），则可发现在生长期内，各月土壤表面输入水量均大于蒸发量，说明降水能补给土壤水分，从 5 月 1 日至 10 月 20 日共有 118.87mm 的降水输入土壤中可供植物利用。

表 3.23　土壤表面输入水量（降水和凝结水）和蒸发量的逐月变化　　（单位：mm）

项目	月份						共计
	5	6	7	8	9	10	
林内降水量	7.3	40.4	6.4	49.3	12.1	13.5	129
大气凝结量	4.52	4.11	5.8	5.1	5.6	5.74	30.87
土壤蒸发量	−8.07	−6.05	−8	−8.56	−6.5	−3.82	−41
合计	3.75	38.46	4.2	45.86	11.2	15.42	118.87

2. 林冠蒸腾耗水量的变化

　　蒸腾耗水是林地水分输出的又一重要途径，植物从土壤中吸收的水分总量约有 99%以上被蒸腾作用所消耗，只有不足 1%的水分才用于生理过程并保留在体内成为组成部分。因此，蒸腾耗水量基本上反映出植物从土壤中吸收的水分的量。枝叶蒸腾是林木水分消耗的主要途径，估算 3 种针叶树在生长季节中逐月的蒸腾耗水量可以采用下列计算方法：以每月测定 2 或 3 次的蒸腾速率月变化数据为基础，求出单株月平均蒸腾速率，进一步估算出 3 种针叶树人工林的逐月蒸腾耗水量，可以看到，在一个生长期内，樟子松蒸腾耗水 152mm，油松林 169.05mm，云杉林 184.42mm，与去掉蒸发后蓄存于土壤中的输入水量 118.87mm 相比较，分别多输出水量为：樟子松林 33.13mm，油松林 50.18mm和云杉林 65.55mm。这表明降水已不能保证林木对水分的需要，出现了输出大于输入的现象，林木消耗了一部分土壤蓄存的水量，进而使土壤蓄水量下降（杨文斌等，1992）。

3. 降低土壤水分蒸发

以科尔沁沙地造林 23 年的低覆盖度行带式杨树固沙林为例。

1）日平均蒸发量

图 3.36A 所示为带间 6~9 月日平均水面蒸发量，由于随季节变化，太阳高度角逐日降低，地表接受的太阳辐射能减少，且带间受遮荫影响越来越大，带间蒸发逐渐减小，以 6 月带间蒸发量最大，9 月最小。图 3.36B 所示为带间距林带不同距离处日平均蒸发量，受遮荫影响较大的株间–2.5m 及带间 22.5m 处蒸发量明显小于受林带遮荫影响较小的带间 2.5m、7.5m 及 12.5m 处，带间 17.5m 处于遮荫交错地带，蒸发量大于株间–2.5m和带间 22.5m 处，而小于带间 2.5m、7.5m 及 12.5m 处。

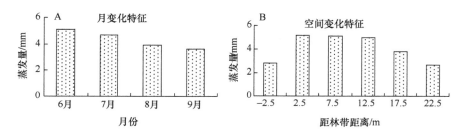

图 3.36　低覆盖度行带式杨树固沙林带间水面蒸发量比较

2）水面蒸发日变化特征

由图 3.37 可以看出，水面蒸发随时间先升后减，在 12：00~14：00 时段达到最大值。6 月，水面蒸发以带间 12.5m 处为最多，其次依次为带间 17.5m、7.5m、2.5m 处，株间–2.5m和带间 22.5m 处蒸发最少；7 月，水面蒸发最高点向北转移至带间 7.5m 处，其次依次为带间 12.5m、17.5m、2.5m，株间–2.5m 和带间 22.5m 处蒸发最少；8 月，水面蒸发最多点继续向北转移至带间 2.5m 处，其次依次为带间 7.5m、12.5m、17.5m，株间–2.5m 和带间 22.5m 处蒸发最少；9 月，水面蒸发以带间 2.5m 处为最多，其次依次为带间 7.5m、12.5m，株间–2.5m 与带间 17.5m、22.5m 处蒸发较弱。观测期间，带间蒸发最高点随林带遮荫距离的扩大有明显向北移动的趋势，其变化规律与带间热力场中心点变化相同。

3.6.4　水分深层渗漏

研究表明，随着固沙植被密度的增加，水分深层渗漏量将逐渐减少，其中对毛乌素沙地不同覆盖度油蒿 180cm 以下土壤深层渗漏水量监测发现，流动沙丘渗漏量为 120~160mm/a，覆盖度 10%~15% 时为 100~120mm/a，覆盖度 30%~40% 时为 20~40mm/a，覆盖度 >60% 时接近零；覆盖度在 40%~50% 的沙柳固沙片林 200cm 深度生长季渗漏量为 3.1mm；覆盖度在 40% 左右的樟子松固沙林 200cm 深度生长季渗漏量为 1.1mm。

以上结果说明，覆盖度高增加了土壤水分的消耗，导致降水不能够补给到深层土壤水，而对于低覆盖度行带式固沙林来说，带间有明显的水分利用层和渗漏补给层，在两行林地的中间是水分的主要补给层；通过科尔沁沙地低覆盖度行带式赤峰杨固沙林带间

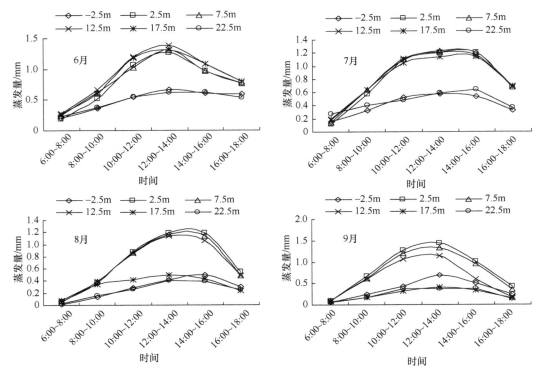

图 3.37　低覆盖度行带式杨树固沙林距林带不同距离处的水面蒸发日变化过程

土壤深层渗漏量监测发现，虽然带间渗漏到 160cm 以上的水分仅为每年几毫米，但是还是有少部分水分渗漏到了 160cm 以下补给深层土壤水，补给行带式格局下的水分调节层。造成以上低覆盖度行带式渗漏量低的主要原因是，行带式固沙林建设后，目前带间植被恢复的覆盖度已达 95% 以上，也就是说这是接近 100% 的覆盖度。因此也就说明，低覆盖度行带式固沙林在带间植被土壤恢复后也能够有少量的降雨补给到深层土壤水，那么，对于初植的行带式固沙林来说，带间水分渗漏量将与裸露沙丘基本相同，因此，低覆盖度行带式固沙林，不论是在建设初期还是在植被恢复后其水分渗漏量都是优于其他配置格局的。

　　上面提到行带式固沙林建设初期，其带间是基本没有植被的，而且对于带宽 25m 以上的乔木林来说，其带间将更接近流动沙丘的沙面特征，不同的是没有了土壤风蚀，与流动沙丘水分渗漏特征的差异也主要是由于林带的遮荫或是降雨截留等气象因素影响，如果不考虑这些差异，其渗漏特征是与流动沙丘基本相同的，从毛乌素沙地流动沙丘土壤深层渗漏特征就能够看出其带间初期的渗漏过程。

　　毛乌素沙地流动沙丘土壤水分渗漏特征如下。

　　2010 年 6 月至 2012 年 5 月试验点共监测到降雨 31 场，其中有补给效果的降雨 18 场。试验表明，在毛乌素沙地，降雨后不形成地表径流，所有降水全部入渗到土壤中；当风沙土处于湿润条件下时，在降雨量累积达到 20mm 左右时，雨后 36h 左右计量仪开始有水量记录，说明此次降水入渗到了 150cm 土层，同时也说明一般在降雨后 36~48h，雨水才能够渗漏到 150cm 土层及其以下，渗漏产生的降雨量大小与渗漏达到 150cm 处的时长受雨前土壤含水率影响显著。表 3.24 显示了有补给效果的 18 场降雨与补给量值的关系，150cm 深层渗漏量和降雨量之间的关系可以用线性关系 $y=0.6441x$（$n=18$，$R^2=0.81$）进行较好地拟合；降雨量达到渗漏临界值后，降雨量越大，渗漏补给到 150cm 土层以下的雨量越多，降雨入渗补给作用越明显。对 2010 年 12 月到 2011 年 12 月一整年的降雨累积量和入渗累积量（图 3.38）进行统计分析发现：渗漏累积量与降雨累积量年际变化趋势一致，降雨对于 150cm 以下土层的补给伴随降雨过程，略滞后于降雨过程，滞后时间受雨前土壤水分状况影响较大。

表 3.24　有补给作用的降雨量表

降雨量/mm	降雨历时/h	平均降雨强度/（mm/h）	渗漏量/（mm/min）
30.0	28.5	1.1	9.4
30.8	35.0	0.9	22.0
32.6	19.0	1.7	28.7
13.2	3.0	4.4	5.3
14.4	10.0	1.4	1.2
22.6	16.0	1.4	1.7
36.4	42.0	0.9	12.8
28.8	16.0	1.6	24.0
23.8	13.0	1.8	7.7
19.0	22.0	0.9	7.3
19.4	21.0	0.9	4.8
44.4	34.0	1.3	39.2
105.4	48.0	2.2	90.6
65.0	28.0	2.3	42.5
92.4	53.0	1.7	63.6
42.2	18.0	2.3	30.1
20.6	11.0	1.9	7.5
66.0	71.0	0.9	17.9

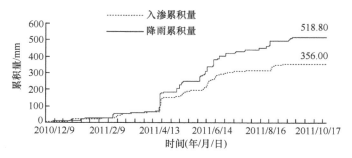

图 3.38　2010 年 12 月至 2011 年 10 月降雨过程与渗漏过程

图 3.39 与图 3.40 是 2011 年 7 月 21~30 日观测到一次典型降雨及其渗漏补给过程，可以看到降雨分 3 个阶段，第一阶段为 7 月 21 日中午 13：00~16：00，降雨量达 18.2mm，48h 内渗漏截留桶内无水量补给；第二阶段从 7 月 24 日清晨 6：00~21：00，15h 内降雨量为 27.2mm，整个降雨过程平均降雨强度为 1.81mm/h。根据渗漏计量仪水量记录显示，

自第二阶段降雨开始 36h 后即 7 月 25 日 18：00，渗漏计量仪内开始显示有水量补给，持续补给时长 72h，前 3h 为渗漏补给水量快速增加期，3h 后出现峰值，渗漏补给速率为 0.43mm/h，持续补给 1h 后渗漏补给量开始缓慢降低，开始的 12h 相对较大，而后逐渐变小直至平稳，平均渗漏补给速率下降为 0.37mm/h。第三阶段为 26 日 16：00~18：00，降雨量为 11mm，截至 26 日 18：00，整个降雨过程累积降雨量为 56.4mm，整个降雨渗漏过程持续 117h 后渗漏累积量数值不再变化，计量仪水量累计达 26.97mm，即本次降雨入渗补给到 150cm 土层之下的水量，占降雨量的 42.3%，平均渗漏补给速率约为 0.23mm/h。可以看到，第一阶段降雨量不足 20mm 以上，并没有产生渗漏补给，但提高了土壤含水量，第二阶段当累积降雨量超过 20mm 后，150cm 深度处开始出现渗漏补给，补给速率呈单峰值变化。

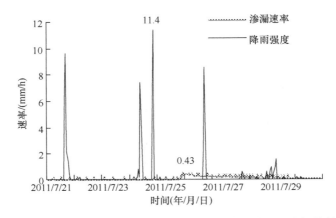

图 3.39　乌审旗 2011 年 7 月 21~30 日降雨强度与渗漏速率间的关系

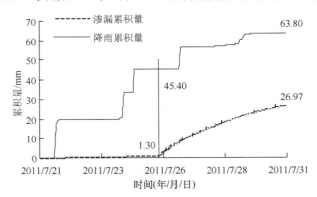

图 3.40　乌审旗 2011 年 7 月 21~30 日降雨与渗漏过程

　　研究表明，流动沙地土壤入渗过程受降雨强度的影响较明显，入渗量随降雨强度的增大而增大；2011 年 6 月 30 日和 8 月 22 日的土壤含水量平均值见表 3.25，从 7 月 1 日至 7 月 5 日和 2011 年 8 月 23 日至 9 月 8 日两次连续的降雨过程可以看出（图 3.41~图 3.44）：2011 年 7 月 1 日 0：00 至 7 月 5 日 0：00，共观测到 2 次有效降雨过程，累积降雨量达 105mm，最大降雨强度为 8.2mm/h，平均降雨强度为 2.33mm/h，最大渗漏速率为 5.55mm/h；8 月 23 日到 9 月 8 日，共观测到 3 次有效降雨过程，累积降雨量达 89.4mm，最大降雨强度为 17.6mm/h，平均降雨强度为 0.84mm/h，最大渗漏速率为 1.91mm/h，两次降雨过程开始之前，土壤表层干燥程度和 150cm 以上土壤含水量基本相同，降雨强度对于渗漏过程的影响主要在于降雨强度决定了渗漏速率和渗漏历时，可以看到，当 7 月 2 日平均降雨强度达 2.33mm/h 时，降雨同样经过 48h 的下渗后，对于 150cm 处渗漏速率

表 3.25　2011 年 6 月 30 日和 8 月 22 日各层土壤含水量

层深 /cm	土壤含水量/%	
	6 月 30 日	8 月 22 日
10	8.26	7.76
20	9.25	9.61
30	8.08	8.23
40	9.93	10.13
60	12.45	12.18
80	10.66	10.55
100	11.06	9.71
120	11.46	10.17
160	8.03	7.63
200	12.06	11.75

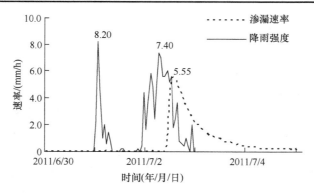

图 3.41　乌审旗 2011 年 6 月 30 日至 7 月 5 日降雨强度与渗漏速率

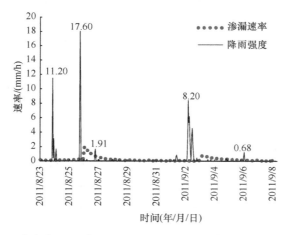

图 3.42　乌审旗 2011 年 8 月 23 日至 9 月 8 日降雨强度与渗漏速率

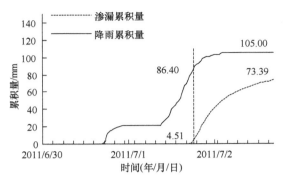

图 3.43　乌审旗 2011 年 6 月 30 日至 7 月 5 日降雨与渗漏过程

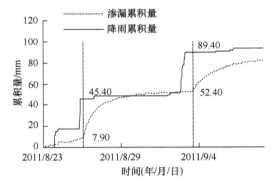

图 3.44　乌审旗 2011 年 8 月 23 日至 9 月 8 日降雨与渗漏过程

远大于 8 月 26 日的渗漏速率；同时，降雨强度影响了降雨的渗漏补给历时，8 月 26 日降雨过程对于 150cm 处的渗漏补给历时由上午 10：00 持续到 8 月 31 日下午 14：00，持续时长 124h，其渗漏持续时间明显长于 7 月 1 日的渗漏补给历时 74h（7 月 2 日 10：00 到 7 月 5 日 12：00）；8 月 26 日降雨过程的渗漏累积量达 52.4mm，占降雨量的 58.6%，7 月 1 日降雨过程的渗漏累积量达 73.39mm，占降雨量的 69.9%。平均降雨强度对渗漏累积量的影响明显，降雨强度大，则渗漏速率大，渗漏历时短，渗漏累积量大。

2010 年 6 月到 2012 年 5 月渗漏量为 497.8mm，占同期降水量的 63.8%；主要补给期为 5~11 月，占年渗漏总量的 95%；而降水比较集中的 6~8 月渗漏量高达 203.2mm，占全年渗漏补给量的 58%。对于风沙土而言，降水的入渗速率主要受到入渗前土壤含水量的影响。多年研究的结果表明，稳定湿沙层大约在 40cm 土层深度，也就是说大气干旱导致的土壤蒸发只有在干旱期（3~5 月）可使表层 0~40cm 土层的含水量降低，而在雨季，毛乌素沙地的稳定湿沙层一般不超过 10cm；其下面的含水量基本处于田间持水量的范围内，因此，用雨季降水量与渗漏量及时间差计算渗透速率及其与降水量的关系，评估降水对深层渗漏是可靠的。

在毛乌素沙地，降雨后不形成地表径流，所有降水全部入渗到土壤中；当风沙土处于湿润条件下时，在降雨量累积达 20mm 左右，雨后 36h 左右计量仪开始有水量记录，表明一般在降雨后 36~48h，雨水渗漏到 150cm 土层以下，渗漏产生的量值大小与渗漏达到 150cm 处的时长受雨前土壤含水率影响显著。平均降雨强度对渗漏累积量的影响明显，降雨强度大，则渗漏速率大，渗漏历时短，渗漏累积量大。相对于固定沙地和半固定沙地，流动沙地的含水量是较高的，而且是稳定的，实验研究了雨季渗漏的一些特征，基本上是整个土壤剖面的含水量均在田间持水量及其以上，是自然条件下湿润沙地的渗漏特征。

3.6.5　改良沙土水分物理性质

土壤的物理性状是土壤持水性能的重要体现，土壤总孔隙度、毛管孔隙度和非毛管孔隙度综合反映了透水持水能力和基本物理性能，土壤透气度、排水能力反映了土壤的保水能力及土壤透气性。通常土壤容重越小、孔隙度就越大，土壤持水量就越大；从土壤保水性能来看，毛管孔隙中的水可长时间保存在土壤中，主要用于植物根系吸收和土壤蒸发，而非毛管孔隙中的水可以及时排空，更有利于水分的下渗。

1）行带式柠条锦鸡儿林

研究表明（表 3.26），行带式配置的柠条锦鸡儿林其土壤容重均比对照低，带间距分别为 10m、7m、4m 的行带式柠条锦鸡儿林（18 年生）20~60cm 土层土壤平均容重分别比荒地（对照）低 20.58%、8.4%、14.1%，总孔隙度平均比对照高 40.12%、27.51%、21.96%，毛管孔隙度比对照分别高 19.26%、29.53%、12.72%；0~100cm 土层土壤透气度比对照高 32.25%、41.36%、48.17%，排水能力分别比对照高 158.2%、187.2%、180.53%，说明种植行带式柠条锦鸡儿均改善了土壤物理结构，明显增加土壤透水性及保水能力，有利于水分下渗，减少地表径流的冲刷，其中尤以带间距较大的 10m 林带的改善作用更为突出（王占军等，2005）。

表 3.26　柠条锦鸡儿不同种植密度对土壤物理性状的影响（王占军等，2005）

立地类型	土层/cm	容重/（g/cm³）	非毛管孔隙/%	毛管孔隙/%	总孔隙/%	土壤透气度/%	最佳含水率下限/mm	排水能力/mm
4m 带距	0~20	1.53	5.61	36.12	41.73	39.29	9.48	69.91
	20~60	1.30	9.58	37.87	47.45	34.86	12.41	77.18
	60~100	1.44	6.49	36.18	42.67	37.38	14.92	64.03
7m 带距	0~20	1.50	7.79	34.30	42.09	39.51	33.23	36.71
	20~60	1.40	6.16	43.39	49.55	38.62	18.91	72.08
	60~100	1.35	8.01	39.72	47.73	38.82	16.79	71.49
10m 带距	0~20	1.48	7.37	36.92	44.29	41.74	13.81	68.85
	20~60	1.20	14.19	40.47	54.65	40.77	23.57	75.63
	60~100	1.53	10.2	30.46	40.67	29.30	17.90	55.76
荒地（对照）	0~20	1.31	6.72	43.08	49.79	30.46	19.70	25.76
	20~60	1.52	5.25	33.73	38.98	22.40	12.84	22.28
	60~100	1.51	6.73	33.42	40.16	31.14	12.73	25.27

内蒙古和林格尔县的低覆盖度行带式柠条锦鸡儿固沙林的实际测定结果表明（表 3.27）：在采样深度范围内，除了带间距为 6m 柠条锦鸡儿固沙林，均表现为表层含水量低于下层，这是由于表层与大气环境接触，水分受温度、地表风速等影响而交换活跃，蒸散较快，故含水量在表层低，而带间距为 6m 柠条锦鸡儿固沙林其柠条锦鸡儿造林密度大，

在经过 25 年的植被演替后其根系耗水量加大，从而导致下层土壤含水量较表层接近。从变异系数可以看出，整个研究区土壤含水量的变幅较大，为 5.23%~22.72%，不同固沙林表现不一，其中，带间距为 18m 柠条锦鸡儿固沙林含水量较高，而且显著高于对照样地、6m 柠条锦鸡儿固沙林和随机固沙林的含水量，这是由于足够宽的带间距可以提供给两侧林带的水分补给带，从而导致林带对土壤水分的吸收在一定程度上得到了缓解，这正是林分密度、分布格局在一定程度上影响了土壤水分含量、分布状况和变化过程的体现。从对照样地和 3 种柠条锦鸡儿固沙林土壤表层含水量变化还可以看出，行带式柠条锦鸡儿固沙林的土壤含水量高于随机和对照样地，这是由于行带式固沙林的防风效果大大地减少了地表风速，从而减少表层土壤水分蒸发，更加说明行带式林分结构对土壤发育的效果优于随机分布。

表 3.27　低覆盖度行带式柠条锦鸡儿固沙林土壤含水量

深度/cm	样地	容重/（g/cm³）				含水量/%			
		均值	差异	标准差	CV/%	均值	差异	标准差	CV/%
0~5	18m	1.37	aA	0.12	8.69	0.77	aA	0.04	5.23
	6m	1.51	aB	0.04	2.50	0.71	aB	0.13	18.53
	随机	1.48	aB	0.14	9.35	0.66	aB	0.11	16.82
	CK	1.56	aB	0.08	5.14	0.67	aB	0.14	21.03
5~20	18m	1.52	bA	0.17	11.16	0.99	bA	0.12	11.68
	6m	1.53	aA	0.13	8.61	0.68	Bb	0.14	22.72
	随机	1.5	aA	0.15	9.83	0.74	Ac	0.12	16.90
	CK	1.65	bB	0.06	3.63	0.93	Bad~	0.08	8.66

注：相同大写字母表示同一土层样地间差异不显著，相同小写字母表示同一样地不同土层差异不显著（P>0.05）

2）低覆盖度行带式杨树固沙林

内蒙古敖汉旗赤峰杨低覆盖度行带式固沙林测定结果表明（表 3.28）：在采样深度范围内，均表现为表层含水量低于下层，这是由于表层与大气环境接触，水分受温度、地表风速等影响而交换活跃，蒸散较快，故含水量在表层低；从变异系数可以看出，整个研究区土壤含水量的变幅为 0.76%~4.70%，不同固沙林表现不一，其中，带间距为 20m 杨树固沙林含水量较高，显著高于带间距为 15m 和 10m 杨树固沙林含水量。随着带宽的增加土壤含水量有增高的趋势。相同土层不同行带式固沙林土壤含水量 20m 杨树固沙林与 15m 杨树固沙林差异不显著，与 10m 杨树固沙林差异显著，其中表层土壤 20m 杨树固沙林与对照样地差异不显著；同一样地 20m 杨树固沙林、15m 杨树固沙林和对照样地表层土壤含水量与下层差异显著；0~20cm 土壤含水量年平均降低量变化趋势为 20m 杨树固沙林与 15m 杨树固沙林明显大于 10m 杨树固沙林，表层含水量增幅小于下层。行带式固沙林含水量随带宽的增加有增大的趋势。

3）低覆盖度行带式樟子松固沙林

内蒙古鄂温克旗低覆盖度行带式樟子松固沙林含水量的变化表现为表层低于下层（表 3.29），这与表层与大气环境接触，蒸散快等因素有关。从变异系数可以看出，整个研究区土壤含水量的变幅较大，为 5.05%~38.24%，沙土表层变化幅度最大，这是由

表 3.28　低覆盖度行带式杨树固沙林土壤含水量

深度/cm	样地	均值/%	差异	标准差	CV/%	年均增加/%
0~5	沙土	1.01	aA	0.16	3.46	
	20m	2.38	aB	0.11	2.88	0.1368
	15m	1.82	aBC	0.58	4.70	0.1015
	10m	1.65	aC	0.01	2.88	0.0489
	CK	2.82	aB	0.54	0.76	
5~20	沙土	1.34	aA	0.16	3.88	
	20m	3.35	bB	0.47	2.84	0.2010
	15m	3.13	bB	0.06	2.41	0.2237
	10m	1.85	aA	0.08	2.18	0.0395
	CK	4.16	bC	0.53	0.95	

注：相同大写字母表示同一土层样地间差异不显著，相同小写字母表示同一样地不同土层差异不显著（$P>0.05$）

表 3.29　低覆盖度行带式樟子松固沙林土壤含水量

深度/cm	样地	容重/(g/cm³)				含水量/%			
		均值	差异	标准差	CV/%	均值	差异	标准差	CV/%
0~5	沙土	1.56	aA	0.14	8.98	0.34	aA	0.13	38.24
	24m	0.95	aB	0.09	9.58	10.7	aB	0.54	5.05
	12m	1.05	aB	0.15	14.07	8.81	aC	1.00	11.30
	CK	0.68	Ac	0.20	29.30	15.88	Ad	0.13	0.84
5~20	沙土	1.73	aA	0.02	1.21	0.62	aA	0.10	15.58
	24m	1.06	aBC	0.16	15.48	13.13	bB	1.88	14.29
	12m	1.19	aB	0.09	7.33	12.5	bB	0.64	5.14
	CK	0.96	bc	0.19	19.79	19.65	bC	1.09	5.54

注：相同大写字母表示同一土层样地间差异不显著，相同小写字母表示同一样地不同土层差异不显著（$P>0.05$）

沙土表层本身含水量较低，稍有变化就会加大变幅引起的。其中，带间距为 24m 樟子松固沙林含水量高于带间距为 12m 樟子松固沙林含水量。相同土层不同行带式固沙林表层土壤含水量 24m 樟子松固沙林与 12m 樟子松固沙林差异显著，下层土壤含水量 24m 樟子松固沙林与 12m 樟子松固沙林差异不显著，表层与下层土壤含水量均表现为行带式固沙林与沙土和对照样地差异显著；行带式固沙林和对照表层土壤含水量与下层差异显著，沙土表层土壤含水量与下层差异不显著。

3.7　低覆盖度治沙与干旱区生态用水对策

干旱是我国北方地区的主要自然灾害。由于可更新利用水资源的有限性和丰枯变化，干旱问题不可避免，也不可能完全根除。在我国干旱半干旱生态系统十分脆弱的地区，水资源的开发利用，必须充分考虑流域内生态系统的用水需求，统筹考虑生活、生产、生态和环境的用水需求，维系基本的生态系统平衡。要缓解干旱导致的缺水问题，必须采取综合对策，需要从人与经济、生态、环境和谐发展的角度来构建水资源的合理配置体系，从开源、节流、保护的齐抓共管来构建水资源的供需平衡体系，从工程措施和非工程措施相互配合来构建降低旱灾损失的保障体系，其中，在确保生态安全的条件下，降低生态用水量，提高生态用水的效率亦是非常重要的一个环节。

生态用水是指特定区域内的生态系统所需的水量，科学、合理地规划一个地区的生态用水方案首先应基于对生态需水量准确的估算。在 SPAC 系统的水分运行过程中，蒸散过程是水分运移、转化的一个重要环节，蒸散的准确测量与计算对于整个生态需水量的估算有重要影响。国内外对蒸散的计算与实验模拟做了大量实验研究，提供了多种理论和经验的计算方法，目前应用比较普遍的有 Penman-Monteith 公式等（贡璐等，2002）。Penman-Monteith 方法利用能量平衡原理，具完整的理论性和良好的操作性，此公式及其改进公式在计算地区农田作物潜在蒸散量中得到很多应用，现也应用在林地蒸散量的计算中，但是，由于此公式是充分供水理想条件下的需水量，即最大需水量，与生态需水量的概念存在差异，因此在计算干旱区植被的天然生态需水量上应该增加更多的参数加以改进。对于某一区域，某一植被类型的面积与植物生态用水定额的乘积作为此地区的生态用水量，此方法适于植被均匀区生态需水量的计算，但在确定植被耗水量时受其他因素影响较多。其他还有土壤含水量定额法、土壤湿度法、基于 RS 和 GIS 的方法等（张强，2007）。

我国年用水量已经占全国年可更新水资源量的 20%左右，但是流域间很不平衡，许多地方还存在开发利用的潜力。适当建设雨水集蓄工程、调水工程，可以有效缓解水资源供需压力和水资源区域不平衡的问题。同时，扩大对非传统水源，如洪水、污水、劣质水等的开发利用规模和范围，将是一条有效的途径。而提高水资源的利用效率和利用效益，建立适应当地水资源条件的用水模式，大力推进节水型社会建设，是缓解缺水问题的根本举措。此外，必须进行一系列必要的防旱工程措施建设，通过制订和实施防旱规划、应急预案和应急管理、旱情监控、信息研究与旱情预报、旱灾救助、公众教育等措施，提高整个社会抵御干旱的能力。

生态环境建设中的植被建设用水，是水资源的一项重要支出，特别是在干旱半干旱地区，降水少，有效水资源低。在这些地区进行生态环境建设，生态用水量非常大，面临地区水分缺口大的特点，节约生态用水和提高生态用水利用效率是必由之路。目前节约用水技术，如滴灌、喷灌等广泛应用于该区生态环境建设，特别是低覆盖度固沙林体系，降低了植被建设的密度，更加节约了生态用水，而且其特殊的水分利用机制，更是提高了水分利用效率，其带间的水分补给层能够在水分供应不足时补给水分主要利用层，提供给植物正常生长所需的水分。同时干旱半干旱区降水波动大，生态用水是一个关键的"瓶颈"问题，而低覆盖度固沙体系面对该区遇到的极端干旱年份问题，能够通过自我调节土壤水库满足水分的需求，因此，该体系的水分运动机制是解决干旱年份水分需求的一个重要用水对策，其体系特殊的配置格局、特殊的林分生态学特性和土壤水库保证了防风固沙林能够基本抵御 20 年一遇的干旱，通过其特殊的生态用水对策，确保了林分正常生长。

3.7.1　我国沙区水资源现状

水资源作为不可替代的自然资源，在经济发展和人民生活中占有重要地位。我国是一个严重缺水的国家,为了获取水源,许多地区相继花费巨额投资长距离引水,与此同时,大量工业、农业污水排入自然水体,造成了巨大的环境问题,使得水资源的供需更加紧张。对于沙区水资源大部分来源与降水,表现出降水少、蒸发强、地表水分布不均、地下水超采水位下降等特点。总体来说,沙区水资源有限,需合理有效利用有限的水资源。

中国西北干旱区包括新疆全境、甘肃河西走廊及内蒙古贺兰山以西的地区,地理位置为东经 73°~125° 和北纬 35°~50°,总土地面积约占全国国土面积的 24.5%。该区的内陆盆地主要包括准噶尔、塔里木、柴达木和河西走廊等,盆地周边的高山主要是祁连山、天山、昆仑山等。这种内陆盆地与高山相间分布的地形,使所有发源于高山地区的河流都向盆地汇集,内陆盆地是第四系冲洪积松散物质的堆积区,十分有利于地下水贮存,也有利于地表水渗漏补给,由地表水渗漏补给的地下水量占地下水总补给资源量的 60%~87%(汤奇成,1992)。水资源的这种分布特征决定了河流地表径流和与其密切联系的地下水资源是维护荒漠绿洲生态系统的决定因素和基本条件。水资源紧缺一直是制约国民经济发展和人民生活水平提高的重要因素,也是导致生态环境恶化的最主要因素之一。

以乌兰布和沙漠为例(王乌兰等,2012),其地处我国华北结合部,是我国西北区荒漠半荒漠的前沿地带。属于亚洲中部温带荒漠气候区,风沙肆虐,沙区多年来年平均降水量 100~150mm,主要集中于 7~9 月,而蒸发量却为 2350~3840mm,但这里光热资源充足,日照 3000h 以上,10℃ 以上积温 3300℃,全年无霜期达 168d。沙丘高度 1~5m,流沙下覆古河淤积黏土层,并具有引黄河水灌溉的条件。新中国成立以来,当地人民为改善生态条件,积极开展防沙治沙工作,在乌兰布和沙漠东北部营造了 1 条长 154km、宽 500m 以上的防风固沙林带("三北"防护林的一部分),对保护农田和黄河水利工程,保障包兰铁路的畅通发挥了重要作用。20 世纪 60 年代后期至 70 年代,生产建设兵团在这里进行了大规模移沙造田垦荒活动;1979 年,中国林业科学研究院在磴口建立了沙漠林业实验中心;20 世纪 80 年代后期,乌兰布和开发再次形成高潮。通过艰苦努力,治沙工作取得了好成绩,但是治沙速度远远跟不上沙化扩展速度。卫星资料显示近 10 年内该地区土地荒漠面积扩展了 30 余万 hm²,被列为全国沙漠和荒漠化严重发展类型区。总的趋势仍是局部治理地区有所改善,整个地区荒漠化仍在蔓延,形式十分严峻。

由于沙区降水少,蒸发量大,地势平坦,形成的径流很少,多年平均径流 10mm,黄河从沙区东南侧流过,南起刘拐沙头,北至引水渠口,河岸线全长 52km,年平均流量 580~1600m³/s,年径流总量 310 亿 m³。沙区大部分地区具有引黄自流灌溉条件,部分地区可以提水灌溉,一干渠是沙区的主要引黄灌溉渠系,闸前水位 1054.2m,平均年引黄河水量 5.36 亿 m³;现灌溉面积 3.4 万 hm²。

乌兰布和沙漠地下水资源非常丰富,为 3.112 亿 m³。近年来,由于沙区开发,灌溉水大量补给入渗,地下水贮量进一步增大(主要灌溉补给,天然降水,狼山地基是岩石裂隙水和山洪)。各种补给地下水水质良好,适宜灌溉和人畜饮用的地下水涌水量由东南的 50~100t/h,经沙区中部的 40~80t/h,到山前凹地的 30~50t/h,到洪积扇可达 100~140t/h。

我国沙区大部分分布在西北干旱区,沙区水分主要来源为天然降水,而这些地区的年均降水量较低,不能够满足地区对水分的需求,在我国东部的沙区,虽然降雨量大于西部，但也不能够完全满足水分需求。总之，不论是干旱沙区还是半干旱、亚湿润干旱沙区，水资源均紧缺，对沙区植被建设产生了巨大的阻碍作用。因此，在沙区进行植被建设，必须考虑生态用水，选择合适的树种、适宜的栽植密度、合适的栽植方式等才能够保证沙区植被建设的顺利进行，达到防治土地荒漠化，恢复沙区生态环境的作用。低覆盖度防沙治沙体系开拓了降低生态用水量、提高生态用水效率的新领域，初步估算，与目前的造林技术规程比较，低覆盖度固沙林的蒸发耗水量降低 40%~60%，林冠截留水量降低 20%~40%；而当固沙林的覆盖度在 15%~30%时，行带式配置的固沙林与同覆盖度的其他格局的固沙林比较，提高降雨的土壤入渗量 5%~10%，减少蒸发量 15%~18%，提高水分利用效率 10%~18%。

3.7.2　生态用水与可持续发展

1. 生态需水量

　　干旱区天然植被的最低生态耗水量问题关系到该地区生态建设的标准问题，也是评价水资源生态承载力所必须考虑的指标。同时，天然植被的最低生态耗水量是制订绿洲农业用水和节水规划的依据之一。研究人员根据不同的生态目标分析并提出了天然植被不同的最低生态耗水量的概念，指出植物的最低生态耗水量是最低生态效应下植物的耗水量，而且不同生态区要求的生态效应不同，因此，植物在不同生态目标下表现出的最低生态耗水量不同。进行天然植被最低生态耗水量评价时，首先要明确生态目标。另外，通过试验发现，天然植被存在着生态耗水效率的概念，水分的生态效应存在最优值（杨海梅等，2005）。

　　额济纳旗维持绿洲生态稳定的生态需水量约 5.313 亿 m^3，而 1988~2001 年年均来水量为 3.70 亿 m^3，维持现状还差 1.613 亿 m^3（张丽等，2002）。王芳和王浩（2002）应用遥感与地理信息系统方法，计算西北地区区域生态需水量，新疆为 320 亿 m^3；河西走廊为 31.2 亿 m^3；柴达木盆地 46.4 亿 m^3；王让会等（2001）研究了塔里木河流域"四源一干"生态需水量，他们认为在估算生态需水的过程中，对每种植被类型按生长状况进行划分，确定其地下水埋深范围和平均埋深，然后计算不同潜水埋深蒸发值和平均值，再根据不同植被类型的面积分别计算耗水量。由于天然植被耗水量与其需水量之间还有很大差异，根据理论研究和实践经验，尚需增加 25%的水量，才可以基本保证维持天然植被生存的最低需水量；基于植被蒸腾与潜水位之间的关系，考虑到干旱平原区天然与大部分人工植被的生存与繁衍主要依赖于消耗地下水资源，用阿维里杨诺夫公式和潜水蒸腾公式计算了黑河流域中游人工防护林生态需水量为 2.1 亿~2.16 亿 m^3，下游荒漠绿洲生态需水量为 5.23 亿~5.7 亿 m^3（王根绪和程国栋，2002）。石羊河下游民勤以人工绿洲为主体的生态系统，其用水主要来源于地下水、降水和径流，每年实际生态需水量为 1.49 亿 m^3，占民勤绿洲 7.64 亿 m^3 用水总量的 19.5%，减去 0.35 亿 m^3 的有效天然降水，另外需要 1.14 亿 m^3 的其他水资源，占民勤地区工农业用水的 14.92%，才能满足防护体系的生态需水要求（徐先英，2008）。乌兰布和沙漠东北部以优势建群种组成的天然植被的生态用水总量为 2051.46×$10^4 m^3$/a，其中以油蒿+白刺+沙冬青为优势建群种的天然植被的生态用水量为 841.66×$10^4 m^3$/a；梭梭天然植被为 151.42×$10^4 m^3$/a；怪柳天然植被为 32.43×$10^4 m^3$/a；柠条

锦鸡儿天然植被为 $1025.94 \times 10^4 m^3/a$（李清河等，2006）。

2. 生态用水与可持续发展

"生态用水"这一术语伴随着"生态"一词的诞生，很早就已经出现在各类文献和书籍中，生态用水是指维持全球生态系统和谐与稳定，维持全球生物地理系统水分平衡和全球生物地球化学平衡，如水热平衡、水盐平衡、源库动态平衡、生物平衡等所消耗或必需的水分（王礼先，2000；邓林，2001）。贾宝全和许英勤（1998）则针对干旱区提出了生态用水的概念：在干旱区内，凡是对绿洲景观的生存与发展及环境质量维护与改善起支撑作用的系统（或组分）所消耗的水分。

生态用水即生态系统对水的需求，生态系统的稳定少不了水资源的消耗，同时人类社会的发展也少不了水资源的消耗，如何处理好两者对水资源需求的关系是研究的核心。而在干旱区与半干旱区，生态环境脆弱，容易受到人为破坏，支撑生态环境的用水显得尤为重要，在进行水资源与生态环境规划与管理时，首先要考虑生态用水问题。对生态用水的忽视导致多数地区过度开发、占用生态用水，使得生态环境不断恶化，形势异常严峻（李荣生，2000）。生态环境的恶化会使得可利用的水资源总量减少，导致生态系统的衰退，形成恶性循环，最后威胁到人类的生存与发展空间。因此，为了人类和自然的和谐共处与发展，必须加强对生态用水的研究，提高人们对其认识，将生态用水放在发展规划的重要位置（刘晓燕，2005）。植被是生态系统中最基本的组成部分，其正常生长和更新必然会消耗一定水分，这是植被生态用水的基础。生态环境用水量的保障途径和措施主要在于系统中植被的恢复和保护。植被可以改善水循环条件，调节气候，减少地表径流，涵养水源，增加入渗，提高土壤含水率。植被建设是针对生态环境正在恶化或衰竭的地区，以改善和恢复生态环境为目的，采用一定的人工措施，使得植被能够短时间恢复，从而改善生态环境，增加生态用水量（左其亭，2002；王玉娟等，2009；李亚军等，2011）。

3. 近自然林业

近自然林业是一种模仿自然、接近自然的森林经营模式，同时还是一种兼容林业生产和森林生态保护的经营模式（沈国舫，1998），它立足于生态学的思想财富，从整体出发观察森林，视其为可持续的、多种多样的、生机勃勃的生态系统。研究人员力求利用森林生态系统潜在的自然特性及其发生发展的自然过程，把生态与经济要求结合起来，实现最合理地保护和经营利用森林资源，保证立地和森林动态稳定的一种真正贴近自然的森林经营管理模式（陆元昌和甘敬，2002）。

近自然林业阐明了这样一个基本思想，人工营造森林和经营森林必须遵循与立地相适应的自然选择下的森林林分结构。林分结构越接近自然就越稳定，森林就越健康、越安全。只有保证了森林自身的健康和安全，森林才能得到持续经营，其综合效益才能得到持续最大化地发挥。因此，不论是哪种形式的森林，包括天然林、天然次生林、人工林，其经营形式必须遵照生态学的原理来恢复和管理。只有保证其树种结构和树龄结构合理时，森林才能稳定和持续地发展。也只有如此，人类才能达到有限的经济目标和保护目标（许新桥，2006）。

　　我国沙区植被建设必须走近自然林业之路、节水之路,减少地下水过度开采,合理利用、管理流域水资源。摒弃大水漫灌方式,采用节水灌溉方式。在有限的水资源下,有些地区维持天然植被的水量很缺乏,因此在建立人工植被时必须考虑到生态用水的需求。天然植被在长期的自然演化中形成了覆盖度较低的植被,作者考虑在沙区初期进行植被建设时最高也不要超过天然植被的盖度,应共同考虑固沙与植被稳定性两方面的因素,因此植被种类选择、格局配置也就是急需解决的问题。目前,低覆盖度行带式固沙格局,既能够完全固定流沙,又能够显著降低生态用水量,其生态需水与天然植被基本相当。而且,低覆盖度固沙后,在水分条件较好的地区能够很好地促进带间草本植被的恢复,当带间草本植被恢复为近自然植被后,形成乔、灌、草复合的沙地植被系统,并逐步使该植被向着类似当地的天然植被演变,这样在生态耗水方面将是更加稳定和可持续的,这也就是低覆盖度固沙的近自然林业思路。

　　同时,低覆盖度固沙林体系的覆盖度确定是根据固沙植被建设区天然分布植被的覆盖度确定的,包括原生乔木、灌木,在进行植被建设的初期,根据原有天然植被的分布情况确定人工林配置格局,这个配置格局可以是单一的,也可以是多种配置格局相互组合、配套的;同时在固沙植被树种选择上,一般选择天然分布的乡土乔木、灌木,同时也可以选择引种适宜当地气候、环境条件的优良固沙乔木和灌木。也就是说,在低覆盖度固沙体系中,植被建设覆盖度、植被建设树种选择、配置方式组合等都是以原生、天然分布植被为基础参照的,也就是以自然植被分布为参照,因此,低覆盖度固沙林体系是完全按照近自然林业的发展思路设计的,这个固沙林体系是近自然林业发展的产物,并实现了降低生态用水的目标,是支撑干旱区降低生态用水量对策的重要技术。

3.7.3　低覆盖度行带式格局生态用水优势

　　低覆盖度行带式固沙林的生态用水对策也是近自然林业发展的一个重要方面,在水分利用格局方面,保证了固沙植被的稳定性,促进了带间植被的恢复,其生态耗水和生态需水量与天然植被基本相同,不同的是改变了水分利用的格局,将水分的利用和消耗特征,转变为水分主要利用层、渗漏补给层和水分调节层,这也就保证了低覆盖度行带式固沙林的长期稳定性及抵御 20 年一遇的极端干旱年的能力。对于雨养造林,水分可以通过行带式格局自我调节,对于灌溉林业,极大地减少了灌溉水量,提高了对灌溉水的利用效率。

1. 灌溉固沙林业

　　随着西部大开发的深入,我国干旱、极端干旱区的资源开发、交通干线建设、厂矿企业及绿洲的开发方兴未艾,使得该区域的生态建设任务更加重大。但是,由于降水稀少,地带性荒漠植被十分稀疏,其生态保护作用有限。而对生态起重要作用的那些覆盖度较大的非地带性植被,如天然的胡杨林主要是依靠地下水维持生命,分布在河旁、湖边等地下水溢出带,其生长状况与潜水埋深有十分密切的关系,多数地方无法被广泛地应用在新建的厂矿、交通干线的防风固沙体系。因此在干旱、极端干旱区,灌溉林业成为该区最重要的防沙治沙造林手段,近年来,在这些地区节水灌溉造林已经被广泛应用。

而把节水灌溉技术与低覆盖度行带式固沙林结合起来，可以进一步地显著降低生态用水量、提高生态用水的效率。

在干旱区推行节水灌溉林业，包括沟植沟灌、膜上灌和铺膜、低压管道灌、渗灌、喷灌、滴灌等几种节水灌溉林业技术都可以结合低覆盖度技术用于防风固沙体系的建设，在滴灌水源、管网布局、灌溉效果等方面具有较好优势（张祖帅，2008）。在干旱区采用滴灌技术营造常规经济林、防护林树种时，应收集试验区基本气象资料，用彭曼公式估算该地区 3~10 月作物的蒸发蒸腾量，根据各树种生长期内的需水特性，计算耗水强度、灌水定额，确定各树种的灌溉周期、灌溉定额。借此来指导在干旱区采用先进滴灌设备的节水造林工作（管文柯和李炎，2002）。

沙区的植被恢复必须坚持长、短效植被相结合，重视具有较高生产力地段的开发与保护，广泛采纳借鉴农牧业种植中先进的节水技术，开发研究出适合于沙区可持续发展的植被恢复节水技术体系。对于补充灌溉植被，进行渠道防渗处理和管灌是节水效果最明显的工程技术措施。在田间配水中，改进传统地面灌水方法，推行以大畦改小畦、长沟改短沟、降低灌水定额、减少灌水次数为主要内容的常规节水技术能有显著的节水增产效果。节水灌溉不等于上喷灌工程，地面灌水不等于"大水漫灌"，笼统地把沟灌、畦灌等地面灌水称为大水漫灌是不科学的，先进的地面灌溉也可以做到科学灌溉、节水灌溉。喷灌省水、省工、增产效果显著，属于先进的田间灌水方法，但仅仅把它归结为节水技术并不准确，特别是在风沙大、日照强的地区推广更要注意其适用性与成本效益（宋云民等，2006）。

目前，我国节水灌溉技术已经很成熟，并在干旱区大规模推广应用，已经成为干旱区生态建设的重要技术手段之一，在厂矿、交通干线及绿洲外围风沙口治理中应用广泛，具有非常重要的作用，其主要采用的灌溉方式为滴灌、渗灌、沟灌、穴灌等。低覆盖度固沙体系在造林成本、灌溉水量等方面更优于常规造林方式。

干旱区灌溉造林通常采用滴灌或沟灌方式，例如，2m×3m 均匀配置的常规乔木造林（110 株/亩）与"两行一带"式（行距 2m×株距 4m×带距 20m）低覆盖度行带式造林（30 株/亩）相比（造林灌溉示意图如图 3.45 所示），在苗木用量上低覆盖度行带式造林每亩节省苗木用量 80 株（造林苗木、运输、栽植、人工成本均节省 2/3 左右）；在灌溉水量及灌溉设备材料方面，低覆盖度行带式具有更加明显的优势，采用沟灌方式灌溉节省用水量近 2/3（常规造林每亩沟长 165m 左右，低覆盖度行带式造林每亩沟长 50m 左右），采用滴灌方式节省用水量近 2/3（常规造林每亩滴灌管长 330m，低覆盖度行带式造林每亩滴灌管长 100m），采用穴灌节省水量近 2/3（常规造林每亩 110 穴，低覆盖度行带式造林每亩 30 穴）。

总体来说，低覆盖度固沙林减少了灌溉面积，节省了灌溉水量。也就是说，在干旱区进行固沙造林时，采用相同的灌溉技术，对于低覆盖度行带式固沙林来说，不但减少了灌溉面积及灌溉水量，减少了生态用水，而且行带式固沙林优越的生态水文效应减少了灌溉水的蒸发，提高了生态用水的有效性。因此，在干旱区、极端干旱区，采用低覆盖度行带式固沙格局，不但能够固定流沙，减少灌溉水消耗，而且降低了造林成本及护林成本，为干旱区、极端干旱区带来了更大的生态效益和经济效益，具有巨大的推广应用前景，对干旱区水资源缺乏、雨养不足条件下改善生态环境、防治风沙危害具有重要的意义。

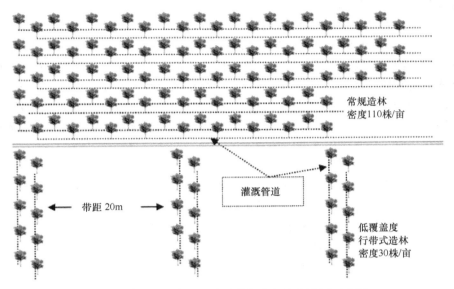

图 3.45　低覆盖度行带式造林与常规造林灌溉示意图

2. 雨养

植被节水的核心是提高水分利用率和水分生产效率。充分利用天然降水，提高天然降水的有效利用量，减少灌水次数和灌水定额，是最经济的节水措施，在沙区显得尤为重要。有高效的供水能力是沙区免灌植被节水技术应用的最终目标。而且对于沙区植被建设，面对沙区水资源缺乏的现状，固沙林营建后依靠雨养是我国固沙林建设的主要方式和广泛推行的方式，然而沙区降水少、波动大导致了常规雨养固沙林营建模式不能够很好地自我调节水分运动，面临 20 年一遇的干旱年份，常规固沙林水分供应不足，中幼龄林死亡或衰退现象严重。而低覆盖度固沙模式能够基本解决这一关键问题。

我国半干旱区、亚湿润干旱区降水相对较少，雨养林业是该区发展的主要方向，因此，如何减少生态用水、提供水分利用效率是该区植被建设的核心问题。作者提出的低覆盖度固沙体系，首先从初期植被盖度上降低了水分的消耗，减少了生态用水，其次行带式配置格局植被的水分利用机制，保证了水分的高效利用和低效损失，对于雨养林业植物自身的水分调节是至关重要的，它能够通过水分利用格局自我调节水分需求状况，在遇到极端干旱年时，保存在渗漏补给带的水分可以补充当年降雨少的不足，成为维持植被生长所需的库存水分，通过水分调节层补充极端干旱年对水分的需求。因此，低覆盖度行带式固沙格局植被，完全可以依靠天然降水维持自身的水分需求，通过行带式格局对土壤水分格局的转变，调节极端干旱年份土壤水分的供给平衡；低覆盖度行带式固沙林这一特殊的水分运动机制和土壤水库的生态水文效应基本解决了极端干旱年份固沙林对水分的需求，确保了固沙林渡过干旱年份。也就是低覆盖度行带式固沙林重要的生态水分效应。同时，为了减轻雨养固沙林的水分负担，在经过若干年后带间植被恢复为近自然原生植被后，形成稳定的人工-自然复合植被系统，并可以向自然演替方向发展，这也就遵循了近自然林业的发展思路，保证了固沙林营建后恢复的原生植被长期可持续性和稳定性，达到最终防治和消除风沙危害的目标，使生态环境得到最终的恢复。

参 考 文 献

阿拉木萨, 慈龙骏, 杨晓晖, 等. 2006. 科尔沁沙地不同密度小叶锦鸡儿灌丛水量平衡研究. 应用生态学报, 17(1): 31-35.

阿拉木萨, 蒋德明, 范士香, 等. 2002. 人工小叶锦鸡儿灌丛土壤水分动态研究. 应用生态学报, 13(12): 1537-1540.

阿拉木萨, 蒋德明, 李雪华, 等. 2007. 科尔沁沙地典型人工植被区土壤水分动态研究. 干旱区研究, 24(5): 604-609.

阿拉木萨, 蒋德明, 骆永明. 2005b. 半干旱区人工固沙灌丛发育过程土壤水分及水量平衡研究. 水土保持学报, 19(4): 107-110.

阿拉木萨, 蒋德明, 裴铁璠. 2004. 科尔沁沙地人工小叶锦鸡儿植被水分入渗动态研究. 生态学杂志, 23(1): 56-59.

阿拉木萨, 裴铁璠, 蒋德明. 2005a. 科尔沁沙地人工固沙林土壤水分与植被适宜度探讨. 水科学进展, 16(3): 426-432.

安富博, 孙坤等, 王继和, 等. 2006. 绿洲边缘退化梭梭林地集流试验研究. 内蒙古农业大学学报, 27(1): 115-120.

安慧, 安钰. 2011. 毛乌素沙地南缘沙柳灌丛土壤水分及水量平衡. 应用生态学报, 22(9): 2247-2252.

白雪峰, 王国晨, 张日升, 等. 2004. 章古台沙地樟子松人工林土壤水分动态研究. 辽宁林业科技, (2): 11-14.

曹成有, 蒋德明, 全贵静, 等. 2004. 科尔沁沙地小叶锦鸡儿人工固沙区土壤理化性质的变化. 水土保持学报, 18(6): 108-112.

曹新孙. 1984. 内蒙古东部地区风沙干旱综合治理研究(第 1 集). 呼和浩特: 内蒙古人民出版社.

曹新孙. 1990. 内蒙古东部地区风沙干旱综合治理研究(第 2 集). 北京: 科学出版社.

常学向, 赵文智, 张智慧. 2007. 荒漠区固沙植物梭梭(Haloxylon ammodendron)耗水特征. 生态学报, 27(5): 1826-1837.

陈有君, 关世英, 李绍良, 等. 2000. 内蒙古浑善达克沙地土壤水分状况的分析. 干旱区资源与环境, 14(1): 80-85.

崔国发. 1998. 固沙林水分平衡与植被建设可适度探讨. 北京林业大学学报, 20(6): 89-94.

崔建国. 2012. 黄土半干旱区林木水分生理特性与土壤水分关系研究. 北京: 北京林业大学博士学位论文.

崔利强. 2009. 油蒿群落土壤水分动态及降水入渗特征分析. 呼和浩特: 内蒙古农业大学硕士学位论文.

党宏忠. 2004. 祁连山水源涵养林水文特征研究. 哈尔滨: 东北林业大学博士学位论文.

党宏忠, 张劲松, 李卫. 2009. 柠条主根液流与叶面积关系初探. 林业科学研究, 22(5): 635-640.

邓林. 2001. 西北地区生态建设中水资源可持续开发与管理的认识. 西安工程学院学报, 23(2): 18-20.

丁声怀, 王继和, 黄子琛, 等. 1982. 民勤沙区梭梭固沙林衰亡原因及其防治途径的初步研究. 甘肃林业科技, 2: 8-17.

丁晓纲. 2005. 毛乌素沙地主要造林树种水分生理生态研究. 北京: 北京林业大学硕士学位论文.

董光荣, 吴波, 慈龙骏, 等. 1999. 我国荒漠化现状、成因与防治对策. 中国沙漠, 19(4): 318-332.

董慧龙. 2009. 低郁闭度乔木行带式固沙林防风效果研究. 呼和浩特: 内蒙古农业大学硕士学位论文.

段玉玺, 朱艳艳, 芦新建, 等. 2009. 3 种沙生灌木光合生理参数与土壤含水量的关系研究. 内蒙古林业科技, 35(4): 16-20.

冯金朝, 陈荷生. 1994. 宁夏沙坡头地区人工固沙天然植被种间水分竞争的初步研究. 生态学报, 14(3): 260-265.

冯金朝, 陈荷生, 康跃虎, 等. 1995. 腾格里沙漠沙坡头地区人工植被蒸散耗水与水量平衡的研究. 植物学报, 37(10): 815-821.

冯起, 程国栋. 1999. 沙地土壤水分运动规律及其意义. 土壤学报, 36(5): 225-231.

付爱红, 陈亚宁, 李卫红, 等. 2005. 干旱、盐胁迫下的植物水势研究与进展. 中国沙漠, 25(5): 744-749.

高函. 2010. 低覆盖度带状人工柠条林防风阻沙效应研究. 北京: 北京林业大学博士学位论文.

高尚武. 1984. 治沙造林学. 北京: 中国林业出版社.

高永, 李玉宝, 虞毅, 等. 1996. 沙柳林地适宜植被覆盖率研究. 内蒙古林业科技, 3-4: 38-42.

格日乐. 2005. 库布齐沙漠梭梭林地 SPAC 系统水分关系研究. 北京: 北京林业大学博士学位论文.

弓成, 温存. 2008. 宁夏盐池平沙地主要植物群落土壤水分季节动态. 水土保持通报, 28(3): 39-43.

贡璐, 潘晓玲, 常顺利, 等. 2002. SPAC 系统研究进展及其在干旱区研究应用初探. 新疆环境保护, 2: 1-4.

管文轲, 李炎. 2002. 沙区主要造林树种节水灌溉制度的研究. 防护林科技, (2): 9-11.

郭惠清, 田有亮. 1998. 杨幼树水分生理指标和光合强度与土壤含水量关系的研究. 干旱区资源与环境, 12(2): 101-106.

郭连生, 田有亮. 1992. 八种针阔叶幼树清晨叶水势与土壤含水量的关系及其抗旱性研究. 生态学杂志, 11: 4-7.

郭忠升, 邵明安. 2006. 土壤水分植被承载力初步研究. 科技导报, 24(2): 56-60.

韩德儒, 杨文斌, 杨茂仁. 1996. 干旱半干旱区沙地灌(乔)木种水分动态关系及其应用. 北京: 中国科学技术出版社.

韩辉, 白雪峰, 徐贵军, 等. 2012. 章古台地区樟子松人工林水量平衡初步研究. 辽宁林业科技, (2): 8-12.

韩辉, 白雪峰, 徐贵军, 等. 2013. 章古台樟子松树干液流的密度特征. 东北林业大学学报, 41(4): 27-31.

韩永伟, 王堃, 张汝民, 等. 2002. 吉兰泰地区退化梭梭蒸腾生态生理学特性. 草地学报, 10(1): 40-44.

韩永伟, 姚云峰, 韩建国, 等. 2001. 吉兰泰地区退化梭梭光合生态生理学特征. 草地学报, 9(2): 143-147.

胡明贵, 张晓琴. 2000. 民勤沙区防风固沙林造林密度计混交方式研究. 甘肃林业科技, 25(4): 31-33.

胡小龙, 张文军, 樊文颖, 等. 1996. 毛乌素沙地不同覆盖度油蒿群落土壤水分特征研究. 内蒙古林业科技, 3-4: 32-37.

黄刚, 赵学勇, 黄迎新, 等. 2009. 科尔沁沙地不同地形小叶锦鸡儿灌丛土壤水分动态. 应用生态学报, 20(3): 555-561.

黄刚, 赵学勇, 苏延桂, 等. 2009. 小叶锦鸡儿根系生长对土壤水分和氮肥添加的响应. 北京林业大学学报, 31(5): 73-77.

黄子琛, 刘家琼, 鲁作民, 等. 1983. 民勤地区梭梭固沙林衰亡原因的初步研究. 林业科学, 19(1): 82-87.

冀瑞瑞. 2007. 晋西北黄土丘陵区小叶锦鸡儿灌丛土壤水分和肥力变化规律研究. 太原: 山西大学硕士学位论文.

贾宝全, 许英勤. 1998. 干旱区生态用水的概念和分类——以新疆为例. 干旱区地理, 21(2): 8-11.

姜丽娜, 杨文斌, 卢琦, 等. 2013. 低覆盖度行带式固沙林对土壤及植被的修复效应. 生态学报, 33(10): 3192-3204.

姜丽娜, 杨文斌, 姚云峰, 等. 2011. 樟子松固沙林带间植被恢复及其对林草界面作用的响应. 中国沙漠, 31(2): 372-378.

姜丽娜, 杨文斌, 姚云峰, 等. 2012. 行带式固沙林带间植被恢复及土壤养分变化研究. 水土保持通报, 32(1): 98-103.

蒋德明, 曹成有, 陈卓, 等. 2011. 封育条件下科尔沁沙地小叶锦鸡儿群落改良土壤效应的研究. 干旱区资源与环境, 25(8): 161-166.

焦树仁. 1989. 章古台固沙林生态系统的结构与功能. 沈阳: 辽宁科学技术出版社.

焦树仁. 2001. 辽宁省章古台樟子松固沙林提早衰弱的原因与防治措施. 林业科学, 37(2): 131-138.

焦树仁. 2009. 辽宁省章古台引种樟子松造林研究. 防护林科技, (6): 10-14.

雷志栋, 胡和平, 杨诗秀. 1999. 土壤水研究进展与评述. 水科学进展, 10(3): 311-318.

李清河, 赵英铭, 江泽平, 等. 2006. 乌兰布和沙漠东北部天然植被动态及生态用水量研究. 水土保持学报, 20(5): 146-149.

李荣生. 2000. 论西北生态用水问题. 水利规划设计, (4): 20-25.

李文龙, 李自珍, 杨锋. 1999. 生态位适宜度的 FUZZY 定义和测度及在植物治沙生态工程中的应用. 中国沙漠, 19(增刊): 199-203.

李小雁. 2011. 干旱地区土壤-植被-水文耦合、响应与适应机制. 中国科学: 地球科学, 41: 1721-1730.

李新荣, 张志山, 黄磊, 等. 2013. 我国沙区人工植被系统生态-水文过程和互馈机理研究评述. 科学通报, 58: 397-410.

李亚军, 金一鸣, 余新晓, 等. 2011. 干旱区生态用水和土壤植被承载力综述. 水土保持研究, 18(6): 268-271.

李银芳, 杨戈. 1998. 梭梭人工林密度研究. 中国沙漠, 18(1): 22-26.

李自珍, 黄子琛, 唐海萍. 1996. 沙区植物种的生态位适宜度过程数值模拟. 兰州大学学报(自然科学版), 32(2): 108-114.

李自珍, 李文龙. 2003. 黄土高原半干旱地区农田水肥条件对作物生态位适宜度合产量的影响. 西北植物学报, 23(1): 28-33.

李自珍, 刘小平, 刘新民. 1998. 生态位适宜度模型及其在植物治沙生态工程中的应用. 中国沙漠, 18(增刊): 24-30.

李自珍, 施维林, 唐海萍, 等. 2001. 干旱区植物水分生态位适宜度的数学模型及其过程数值模拟试验研究. 中国沙漠, 21(3): 281-283.

李自珍, 王宗灵, 刘新民, 等. 1997. 沙区防护林管理的最优控制模型与持续发展对策. 中国沙漠, 17(增刊 3): 29-36.

李自珍, 赵松龄, 张鹏云. 1993. 生态位适宜度理论及其在作物生长系统中的应用. 兰州大学学报(自然科学版), 29(4): 219-224.

刘斌. 2010. 古尔班通古特沙漠梭梭退化机制研究. 石河子: 石河子大学硕士学位论文.

刘健, 贺晓, 包海龙, 等. 2000. 毛乌素沙地沙柳细根分布规律及与土壤水分分布的关系. 中国沙漠, 30(6): 1362-1266.

刘克彪. 1998. 不同密度人工梭梭林土壤含水量和林下植被的演替. 防护林科技, 2: 12-15.

刘晓燕. 2005. 对生态需(用)水研究的几点看法. 治黄科技信息, (2): 5-7.

刘元波, 陈荷生, 高前兆, 等. 1995. 沙地降水入渗水分动态. 中国沙漠, 15(2): 143-150.

刘新平. 2006. 流动沙丘干沙层厚度对土壤水分蒸发的影响. 干旱区地理, 4: 523-526.

陆元昌, 甘敬. 2002. 21 世纪的森林经理发展动态. 世界林业研究, 15(1): 1-10.

莫日根苏都. 2011. 鄂托克前旗不同立地沙柳林土壤水分状况及其生长特征研究. 呼和浩特: 内蒙古农业大学硕士学位论文.

牛丽, 岳广阳, 赵哈林, 等. 2008. 利用液流法估算樟子松和小叶锦鸡儿人工林蒸腾耗水. 北京林业大学学报, 30(6): 1-8.

潘占兵, 李生宝, 郭永忠, 等. 2004. 不同种植密度人工柠条林对土壤水分的影响. 水土保持研究, 11(3): 265-268.

秦耀东. 2003. 土壤物理学. 北京: 高等教育出版社: 57-59.

杉小勇, 赵哈林, 崔建垣, 等. 2006. 科尔沁沙地不同密度(小面积)樟子松人工林生长状况. 生态学报, 26(4): 1200-1206.

沈国舫. 1998. 现代高效持续林业: 中国林业发展道路的抉择. 林业经济, (4): 1-8.

史小红, 李畅游, 刘廷玺, 等. 2006. 科尔沁沙地不同植被类型区土壤水分特征分析. 云南农业大学学报, 21(3): 355-339.

司朗明. 2011. 古尔班通古特沙漠西部梭梭种群退化原因的对比分析, 生态报, 31(21): 6460-6468.

宋云民, 周泽福, 党宏忠. 2006. 北方半干旱沙地植被建设中节水技术的应用研究进展. 世界林业研究, 19(3): 22-26.

孙海红, 刘广, 韩辉, 等. 2003. 章古台地区樟子松人工林土壤水分物理性质的研究. 防护林科技, (1): 15-18.

谭德远, 郭泉水, 刘玉军, 等. 2007. 梭梭被肉苁蓉寄生后的生理代谢反应. 林业科学研究, (4): 495-499.

汤奇成. 1992. 近年塔里木盆地河川径流量变化趋势分析. 中国沙漠, 12(2): 15-20.

王博. 2007. 基于水分动态的毛乌素沙地人工固沙植被稳定性评价——以宁夏盐池县为例. 北京: 北京林业大学硕士学位论文.

王芳, 王浩. 2002. 中国西北地区生态需水研究(2)——基于遥感和地理信息系统技术的区域生态需水计算及分析. 自然资源学报, 17(2): 129-137.

王刚, 赵松岭, 张鹏云. 1984. 关于生态位定义的探讨及生态位重叠计测公式改进的研究. 生态学报, (2): 1-9.

王根绪, 程国栋. 2002. 近 50 年来河西走廊区域生态环境变化特征与综合防治对策. 自然资源学报, 17(1): 78-85.

王海涛, 何兴东, 高玉葆, 等. 2007. 油蒿演替群落密度对土壤湿度和有机质空间异质性的响应. 植物生态学报, 31(6): 1145-1153.

王娟, 贺山峰, 邱兰兰, 等. 2009. 科尔沁沙地小叶锦鸡儿群落生长季土壤水分动态和蒸散量估算. 水土保持通报, 29(6): 103-106.

王礼先. 2000. 植被生态建设与生态用水——以西北地区为例. 水土保持研究, 7(3): 5-7.

王庆锁, 梁艳英. 1997. 油蒿群落植物多样性动态. 中国沙漠, 17(2): 159-163.

王让会, 宋郁东, 樊自立. 2001. 塔里木河流域"四源一干"生态需水量的估算. 水土保持学报, 15(1): 19-22.

王涛, 赵哈林, 肖洪浪. 1999. 中国沙漠化研究的进展. 中国沙漠, 19(4): 299-311.

王乌兰, 娜仁托雅, 敖云飞, 等. 2012. 乌兰布和沙区水资源利用与发展. 内蒙古水利, 2: 92-93.

王翔宇, 张进虎, 丁国栋, 等. 2008. 沙地土壤水分特征及水分时空动态分析. 水土保持学报, 22(6): 153-157.

王玉娟, 杨胜天, 刘昌名, 等. 2009. 植被生态用水结构及绿水资源消耗效用. 地理研究, 28(1): 74-84.

王占军, 蒋齐, 潘占兵, 等. 2005. 宁夏毛乌素沙地不同密度柠条林对土壤结构及植物群落特征的影响. 水土保持研究, 12(6): 31-33.

王占军, 蒋齐, 潘占兵, 等. 2012. 宁夏干旱风沙区不同密度人工柠条林营建对土壤环境质量的影响. 西北农业学报, 21(12): 153-157.

王振凤. 2012. 黄土丘陵半干旱区柠条林地土壤水分垂直变化分析与模拟. 杨凌: 西北农林科技大学硕士学位论文.

温存. 2007. 宁夏盐池沙地主要植物群落土壤水分动态研究. 北京: 北京林业大学硕士学位论文.

吴春荣, 王继和, 刘世增, 等. 2003. 干旱沙区樟子松合理灌水量的探讨. 防护林科技, (1): 59-62.

吴祥云, 姜凤岐, 李晓丹, 等. 2004. 樟子松人工固沙林衰退的规律和原因. 应用生态学报, 15(12): 2225-2228.

徐荣. 2012. 宁夏河东沙地不同密度柠条灌丛草地水分与群落特征的研究. 北京: 中国农业科学院博士学位论文.

徐先英. 2008. 石羊河下游绿洲–荒漠过渡带典型固沙植被生态水文效应研究. 北京: 北京林业大学博士学位论文.

许新桥. 2006. 近自然林业理论概述. 世界林业研究, 19(1): 10-13.

闫德仁, 薛博, 吴丽娜. 2011. 库布齐沙漠东北缘人工林土壤水分含量的变化. 内蒙古林业科技, 37(3): 1-3.

杨峰, 刘立, 王文科, 等. 2011. 毛乌素沙地不同地貌下沙柳根系分布特征研究. 安徽农业科学, 39(25): 15583-15607.

杨海梅, 李明思, 彭玉刚. 2005. 新疆干旱区天然植被最低生态耗水量概念分析. 干旱区地理, 28(6): 770-775.

杨红艳, 戴盛帽, 乐林, 等. 2008. 不同分布格局低覆盖度油蒿群丛防风效果. 林业科学, 44(5): 12-16.

杨文斌. 1991. 风成沙丘上梭梭林衰亡的水分特性研究. 干旱区研究, 8(1): 30-34.

杨文斌. 2003. 干旱、半干旱区沙地灌木水量动态关系研究. 北京: 北京林业大学博士学位论文.

杨文斌, 包雪峰, 杨茂仁, 等. 1991. 梭梭抗旱的生理生态水分关系研究. 生态学报, 11(4): 318-322.

杨文斌, 丁国栋. 2006. 行带式柠条固沙林防风效果的研究. 生态学报, 26(12): 4106-4112.

杨文斌, 卢琦, 吴波, 等. 2007. 杨树固沙林密度、配置与林木生长的关系. 林业科学, 43(8): 54-59.

杨文斌, 任建民, 贾翠萍. 1997. 柠条抗旱的生理生态与土壤水分关系的研究. 生态学报, 17(3): 239-244.

杨文斌, 任建民, 杨茂仁, 等. 1995. 柠条锦鸡儿、沙柳蒸腾速率与水分关系分析. 内蒙古林业科技, (3): 1-6.

杨文斌, 任建民, 姚建成. 1993. 柠条、沙柳人工林水分特性及其在固沙造林中的应用. 内蒙古林业科技, (2): 4-8.

杨文斌, 王晶莹. 2004. 干旱、半干旱区人工林边行水分利用特征与优化配置结构研究. 林业科学, 40(5): 3-9.

杨文斌, 杨红艳, 卢琦, 等. 2008. 低覆盖度灌木群丛的水平配置格局与固沙效果的风洞实验. 生态学报, 28(7): 2998-3007.

杨文斌, 杨明, 任建民, 等. 1992. 樟子松等人工林土壤水分收支状况及其合理密度的初步研究. 干旱区资源与环境, 6(4): 47-54.

杨文斌, 杨明, 任建民. 1992. 樟子松等人工林土壤水分收支状况及其合理密度的初步研究. 干旱区资源与环境, 6(4): 47-54.

杨文斌, 赵爱国, 王晶莹, 等. 2006. 低覆盖度沙蒿群丛的水平配置结构与防风固沙效果研究. 中国沙漠, 26(1): 108-112.

姚洪林, 廖茂彩. 1995. 毛乌素流动沙地适宜植被覆盖率研究. 见: 中国治沙暨沙业学会. 中国治沙暨沙业学会论文集. 北京: 北京师范大学出版社.

姚月锋, 蔡体久. 2007. 丘间低地不同年龄沙柳表层土壤水分与容重的空间变异. 水土保持学报, 21(5): 114-117.

苑增武, 张庆宏, 张延新, 等. 2000. 不同密度樟子松人工林土壤水分变化规律. 吉林林业科技, 29(1): 1-4.

岳广阳, 张铜会, 赵哈林, 等. 2006. 科尔沁沙地黄柳和小叶锦鸡儿茎流及蒸腾特征. 生态学报, 26(10): 3205-3214.

曾德慧. 1996. 樟子松人工固沙林经营基础研究兼论樟子松沙地引种区划. 沈阳: 中国科学院沈阳应用生态研究所博士学位论文.

张国盛, 王林和, 董智, 等. 2002. 毛乌素沙地主要固沙灌(乔)木林地水分平衡研究. 内蒙古农业大学学报(自然科学版), 23(3): 1-9.

张国盛. 2000. 干旱、半干旱地区乔灌木树种耐旱性及林地水分动态研究进展. 中国沙漠, 20: 363-368.

张昊. 2001. 中国北方草地植物根系. 长春: 吉林大学出版社.

张继义, 赵哈林, 崔建垣. 2005. 科尔沁沙地樟子松人工林土壤水分动态的研究. 林业科学, 41(3): 1-6.

张进虎. 2008. 宁夏盐池沙地沙柳柠条抗旱生理及土壤水分特征研究. 北京: 北京林业大学硕士学位论文.

张军红, 韩海燕, 雷雅凯, 等. 2012. 不同固定程度沙地油蒿根系与土壤水分特征研究. 西南林业大学学报, 32(6): 1-5.

张莉, 吴斌, 丁国栋, 等. 2010. 毛乌素沙地沙柳与柠条根系分布特征对比. 干旱区资源与环境, 24(3): 158-161.

张丽, 董增川, 徐建新. 2002. 黑河流域下游天然植被生态及需水研究. 灌溉排水, 21(4): 16-20.

张强. 2007. 宁夏毛乌素沙地 SPAC 系统水分运移规律研究. 北京: 北京林业大学博士学位论文.

张希林. 1999. 浅析阿拉善荒漠梭梭林的退化原因和保护利用. 内蒙古林业科技, (2): 1-3.

张益望, 程积民, 贺字礼. 2006. 半干旱区人工林生长与水分生态研究. 水土保持通报, 26(3): 18-22.

张咏新. 2002. 章古台沙地土壤水分状况及其与樟子松生长关系的研究. 沈阳: 沈阳农业大学硕士学位论文.

张友焱, 周泽福. 2010. 半干旱区主要树种水分生理特性研究. 北京: 中国林业出版社: 23-24.

张友焱, 周泽福, 程金花, 等. 2010. 毛乌素沙地不同沙丘部位几种灌木地土壤水分动态. 东北农业大学学报, 41(6): 73-78.

张仲平. 2006. 毛乌素沙地植被格局变化及水分收支平衡分析. 呼和浩特: 内蒙古大学硕士学位论文.

张祖帅. 2008. 晋北风沙区节水灌溉技术. 山西林业科技, (4): 37-38.

赵磊, 张丹蓉, 黄金廷, 等. 2012. 半干旱半荒漠地区沙柳周边土壤水分分布规律研究. 水资源与水工程学报, 23(5): 63-66.

赵文智, 程国栋. 2001. 干旱区生态水文过程研究若干问题评述. 科学通报, 46(22): 1851-1857.

赵晓彬. 2004. 樟子松造林密度与沙层水分的关系研究. 防护林科技, (5): 4-5.

郑国琦, 宋玉霞, 郭生虎, 等. 2005. 不同发育时期肉苁蓉和梭梭体内氮营养物质变化研究. 农业科学研究, 26(4): 16-18.

中国科学院寒区旱区环境与工程研究所. 2009. 中国寒区旱区环境与工程科学 50 年. 北京: 科学出版社.

中国科学院沙坡头试验站. 1991. 流沙治理(二). 银川: 宁夏人民出版社: 49-192.

朱教君, 康宏樟, 许美玲. 2007. 科尔沁沙地南缘樟子松人工林天然更新障碍. 生态学报, 27(10): 4086-4095.

朱雅娟, 吴波, 卢琦. 2012. 干旱区对降水变化响应的研究进展. 林业科学研究, 25: 100-106.

左其亭. 2002. 干旱半干旱地区植被生态用水计算. 水土保持学报, 16(3): 114-117.

Belford R K, Klepper B, Rickman R W. 1987. Studies of intact root systems of field grown winter wheat. II. Root and shoot developmental patterns as related to nitrogen fertilizer. Agron J, (790): 310-319.

Berndtsson R, Chen H. 1994. Variability of soil water content along a transect in a desert area. Journal of Arid Environments, 27: 127-139.

Brow N L. 1971. Water use and soil water depletion by dryland winter wheat as affected by nitrogen fertilization. Agric J, (48): 498.

Galle S, Ehrmann M, Peugeot C. 1999. Water balance in a banded vegetation pattern. A case study of tiger bush in western Niger. Catena, 37: 197-216.

Grubb P J. 1977. The maintenance of species-richness in plant communities: the importance of the regeneration niche. Biol Rev, (52): 107-145.

Holland M M. 1987. SCOPE/MAB technical consultations on landscape boundaries: report of a SCOPE/MAB work-shop on ecotones. Biological International(Special Issue), 17: 47-106.

Hutch inson G E. 1957. Concluding remarks.Cold Spring Harbor. Symp Quant Biol, (22): 415-427.

Leibold M A. 1995. The niche concept revisited mechanistic model and community context. Ecology, 76(5): 1371-1382.

Levins R. 1968. Evolution in Charging Environments . Princeton: Princet on University Press.

Li Z Z, Lin H. 1997. The niche-fitness model of crop population and its application. Ecology Modelling, (104): 199-203.

May R M. 1974. On the theory of niche overlap .Theoretical Populati on Biology, (5): 297-332.

Pinaka E R. 1973. The structure of lizard communities. Ann Rev Ecol Syst, (4): 35-74.

Simmons M T, Archer S R, Teague W R, et al. 2008. Tree(Prosopis glandulosa)effects on grass growth: an experimental assessment of above-and below ground interactions in a temperate savanna. Journal of Arid

Environments. 72(4): 314-325.

Smith E P. 1982. Niche breadth, resource availability and inference. Ecology, (63): 1675-1681.

Southgata R I, Maeter P, Masters P, *et al.* 1996. Precipitation and biomass changes in the Namib Desert dune ecosystem . Journal of Arid Environment, 33(3): 267-280.

Stone A E C, Edmunds W M. 2012. Sand, salt and water in the Stampriet Basin, Namibia: calculating unsaturated zone(Kalahari dune field)recharge using the chloride mass balance approach. International Conference on Groundwater Special Edition, 38(3): 367-378.

Thompson K, Gaston K J. 1999. Range size, dispersal and niche breadth in the herbaceous flora of central England. Ecology, 87(4): 150-155.

Tyree M T, Hammel H T. 1972. The measurement of the turgor pressure and the water relations of plants by the pressure-bomb technique. J Exp Bot, 23: 267-282.

Valentin J, d'Herbès M. 1999. Niger tiger bush as a natural water harvesting system. Catena, 37: 231-256.

van Valen L. 1965. Morphological variation and width of ecological niche. American Naturalist, (100): 377-389.

Wang X P, Berndtsson R, Li X R, *et al.* 2004. Water balance chance for a re-vegetated xerophyte shrub area. Hydrological Science Journal, 49(2): 283-295.

Xu H, Li Y, Xu G, *et al.* 2007. Ecophysiological response and morphological adjustment of two Central Asian desert shrubs towards variation in summer precipitation. Plant Cell Environ, 30: 399-409.

第4章 低覆盖度固沙林带间土壤自然修复机理与效应

土地沙漠化是土壤风蚀，地表粗化，出现流沙或者形成沙丘的过程，即退化为沙地或者沙漠。防风固沙的目的是控制土壤风蚀，维持或者提高沙土中养分和有机质的含量，恢复微生物和土壤肥力，促进沙地土壤的发育过程，直到使沙土修复成为地带性土壤或者与之相接近的土壤。因此，能够修复土壤或者是能够加快土壤向地带性土壤发育的沙地治理修复技术才是理想的技术，低覆盖度固沙技术就是能够促进沙土快速修复的技术。

4.1 低覆盖度行带式固沙林带间土壤自然修复机理

4.1.1 根系改良土壤机理

植物根系不但有固定植株、固定沙土、吸收水分和养分的作用，而且根系生产和周转直接影响陆地生态系统碳和氮的生物地球化学循环。它是植被从土壤中吸收水分和养分的器官，其形态和分布直接决定了植被对其所处立地条件的利用状况，对植被的生长具有决定性的作用（李鹏等，2002）。根系也是植物生态系统中连接地上与地下过程的直接纽带，对植被的地下与地上部分都具有重要的作用（韦兰英和上官周平，2006；杨丽韫等，2007）。近年来，随着人们对生态系统地下过程的日益关注，对于植被根系的研究也逐渐增多，内容涉及根系的生长、分布、水土保持功能及根系的环境效应等。

在我国干旱半干旱区，针对退化的沙地生态系统，营造了大量的固沙林，随着这些固沙林的建植和逐步演替的过程，林下植被的繁衍也发生变化，从而引起根系的生长变化差异，在演替的初期根系有向深层分布的趋势，且生物量也是先降低，后上升，这种情况的出现与土壤质量的变化有着直接的关系。演替的第 1 年，土壤中的养分为植被根系的生长提供了良好的条件。到演替的第 2 年以后，因土壤养分的消耗得不到补偿，导致土壤肥力下降，于是根系有向深层生长的趋势，由于树木对养分的竞争而导致林下植被稀疏，最终导致林下植被的死亡和衰退，将会严重影响沙土的成土过程，进而影响固沙林的正常生长，或者导致大面积的"小老树"林，造成巨大的损失（曹世雄等，2007）。

在低覆盖度条件下，行带式固沙林在确保林分能够完全固定流沙的同时，保留了占地面积 70%~85%的林间空地，并形成了非常良好的小气候，为带间林下植被的生长和根系对土壤水分与营养的吸收利用创造了条件，并具有促进作用，能够加快土壤中养分的循环利用，改善土壤的质量。行带式固沙林建植初期，由于宽的带间距消除了带间草本植被与固沙林之间养分的激烈竞争问题，从而保证了植被的正常生长，在演替前两年为吸收更多的养分，植被的根系会下扎到更深层的土壤中，因而有向下生长的趋势，从而对土壤起到了疏松作用，随根系数目的增多又会起到固结土壤的作用。到了演替的 10~22 年，随着演替的推进，树木及带间自然恢复植被的枯落物增加，草本植被的枯落物与根系在土壤中逐渐积累并分解释放养分，从而改善了土壤有机质与其他理化性状。这种情况下，植被的根系不需要生长到更深的土层中就能获得必要的养分，因此，根系开始趋向于分布在浅层土壤中。这种低覆盖度行带式固沙林的建植密度小，在一定程度上减少了树木根系与带间草本植被根系对水分、养分的吸收和竞争，在演替的同时两者之间可以交互地改良土壤质量，使行带式固沙林能够在促进了带间植被生长的同时，也促进了植被根系对土壤的改良作用。

4.1.2　枯落物改良土壤机理

植被冠层对降水的作用分为林冠层截留、灌木层截留和草本层截留，通过对降水的截留，改变和减少了雨滴的降落速度和方式，减小和削弱了雨滴对土壤的溅蚀（Zeng et al.，2000）。植被冠层截留量的大小主要取决于植被的类型、组成、结构、生物量等。不同的植被恢复类型的截留作用表现各异（王爱娟和章文波，2009）。

低覆盖度固沙林在林学上属于疏林的范畴，而行带式的配置形成林带与林间空地的组合，林带是一种集群格局，其充分发挥了林的优势，而宽的带间距形成类似"林间空地"的有利生物气候条件，非常有利于地带性植物种的侵入和生长，以及枯落物的积累。在行带式固沙林营造的初期，由于地表植被的稀疏，枯落物主要来源于树木的枯枝落叶，从地表枯落物的现存量判断其从大到小的顺序是：6m 柠条锦鸡儿固沙林>18m 柠条锦鸡儿固沙林>旷野对照>随机柠条锦鸡儿固沙林；10m 杨树固沙林>15m 杨树固沙林>20m 杨树固沙林>旷野对照；旷野对照>24m 樟子松固沙林>12m 樟子松固沙林（姜丽娜，2011）。在上述 3 种固沙林中，杨树固沙林的植被叶片宽厚，枯落物残留量最大，远高于柠条锦鸡儿和樟子松固沙林。当 3 种固沙林带间距缩小时，可以明显看出其枯落物蓄积量增大，导致不同类型固沙林的枯落物容水率有着明显的差异。容水量主要是与林下的枯落物量有关，枯落物的分解又是土壤传递植被生长所必不可缺少的养分。因此，低覆盖度行带式固沙林随不同带间距的配置格局的不同可以起到对地表枯落物蓄积量的调节作用，从而对风沙土起到改良作用。当固沙林进入中龄林后，带间将发育良好的植被，在土壤中发育非常密集的根系并产生大量的枯落物，这些植被及其枯落物就会促进风沙土的改良，并能够加快其成土过程的发育。

4.1.3　土壤结皮的形成机理

作为干旱区土壤植被系统的重要组成成分，生物土壤结皮（biological soil crust）是由蓝藻、荒漠藻、地衣、苔藓和细菌等相关生物体与土壤表面颗粒胶结形成的特殊复合体，对降水入渗的截留作用显著地改变降水入渗过程和土壤水分的再分配格局，在一定条件下可减少降水对深层土壤的补给（杨晓晖等，2001；Belnap et al.，2001）。生物结皮作为支撑荒漠生态系统的主要的表层生物特征之一，在许多研究中被作为判断干旱半干旱地区土壤表面状况的指示物和生态系统评价的重要指标（Gwford，1972；肖洪浪等，2003；Bowker，2007）。固沙植被中生物土壤结皮的水文物理特性具有典型的微地域差异性（李守中等，2005），随着土壤含水率的变化表现出非线性特征。生物土壤结皮能够改善土壤水分的有效性，对荒漠地区土壤微生境具有改善作用，其存在显著地改变了浅层土壤的水分特性（Li et al.，2000，2004），使土壤非饱和导水率的变化维持在相对平稳阶段，增强了土壤保持水分的能力，增大土壤孔隙度，提高水分有效性，进而有利于所在生态系统的主要组分浅根系草本植物与小型土壤动物的生存繁衍（李守中等，2005）。随着固沙植被的演替，水分和养分的表聚性导致了植被系统生物化学循环的发生浅层化。行带式固沙林的建植改变了近地表风速、水分蒸发等环境条件，形成独特的局部小气候环境，有利于土壤结皮的形成。演替初期，带间局部形成了约 1.5mm 左右的物理结皮，随着栽植年限的增加，第 7 年形成的生物结皮最厚为 2.3mm，其带间结皮形成速度明显高于一般其他群落土壤生物结皮的形成速率。

地表固定是生物结皮形成的前提，大气降尘和降水加速和促进了生物结皮的形成和发展，并且许多研究都发现土壤中细颗粒（主要包括粉粒和黏粒）含量是影响生物结皮形成的重要因素。生物结皮中的细颗粒主要来自风对流沙的分选，而大气降尘带来的颗粒物是生物结皮中细颗粒的又一重要来源。行带式固沙林首先将沙地固定，由于其特殊的配置格局，将大量的沙粒沉积下来，并将大量的粉粒和黏粒沉积在带间中部，参与成土的过程，促进结皮的形成，增加生物结皮的强度。随着行带式固沙林生长年代的增加，土壤结皮中土壤微生物的含量逐渐增加，带间生物结皮的发育对土壤理化性质具有显著影响，结皮的厚度、紧实度、黏粒和粉粒含量等均随生物结皮的发育逐渐增加，生物结皮发育过程中表层土壤化学性质逐渐变优。生物结皮层的有机碳、速效养分、全 N 含量均不断提高。行带式固沙林首先对降雨进行截留，而结皮对其进行再次分配，生物结皮对表层土壤水分的影响最为显著，使降水分配浅层化，有利于植被的定居。

4.1.4　微生物的作用

土壤微生物推动着生态系统的能量流动和物质循环，维持生态系统的正常运转，是生态系统中重要的组成部分（Birk and Vitousek，1986）。土壤微生物是陆地生态系统中最活跃的成分，是土壤中物质循环的主要动力，土壤微生物不仅参与所有土壤动植物残体和有机物质的分解、养分转化和循环，还参与植物共生，以及对生物多样性和生态系统功能影响等全部土壤生物和生化反应，因而土壤微生物生物量既是土壤有机质和养分转化与循环的动力，又是土壤中植物有效养分的贮备库（Paul and Voroney，1985；Smith and Paul，1991）。微生物是反映土壤质量变化重要的敏感性生物学指标（柳云龙等，2001）。

行带式固沙林土壤微生物中细菌数量占优势，它在一定土壤生境下是土壤生物活性中对物质分解起着决定性作用的微生物，不同带宽行带式固沙林土壤微生物的含量变化不同，变异幅度整体比较大，表层土壤微生物数量大于下层。在作者的调查中发现：研究区土壤微生物总量大小总体上表现为：对照的地带性植被样地>行带式固沙林>沙土，研究中发现随着带宽的增加土壤微生物数量呈增加趋势。例如，在赤峰市对杨树固沙林的调查表明，当带宽小于 10m 时，造林的前 10 年，带间微生物数量增加，当林龄超过 10 年后，带间的微生物数量开始减少。另外，不同种类微生物除受带宽的影响外，还受树种的影响。

4.2　低覆盖度行带式固沙林带间土壤自然修复格局化

土壤质地的改良是沙地生态修复的第一目标，也是改善生态恢复的基本目标，造林后，地表的风蚀过程被控制，粗化过程被终结，而大气降尘等的作用，逐步细化沙土的表层，同时，不同植被恢复类型对土壤质量的改变是不同的，植被的不同分布格局也影响着土壤质量的变化，这个过程在低覆盖度行带式固沙林中非常明显。

4.2.1　不同行带式固沙林带间土壤粒径组成格局差异

在赤峰地区针对 10~15 年生的覆盖度在 15%~25% 的行带式杨树（株高在 12~15m）固沙林，分别选取带宽为 10m、14m、16m、18m、20m、26m 的样地，对其表土机械组成进行分析，分析结果见图 4.1。

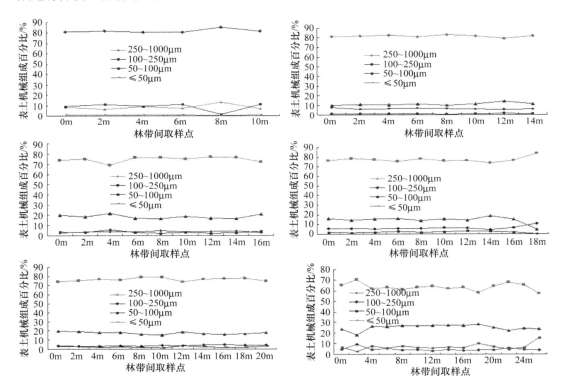

图 4.1　不同带宽杨树带表土机械组成变化

由图 4.1 可见，带宽为 10m 时，在林带背风面 2m 处粗砂的含量较少，而在迎风面 2m 处（即 8m 处）含量较高；带宽为 14m 时，在迎风面 2m 处（即 12m 处）极细砂的含量有所增加；带宽为 16m 时，在迎风面 4m 处（即 12m 处）极细砂、粉砂的含量增加；带宽为 18m、20m 时，在机械组成上没有明显的变化；当带宽为 26m 时，在背风面 2m 处和迎风面 4m 处（即 22m 处）细砂的含量明显增加，而其他带宽的土壤由于未开垦年限短，受过去的耕作干扰的影响，虽然带间表土机械组成有所变化，但没有明显的规律。

4.2.2　不同行带式固沙林土壤修复格局差异

在科尔沁沙地,针对栽植年限相近,带宽分别为 10m、15m、20m 的行带式赤峰杨固沙林,将旷野的地带性植被作为对照样地,在带间每隔 2m,取表层 0~30cm(分 0~10cm、10~20cm、20~30cm 共 3 层)土层的土样,对其理化性质及土壤微生物进行分析,并以土壤指标为因素集,不同恢复程度为处理集,对不同杨树固沙林恢复程度进行模糊综合评价(姜丽娜,2011)。

由图 4.2 可见,不同带宽的行带式固沙林带间土壤修复的程度也不同。以当地地带性植被样地为对照,20m、15m 和 10m 杨树固沙林样地的土壤修复程度分别为对照的 0.67、0.57 和 0.42,其中 20m 杨树固沙林与对照样地最为接近,说明 20m 杨树固沙林在土壤修复作用方面大于其他两种配置。20m 杨树固沙林与 15m 杨树固沙林之间相差 0.10;20m 杨树固沙林与 10m 杨树固沙林相比,比 10m 高 0.25;15m 杨树固沙林与 10m 杨树固沙林相比,修复程度相差 0.15。说明行带式 15m 杨树固沙林与 10m 杨树固沙林整体环境发生改变的程度小于 20m 杨树固沙林配置格局的修复程度,15m 杨树固沙林与 10m 杨树固沙林的环境异质性相对较小,带间土壤修复比 20m 杨树固沙林慢。这个结果反映出:固沙林的覆盖度降低,有利于带间土壤发育与修复,其修复效果更佳,修复速度更快。同时也反映出造林固沙 10~15 年时,土壤的修复还处于初级阶段,与地带性植被的对照样地相比还存在着较大的差距。

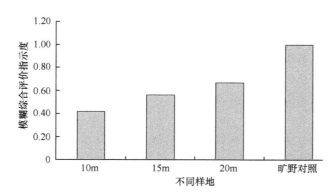

图 4.2　行带式杨树固沙林土壤修复程度

4.3　低覆盖度行带式固沙林带间土壤自然修复效应

4.3.1　灌木柠条锦鸡儿行带式固沙林带间土壤修复效应

1. 实验布设

分别选取带间距为 18m 和 6m 的单行带柠条锦鸡儿防护林样地、1 个随机分布的柠条锦鸡儿样地和 1 个旷野对照样地(选取当地地带性植被类型,简称 CK),分别为样地 1、样地 2、样地 3(随机)和样地 4(旷野对照),其中样地 1、样地 2 和样地 3 柠条锦鸡儿的栽植年度、现存高度及平均密度基本相当。样地 1 和样地 2 的林带均为南北走向，样地 1 从距东侧林带 0m 处开始调查，每隔 2m 作为一个梯度，直到距西侧林带 6m（即距西侧林带 0m）处，共 4 个梯度；对于带间距为 18m 的林带（样地 2），从距东侧林带 0m 处开始调查，每隔 2m 作为一个梯度，直到距东侧林带 18m（即距西侧林带 0m）处，共 10 个梯度。每个梯度设置 3 个重复。随机设置的柠条锦鸡儿样地和旷野对照样地均为 25m×25m，从中随机选取 5 个样点进行土壤取样。

土壤样品采集采用剖面法，分两层取样，分别为 0~5cm 和 5~20cm，取样点与草本样方调查点相同，同一样地将所有相同土层均匀混合后，最后取 3 个重复，风干后带回实验室进行理化性状定量分析，并根据指标分析要求进行土样风干、去杂和磨碎，备用；对测定生物学性质的土样用密封袋密封，然后用冰盒装好，在 10h 内放入冰箱冷藏，并尽快进行微生物分析。

土壤物理指标及其测定方法：土壤含水量采用烘干法；土壤容重采用环刀法；土壤机械组成采用比重计速测方法，粒径分级采用卡氏制。

土壤养分指标及其测定方法：有机质采用重铬酸钾滴定法；全氮采用半微量凯氏蒸馏法；硝态氮和铵态氮采用 2mol/L KCl 浸提流动注射分析仪（FIAstar 5000）测定法；全钾采用 NaOH 熔融火焰光度法；速效钾采用 1mol/L NH_4Ac 浸提火焰光度法；全磷采用熔融-钼锑抗比色法；速效磷采用 0.5mol/L $NaHCO_3$ 浸提钼锑抗比色法；pH 用 pH 酸度计电位法（水：土=1：1）测定。

土壤微生物数量的测定方法：采用平板培养计数法，具体的测定方法如下。

（1）培养基配制

细菌基础培养基采用牛肉膏蛋白胨琼脂培养基。

固氮菌基础培养基采用改良的阿须贝（Ashby）无氮琼脂培养基。

放线菌基础培养基采用高氏 1 号培养基。

真菌基础培养基采用马丁培养基。

（2）稀释

在精确称取的 10g 土壤样品中加入 90ml 医用生理盐水，用玻璃棒搅拌形成土壤悬浊液，静置 30s 后取 1ml 加入装有 9ml 医用生理盐水试管中振荡形成 10^{-2} 稀释，依次将土壤样品稀释 10^{-3}、10^{-4}、10^{-5}、10^{-6}。

（3）接种

将 10^{-4}、10^{-5}、10^{-6} 的稀释样品用移液枪取 0.2ml 分别涂布到已制好的细菌固体培养基及固氮菌固体培养基平板上，每种涂 3 个平板。将 10^{-3}、10^{-4}、10^{-5} 的稀释样品用移液枪取 0.2ml 涂布到已制好的放线菌固体培养基平板上，每种涂 3 个平板。将 10^{-1}、10^{-2}、10^{-3} 的稀释样品用移液枪取 0.2ml 涂布到已制好的真菌固体培养平板上，每种涂 3 个平板。

（4）培养

将细菌平板置于 32℃恒温培养 3d。将固氮菌平板置于 32℃恒温培养 7d。将放线菌平板置于 25℃恒温培养 7d。将真菌平板置于 25℃恒温培养 7d。

（5）计数

在严格执行无菌操作和准确稀释、定量接种的条件下，接种不同稀释倍数的菌液，在平板上长出的菌落数量应随着稀释倍数的增减而相应的增减。选择好计数的稀释度后，即可统计在平皿上长出的菌落数，计算求出每克土壤的活菌数。

2. 土壤物理性状的动态变化

土壤机械组成是土壤最基本的性质，指土壤中矿物颗粒的大小及组成比例。它不仅反映了土壤的沙黏程度，而且影响着土壤的物理性质、化学性质、土壤质地及其持水能力和容水能力（陈隆亨等，1998）。尤其沙地的机械组成及其水分关系是在沙地造林中必须要考虑的因子。大量的研究表明在沙地植被退化过程中，由于地表风蚀作用不断加强，导致物理性黏粒急剧减少，土壤理化性状不断恶化。而在植被恢复过程中，随着植被的演替，植被盖度的增大，其降低风速、减少土壤风蚀和阻降沙尘的作用加强（董治宝等，1996），导致物理性黏粒逐渐在地表富集，并形成沙结皮（crust）；由于颗粒组成在剖面中的垂直分异及其在土体中的含量不同，从一定意义上说土壤的形成就是黏粒的形成和颗粒组成的变化（全国土壤普查办公室，1998）。

1）土壤机械组成含量变化

平均值与标准差可以很好地反映出土壤颗粒组成对不同样地恢复措施不同效果的响应。从表 4.1 中各粒级的含量上可以看出，黏粒含量变异相对较小，而且含量最低；沙粒含量最大且变异最大，4 种样地均表现出沙粒含量>粉粒含量>黏粒含量；不同样地还表现出表层土壤黏粒明显大于下层土壤黏粒的含量；在表层土壤各粒径的含量中不难看出，18m 柠条锦鸡儿固沙林与旷野对照样地的沙粒含量最接近，而带间距为 6m 柠条锦鸡儿固沙林沙粒含量与随机样地接近，并且黏粒含量高于随机样地，这可以说明行带式固沙林在一定程度上促进了土壤黏粒的形成，并且这种促进作用明显优于随机样地，行带式固沙林具有很好的防风固沙效果（杨文斌等，2011），但其带宽的不同，也就是不同配置格局对土壤机械组成变化有很大的影响，适宜的带宽可以促进黏粒的形成（表 4.1）。

表 4.1　行带柠条锦鸡儿式固沙林研究区土壤机械组成变化　（单位：%）

深度/cm	样地名称	沙粒 0.05~1mm	粗粉粒 0.01~0.05mm	中粉粒 0.005~0.01mm	细粉粒 0.001~0.005mm	黏粒 <0.001mm
0~5	18m	74.98±1.81aA	12.67±4.16aA	5.62±0.83aA	6.75±1.89aA	1.95±0.89aA
	6m	82.32±2.23aB	11.62±4.31aA	2.77±1.03aB	3.29±1.11aB	1.25±0.23aB
	随机	86.24±1.43aC	4.77±0.95aB	4.53±1.14aAB	4.46±0.93aB	0.89±0.13aB
	CK	64.30±2.75aA	14.67±3.16aA	14.51±1.21aC	6.86±0.96aA	1.30±0.24Ab
5~20	18m	69.53±1.22bA	19.55±1.34bA	5.45±0.61aA	6.15±2.27aA	0.68±0.21bAC
	6m	79.05±2.73aB	16.47±2.48bA	2.07±0.64bA	2.42±0.23bB	0.81±0.33bA
	随机	87.05±2.71aC	4.58±3.38aB	4.83±0.47aA	3.57±0.75aBC	0.93±0.28aAC
	CK	71.42±0.95bB	9.02±1.74bA	14.96±0.45aB	4.93±1.06bD	1.21±0.19aBC

注：各样地土层同一粒径间的 LSD 多重比较，相同大写字母表示同一土层样地间差异不显著，相同小写字母表示同一样地不同土层差异不显著（P>0.05）

2）物理性黏粒的分布与动态变化

在构成土壤肥力水平的基本组成成分中，物理性沙粒（粒径>0.01mm）和物理性黏粒（粒径<0.01mm）起着至关重要的作用。不同样地 0~20cm 的土壤物理性黏粒的垂直分布变化见图 4.3。不论哪种样地，土壤表层物理性黏粒均高于下层，0~5cm 土层物理性黏

粒 6m 柠条锦鸡儿固沙林与随机柠条锦鸡儿固沙林差异不显著（$P>0.05$），18m 柠条锦鸡儿固沙林和对照样地与 6m 柠条锦鸡儿固沙林和随机柠条固沙林差异显著（$P<0.05$）；5~20cm 土层物理性黏粒各样地差异均显著，为对照样地>18m 柠条锦鸡儿固沙林>随机柠条锦鸡儿固沙林>6m 柠条锦鸡儿固沙林。

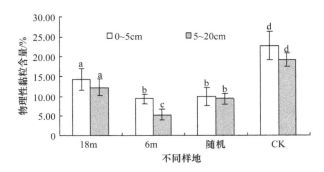

图 4.3　和林格尔研究区土壤物理性黏粒含量对比
相同小写字母表示同一样地不同土层差异不显著，下同

从土壤表层物理性黏粒含量与下层平均含量的对比分析来看：对照样地土壤表层物理性黏粒的含量高于下层平均含量的 18.71%，而柠条锦鸡儿固沙林中表层土壤中物理性黏粒的含量比下层平均含量分别高 16.62%（18m）、75.77%（6m）和 5.97%（随机）。由此可见，行带式固沙林对表层土壤黏粒的增加作用优于随机柠条锦鸡儿固沙林，表层富集化现象明显，说明行带式柠条锦鸡儿固沙林造林后随着植被的演替对土壤表层物理性黏粒含量的增加具有明显的促进作用，有利于促进改善沙地表层土壤的理化性状。

6m 行带式柠条锦鸡儿固沙林与随机柠条锦鸡儿固沙林土壤黏粒含量较低，这可能是由于当行带式柠条锦鸡儿固沙林带间距过小时带间植被非常稀疏或几乎无植被，不利于物理性黏粒的富集，而随机样地由于其分布格局的特殊性导致样地中间部分沙面出现风蚀槽（杨红艳等，2008），物理性黏粒被吹失，这也是导致随机样地土壤表层物理性黏粒含量富集作用不明显的主要原因。

3. 土壤化学特性的动态变化

土壤化学特性，特别是土壤的养分含量，是土壤质量最为重要的表征指标，也是衡量土壤生产潜力的基本内容。土壤养分包括有机质、氮素、磷素、钾素等土壤肥力因子，是植物赖以生长、繁衍的物质基础，也是自然生态系统物质循环、能量流动和信息传递的重要场所。在干旱环境中，无论是草地还是农田，随着风蚀沙化的加剧，土壤养分含量急剧下降，其中土壤有机质的损失直接导致土壤的贫瘠化（Whitford，1992）。随着不同配置格局的固沙林人工植被的建立与林下植被的发育演替，土壤养分状况也发生着变化。

1）土壤有机碳含量及其变化

土壤有机碳（soil organic carbon，SOC）是土壤有机质（soil organic matter，SOM）的重要组成部分，它包括植物、动物及微生物的遗体、分泌物、排泄物及其部分分解产物和土壤腐殖质，而且对土壤质量和环境变化、调节均有重要的意义。SOC 的含量及其动态平衡也是反映土壤质量或土壤健康的一个重要指标，直接影响土壤肥力和作物产量的高低（Doran and Parkin，1994）。土壤有机碳不仅在很大程度上影响着土壤结构的形成和稳定性、根系深度、土层特性、土壤的持水性能，还影响着植物营养的生物有效性，以及土壤的缓冲性能和土壤生物多样性等，缓解和调节与土壤退化及土壤生产力有关的一系列土壤过程。

不同配置格局的柠条锦鸡儿林和对照样地中土壤（0~20cm）有机碳含量测定结果见表4.3，方差分析及多重比较结果显示，土壤有机碳在不同柠条锦鸡儿配置格局影响下含量差异显著。在整个生长过程中表现出一定的规律性，即表层土壤有机碳明显大于下层，这是由于随着土层的加深，土壤的含水量增加、通透性变差等因素影响着微生物的分解活动，不利于有机碳的转化造成的。土壤 0~20cm 土层有机碳含量均低于对照，这说明该研究区的土壤还在发育阶段，而土壤的发育和形成则是一个漫长的过程。从不同配置的柠条锦鸡儿固沙林中的土壤有机碳含量变化可以看出，其趋势为带间距为 6m 行带式柠条锦鸡儿林高于带间距为 18m 行带式柠条锦鸡儿林，随机柠条锦鸡儿林土壤有机碳的含量最小，18m、6m、随机柠条锦鸡儿固沙林有机碳含量，分别是对照的 0.75 倍、0.78 倍和 0.71 倍。这主要是由于 6m 行带式柠条锦鸡儿林造林密度大，地表枯枝落叶高于 18m 行带式柠条锦鸡儿林，虽然 18m 行带式柠条锦鸡儿林带间草本植被的盖度大于 6m 行带式柠条锦鸡儿林，但柠条锦鸡儿本身的枯枝落叶量远大于草本植被的枯枝落叶。随机柠条锦鸡儿固沙林地表局部的风蚀则会导致土壤贫瘠，土壤有机碳的含量最小。可见，行带式柠条锦鸡儿林建植后，随着柠条锦鸡儿固沙林的演替进程，不同水平配置格局的建植对土壤有机碳含量影响是不同的。

2）土壤氮元素含量及其变化

土壤氮素是影响植物生长和产量的最重要元素，是植物需要最多的必需营养元素之一。土壤中的氮又分为无机态氮和有机态氮两大类，有机态氮可占全氮含量的95%以上。土壤有机氮是矿质氮，易矿化，可供植物直接吸收和利用，是植物从土壤中获得氮的源泉，其含量的丰富程度直接影响植被生长发育和产量。而土壤中的无机氮主要是通过全氮少量的矿化作用转化的铵态氮和硝态氮，同时微生物将部分铵态氮和硝态氮又固结到体内成为微生物量氮，在适当的时候这部分氮仍可释放为铵态氮和硝态氮。土壤中全氮、硝态氮和铵态氮的测定是衡量土壤氮素供应的重要指标。

由表4.2可见，全氮与铵态氮大多变化趋势相同，均为行带式柠条锦鸡儿固沙林含量小于对照，大于随机柠条锦鸡儿固沙林，6m 行带式柠条锦鸡儿林样地除外。柠条锦鸡儿固沙林的配置格局完全可以影响和改变氮元素的含量，因为柠条锦鸡儿属于豆科固氮植物，尤其是 6m 行带式柠条锦鸡儿林的密度大，固氮作用强，使得 6m 柠条锦鸡儿林的全氮和铵态氮含量大于 18m 行带式柠条锦鸡儿林。从硝态氮的变化趋势中可以看出，当全氮含量高时，并不等于硝态氮的含量同样会高，这与土壤中氮元素的矿化速度和微生物分解能力有关。对照样地土壤是长期发育形成的比较完整的土壤，全氮、硝态氮和铵态氮含量比较稳定。随机柠条锦鸡儿固沙林含量最低可能是随机柠条锦鸡儿林受到风蚀作用较大导致的。

3）土壤磷元素含量及其变化

磷是一种沉积性矿物，磷在分化壳中的迁移是植物需要的各种营养元素中最小的。

表 4.2 和林格尔研究区不同样地土壤养分含量及其变化

深度/cm	样地名称	有机碳/(g/kg)	全氮/(g/kg)	硝态氮/(mg/kg)	铵态氮/(mg/kg)	速效磷/(mg/kg)	速效钾/(mg/kg)	pH
0~5	18m	7.06±0.72aA	0.74±0.03aAC	4.01±0.51aA	2.88±0.29aA	2.95±0.51aA	173.14±4.18aAB	8.36±0.18aA
	6m	7.15±0.96aA	0.86±0.17aA	3.62±1.09aB	3.34±0.35aB	2.33±0.16aB	165.92±4.53aB	8.58±0.08aB
	随机	6.55±0.77aA	0.61±0.06aBC	2.27±0.34aC	1.41±0.17aC	2.37±0.36aB	123.09±3.87aC	8.76±0.17aB
	CK	9.89±0.52aB	0.84±0.07aA	6.24±0.76aB	5.69±0.18aD	3.24±0.32aA	179.89±5.55aA	7.84±0.25aC
5~20	18m	5.93±0.24aaAB	0.63±0.14aAC	2.71±0.25bAC	1.97±0.13bA	2.21±0.30aAC	164.76±8.05aA	8.59±0.15bA
	6m	6.38±1.26bAC	0.65±0.15bAC	3.69±0.63aA	2.39±0.73bA	2.23±0.13aAC	159.35±5.82aA	8.71±0.05aAB
	随机	5.71±0.66aA	0.57±0.07aA	1.61±0.22bBC	1.21±0.13aB	2.05±0.08aA	107.80±7.47bB	8.89±0.11aB
	CK	7.47±0.72bBC	0.75±0.11aBC	3.80±0.79bA	2.49±0.43bA	2.65±0.19bBC	188.44±7.64bC	8.03±0.16aC

注：各样地土层同一粒径间的 LSD 多重比较，相同大写字母表示样地间差异不显著，相同小写字母表示同一样地不同层差异不显著（$P>0.05$）

其中，在风化、淋溶、富集迁移等成土过程中，生物的富集迁移是磷累积的主导性因素。土壤全磷包括速效磷、无机磷、有机磷和微生物磷。土壤全磷含量主要受气候条件和土壤类型的影响，而土壤速效磷含量则随土壤类型、气候、管理水平、利用程度等不同而不同。土壤速效磷是指土壤中与植物生长有良好相关的各种形态的磷。从表 4.3 中看出，速效磷的整体变化趋势是对照样地含量大于行带式柠条锦鸡儿林，更大于随机柠条锦鸡儿林，除了对照样地外各样地表层土壤与下层土壤全磷和速效磷含量变化不显著，但都表现出表层含量大于下层。0~5cm 表层土壤磷的含量为带间距为 18m 的柠条锦鸡儿固沙林与对照样地接近，带间距为 6m 的柠条锦鸡儿固沙林与随机柠条锦鸡儿固沙林接近并小于 18m 的柠条锦鸡儿固沙林和对照样地。18m、6m、随机柠条锦鸡儿固沙林速效磷的含量，分别是对照的 0.88 倍、0.77 倍和 0.75 倍。

4）土壤钾元素含量及其变化

钾是植物营养三大必要元素之一，土壤中的钾主要来自成土母质中的含钾矿物。其中，土壤速效钾是指土壤中交换性钾和水溶性钾，是可以被植物直接吸收利用的速效钾。由表 4.3 可以看出，土壤速效钾在不同配置格局恢复模式之间变化差异显著，而同一剖面不同层次之间变化不大。0~20cm 土层变化趋势为对照样地>18m 柠条锦鸡儿固沙林>6m 柠条锦鸡儿固沙林>随机柠条锦鸡儿固沙林，对照样地与随机柠条锦鸡儿固沙林上、下层土壤速效钾含量差异显著，表明各柠条锦鸡儿样地土壤还处于发育阶段，在恢复过程中，土壤发育与形成过程是一个漫长而复杂的过程，行带式配置格局优于随机格局。

5）土壤 pH 及其变化

土壤 pH 反映了土壤的酸碱性程度，它代表与土壤固相处于平衡时土壤溶液中 H^+ 浓度的负对数。它影响土壤有机质的分解，营养元素存在的状态、释放、转化与有效性和土壤发生过程中元素的迁移等，并且对植物及土壤微生物也有很大的影响，适宜的酸碱度有利于土壤微生物活动，加速植物枯枝落叶的分解，从而促进植物的生长。因此对土壤养分的转化、土壤的物理特性都有深刻的影响。

不同样地土壤 pH 为 7.84~8.89（表 4.3）。不同样地土壤 pH 恢复模式差异显著，同一土壤剖面随土壤深度的增加呈增加趋势。对照样地土壤 pH 平均值为 7.94，可见该研究区属于微碱性土壤，其他各柠条锦鸡儿固沙林 pH 均大于对照样地，说明该区柠条锦鸡儿林造林 28 年后，土壤仍然处于恢复阶段。在各样地的土壤恢复过程中可以发现 18m 行带式柠条锦鸡儿固沙林 pH 最接近对照，这与不同样地有机碳含量高低有关，pH 与有机碳含量之间表现为有机质含量越高，pH 越低。同时也说明该配置可以在一定程度上促进土壤恢复，缩短恢复年限，而随机样地土壤恢复效果最差，这就要求人们在退化土地治理与恢复中要注意防护林的配置格局问题，以便节省大量资源，低投入高收入。各样地不同土层 pH 变化均表现出表层土壤低于下层土壤。

4. 土壤微生物数量分布特征

不同样地的土壤微生物数量变化显著，其中细菌（×10⁶）和固氮菌（×10⁶）数量占绝对优势，大于放线菌（×10⁶）和真菌（×10³），这说明在一定土壤生境下细菌是土壤

表4.3 敖汉研究区土壤机械组成变化

（单位：%）

深度/cm	样地名称	沙粒 0.05~1mm	平均每年减少量/mm	粗粉粒 0.01~0.05mm	平均每年增加量	中粉粒 0.005~0.01mm	平均每年增加量	细粉粒 0.001~0.005mm	平均每年增加量	黏粒 <0.001mm	平均每年增加量
0~5	沙土	81.98±3.25aA		13.31±3.97aA		2.20±0.87aA		1.17±0.52aA		1.35±1.03aA	
	20m	62.72±0.90aB	1.93	24.44±0.83aB	1.11	4.38±0.19aAB	0.22	4.81±0.14aB	0.36	3.64±1.41aAC	0.23
	15m	73.64±2.44aC	1.04	14.68±3.49aA	0.17	5.87±1.66aB	0.46	2.56±0.54aAB	0.17	3.25±0.25aAC	0.24
	10m	77.24±3.82aAC	0.36	15.87±4.09aA	0.20	3.06±0.91aA	0.07	2.27±0.57aAB	0.08	1.55±0.47aA	0.02
	CK	52.83±2.41aD		23.46±0.61aB		8.94±2.59aC		7.85±4.88aC		6.92±6.15aBC	
5~20	沙土	83.64±3.63aA		12.58±3.02aA		1.57±0.26aA		1.06±0.32aA		1.15±0.71aA	
	20m	70.64±3.56bB	1.30	17.88±5.27bA	0.53	6.80±1.99bB	0.52	3.06±0.91aA	0.20	1.61±1.03aA	0.05
	15m	73.50±5.59aB	1.27	17.16±5.54aA	0.57	4.22±0.35aC	0.33	3.82±0.13aA	0.35	1.29±0.34aA	0.02
	10m	80.02±1.85aA	0.28	13.76±3.14aA	0.09	1.45±0.36aA	约0.02	2.25±0.12aA	0.09	2.19±1.87aAB	0.08
	CK	55.29±1.11aC		25.41±3.03aB		7.10±1.49aB		6.73±1.16aB		5.46±1.87aB	

注：各样地土层同一粒径间的LSD多重比较，相同大写字母表示样地间差异不显著，相同小写字母表示同一样地不同土层差异不显著（P>0.05）

生物活性中对物质分解起着决定性作用的微生物，而固氮菌数量多是由于研究区所建植的柠条锦鸡儿防护林是豆科植物，具有较强的固氮作用，使其生长旺盛，根系发达，林分的分泌物及凋落物较多，可以积累较多的有机物质，为微生物的发育提供了丰富的基质（徐阳春和沈其荣，2002）。不同样地土壤微生物的变异幅度整体比较大，且表层土壤微生物数量大于下层，说明土壤微生物对土壤肥力、植物根系、土壤酸碱度等因素的敏感性非常大，可见，土壤微生物能够反映土壤质量的变化，进而反映出不同配置的柠条锦鸡儿林下土壤质量的变化。

　　研究区不同样地土壤微生物总量大小除固氮菌外依次顺序为：带间距为 18m 的柠条锦鸡儿固沙林≈对照样地>大于 6m 的柠条锦鸡儿固沙林>随机柠条锦鸡儿固沙林。固沙林的配置格局不同导致地上植被不同，微生物数量也不同。土壤微生物数量在不同植被下具有明显的聚集作用（图 4.4），不同植被下土壤剖面微生物数量均呈现明显的层次性，而且即使同一样地不同土层也存在差异。随着土壤深度的增加，微生物数量逐渐减少，不同种类土壤微生物数量在土壤剖面上的垂直分布表现为上层（0~5cm）大于下层（5~20cm）的分布规律，不仅土壤中的细菌、放线菌、固氮菌、真菌数量表现为上层大于下层，而且微生物总数也表现为上层大于下层。这与上层不仅受植物根系的影响，而且受枯枝落叶及小气候环境影响较大有关，也反映了植被对土壤微生物的表聚效应。

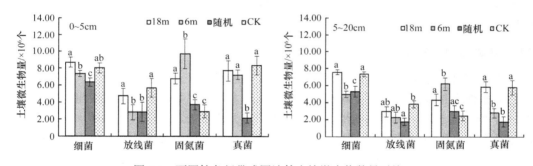

图 4.4　不同柠条行带式固沙林土壤微生物数量对比

　　从不同配置格局柠条锦鸡儿固沙林样地和对照样地的土壤微生物数量变化中可以发现，带间距为 18m 的柠条锦鸡儿固沙林与对照样地的草本植被盖度较大，土壤微生物大量集中在浅表层根系区域，物质和养分能够得到及时补充，并且对照草地的土壤温度及含水量较高，有利的微环境也是土壤微生物数量高的一个原因。而带间距为 6m 的柠条锦鸡儿固沙林则由于带间植被较稀疏，植被物种单一不稳定而导致微生物数量除固氮菌外都很低。虽然随机柠条锦鸡儿固沙林植被盖度较大，但由于其特殊格局导致样地间仍有部分风蚀坑，草本群落十分不稳定，土壤贫瘠，使得土壤微生物数量并不高。同一树种不同的配置方式在很大程度上影响着草本植物的恢复功能，土壤质量变化及微生物数量变化，因此，本研究也为在适宜树种的基础上选择更加促进植被恢复和土壤发育的配置模式寻求了理论依据。

1）土壤细菌数量变化

　　土壤微生物数量不仅直接影响土壤的生物化学活性及土壤养分的组成与转化，更是土壤肥力的重要指标之一，而细菌是土壤微生物的主要组成部分，其数量主要影响着土壤微生物的总体数量，而且能分解各种有机物。由图 4.4 可以看出，研究区不同样地细菌数量平均值的差异不是特别大，总体上，土壤细菌数量由大到小依次为：带间距为 18m 的柠条锦鸡儿固沙林>对照样地>6m 的柠条锦鸡儿固沙林>随机柠条锦鸡儿固沙林。0~5cm 土层，土壤细菌数量行带式柠条锦鸡儿固沙林与对照样地差异不显著（P>0.05），但与随机柠条锦鸡儿固沙林差异显著（P<0.05）；5~20cm 土层，18m 的柠条锦鸡儿固沙林与对照样地差异不显著。

2）土壤放线菌数量变化

放线菌多发育于耕作层土壤，一般在酸性土壤中较少，在碱性、较干旱和有机质丰富的土壤中特别多。放线菌数量介于细菌和真菌之间，数量次于细菌，它的发育比真菌和细菌要缓慢得多，它的作用主要是分解植物某些难分解的组分，形成腐殖质，将植物残体和枯落物转化为土壤有机组分。从图 4.4 中可以看出，研究区不同样地放线菌数量平均值的差异总体上表现为，对照样地>18m 柠条锦鸡儿固沙林>6m 柠条锦鸡儿固沙林>随机柠条锦鸡儿固沙林。0~5cm 土层，土壤放线菌数量 6m 柠条锦鸡儿固沙林与随机柠条锦鸡儿固沙林差异不显著（P>0.05），但与 18m 柠条锦鸡儿固沙林和对照样地差异显著（P<0.05）；5~20cm 土层，行带式固沙林样地与对照样地差异不显著，随机柠条锦鸡儿固沙林与对照样地差异显著。各样地放线菌数量与对照样地土壤的比值分别为 0.80（18m）、0.53（6m）和 0.48（随机）。

3）土壤固氮菌数量变化

固氮菌可将分子态氮和无机态氮转化为有机态氮，具有较强的竞争力，能有效地利用营养条件生长繁殖，具有在低氮环境中减缓大多数微生物的生长繁殖受阻的作用。由图 4.4 可以看出，研究区不同植被下固氮菌数量平均值的差异很大，总体上，土壤固氮菌数量变化表现为柠条锦鸡儿林地大于对照样地，表明柠条锦鸡儿造林具有明显的固氮作用，加大了土壤中固氮菌的数量；同时也发现不同配置格局对土壤固氮菌数量影响差异显著，0~5cm 土层，土壤固氮菌数量 6m 柠条锦鸡儿固沙林与 18m 柠条锦鸡儿固沙林和随机柠条锦鸡儿固沙林及对照样地差异显著（P<0.05），但随机柠条锦鸡儿固沙林与对照样地差异不显著（P>0.05）；5~20cm 土层，6m 柠条锦鸡儿固沙林与 18m 柠条锦鸡儿固沙林和随机柠条锦鸡儿固沙林及对照样地差异显著，18m 柠条锦鸡儿固沙林和随机柠条锦鸡儿固沙林差异不显著。在 3 种柠条锦鸡儿林中还可看出，行带式配置格局的固氮菌数量高于随机柠条锦鸡儿固沙林。固氮菌数量分别是对照样地土壤的 2.07 倍（18m）、2.97 倍（6m）和 1.23 倍（随机）。

4）土壤真菌数量变化

真菌的生长与土壤有机质养分密切相关，对水分要求很高，只有在适宜水分条件下才能良好发育，并且其生长不能耐受低氧水平，虽然真菌的含量远低于细菌、放线菌和固氮菌，但真菌积极参与有机质的分解，在使枯落物中的蛋白质转化成植被可直接吸收的氨基酸和铵盐等方面占据重要地位，而且它对无机营养的吸收也有显著影响，能分解纤维素、半纤维素及其他类似化合物。从图 4.4 中可以看出，土壤真菌的数量总体表现为对照样地最大，随机柠条锦鸡儿固沙林最小，每克土壤分别为 7067 个和 1963 个。在 0~5cm 土层，土壤真菌数量行带式柠条锦鸡儿固沙林与对照样地差异不显著（$P>0.05$），但随机柠条锦鸡儿固沙林与对照样地差异显著（$P<0.05$）；5~20cm 土层，18m 柠条锦鸡儿固沙林与对照样地差异不显著，6m 柠条锦鸡儿固沙林与随机柠条锦鸡儿固沙林不显著，与对照样地差异显著。土壤真菌数量与对照样地的比值分别为 0.96（18m）、0.71（6m）和 0.28（随机）。

5. 小结

从不同配置格局行带式柠条锦鸡儿固沙林的土壤修复效应可以明显看出，18m 柠条锦鸡儿固沙林对土壤改良作用最明显，土壤疏松程度更适合新生草本植被的繁衍。行带式柠条锦鸡儿固沙林的土壤含水量高于随机和对照样地。豆科植被柠条锦鸡儿的栽植加大了土壤有机碳、全氮和铵态氮含量。尤其是 6m 柠条锦鸡儿固沙林造林密度大，土壤有机碳、全氮和铵态氮含量明显高于其他样地，而速效磷和钾含量及 pH 变化表明在各样地的土壤恢复过程中，18m 柠条锦鸡儿固沙林最接近原状土壤，同时，18m 柠条锦鸡儿固沙林微生物数量总量最多。因此，行带式明显优于随机柠条锦鸡儿固沙林，而且 18m 低密度柠条锦鸡儿行带式固沙林对土壤修复的促进作用优于 6m 高密度柠条锦鸡儿行带式固沙林。

4.3.2　杨树行带式固沙林带间土壤修复效应

1. 实验布设

实验选取造林年限相近（具体哪年，基本情况最好可以列个表）、带宽分别为 20m、15m 和 10m 不同配置的行带式杨树固沙林、沙土和对照 5 个样地进行分析，为了更好地分析其不同带宽产生的不同恢复效果，消除不同年限上的差异，对各数据进行统一标准化处理，将其与沙土的差值分别除以不同恢复年限，求出不同样地每年的平均增长量或是降低量进行进一步比较，在土壤特征分析中采用方差分析的同时增加该项分析，将不同带宽的行带式固沙林分别简称为 20m 杨树固沙林、15m 杨树固沙林和 10m 杨树固沙林。土壤指标测定同灌木柠条锦鸡儿行带式固沙林测定。

2. 土壤物理性状变化

1）土壤机械组成含量变化

不同样地不同土壤层次各粒径级方差分析见表 4.3。从各粒级的含量可以看出，沙粒含量最大且变异最大，黏粒含量变异相对较小，而且含量最低，粉粒居中，5 个样地均表现出沙粒含量>粉粒含量>黏粒含量；其中对照样地沙粒含量最小；不同样地还表现出表层土壤黏粒明显大于下层土壤黏粒的含量。同一土层深度不同带宽，0~5cm 沙粒和粗粉粒含量表现为 20m 杨树固沙林与 15m 和 10m 杨树固沙林差异显著，15m 杨树固沙林与 10m 杨树固沙林差异不显著（$P>0.05$）；5~20cm 沙粒含量为 20m 和 15m 杨树固沙林与 10m 杨树固沙林差异显著，20m 与 15m 杨树固沙林差异不显著（$P>0.05$），表明随着带宽增加出现了粗粒明显减少，黏粒明显增加的趋势；同一带宽不同土层，沙粒、粗粉粒和中粉粒表层土壤与下层土壤差异显著，其他均不显著。

　　不同土层粗粒的年平均减少量和粉粒及黏粒的年增加量总体趋势为：20m 杨树固沙林与 15m 杨树固沙林相近并明显大于 10m 杨树固沙林。表层土壤各粒径的含量中 20m 杨树固沙林与对照样地的含量最接近，而带间距为 10m 的杨树固沙林各粒径含量与沙土样地接近，3 种行带式固沙林粉粒与黏粒含量都高于沙土，这可以说明行带式固沙林在一定程度上促进了土壤粉粒和黏粒的形成，体现了行带式固沙林具有很好的防风固沙效果。但其带宽的不同，导致不同配置格局对土壤机械组成变化有很大的影响，适宜的带宽可以促进黏粒的形成，对土壤粉粒与黏粒形成的促进作用总体表现为：20m 杨树固沙林>15m 杨树固沙林>10m 杨树固沙林。

2）物理性黏粒的分布与变化动态

　　不同样地 0~20cm 的土壤物理性黏粒的垂直分布变化见图 4.5。土壤表层物理性黏粒高于下层，沙土表层土壤物理性黏粒含量与 10m 杨树固沙林差异不显著，20m 和 15m 杨树固沙林显著高于 10m 杨树固沙林；20m 杨树固沙林样地 5~20cm 土层物理性黏粒与 10m 杨树固沙林差异显著；各土层物理性黏粒含量变化均表现为对照样地>20m 杨树固沙林>15m 杨树固沙林>10m 杨树固沙林>沙土，说明行带式固沙林群落还处于植被恢复阶段，随着带宽的增加，土壤物理性黏粒含量呈增加趋势。图 4.6 中表层土壤物理性黏粒年平均增长量为 15m 杨树固沙林>20m 杨树固沙林>10m 杨树固沙林，下层为 20m 杨树固沙林>15m 杨树固沙林>10m 杨树固沙林，而 20m 杨树固沙林表层和下层的年平均增长量差异不大，但 15m 杨树固沙林上、下层土壤物理性黏粒年平均增长量差异很大，这是由于带间距为 15m 的杨树固沙林的防风效果虽然好，但间带植被盖度并不如 20m 杨树固沙林大，这说明植被盖度大，则表层土壤受植被保护，大部分黏粒物质可以被固定，使土壤质地黏粒化增加快。

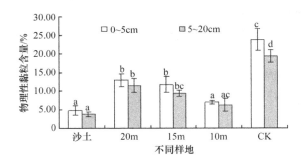

图 4.5　敖汉研究区土壤物理性黏粒含量对比

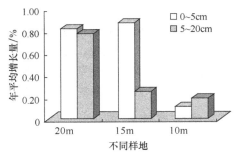

图 4.6　敖汉研究区土壤物理性黏粒的年平均增长量

3）土壤容重变化

　　表 4.4 显示，在各样地的两个土层中，均表现为土壤容重沙土>10m 杨树固沙林>15m 杨树固沙林>20m 杨树固沙林>对照样地。对照样地土壤 0~20cm 土层的平均容重为 1.34g/cm³，而行带式固沙林的平均容重均高于对照，分别高于对照 3.7%（20m）、8.2%（15m）和 14.18%（10m）。这是由于对照样地土壤生态系统基本处于稳定而良性循环的状态，根系量大且密集，土壤容重是最小的。

表 4.4　敖汉研究区土壤容重的描述性统计

深度/cm	样地名称	均值/(g/cm³)	差异性	标准差	CV/%	年平均降低量/(g/cm³)
0~5	沙土	1.67	aA	0.03	1.99	
	20m	1.36	aB	0.07	3.95	0.0306
	15m	1.42	aBC	0.09	4.95	0.0310
	10m	1.48	aC	0.05	2.74	0.0142
	CK	1.25	aD	0.02	1.23	
5~20	沙土	1.70	aA	0.05	3.00	
	20m	1.42	aB	0.09	5.50	0.0282
	15m	1.48	aC	0.07	4.36	0.0270
	10m	1.58	aD	0.04	2.34	0.0093
	CK	1.43	bBC	0.03	2.27	

注：相同大写字母表示样地间差异不显著，相同小写字母表示同一样地不同土层差异不显著（$P>0.05$）

　　各样地土壤容重表层都大于下层，相同样地除对照样地外，表层与下层差异不显著；20m 杨树固沙林样地表层土壤容重与 15m 杨树固沙林差异不显著，但与 10m 杨树固沙林差异显著；20m 杨树固沙林样地土壤 5~20cm 层容重与 15m、10m 杨树固沙林差异均显著，但与对照样地差异不显著。

　　土壤容重年平均降低量变化趋势为：20m、15m 杨树固沙林明显大于 10m 杨树固沙林，表层土壤容重降低量大于下层。说明不同带宽的行带式固沙林造林后，随着植被的恢复在不同程度上降低了土壤的容重，而 20m、15m 杨树固沙林效果优于 10m 杨树固沙林。

3. 土壤化学性质变化

1）土壤有机碳含量及其变化

　　不同样地土壤有机碳变化表现为（表 4.5）：20m 杨树固沙林、15m 杨树固沙林、10m 杨树固沙林、沙土样地表层有机碳含量均与对照样地差异显著，其中 15m 杨树固沙林与 10m 杨树固沙林有机碳含量差异不显著。行带式固沙林与沙土及对照样地差异均显著，说明行带式固沙林明显增大了有机碳含量，并且 20m 杨树固沙林效果最明显。20m 杨树固沙林 5~20cm 土层有机碳含量与沙土、10m 杨树固沙林和对照样地差异显著，而 20m 杨树固沙林与 15m 杨树固沙林差异不显著，10m 杨树固沙林与沙土有机碳含量变化差异不显著。3 种行带式固沙林有机碳含量均显著大于沙土。

　　不同土层有机碳变化趋势为，行带式固沙林与对照样地表层土壤与下层土壤有机碳含量变化差异显著。其中，0~5cm 土层有机碳年平均增加量为 20m 杨树固沙林>15m 杨树固沙林>10m 杨树固沙林，5~20cm 土层有机碳年平均增加量为 15m 杨树固沙林>20m 杨树固沙林>10m 杨树固沙林，总体上体现出随带宽增加有机碳年平均增加量呈增大的趋势。

2）土壤氮元素含量及其变化

　　土壤全氮的方差分析显示（表 4.5），20m 杨树固沙林表层土壤与沙土、15m 杨树固沙林及对照样地差异均显著，与 10m 杨树固沙林差异不显著，这可能是 10m 杨树固沙林恢复年限长，氮元素的累积量大，而 15m 杨树固沙林带间植被盖度大于 10m 杨树固沙林，因此对氮素的消耗较大，进而导致了 10m 杨树固沙林与 20m 杨树固沙林含量相差不大并且都大于 15m 杨树固沙林。

表 4.5　敖汉研究区不同样地土壤养分含量及其变化

土层深度/cm	样地名称	有机碳/(g/kg)	年平均增加量/(g/kg)	全氮/(g/kg)	年平均增加量	硝态氮/(mg/kg)	年平均增加量	铵态氮/(mg/kg)	年平均增加量	速效磷/(mg/kg)	年平均增加量	速效钾/(mg/kg)	年平均增加量	pH(1:1)	年平均降低量
0~5	沙土	3.45±0.14aA		0.58±0.07aA		3.09±0.01aA		1.89±0.07aA		1.31±0.18aA		52.53±7.92aA		8.74±0.03aA	
	20m	6.88±0.67aB	0.3425	0.87±0.12aB	0.0290	7.32±0.44aB	0.4230	3.83±0.49aB	0.1948	1.76±0.15aAB	0.0453	61.48±5.01aA	0.8954	8.48±0.04aaB	0.0263
	15m	5.41±0.29aC	0.2449	0.68±0.07aAC	0.0082	4.92±0.76aC	0.2298	3.82±0.17aB	0.2418	2.46±0.51aBC	0.1436	58.98±6.82aA	0.8061	8.56±0.07aB	0.0225
	10m	4.75±0.20aC	0.0999	0.80±0.05aBC	0.0170	5.99±0.11aD	0.2236	2.91±0.26aC	0.0790	2.40±0.96aBC	0.0838	54.92±1.98aA	0.1839	8.55±0.03aB	0.0146
	CK	11.74±0.06aD		1.05±0.10aD		9.22±0.26aE		7.15±0.35aD		2.57±0.04aC		123.32±0.42aB		8.27±0.05aC	
5~20	沙土	2.68±0.14aA		0.45±0.02baA		2.78±0.27aA		0.61±0.21bA		0.69±0.19aA		53.30±6.74aA		8.80±0.04aA	
	20m	4.64±0.75bB	0.1956	0.66±0.06bB	0.0212	4.86±0.67bB	0.2083	3.20±0.23bB	0.2584	1.10±0.01aAC	0.0407	62.72±5.75aB	0.9419	8.59±0.05bB	0.0210
	15m	4.40±0.39bB	0.2148	0.61±0.04aB	0.0198	4.57±0.36aB	0.2243	2.44±0.14bC	0.2281	1.41±0.12bAC	0.0903	55.51±7.75aAB	0.2762	8.65±0.08bBC	0.0187
	10m	3.17±0.90aA	0.0379	0.67±0.05bB	0.0171	4.93±0.57bB	0.1656	3.09±0.82bB	0.1907	0.79±0.35bA	0.0080	54.23±3.40aAB	0.0716	8.68±0.06bC	0.0092
	CK	7.88±0.12bC		0.89±0.01bC		7.57±0.31bC		4.84±0.26bD		1.64±0.89bBC		191.09±3.43bC		8.33±0.02aD	

注：各样地同一土层同一粒径间的 LSD 多重比较。相同大写字母表示样地间差异不显著，相同小写字母表示同一样地不同土层差异不显著（$P>0.05$）

5~20cm 土层，行带式固沙林与沙土、对照样地土壤氮元素含量差异均显著，趋势为：对照样地>10m 杨树固沙林>20m 杨树固沙林>15m 杨树固沙林>沙土。其中，10m 杨树固沙林全氮含量高，但不代表 10m 杨树固沙林恢复效果最好，在实际调查中发现 10m 杨树固沙林带间植被非常稀疏，生长状态一般。

从平均增加量变化显示，0~5cm 土层，趋势为 20m 杨树固沙林>10m 杨树固沙林>15m 杨树固沙林；5~20cm 土层，趋势为 20m 杨树固沙林>15m 杨树固沙林>10m 杨树固沙林，其中 10m 杨树固沙林上、下层增加量无显著变化。

同一土层不同样地的硝态氮含量变化为：行带式固沙林与沙土和对照样地差异均显著，趋势为 20m 杨树固沙林高于 15m 或 10m 的。20m 杨树固沙林和 10m 杨树固沙林样地不同土层硝态氮含量上、下层差异显著。从年平均增加量可以看出，20m 杨树固沙林表层土壤硝态氮含量年平均增加量最大，5~20cm 土层，15m 杨树固沙林年平均增加量最大。

同一土层不同样地的铵态氮含量变化为：0~50cm 土层，20m 杨树固沙林表层土壤与 15m 杨树固沙林差异不显著，与 10m 杨树固沙林差异显著；5~20cm 土层，20m 杨树固沙林与 15m 杨树固沙林差异显著，与 10m 杨树固沙林差异不显著。同一样地不同土层，行带式固沙林中 20m 杨树固沙林与 15m 杨树固沙林上、下层土壤差异显著。年平均增加量为：0~50cm 土层趋势为 15m 杨树固沙林>20m 杨树固沙林>10m 杨树固沙林；5~20cm 土层趋势为 20m 杨树固沙林>15m 杨树固沙林>10m 杨树固沙林。从硝态氮和铵态氮的变化中可以看出，虽然 20m 杨树固沙林氮素的含量最大，但其年平均增加量不一定最大，这说明 20m 和 15m 带宽都具有改善土壤质量的作用，都是较好的配置模式。

3）土壤磷元素含量及其变化

不同行带式固沙林同一土层土壤速效磷含量变化差异不显著（表 4.5），0~5cm 土层速效磷含量大小为 15m 杨树固沙林>10m 杨树固沙林>20m 杨树固沙林；5~20cm 土层速效磷含量大小为 15m 杨树固沙林>20m 杨树固沙林>10m 杨树固沙林，这说明当带间距为 15m 时能有效增加土壤中速效磷的含量，而宽带间距和窄带间距都会影响速效磷在土壤中的含量变化；其中 5~20cm 土层中 10m 杨树固沙林与沙土速效磷含量很接近，说明当带宽为 10m 时不利于速效磷的增加。同一样地不同土层，行带式 15m 杨树固沙林与 10m 杨树固沙林上、下土层差异显著。土壤速效磷含量年平均增加量变化趋势表现为：表层>下层，5~20m 杨树固沙林>20m 杨树固沙林>10m 杨树固沙林。

4）土壤钾元素含量及其变化

速效钾的含量变化表现为（表 4.5），表层含量小于下层，同一土层行带式固沙林之间无显著差异，其中 0~5cm 土层，行带式固沙林速效钾含量与沙土无显著性差异，与对照样地差异显著，说明行带式固沙林还处于植被恢复初级阶段，土壤中速效钾的含量还远小于对照样地；行带式固沙林 5~20cm 土层与沙土、对照样地均差异显著，这是由沙土下层土壤速效钾含量变大引起的。同一样地不同土层，行带式固沙林土壤上、下层速效钾的含量差异不显著。年平均增加量为表层>下层，同一土层行带式 20m 杨树固沙林>15m 杨树固沙林>>10m 杨树固沙林。

5）土壤 pH 及其变化

同一土层不同样地 pH 变化趋势见表 4.5，3 种行带式固沙林表层土壤 pH 变化不显著，但与沙土、对照样地差异显著；5~20cm 土层 20m 杨树固沙林 pH 与 10m 杨树固沙林差异不显著。pH 总体变化趋势为，表层<下层，行带式固沙林<沙土，但大于对照样地；同一样地不同土层，各行带式样地土壤上、下层 pH 变化差异显著，沙土和对照样地差异不显著。

年平均降低量变化表现为表层>下层，随着带宽的增加，pH 逐渐降低，降低的程度随着带宽的增加而增大，即 20m 杨树固沙林>15m 杨树固沙林>10m 杨树固沙林。因此，可以说明行带式造林可以明显降低 pH，使土壤由碱性向着中性发育，从而改善土壤质量。

4. 土壤微生物数量分布特性

土壤微生物数量分布特征见图 4.7 和图 4.8。不同样地的土壤微生物数量变化显著，其中细菌（$\times 10^6$）数量占优势，其次是放线菌（$\times 10^6$）和固氮菌（$\times 10^6$），真菌（$\times 10^3$）含量最少；不同样地土壤微生物的变异幅度整体比较大，且表层土壤微生物数量大于下层。研究区不同样地土壤微生物总量大小依次顺序为：对照样地>行带式固沙林>沙土。

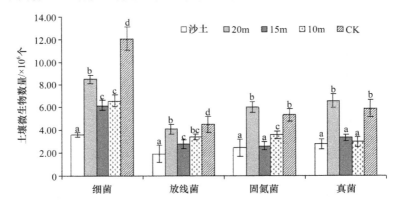

图 4.7　敖汉研究区土壤表层（0~5cm）微生物数量对比

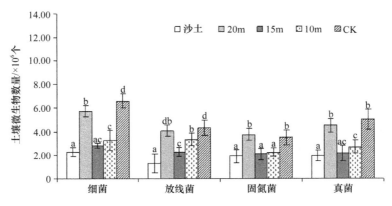

图 4.8　敖汉研究区土壤下层（5~20cm）微生物数量对比

随着土壤深度的增加，微生物数量逐渐减少，不同种类土壤微生物数量在土壤剖面上的垂直分布表现为上层（0~5cm）大于下层（5~20cm）的一般分布规律，可以明显看出不仅土壤中的细菌、放线菌、固氮菌、真菌数量表现为上层大于下层，而且微生物总数均表现为上层>下层。这表明土壤微生物的变化与枯枝落叶有密切关系，在地表聚积大量枯枝落叶，有充分的营养源，水热和通气状况较好，利于微生物的生长和繁殖。微生物主要以植物残体为营养源，植物质和量的差异必然导致土壤微生物在各植物固沙林中分布的不均一性。

从不同配置格局杨树防护林样地、沙土及对照样地的土壤微生物数量变化中发现，20m行带式固沙林样地与对照样地的草本植被盖度较大，土壤微生物大量集中在浅表层根系区域，物质和养分能够得到及时补充，有利的微环境导致土壤微生物数量高。而带间距为15m和10m行带式固沙林样地则由于带间植被盖度低，植被物种单一不稳定而导致微生物数量都很低。虽然15m杨树固沙林植被盖度大于10m杨树固沙林，但其微生物数量小于10m杨树固沙林，这是由于杨树的落叶为土壤微生物提供了充足的养分库，因为在实际调查中，其地表植被稀疏，盖度很低，枯落物几乎都为杨树落叶，而且10m杨树固沙林带间温度要高于15m杨树固沙林，有利于微生物繁殖。以上原因共同表明同一树种不同的配置方式在很大程度上影响着草本植物的恢复功能，土壤质量变化及微生物数量变化。

年平均微生物数量变化表明（图4.9，图4.10），无论是表层还是下层，20m杨树固沙林中土壤微生物数量的年平均增加量是最大的，说明当森林密度条件适宜时，微生物种群随着植被恢复年限有所增加。虽然带宽为10m也有所增加，但其密度是不适宜的，微生物数量和年平均增加量均较小。

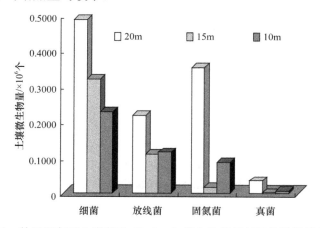

图4.9 敖汉研究区土壤表层（0~5cm）微生物数量年平均增长量变化

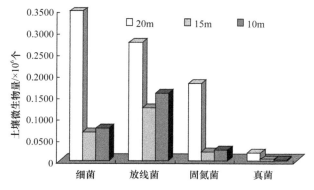

图4.10 敖汉研究区土壤下层（5~20cm）微生物数量年平均增长量变化

1）土壤细菌数量变化

由图 4.7 和图 4.8 可以看出，不同带宽的行带式杨树固沙林样地细菌数量平均值的差异显著，20m 杨树固沙林表层土壤细菌数量显著多于 15m、10m 杨树固沙林，而 15m 杨树固沙林与 10m 杨树固沙林差异不显著，下层土壤各行带式固沙林细菌含量差异显著。总体上，土壤细菌数量由大到小依次为：对照样地>2 0m 杨树固沙林>10m 杨树固沙林>15m 杨树固沙林>沙土。

行带式固沙林土壤细菌数量表层与下层变化显著，下层细菌数量明显减少。不同样地细菌数量年平均增加量变化（图 4.9，图 4.10）为，20m 杨树固沙林远大于 15m 和 10m 杨树固沙林；15m 杨树固沙林表层土壤细菌数量的年平均增加量大于 10m 杨树固沙林，下层变化趋势相反。

2）土壤放线菌数量变化

放线菌介于细菌和固氮菌之间，数量次于细菌与固氮菌数量，但相差较小。从图 4.7 和图 4.8 中可以看出，不同样地放线菌数量平均值的差异总体上表现为：对照样地>20m 杨树固沙林>10m 杨树固沙林>15m 杨树固沙林>沙土。行带式固沙林中无论表层还是下层土壤都表现出，20m 与 10m 杨树固沙林放线菌数量变化差异不显著，与 15m 杨树固沙林差异显著。同一样地不同土层放线菌数量变化差异不显著。

不同样地放线菌数量年平均增加量变化显示为（图 4.9，图 4.10）：20m 杨树固沙林土壤放线菌数量年变化远大于 15m、10m 杨树固沙林；15m 杨树固沙林表层土壤放线菌数量的年平均增加量略小于 10m 杨树固沙林。

3）土壤固氮菌数量变化

不同植被下固氮菌数量平均值的差异较大（图 4.7，图 4.8），总体上表现为：对照样地>20m 杨树固沙林>10m 杨树固沙林>15m 杨树固沙林>沙土。3 种行带式固沙林表层土壤固氮菌数量变化差异显著，20m 杨树固沙林>10m 杨树固沙林>15m 杨树固沙林；15m 杨树固沙林 5~20cm 土层固氮菌数量和 10m 杨树固沙林变化差异不显著；20m 杨树固沙林与 15m 杨树固沙林土壤上、下层固氮菌数量变化差异不显著，10m 杨树固沙林土壤上、下层固氮菌数量变化差异显著。

不同固沙林固氮菌数量年平均增加量变化为（图 4.9，图 4.10），20m 杨树固沙林远大于 15m、10m 杨树固沙林，15m 杨树固沙林固氮菌数量的年平均增加量略小于 10m 杨树固沙林。其中，20m 杨树固沙林的固氮菌数量也高于对照样地，说明宽带间距更适合新的豆科植物的定居，调查中发现也是如此。

4）土壤真菌数量变化

不同植被覆盖下土壤真菌的数量均最小（图 4.7，图 4.8），总体表现为：20m 杨树固沙林最大，沙土样地最小，每克土壤分别为 7023 个和 2375 个；行带式固沙林与沙土、对照样地差异显著，20m 杨树固沙林与 15m、10m 杨树固沙林差异显著，15m 杨树固沙林与 10m 杨树固沙林差异不显著；同一样地土壤上、下层差异不显著。

土壤上、下层真菌年平均增加量结果表明（图 4.9，图 4.10），20m 杨树固沙林远大于 15m 和 10m 杨树固沙林，说明行带式人工林，当带间距为 20m 时更适合真菌的繁殖。20m、15m 和 10m 杨树固沙林分别为原状土壤的 1.28 倍（20m）、0.41 倍（15m）和 0.52 倍（10m）。这主要是由于 20m 杨树固沙林树木的枯枝落叶，不但增加了土壤有机质的含量，而且改善了真菌的生长环境。

5. 综合分析

在低覆盖度条件下，不同配置的行带式杨树固沙林土壤修复效应不同，具体表现为行带式杨树固沙林对土壤粉粒与黏粒形成的促进作用随带间带宽的增加而显著增大。当带间距为 20m 时，杨树固沙林林下草本植被盖度增大，黏粒物质被植物固定的同时，使土壤质地黏粒化，结构明显优于其他带间距固沙林。行带式固沙林表层土壤容重低于下层土壤，随带宽的增加土壤含水量有增高的趋势，带间距为 20m 或者 15m 的杨树固沙林对土壤结构改良作用效果显著。20m 和 15m 带宽都具有比较显著的改善土壤质量的作用，都是较好的配置模式。当带间距为 15m 时能有效增加土壤中速效磷的含量。20m 带间距的杨树固沙林土壤微生物数量总量最大，且对土壤微生物数量的年增加幅度也是最大的。

参 考 文 献

曹世雄, 陈军, 陈莉, 等. 2007. 退耕还林项目对陕北地区自然与社会的影响. 中国农业科学, 40(5): 972-979.
陈隆亨, 李福兴, 邸醒民, 等. 1998. 中国风砂土. 北京: 科学出版社.
董治宝, 陈渭南, 董光荣, 等. 1996. 植被对风沙土风蚀作用的影响. 环境科学学报, 16(4): 442-446.
姜丽娜. 2011. 低覆盖度行带式固沙林促进带间土壤植被修复的过程与机理. 呼和浩特: 内蒙古农业大学博士学位论文.
李鹏, 赵忠, 李占斌, 等. 2002. 植被根系与生态环境相互作用机制研究进展. 西北林学院学报, 17(2): 26-32.
李守中, 肖洪浪, 罗芳, 等. 2005. 沙坡头植被固沙区生物结皮对土壤水文过程的调控作用. 中国沙漠, 25(2): 228-233.
柳云龙, 吕军, 王人潮. 2001. 低丘侵蚀红壤复垦后土壤微生物特征研究. 水土保持学报, 15(2): 64-67.
全国土壤普查办公室. 1998. 中国土壤. 北京: 中国农业出版社.
王爱娟, 章文波. 2009. 林冠截留降雨研究综述. 水土保持研究, 16(4): 55-59.
韦兰英, 上官周平. 2006. 黄土高原不同演替阶段草地植被细根垂直分布特征与土壤环境的关系. 生态学报, 26(11): 3740-3748.
肖洪浪, 李新荣, 段争虎, 等. 2003. 流沙固定过程中土壤–植被系统演变. 中国沙漠, 23(6): 606-611.
徐阳春, 沈其荣. 2002. 长期免耕与施用有机肥对土壤微生物生物量的影响. 土壤学报, 39: 89-95.
杨红艳, 戴盛帽, 杨文斌, 等. 2008. 不同分布格局低覆盖度油蒿群丛防风效果. 林业科学, 44(5): 12-16.
杨丽韫, 罗天祥, 吴松涛. 2007. 长白山原始阔叶红松林及其次生林细根生物量与垂直分布特征. 生态学报, 27(9): 3609-3617.
杨维西. 1998. 试论我国北方地区人工植被的土壤干化问题. 林业科学, 32(1): 78-85.
杨文斌, 王晶莹, 董慧龙, 等. 2011. 两行一带式乔木固沙林带风速流场和防风效果风洞试验. 林业科学, 47(2): 95-102.
杨晓晖, 张克斌, 赵云杰. 2001. 生物土壤结皮——荒漠化地区研究的热点问题. 生态学报, 2(3): 474-478.
Belnap J, Büdel B, Langeo L. 2001. Biological Soil Crusts: Characteristics and Distribution. *In*: Belnap J, Lange O L. Biological Soil Crusts: Structure, Function, and Management. New York: Springer: 3-30.
Birk E M, Vitousek M. 1986. Nine stands-Ecology Nitrogen availability and nitrogen use efficiency in loblolly. Catena, 67: 69-79.
Bowker M A. 2007. Biological soil crust rehabilitation in theory and practice: an underexploited opportunity.

Restoration Ecology, 15: 13-23.

Doran J W, Parkin T B. 1994. Defining and assessing soil quality. Madison: SSSA Spec Publ, 35: 1-21.

Gwford G. 1972. Infiltration rate and sediment production trends on a ploughed big sagebrush site. Journal of Range Management, 25: 53-55.

Li X R, Ma F Y, Xiao H L, *et al*. 2004. Long-term effects of revegetation on soil water content of sand dunes in arid region of Northern China. Journal of Arid Environments, 57: 1-16.

Li X R, Zhang J G, Wang X P, *et al*. 2000. Study on microbiotic crust and its influences on sand fixing vegetation in arid desert region. Acta Botanica Sinica, 42(9): 965-970.

Paul E A, Voroney R P. 1985. Field interpretation of microbial biomass activity measurements. Microbial Ecology, 17: 509-514.

Smith J L, Paul E A. 1991. The significance of soil microbial biomass estimations. Soil Biochemistry, 23: 359-396.

Whitford W G. 1992. Biogeochemical consequences of desertification. SymP Ser Am Chem Soc, (483): 352-359.

Zeng N, Shuttlewo J W, Gash J H C. 2000. Influence of temporal variability of rainfall on intercept ion loss. Part I. Point analysis. Journal of Hydrology, 228: 228-241.

第5章 低覆盖度行带式固沙林带间植被修复机理与效应

当植被覆盖度为 15%~30%时，在林学上属于疏林的范畴，稀疏的林间空地可以发育良好的植被，如草本、灌木、半灌木等。在干旱半干旱区，疏林是一种分布广泛且稳定的自然植被；低覆盖度行带式固沙林是在总结这种疏林植被的基础上，以近自然林业的思路，把自然植被中的乔木或者灌木按照林的特征组合，形成乔木或者灌木的林带，林带与林带之间自然留下较宽的带间（杨文斌等，1997；杨文斌和王晶莹，2004）。在林带的保护下，促进自然地带性植被的修复，不但可以形成林（乔木或者灌木）草复合植被，而且可以产生界面的特殊功用（杨文斌等，2011），有利于固沙植被的稳定生长与沙土的修复（杨文斌等，2012）。

5.1 生态界面植被自然修复格局

界面作为一个特殊的区域，它是一个有着特定时空边界、结构和功能的独立的系统。行带式固沙林作为一个完整系统与其邻近系统所形成的界面，不但具有固沙林与邻近系统各自具备的特征，还具有固沙林及其邻近系统所不具有的特点，如界面内物种多样性可能都高于两个系统，某些生态因子在界面层内的作用强度也不同于在两个系统内。因此，对界面的研究具有非常重要的意义。

5.1.1 界面对植被多样性的影响

物种多样性（species diversity）与生态系统的稳定性及其功能的发挥有着必然的联系。它是一个地区植被恢复和保护的基础，又是反映边际效应的一个重要指标，通过生物多样性定量化的研究是测定边缘效应的一个主要手段（Niu，1989；Mou *et al.*，1998，2001）。因此，对带间修复物种多样性的研究可以更好地认识低覆盖度的组成、变化和发展（Connell，1978；Huston，1979；Dial and Roughgarden，1998），以便促进在林带与林带间所创造的新生境内与自然修复植被组合成复合植被，增加物种多样性，促进植被的自然恢复。固沙林的边缘带是固沙林与外界交流的主要场地，尤其是种类渗透、物质流动及其他信息交流。自然固沙林所形成的边缘结构和边缘区的发展与变化动态，反映了在特定的生境下，固沙林间相互作用过程中固沙林间的扩散特性，而固沙林的边缘扩散，又常常是演替与发展的结果；因此固沙林边际效应研究对林草界面上的植被恢复具有重要的理论意义（Peng，2000；卫丽等，2003）。

1. 实验布设与多样性计算

采用的植被调查方法是沿距林缘 30m 处向林缘方向每隔 2m 设一个 1m×1m 的样方梯

度进行调查，直到距林缘 0m 处，共 16 个梯度。在每个梯度设置 3 个重复。对研究区中 1m×1m 样方的草本群落进行调查，在每个样方内均匀布设 100 个样点，根据这 100 个样点内是否有植物出现及相应植物种类，计算每个样方的植物盖度和物种数目（植物盖度等于含有植物的样点总数除以 100），并在每个草本样方中记录下草本的种类名称、高度、盖度、频度、优势度、分布状况和生物量（烘干重）。

选择表征群落物种多样性、均匀度、丰富度和优势度 4 种物种多样性测定指数，以多度为测度指标进行计算。选取的多样性指数有 Simpson 多样性指数、Shannon-Wiener 多样性指数，均匀度指数为 Pielou 均匀度指数，丰富度指数为 Margalef 丰富度指数。各指数具体计算公式见公式（5.1）~公式（5.4）

Simpson 多样性指数：

$$D = 1 - \sum_j n_j^2 \qquad (5.1)$$

Shannon-Wiener 多样性指数：

$$H = -\sum_{j=1}^{S} (n_j \ln n_j) \qquad (5.2)$$

Pielou 均匀度指数：

$$J = H/\ln(S) \qquad (5.3)$$

Margalef 丰富度指数：

$$d = (S-1)\ln N \qquad (5.4)$$

式中，S 为群落中的总种数；n_j 为第 j 种的个体数量占总个体数量的比例；N 为观察到的总个体数。

2. 修复植被的多样性特征

呼伦贝尔沙地樟子松林缘外侧修复的草本植被的多样性指数分布特征见图 5.1。从林缘到草地方向 30m 处，Shannon-Wiener 多样性指数出现了一个明显的单峰值，距林缘 20m 处的物种多样性指数最高，随后开始下降，在 26m 处以外多样性指数趋于平缓，这说明在樟子松林与草地之间存在一个明显的交错区过渡地带。20m 处应处于过渡地带

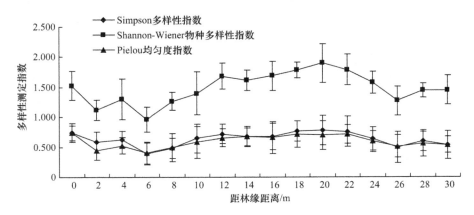

图 5.1 多样性指数随距樟子松林缘距离的变化

的边缘，其位置为林缘开始向草地方向，距林缘 20m 处，这一区域就是樟子松林与草地这两种异质景观之间进行物质、能量、信息相互交流的界面，其影响域为林缘到草地 20m 处。在这个宽度为 20m 的景观界面内，多样性指数呈现出"高—低—高"的变化趋势，可以说明在小尺度范围内其生境异质性也很明显。

林草界面对植被丰富度的影响见图 5.2。丰富度指数变化趋势不如多样性指数变化趋势明显，但添加标准误差线后仍然可以看出其变化的总体趋势，最大值仍出现在距林缘 20m 处，随后在 22m 处下降，24m 处以外丰富度指数趋于平缓，说明林草界面对丰富度指数的影响域也为林缘到草地 20m 处。

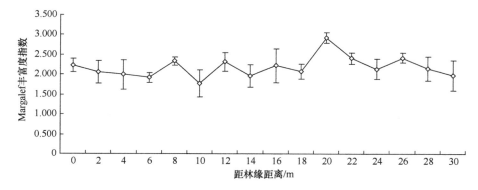

图 5.2　丰富度指数随距樟子松林缘距离的变化

林草界面对植被生物量的影响变化见图 5.3。草本植被生物量变化趋势与多样性指数和丰富度指数变化趋势相似，最大值也出现在距林缘 20m 处，但 22m 处生物量下降并且趋于平缓，说明林草界面对生物量的影响域仍为林缘到草地 20m 处。

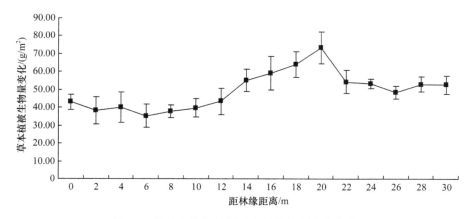

图 5.3　植被生物量随距樟子松林缘距离的变化

3. 讨论

在低覆盖度固沙林建立以后，无论带间修复植被的多样性变化还是生物量变化，对于半干旱区的行带式樟子松固沙林，其带间一侧的林草界面边缘效应影响域都为 0~20m，这说明该地区如果行带式造林带间距为 40m 以内，其植被多样性和生物量都可以在一定

ABCD

ABCD

程度上得到增加，从而促进在林带所创造的新生境下草本、灌木等地带性植被的自然恢复，使其形成复合植被，增加物种多样性。如果行带式造林带间距大于40m，超出了林草界面边缘效应影响域的范围，将不会导致带间植被多样性的增加，不利于带间植被恢复。结合以上研究可以认为在亚湿润半干旱区及干旱区，类似樟子松的针叶乔木树种的固沙林，行带式配置的优化带间距为16~40m，小于或超出这个范围都将影响带间植被恢复效果。樟子松天然林群落边际效应的研究可为行带式樟子松固沙林的构建提供科学依据。

5.1.2 界面对行带式固沙林带间植被多样性的影响

1. 实验布设

该部分实验选择立地条件相似、均为1998年栽植的、具有代表性的"四行一带式"樟子松防风固沙林地。其带宽相同，按照不同带间距设置标准地进行调查，样地具体情况见表5.1。调查造林地立地类型、造林年限、林分密度、树高、胸径；在标准地内的林带间，垂直于林带走向每间隔10m设置1条平行的样线，共设3条，从林带的一端林下（0m处）开始，每隔2m做一个1m×1m的样方进行植被调查。每次测定各样方中的植物种类组成和鲜重，经85℃恒温下烘至恒重后称重记录。

表5.1 群落基本特征描述

样地	株行距	带间距/m	平均高度/m	平均胸径/cm	郁闭度	林下植被盖度/%
样地1	1.5m×2m	12	4.1	6.3	0.3	28.7
样地2	1.5m×2m	24	4.6	6.5	0.2	42.2
样地3	原初植被	—	—	—	—	38.5

2. 带间物种修复效果

1) 界面对不同带宽行带式樟子松固沙林带间植被多样性的影响

由图5.4可知，带间距为12m的樟子松固沙林带间物种各多样性指数与均匀度指数变化趋势基本相似，带间出现单峰值，6m处多样性指数最大，说明在林带间存在着相邻两个林带群落的交错区，因此6m处应位于该交错区的边缘，而距林带6m处到林带内各样方受樟子松影响较大导致多样性指数与均匀度指数值较低。带间距为24m的樟子松固沙林带间物种多样性指数变化趋势基本相似，但也存在差异。变化曲线中出现了两个高峰，分别位于距离林带的12~20m处，而带间距为12m的樟子松的变化趋势只有一个高峰，且多样性指数均较低，这说明带间距为24m的樟子松固沙林其多样性恢复效果明显优于带间距为12m的樟子松固沙林，该地樟子松配置带间距小于12m会减少物种多样性，当带间距为16~28m时物种多样性会出现最大值。但其0m处的物种多样性和生物量偏高，这是由于林下的高湿度、弱光照生态位有利于草本植物生长。

由图5.4还可看出，与带间距为12m的樟子松固沙林不同，带间距为24m的樟子松固沙林实际上存在着两个群落交错区，而14m与18m处分别为两个林带群落与恢复过程中

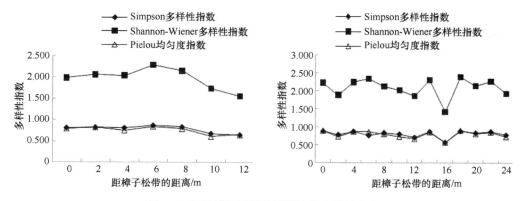

图 5.4　不同带间距樟子松固沙林多样性变化

带间所形成的较窄草带的交错区边缘，16m 处多样性指数最低说明它位于草地界面的内部，可能受到的两个林带群落系统的生态作用力都要相对弱一些，因此它的物种恢复相对缓慢。如果用景观边界的渗透理论来解释，那么边界系统相当于一个渗透膜，而对于扩散能力弱的物种，可能会被保留在景观界面中，甚至被阻挡于界面之外。对于扩散能力强的物种，则不会受到该膜的阻碍。所以在景观界面中应存在着一个从样地 14m 与 18m 指向样地 16m，即从景观界面的两侧指向中部的一个渗透梯度力。那么当林带间距离适当，带间所形成的草带足够宽时，也就是当边缘与相邻单元对比度较小（即梯度小）时，有利于穿越边缘的生物和物质运动，从而加强单元之间的联系。针对这一特性，可以通过增强或减小生态交错带梯度的途径，改善穿越性能，达到调控目的，从而改善植被恢复效果，加快植被恢复速度。

2）界面对不同带宽行带式樟子松固沙林带间植被丰富度的影响

由图 5.5 可知，带间距为 12m 的樟子松固沙林带间丰富度指数出现单峰值，6m 处丰富度指数最大，带间距为 24m 的樟子松固沙林丰富度最大值分别位于距离林带 8~12m 处，即群落交错区，这可以解释为生态交错带同时受到相邻地域单元的共同作用因而在交错带具有它们大部分共同特性，包括大部分信息，生境多样性显著，物种的丰度高。同时，它也具有由相邻系统相互作用程度所决定而又不同于相邻系统的结构、格局等一系列特征，不仅分布着相邻的各个地域单元的生物种，往往还有生态交错带的特有种，因此丰富度指数高。

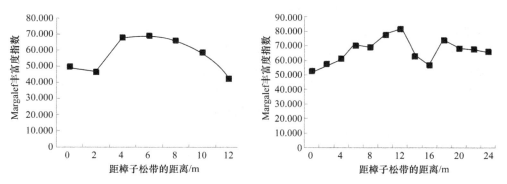

图 5.5　不同带间距樟子松固沙林丰富度变化

3）界面对不同带宽樟子松固沙林带间植被生物量的影响

生物量是生态系统内生物因子和环境因子共同作用的结果，是边界效应的最终结果和最直观体现，可以作为评价边界态势（边界优势或边界劣势）的重要方面。

由图 5.6 可知，带间距为 12m 的樟子松固沙林带间生物量变化趋势与物种多样性指数变化趋势大致相同，出现单峰值并且 6m 处数值最大。而带间距为 24m 的樟子松固沙林带间生物量变化趋势与物种多样性指数变化趋势不同，虽然都出现了双峰值，但位置有所差异，最大值出现在距林带 14m、18m 处，这是因为，Simpson多样性指数在 14m 处出现峰值，它是一个反映群落内物种均衡度的一个指标，值越大，就越说明各物种之间数量越均衡，没有优势种，或优势种表现不明显，不容易获得较大的生物量，而 8m 处羊草和地榆的数量较大，在恢复过程中羊草和地榆在界面里的空间上逐渐取得优势地位，因此界面的边缘部分可为羊草和地榆提供优于其他草种的生存环境，从而使羊草和地榆在竞争中获得优势，这为研究者恢复草原植被提供了一个新的思路。

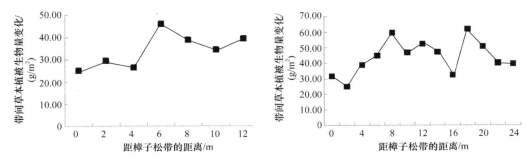

图 5.6　不同带间距樟子松固沙林生物量变化

物种多样性和均匀度、丰富度、生物量在林带间，表现为 24m 宽带间距样地大于 6m窄带间距样地，因此樟子松行带式固沙林宽带间距带间植被恢复效果优于窄带间距。

5.1.3　综合分析

行带式樟子松固沙林形成的小尺度景观界面，其边缘上都有增加物种多样性的趋势；宽樟子松固沙林带间物种多样性变化曲线中出现了两个高峰，分别位于距离林带的8~14m 处，而带间距为 12m 的樟子松的变化趋势只有一个高峰，这说明该地樟子松配置不应小于 12m，当带间距为 16~28m 时，物种多样性会出现最大值。在恢复过程中羊草和地榆在界面里的空间上更容易取得优于其他草种的生存环境，从而使羊草和地榆在竞争中获得优势，原初植被中没有的地榆也得到了发育。物种多样性和均匀度、丰富度、生物量在各样地林带间的变化不大，表现为 12m 樟子松固沙林<24m 樟子松固沙林<原初植被，这是一个典型的群落演替机理，可以说明边际效应大大加速了群落演替的进程。即原生群落被破坏后通过不同配置栽植的行带式樟子松固沙林，其边际效应的结果将加速群落的恢复演替。

5.2 行带式固沙林带间自然修复效应

5.2.1 灌木柠条锦鸡儿行带式固沙林带间植被恢复效应

1. 实验布设

样地选取同第 4 章。分别选取带间距为 18m 和 6m 的单行带柠条锦鸡儿防护林样地、1 个随机分布的柠条锦鸡儿样地和 1 个旷野对照样地（选取当地地带性植被类型，简称CK），林带为南北走向，共 4 个样地，分别为样地 1、样地 2、样地 3（随机）和样地 4（旷野对照）。对于带间距为 6m 的情形，从距东侧林带 0m 处开始调查，每隔 2m 作为一个梯度，直到距东侧林带 6m 且距西侧林带 0m 处，共 4 个梯度。对于带间距为 18m 的情形，从距东侧林带 0m 处开始调查，每隔 2m 作为一个梯度，直到距东侧林带 18m 且距西侧林带 0m 处，共 10 个梯度。在每个梯度设置 3 个重复。随机设置的柠条锦鸡儿样地和旷野对照样地均为 25m×25m，从中随机选取 5 个 1m×1m 的样方进行植被调查。同一区域 4 个样地，植被状况和柠条锦鸡儿林长势都有较大的差别，具体情况见表 5.2。对于样地 5（林缘地）的植被调查方法采用沿距林缘 30m 处向林缘方向每隔 2m 设一个样方梯度进行调查，直到距林缘 0m 处，共 16 个梯度。在每个梯度设置 3 个重复。

表 5.2 和林格尔研究区群落基本特征描述

样地	种植年份	带间距/m	平均高度/m	平均冠幅/m	柠条锦鸡儿覆盖度/%	林下植被盖度/%
样地 1	1983	18	1.6	3.0	19.6	28.5
样地 2	1984	6	1.1	1.9	24.8	25.8
样地 3	1980	随机	1.3	2.4	18.6	32.5
样地 4	旷野对照	—	—	—	—	39.2

2. 植被恢复效应

1）不同样地物种组成变化

重要值是评价不同植物种在固沙林中地位和作用的综合数量指标（蒋春颖和史明昌，2010）。物种重要值直接反映出该物种在固沙林中作用的大小。物种的重要值越大，在固沙林中的作用就越大。在固沙林中占据着优势地位，成为固沙林的优势种。同时意味着该物种在空间和时间上均有较大的互补利用资源的可能性，在固沙林内部的物种之间具有强的竞争力。重要值也被作为评价生态系统稳定性的重要指标，在固沙林中物种之间重要值的均匀化，是固沙林趋于稳定的表现。

柠条锦鸡儿固沙林和对照样地的物种组成见表 5.3。18m 柠条锦鸡儿固沙林物种较为丰富，有 21 种，其中优势种有：阿尔泰狗娃花、牛枝子、赖草、碱蒿、芦苇等。偶见种为：斜茎黄芪、车前、克氏针茅、白草、远志、地梢瓜、草木樨、地锦、鹤虱和蒺藜。斜茎黄芪属于飞播植物，是外来种。6m 柠条锦鸡儿固沙林带间草本植物种类有13 种，其中优势植物种为赖草和白草。偶见种为：扁蓿豆、冰草、甘草、山苦荬。随机柠条锦鸡儿固沙林草本植物种类有 15 种，其中优势种有：赖草和猪毛菜，对照样地有 27 种，其中赖草、二色棘豆、狗尾草、芦苇和阿尔泰狗娃花为优势种。从植物种组成的差异来看，与对照相比，18m 柠条锦鸡儿固沙林比对照少了二色棘豆、狗尾草、小画眉草、甘草、冰草等物种。对照中出现的赖草、猪毛菜和狗尾草等，在柠条锦鸡儿固沙林中都存在，而一年生植物虫实在行带式柠条锦鸡儿固沙林中完全消失。由于人工建植柠条锦鸡儿林时曾飞播过斜茎黄芪物种，但在柠条锦鸡儿固沙林中发现只有 18m 柠条锦鸡儿固沙林中存在斜茎黄芪，说明 6m 柠条锦鸡儿固沙林与随机柠条锦鸡儿固沙林并不适合斜茎黄芪生长，同时也表明不同配置格局导致的生境异质性差异显著。

表 5.3　和林格尔研究区不同样地固沙林物种组成及重要值

植物名	18m	6m	随机样地	旷野对照
赖草 *Leymus secalinus*	22.23	34.46	9.64	36.65
二色棘豆 *Oxytropis bicolor*			4.14	13.34
狗尾草 *Setaria viridis*				14.88
小画眉草 *Eragrostis poaeoides*				11.57
猪毛菜 *Salsola collina*	14.79	11.57	10.85	5.42
山苦荬 *Ixeris chinensis*	6.97	6.23	1.26	8.73
远志 *Polygala tenuifolia*	3.3	5.58	7.35	7.72
糙隐子草 *Cleistogenes squarrosa*	5.05	15.44	15.1	8.13
米口袋 *Gueldenstaedtia verna*	3.37		1.73	6.67
碱蒿 *Artemisia anethifolia*	17.13	17.2	18.97	3.42
虫实 *Corispermum hyssopifolium*			6.93	
地锦 *Euphorbia humifusa*	0.93			1.56
蒺藜 *Tribulus terrester*	2.37			1.16
车前 *Plantago asiatica*	2.44			1.35
斜茎黄芪 *Astragalus adsurgens*	6.45			3.41
牻牛儿苗 *Erodium stephanianum*	5.35			8.54
牛枝子 *Lespedeza potaninii*	12.6	10.97	6.11	13.46
芦苇 *Phragmites australia*	16.79			21.34
蓝刺头 *Echinops latifolius*			0.78	0.83
克氏针茅 *Stipa krylovii*	4.48			6.34
鹤虱 *Lappula myosotis*	2.6			
地梢瓜 *Cynanchum thesioide*	2.38			4.23
刺藜 *Chenopodium asiatatum*			2.03	
草木樨 *Melilotus suaveolens*	8.82			5.87
乳浆大戟 *Euphorbia esula*		7.07		6.39
甘草 *Glycyrrhiza uralensis*		9.13		4.58
冰草 *Agropyron cristatum*		5.56		3.85
花苜蓿 *Medicago ruthenica*	6.04	2.29	5.65	8.47
白草 *Pennisetum centrasiaticum*	7.05	39.22	8.45	12.34
阿尔泰狗娃花 *Heteropappus altaicus*	13.91	7.63	1.02	23.79

由表 5.3 可以看出，在人工柠条锦鸡儿 25~28 年物种发育过程中，人工植被固沙林中一年生植物在数量上始终处于主导地位，这说明人工植被固沙林的种类组成和稳定程度还很低。带间距为 18m 的柠条锦鸡儿固沙林的植物种比较丰富，比 6m 柠条锦鸡儿固沙林多了草木樨、芦苇、斜茎黄芪和克氏针茅等多年生草本植物，这说明宽林带样地植被恢复效果较窄林带好，其固沙林也较稳定。

2）植物种类组成特征分析

柠条锦鸡儿固沙林与对照样地的物种组成特征分析见表 5.4。18m 柠条锦鸡儿固沙林的物种科、属组成也较对照样地复杂。对照样地物种的科、属组成为 11 科 26 属，18m 柠条锦鸡儿固沙林地为 11 科 21 属，每属仅有 1 种（表 5.4），而在 6m 柠条锦鸡儿固沙林和随机柠条锦鸡儿固沙林中的物种有 5~6 科和 13~15 属，其多样性明显减少。柠条锦鸡儿固沙林中新增种大多为豆科、禾本科、菊科植被，这与柠条锦鸡儿为豆科植被，具有明显的固氮作用有关。柠条锦鸡儿固沙林中共有种的科、属集中分布在菊科（山苦荬、碱蒿、阿尔泰狗娃花）、禾本科（赖草、糙隐子草、白草）、豆科（扁蓿豆）、藜科（猪毛菜）、远志科（远志）5 个科中。与对照样地共有科为 10 个科，多集中在菊科有 4 属、禾本科有 7 属和豆科有 7 属。从科、属的丰富度来讲，18m 柠条锦鸡儿固沙林略优于对照样地，但两者有很高的相似性。18m 柠条锦鸡儿固沙林和随机柠条锦鸡儿固沙林中一年生、二年生植被百分比大于对照样地，多年生植被百分比小于对照样地，6m 柠条锦鸡儿固沙林地一年生、二年生植被百分比小于对照样地，这是因为 6m 柠条锦鸡儿固沙林中总物种数较少，所以一年生、二年生植被在固沙林里所占的比例增加。各样地中一年生、二年生植被百分比均小于多年生植被百分比，说明当地植被的恢复还是比较稳定的。

表 5.4　和林格尔研究区不同样地植物组成分科特征及生活型结构

固沙林类型	科数	属数	种数	一年生、二年生草本物种个数	百分比/%	多年生草本物种个数	百分比/%
18m	11	21	21	7	33.33	14	66.67
6m	6	13	13	3	23.08	10	76.92
随机	5	15	15	5	33.33	10	66.67
对照样地	11	26	27	8	29.63	19	70.37

3）不同带宽柠条锦鸡儿固沙林多样性变化和物种丰富度变化

（1）18m 柠条锦鸡儿固沙林多样性指数变化

18m 柠条锦鸡儿固沙林多样性指数变化和物种丰富度变化见图 5.7 和图 5.8。18m 柠条锦鸡儿带间物种多样性、物种丰富度和均匀度在林带间的变化趋势比较相似，但也存在着差异。靠近柠条锦鸡儿带的两侧和中间 10m 处的物种丰富度较低，而其过渡带的物种丰富度较高，这一现象可以用中度干扰假说来解释。中度干扰假说认为在中等强度或频率的干扰体制下，生物多样性达到最高。这个假设已经被广泛接受并用于解释生物的多样性，以至于有时把这个假设上升为原理。但是图 5.7 中 0m 处的物种多样性偏高，根据实地调查，这是由柠条锦鸡儿背风带的"沃岛"效应造成的。

18m 柠条锦鸡儿带间物种各多样性指数在林带间的变化趋势相似，变化曲线中都出现了两个高峰，分别出现在靠近柠条锦鸡儿带两边 6~8m，因此，该地区柠条锦鸡儿带配

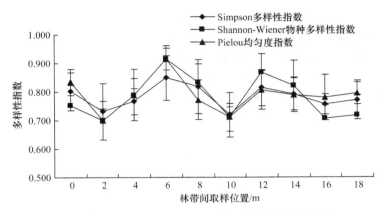

图5.7 带间距为18m的柠条锦鸡儿带物种多样性变化

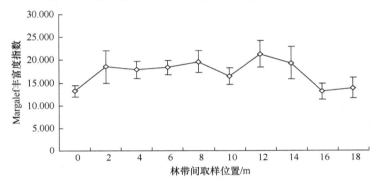

图5.8 带间距为18m的柠条锦鸡儿带物种丰富度变化

置为 12~16m，可以使其带内的草本物种多样性达到最大。宽林带行带式柠条锦鸡儿样地表现为多优势种，固沙林随植被恢复时间加长，侵入的植物种类不断增加，从而多样性指数、丰富度指数均较高。

（2）6m 柠条锦鸡儿固沙林多样性指数变化

6m 的柠条锦鸡儿带间物种多样性、均匀度、丰富度在林带间的变化趋势比较相似（图5.9，图5.10），这是由于其带间距太小而造成的，4 个样方受柠条锦鸡儿的影响均较大。

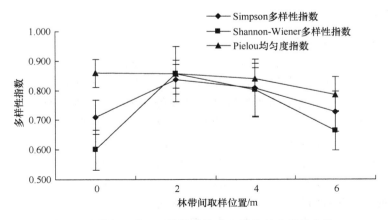

图5.9 带间距为6m的柠条锦鸡儿带物种多样性变化

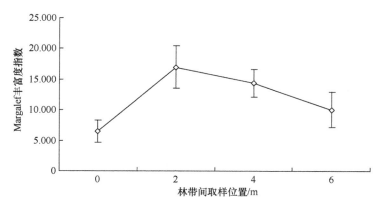

图 5.10 带间距为 6m 的柠条锦鸡儿带物种丰富度变化

带间出现单峰值,最大值出现在背风面的 2m 处。窄行带式柠条锦鸡儿样地为单优势种的固沙林,随时间的进一步推移,固沙林中的单优势种群必然会排斥其他物种,使其在竞争中被淘汰,该固沙林有可能最终形成柠条锦鸡儿占优势的干草原类型。

（3）不同样地植被多样性变化

从该研究区柠条锦鸡儿林的不同配置格局来看,各样地的物种多样性和均匀度在林带间的变化趋势相同（图 5.11,图 5.12）,表现为 18m 柠条锦鸡儿固沙林与对照样地接近,且都大于 6m 柠条锦鸡儿固沙林,随机柠条锦鸡儿固沙林多样性指数最小,而物种丰富度变化趋势与其不相似,对照样地的物种丰富度最高,其他 3 个样地均较低,6m 柠条锦鸡儿固沙林最低,这是由于 6m 柠条锦鸡儿固沙林中物种数目最少造成的,因为丰富度指数是反映种群间物种数目的指数。柠条锦鸡儿固沙林中 18m 柠条锦鸡儿带物种数较多,丰富度指数较大,同时也说明 18m 柠条锦鸡儿固沙林可以为更多物种的侵入提供栖息地。18m 柠条锦鸡儿固沙林和随机柠条锦鸡儿固沙林及对照样地的物种丰富度指数均大于 6m 柠条锦鸡儿固沙林。因此,行带式柠条锦鸡儿造林不宜太窄、盖度太大,否则会影响其林下物种丰富度。

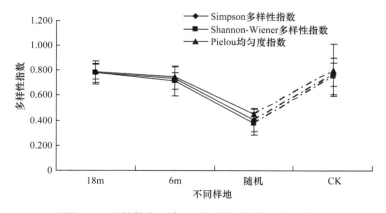

图 5.11 和林格尔研究区不同样地物种多样性变化

4）不同带宽柠条锦鸡儿固沙林生物量变化

（1）18m 柠条锦鸡儿固沙林生物量变化

18m 柠条锦鸡儿固沙林生物量变化见图 5.13。18m 柠条锦鸡儿带间固沙林生物量在

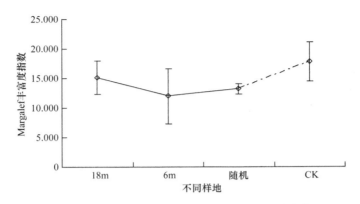

图 5.12 和林格尔研究区不同样地物种丰富度变化

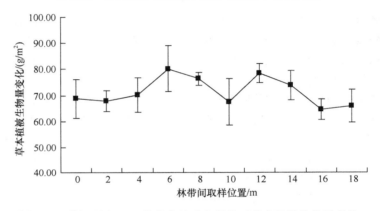

图 5.13 带间距为 18m 的柠条锦鸡儿带林下草本植被生物量变化

林带间的变化趋势与物种多样性比较相似。变化曲线中都出现了两个高峰，分别出现在靠近柠条锦鸡儿带两边 6~8m，说明该地区柠条锦鸡儿带配置为 12~16m 时可以使其带内的草本植被生物量达到最大。靠近柠条锦鸡儿带的两侧和中间 10m 处的物种生物量较低，而其过渡带的生物量较高。因此，宽林带行带式柠条锦鸡儿固沙林随植被恢复时间加长，侵入的植物种类不断增加，植被地上生物量的累积也逐渐增高。

（2）6m 柠条锦鸡儿固沙林生物量变化

6m 柠条锦鸡儿固沙林生物量变化见图 5.14。6m 柠条锦鸡儿带间植被生物量和物种多样性、均匀度、丰富度在林带间的变化趋势相同，这也是由于其带间距太小，4 个样方受柠条锦鸡儿的影响均较大而造成的。最大值出现在背风面 2m 处。两侧林下植被生物量最小，这是由于林下对养分吸收的竞争激烈引起的。

（3）不同样地植被生物量变化

不同样地植被生物量变化趋势见图 5.15。从该研究区柠条锦鸡儿林的不同配置格局来看，18m 柠条锦鸡儿固沙林生物量与对照样地最为接近，且都大于 6m 柠条锦鸡儿固沙林和随机柠条锦鸡儿固沙林，6m 柠条固沙锦鸡儿林多样性指数最小，这是由于 6m 柠条锦鸡儿固沙林中植物种类少而且物种个体数目也较少。而 18m 柠条锦鸡儿固沙林为更多物种的侵入提供栖息地，生物生产力也高。因此，行带式柠条锦鸡儿造林不宜太窄和盖度太大，会影响带间植被固沙林生物生产力的大小。虽然随机柠条锦鸡儿固沙林植被

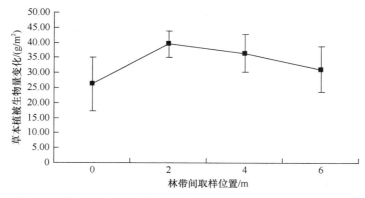

图 5.14　带间距为 6m 的柠条锦鸡儿带林下草本植被生物量变化

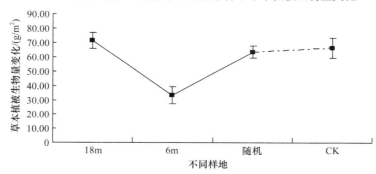

图 5.15　和林格尔研究区不同固沙林样地物种生物量变化

盖度大于行带式固沙林，但生物量并不高，这是固沙林仍旧表现出的不稳定性造成的。尽管 18m 柠条锦鸡儿群落盖度没有随机柠条锦鸡儿固沙林和对照样地高，但生物量高于对照样地，这说明 18m 柠条锦鸡儿固沙林不仅生物多样性指数高，固沙林稳定，而且有利于地上植被生产力的累积。

5）群落相似性与相异性系数

　　采用 Sorenson 公式计算了不同样地植物固沙林间的相似度和相异性系数（表 5.5）。从表 5.5 中可以看出，18m 柠条锦鸡儿固沙林与 6m 柠条锦鸡儿固沙林和随机柠条锦鸡儿固沙林相似度分别为 0.588 和 0.611，这两个值相差不大，说明在豆科固氮植被柠条锦鸡儿林的庇护下着生的草本植物种相近，18m 柠条锦鸡儿固沙林与对照样地相似度达 0.833，说明 18m 柠条锦鸡儿固沙林在植被恢复过程中发生了演替并朝着对照样地的演替趋势发展；6m 柠条锦鸡儿固沙林与随机柠条锦鸡儿固沙林相似度为 0.714，这表明 6m 柠条锦鸡儿固沙林与随机柠条锦鸡儿固沙林的演替进程相同，随机柠条锦鸡儿固沙林与对照样地的相似度最低，这是因为随机样地内由于风蚀还存在着部分地表裸露现象，固沙林极其不稳定，演替过程缓慢。6m 柠条锦鸡儿固沙林与对照样地相似度为 0.650，虽然植被种类少于随机柠条锦鸡儿固沙林，但与对照样地相似度大于随机柠条锦鸡儿固沙林。分析其原因主要是，6m 柠条锦鸡儿固沙林物种数目少，带间植被稀疏，导致固沙林非常不稳定，其中多为一年生的物种，带间所有物种在对照样地中均出现，但是与对照样地相比还存在着一定的差距。

表 5.5 和林格尔研究区不同样地植被群落相似性与相异性系数

样地名称	18m	6m	随机	旷野对照
18m	1	0.588	0.611	0.833
6m	0.412	1	0.714	0.650
随机	0.389	0.286	1	0.619
旷野对照	0.167	0.350	0.381	1

注：表中右上角为相似性系数，表左下角为相异性系数

6）植被根系变化

植物根系不但有固定植株、吸收水分和养分的作用，而且根系生产和周转直接影响陆地生态系统碳和氮的生物地球化学循环。

（1）根系生物量变化

不同样地植被根系生物量的动态变化规律见图 5.16。由图 5.16 可见，根系生物量分布随土层加深而逐渐减少，带间距不同根系质量分布格局的变化趋势不同，总体趋势表现为，对照样地>18m 柠条锦鸡儿固沙林>随机柠条锦鸡儿固沙林>6m 柠条锦鸡儿固沙林。由此可见，随机柠条锦鸡儿固沙林虽然地上植被盖度大，但是根系生物量并不大，这是因为随机固沙林多为一年生植被，根系生长量较小，而且表面局部有风蚀现象，固沙林不稳定，在一定程度上影响植被根系生长量。0~5cm 土层，18m 柠条锦鸡儿固沙林与对照样地差异不显著（$P>0.05$），明显大于 6m 柠条锦鸡儿和随机柠条锦鸡儿固沙林（$P<0.05$）；5~20cm 土层，柠条锦鸡儿固沙林均显著小于对照样地根系生物量。同一样地不同土层变化趋势为，随机柠条锦鸡儿固沙林上、下土层差异不显著，行带式柠条锦鸡儿固沙林与对照样地上、下土层差异显著，0~5cm 土层根系生物量均大于 5~20cm 土层。

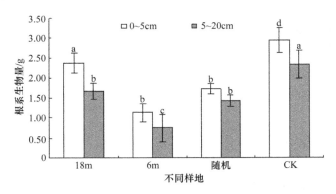

图 5.16 和林格尔研究区不同样地植被根系生物量对比

（2）根系总长度变化

不同样地植被根系总长度的动态变化规律见图 5.17。由图 5.17 可见，根系总长度随带间距不同变化趋势也不同，根系总长度变化随土层加深出现不同的规律，18m 柠条锦鸡儿固沙林与对照样地都表现为表层根系长度小于下层长度，而 6m 柠条锦鸡儿固沙林与随机柠条锦鸡儿固沙林则表现为表层根系长度大于下层根系长度，这是由于对照样地和 18m 柠条锦鸡儿固沙林样地植被比较稳定，多年来根系生长量大，根系固土能力强。总体趋势表现为，对照样地>18m 柠条锦鸡儿固沙林>随机柠条锦鸡儿固沙林>6m 柠条锦鸡儿固沙林。0~5cm

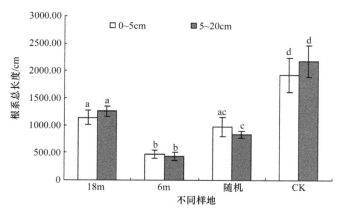

图 5.17　和林格尔研究区不同样地植被根系总长度对比

土层，18m 柠条锦鸡儿固沙林与随机柠条锦鸡儿固沙林差异不显著（$P>0.05$），均显著大于 6m 柠条锦鸡儿固沙林和对照样地（$P<0.05$）；5~20cm 土层，各样地根系总长度差异均显著。相同样地不同土层变化趋势为，各样地上、下土层差异不显著。

（3）根系总表面积变化

根是植物直接与土壤接触的营养器官，也是植物生物量的重要组成部分。而根系生长过程中对水分和营养的吸收是通过根系表面对土壤中水分和矿物质元素的吸收来完成的，因此根系表面积对根系的生长和个体的生长都具有非常重要的意义。不同样地植被根系表面积的动态变化规律见图 5.18。

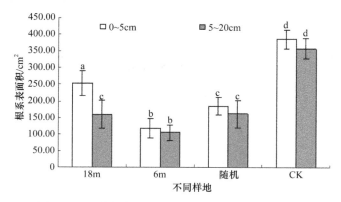

图 5.18　和林格尔研究区不同样地根系表面积对比

由图 5.18 可见，根系表面积分布随土层加深而减少，随着带间距的不同，植被根系总表面积分布格局的变化趋势与根系生物量变化趋势相同，总体趋势表现为，对照样地>18m 柠条锦鸡儿固沙林>随机柠条锦鸡儿固沙林>6m 柠条锦鸡儿固沙林。这是因为 6m 柠条锦鸡儿固沙林带间距太窄，造林密度大，柠条锦鸡儿根系对水分和养分的吸收要求大，限制了带间草本植被根系的生长，随机柠条锦鸡儿固沙林虽然密度不大，但地表植被不稳定，从而导致这两个固沙林的根系生长量小，根系表面积也就不会太大。0~5cm 土层，各样地根系总长度差异均显著（$P<0.05$）；5~20cm 土层，18m 柠条锦鸡儿固沙林与随机柠条锦鸡儿固沙林差异不显著（$P>0.05$），与 6m 柠条锦鸡儿固沙林和对照样地差异显著（$P<0.05$）。相同样地不同土层变化趋势为，除 18m 柠条锦鸡儿固沙林外其他各样地上、下土层差异均不显著。

3. 综合分析

不同带宽行带式柠条锦鸡儿固沙林组成差异显著，随着柠条锦鸡儿林带宽的减小，固沙林优势种显著减少，优势种赖草与白草的重要值随带宽的增加而减小。18m柠条锦鸡儿林带间物种多样性指数变化曲线中都出现了两个高峰，当柠条锦鸡儿带间宽度为12~16m可以使其带内的草本物种多样性达到最大。6m柠条锦鸡儿林带间物种多样性变化曲线只出现单峰值。18m柠条锦鸡儿固沙林生物多样性和生物量与对照样地接近，6m柠条锦鸡儿固沙林丰富度指数最低，说明18m柠条锦鸡儿固沙林可以为更多物种的侵入提供栖息地，生物多样性指数高，固沙林稳定，有利于地上植被生产力的累积。18m柠条锦鸡儿固沙林与对照样地相似度最大，高达0.833，是最为接近原初植被的一种配置。

5.2.2　行带式杨树固沙林带间植被恢复效应

1. 实验布设

该部分实验分别选取造林年限相近的3种带宽两行一带杨树防护林样地，林带为南北走向，1个旷野对照样地（选取当地地带性植被类型）进行对比，共4个样地，分别为样地1、样地2、样地3、样地4，其中沙土样地用于土壤质量变化分析中进行比较，各样地植被调查同第四章。研究区不同配置的行带式杨树人工林在造林初期均采用带间间作抚育措施，因此带间植被恢复年限为退耕后未开垦年限，不同样地固沙林基本特征见表5.6。

表 5.6　敖汉研究区群落基本特征描述

样地名称	种植年份	株行距/m	带间距/m	平均高度/m	平均胸径/cm	平均冠幅/m	郁闭度/%	林下植被盖度/%	未开垦年限
样地1	1997	2×5	20	13.5	16	4.8	24.7	25.1	10
样地2	2000	2×5	15	8.5	10	3.6	24.9	20.1	8
样地3	1992	2×5	10	10.0	14	3.0	35.1	15.2	13
样地4	旷野对照	—	—	—	—	—	—	42.2	—

2. 植被恢复效应

1）不同样地物种组成变化

行带式固沙林和对照样地的物种组成见表5.7。10m杨树固沙林的物种组成最简单，只有9种植物。对照样地物种最为丰富，有24种，其中优势种有：狗尾草、达乌里胡枝子、白草等。偶见种为：菊叶委陵菜、刺藜、铁杆蒿、亚麻、米口袋和田旋花。10m杨树固沙林带间优势植物种为一年生植物狗尾草，其他种重要值都很低，说明带宽为10m行带式乔木林，对带间植被的修复有抑制作用，且随着林龄增大带间植被种类和数量越来越少。15m杨树固沙林带间草本植物种类有11种，其中优势植物种为碱蒿和甘草，其中碱蒿属于一年生、二年生植物，可见15m杨树固沙林也不稳定，偶见种为：二裂委陵菜。20m杨树固沙林带间草本植物种类有15种，其中优势种有：达乌里胡枝子、狗尾草、白草和地梢瓜，其中除狗尾草之外其他 3 种都为多年生植被，偶见种有斜茎黄芪和糙叶黄芪，该固沙林为 3 种行带式固沙林种最为稳定的固沙林。从植物种组成的差异来讲，与对照相比，20m 杨树固沙林比对照少了菊叶委陵菜、扁蓿豆、二裂委陵菜、铁杆蒿、芦苇等物种。

表 5.7　敖汉研究区不同样地物种重要值

植物种类	20m	15m	10m	旷野对照
狗尾草 *Setaria viridis*	8.85		1.08	14.87
达乌里胡枝子 *Lespedeza davurica*	18.67	3.77		21.41
糙隐子草 *Cleistogenes squarrosa*	3.80			4.68
白草 *Pennisetum centrasiaticum*	6.82			17.63
牻牛儿苗 *Erodium stephanianum*	2.13			1.34
菊叶委陵菜 *Potentilla tanacetifolia*				0.89
扁蓿豆 *Medicago ruthenica*		2.33		3.45
斜茎黄芪 *Astragalus adsurgens*	0.25			6.21
二裂委陵菜 *Potentilla bifurca*		0.90		1.27
刺藜 *Chenopodium asiatatum*				0.26
铁杆蒿 *Artemisia gmelinii*				0.58
阿尔泰狗娃花 *Heteropappus altaicuc*	2.05			1.23
猪毛菜 *Salsola collina*			0.11	1.18
山苦荬 *Ixeris chinensis*	3.88	2.64	0.33	4.36
芦苇 *Phragmites australia*			0.63	5.22
地锦 *Euphorbia humifusa*			0.06	1.73
蒺藜 *Tribulus terrester*	1.05	2.38		1.61
米口袋 *Gueldenstaedtia verna*	2.42	1.73		0.97
地梢瓜 *Cynanchum thesioides*	5.85		0.17	2.14
碱蒿 *Artemisia anethifolia*		6.91		3.23
亚麻 *Linum usltatissimum*	1.07			0.40
糙叶黄芪 *Astragalus scaberrimus*	0.86	1.13		3.24
虫实 *Corispermum hyssopifolium*		2.82	0.14	
田旋花 *Convolvulus arvensis*	3.59	3.18	0.16	0.72
甘草 *Glycyrrhiza uralensis*	1.16	6.54	0.22	2.95

对照中出现的山苦荬、田旋花和甘草，在行带式样地中都存在，而一年生植物刺藜在行带式固沙林中完全消失，说明行带式固沙林在防风固沙的基础上促进了带间植被的恢复。山苦荬和田旋花的重要值随着带宽的增加有增大的趋势，说明这两种植被更适合宽带间距生境，而甘草重要值在 15m 杨树固沙林中最大，说明甘草更适合在带宽为 15m 的行带式固沙林带间生长。

从不同带宽杨树固沙林带间物种发育过程可以看出，虽然造林年限相近，但由于带宽的不同导致带间植被种类存在明显的差异，稳定性也不同。10m 杨树固沙林中一年生植物在种类数和数量上始终处于主导地位，这说明行带式人工林当带间距为 10m 时带间草本植被种类组成和稳定程度都很低。带间距为 20m 的固沙林带间的植物种类较丰富，比 15m 和 10m 杨树固沙林多了糙隐子草、白草、斜茎黄芪和阿尔泰狗娃花等多年生草本植物，这说明宽林带样地植被恢复效果较窄林带的好，其固沙林也较稳定，而这些物种都是优良的牧草种质资源，对当地的畜牧业有极大的促进作用。

2）植被固沙林物种组成特征分析

行带式固沙林与对照样地的物种组成特征分析见表 5.8。

表 5.8　敖汉研究区不同样地植物组成分科特征及生活型结构

固沙林类型	科数	属数	种数	一年生、二年生草本植物个数	百分比/%	多年生草本植物个数	百分比/%
20m	8	13	15	5	33.33	10	66.67
15m	6	10	11	4	36.36	7	63.64
10m	6	9	9	5	55.56	4	44.44
对照样地	11	21	24	9	37.50	15	62.50

对照样地物种的科、属组成最为丰富，11 科 21 属，20m 杨树固沙林 8 科 13 属，而在 15m 和 10m 杨树固沙林中的物种科、属只有 6 科和 9~10 属，其多样性明显减少。行带式固沙林中的引入种大多为禾本科、菊科、豆科和藜科植被。其中 20m 杨树固沙林与对照样地共有 9 属，多集中在禾本科有 3 属（狗尾草属、隐子草属和狼尾草属）、豆科有 4 属（胡枝子属、黄芪属、米口袋属和甘草属）和菊科有 2 属（狗娃花属、苦荬菜属）。从科的丰富度来讲，20m 杨树固沙林最接近对照样地，明显优于 15m 和 10m 杨树固沙林。20m 和 15m 杨树固沙林中一年生、二年生草本植物个数百分比都小于对照样地，多年生植被百分比大于对照样地，这是由于这两个样地中物种数少，所以一年生、二年生植被在固沙林里所占的比例增加。并不代表优于对照样地。10m 杨树固沙林一年生、二年生植被百分比大于多年生植被，这正是 10m 杨树固沙林不稳定程度的表现。

3）不同带宽杨树固沙林多样性变化

该部分实验所选调查样地分别为恢复年限相近不同带间距的样地 1、样地 2、样地 3 和 4，并分析不同带间距对带间植被修复的影响。

（1）20m 杨树固沙林多样性指数变化

20m 杨树固沙林多样性指数变化见图 5.19。由图 5.19 可见，20m 行带式杨树固沙林带间物种多样性和均匀度在林带间的变化趋势比较相似，变化曲线中出现了"双峰"现象，但峰值与其他值差异并不是很大，均稍大于带中央，这说明行带式杨树固沙林当带间距为 20m 时受林带两侧的影响差异并不明显，林带对植被的影响仍然较大。从丰富度指数变化可以看出（图 5.20），其变化趋势与 Shannon-Wiener 多样性指数变化趋势相同，这是由于 Shannon-Wiener 多样性指数是丰富性和均匀性的综合反映，因此在均匀度指数变化不明显而丰富度指数上升的情况下，Shannon-Wiener 多样性指数就会出现增加的趋势。从总体趋势可以明显看出，由于迎风面风力侵蚀大于背风坡一侧，其多样性指数沿背风面一侧到迎风面一侧呈下降趋势。

（2）带间距为 15m 的固沙林多样性指数变化

15m 固沙林多样性指数变化总体趋势相同（图 5.21），带间出现了单峰值多样性指数，

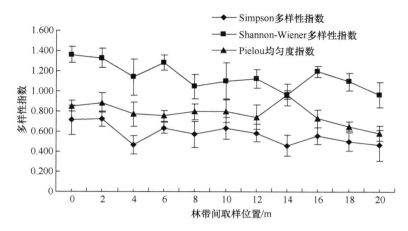

图 5.19　带间距为 20m 的杨树林带间物种多样性变化

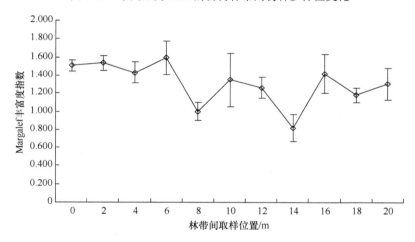

图 5.20　带间距为 20m 的杨树林带间物种丰富度变化

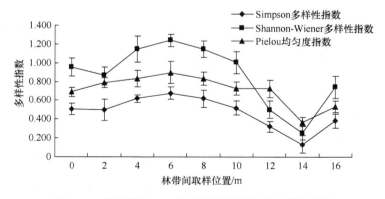

图 5.21　带间距为 15m 的杨树林带间物种多样性变化

均匀度指数峰值在距林带 6m 处，而丰富度指数出现在距林带 4m 处并且与 10m 处较接近（图 5.22）。这是由于林带在造林初期时，带间同时也在耕作，使其土壤养分多集中在表层，有利于一年生浅根系草本植物的生长，植物固沙林的生境慢慢发生改变，使某些适应这种生境的物种得以生长，而林带周围由于树木对营养的吸收竞争大，使无论一年生草本还是多年生草本生长有限，物种多样性呈下降趋势，而林带中间竞争较小，使得固沙林各种植被适应新的生境，物种多样性上升，带中间固沙林稳定性明显高于两侧林带。距离林带14m处多样性指数与均匀度指数及丰富度指数最低，这是由于迎风面风力吹蚀，导致地表稳定性差，植被难以着生。

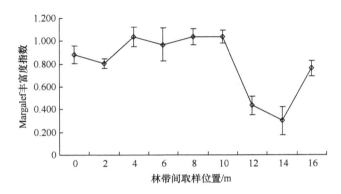

图 5.22　带间距为 15m 的杨树林带间物种丰富度变化

（3）10m 固沙林多样性指数变化

10m 固沙林多样性指数变化与均匀度指数变化趋势相同（图 5.23），带间出现了单峰值多样性指数，均匀度指数峰值在距林带4m处，丰富度指数也出现在距林带4m处（图5.24）。多样性指数变化与均匀度指数最低值出现在距林带两侧 2m 处，而丰富度最低值则出现在林带中间 6m 处，这是由于当林带间距过小时，林带对带间各位置植被影响都很大，导致带间植被多样性明显降低，甚至小于林下，同时说明当带间距变小后，在带间各处对养分的吸收竞争均较激烈的条件下，林下的高湿度、弱光照的生境，更有利于草本植被的生长，而造成带间植被多样性有时会低于林下。6m 杨树固沙林带中间植物种类最少，因此丰富度指数最低。

（4）不同样地植被多样性变化

在大量营造人工固沙林中，造林密度对人工林的稳定性和防风固沙效果起着决定性的因素，行带式防风固沙林林带不仅起到防止风蚀的作用，而且大大降低了固沙林的覆

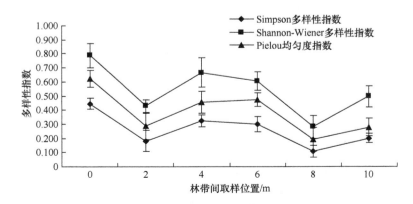

图 5.23　带间距为 10m 的杨树林带间物种多样性变化

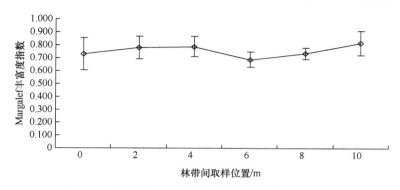

图 5.24　带间距为 10m 的杨树林带间物种丰富度变化

盖度，使得覆盖度仅为 20%的行带式配置格局的固沙林能够完全固定流沙，且带状配置格局的边行优势明显，生物多样性和生产力较高。由图 5.25 和图 5.26 可见，在调查的 3 种不同带宽的行带式人工林中，带间植被的物种多样性变化均为增加趋势，但不同带宽对带间植被物种多样性的增加影响很大，其中 20m 带宽更加有利于带间植被的物种多样性的增加；但是，这 3 个样地带间植被的物种多样性均小于对照样地，这也说明 10 年左右的行带式固沙林带间植被的修复还处于植被恢复初期，仍需要一个较长时间的修复才能接近或者达到地带性植被。在 3 种行带式固沙林中，20m 杨树固沙林最接近对照样地，其植被恢复效果优于 15m 和 10m 杨树固沙林，而 15m 杨树固沙林与 10m 杨树固沙林较接近，这说明该区行带式配置的杨树固沙林当带间小于 15m 时会减小物种多样性，不利于带间植被恢复。随着其林下植被的自然恢复过程，带间距越宽其多样性指数越大，也就是说，密度虽然减小了，但是多样性指数增大了，并且稳定性会增强。

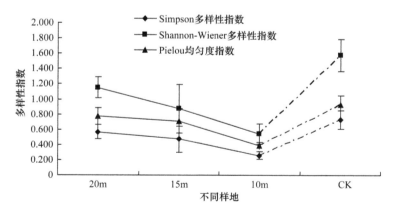

图 5.25　敖汉研究区不同固沙林样地物种多样性变化

4）不同带宽杨树固沙林植被生物量变化

（1）20m 杨树固沙林生物量变化

20m 杨树固沙林生物量变化见图 5.27。由图 5.27 可见，20m 杨树固沙林带间生物量在林带间的变化趋势与物种多样性比较相似。变化曲线中都出现了两个高峰，分别出现在距林带两侧 4m 和 6m 处，两个峰值相差不大，靠近柠条锦鸡儿带两侧和中间 10m 处的物种生物量较低，而其过渡带的生物量较高，带中间生物量均高于两侧林带。

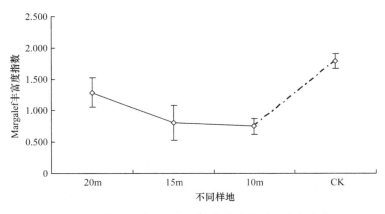

图 5.26 敖汉研究区不同固沙林样地物种丰富度变化

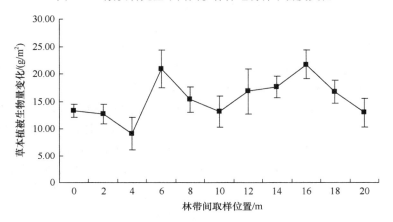

图 5.27 带间距为 20m 的杨树林带间草本植被生物量变化

（2）15m 杨树固沙林生物量变化

15m 杨树固沙林生物量变化见图 5.28。由图 5.28 可见，15m 杨树固沙林带间生物量在林带间的变化趋势也与物种多样性变化趋势相同。变化曲线中都出现了 1 个高峰，单峰值出现在距林带 8m 处，带中间生物量均高于两侧林带。

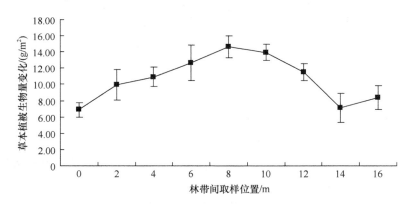

图 5.28 带间距为 15m 的杨树林带间草本植被生物量变化

（3）10m 杨树固沙林生物量变化

10m 杨树固沙林生物量变化见图 5.29。由图 5.29 可见，10m 杨树固沙林带间生物量在林带间的变化趋势也与物种多样性变化趋势相同。变化曲线中都出现了 1 个高峰，单峰值出现在距林带 4m 处，距林带两侧 2m 处最低，带中间生物量与两侧林带相差不大，分别小于固沙林的背风面和大于迎风面。

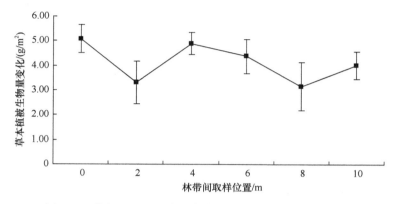

图 5.29　带间距为 10m 的杨树林带间草本植被生物量变化

（4）不同样地生物量变化

从研究区杨树林带的不同配置格局来看（图 5.30），20m 杨树固沙林生物量与对照样地最为接近，且都大于 15m 和 10m 杨树固沙林。这是由于 10m 杨树固沙林竞争激烈，植物侵入种数较少，多样性指数最小，并造成生长量不高。而 20m 杨树固沙林可以为更多物种的侵入提供栖息地，生物生产力也高。因此，杨树行带式造林不宜太窄和盖度太大，会影响带间植被固沙林生物生产力的大小。15m 杨树固沙林和 10m 杨树固沙林植被盖度相差大，生物量也高于 10m 杨树固沙林，这是 10m 杨树固沙林仍旧不稳定造成的。

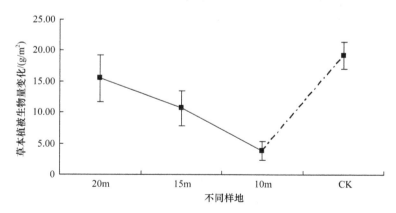

图 5.30　敖汉研究区不同固沙林样地物种生物量变化

5）群落相似性与相异性系数

固沙林相似性指数的大小在一定程度上可以反映固沙林的时空结构。从表 5.9 中可以看出，20m、15m 和 10m 杨树固沙林样地与对照样地相似度分别为 0.769、0.588 和 0.485，其中 20m 杨树固沙林与对照样地相似度达到最大,说明 20m 杨树固沙林在植被恢复过程中发生了演替并朝着对照样地的演替趋势快速发展。行带式固沙林之间的相似度分别为:20m 杨树固沙林与 15m 杨树固沙林之间相似度高(相似度达 0.538),20m 杨树固沙林与 10m 杨树固沙林相比,固沙林相似性(相似性系数为 0.417)比前者要低 0.121。15m 杨树固沙林与 10m 杨树固沙林相比,固沙林相似性仍然较低(0.400)。说明行带式 15m 杨树固沙林与 10m 杨树固沙林整体环境尚未发生质的改变,而且优势物种替代率相对较低,环境异质性相对较小,带间植被恢复较慢;行带式 20m 固沙林相似性与对照最为接近,带间植被恢复效果优于 15m 和 10m 杨树固沙林,但是与对照样地相比还存在着一定的差距。

表 5.9　敖汉研究区不同样地植物群落相似性与相异性系数

样地名称	20m	15m	10m	旷野对照
20m	1	0.538	0.417	0.769
15m	0.462	1	0.400	0.588
10m	0.583	0.600	1	0.485
旷野对照	0.231	0.412	0.515	1

注:表右上角为相似性系数,表左下角为相异性系数

6)植被根系变化

(1)根系生物量变化

不同样地根系生物量的动态变化规律见图 5.31。根系生物量分布随土层加深而逐渐减少,带间距不同根系生物量分布格局的变化趋势不同,总体趋势表现为对照样地>20m 杨树固沙林>15m 杨树固沙林>10m 杨树固沙林。0~5cm 土层,不同样地差异显著;5~20cm 土层,20m 杨树固沙林与 15m 杨树固沙林根系生物量差异不显著,但与 10m 杨树固沙林和对照样地差异显著。相同样地不同土层变化趋势为,20m 杨树固沙林和对照样地上、下土层差异显著,15m 和 10m 杨树固沙林上、下土层差异不显著。20m 杨树固沙林最接近对照样地,10m 杨树固沙林根系生物量最小,这是由于 10m 林带间植被稀疏,盖度非常低,植被根系生长量很小,从而导致根系垂直分布差异不明显。

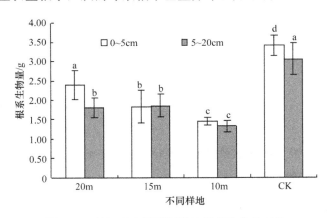

图 5.31　敖汉研究区不同样地根系生物量对比

（2）根系总长变化

不同样地根系总长度的动态变化规律见图 5.32。由图 5.32 可见，根系总长度随带间距不同分布格局的变化趋势不同，根系总长度变化总体趋势为对照样地>20m 杨树固沙林>15m 杨树固沙林>10m 杨树固沙林。随行带式固沙林带间宽度的增加，根系总长度有增加的趋势。0~5cm 土层，20m 杨树固沙林与 15m 杨树固沙林根系总长度差异不显著，但与 10m 杨树固沙林和对照样地差异显著；5~20cm 土层，不同样地差异显著。相同样地不同土层变化趋势为，20m 杨树固沙林和和对照样地差异显著，15m 和 10m 杨树固沙林上、下土层差异不显著；20m 和 10m 杨树固沙林表层根系总长度小于下层，15m 杨树固沙林和对照样地下层根系总长度小于表层。

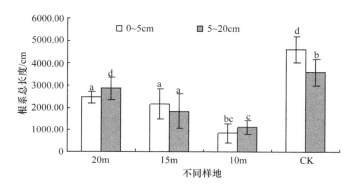

图 5.32　敖汉研究区不同样地根系总长度对比

（3）根系总表面积变化

不同样地根系表面积的动态变化规律见图 5.33。由图 5.33 可见，根系表面积分布随土层加深而逐渐减少，不同带间距固沙林带间植被根系总表面积分布格局的变化趋势与固沙林根系生物量和根系总长度变化趋势相同，总体趋势表现为对照样地>20m 杨树固沙林>15m 杨树固沙林>10m 杨树固沙林。0~20cm 上、下土层，不同样地差异均显著。相同样地不同土层变化趋势为，20m 杨树固沙林和和对照样地差异显著，15m 和 10m 杨树固沙林上、下土层差异不显著。不同样地根系表面积均表现出表层根系总表面积大于下层。以上结果说明行带式造林密度大，带间距离窄时会影响带间固沙林根系总表面积，从而影响植被对水分和营养的吸收，不利于植被的生长和繁衍。

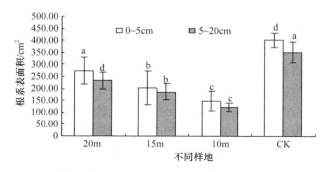

图 5.33　敖汉研究区不同样地根系表面积对比

5.2.3　综合分析

行带式固沙林明显使林带间增加了多年生草本植被，促进固沙林稳定发展。20m 杨树固沙林行带间草本物种多样性变化曲线中出现了"双峰"现象，而 15m 和 10m 杨树固沙林带间只出现了单峰值。其中，20m 杨树固沙林最接近对照样地，植被恢复效果优于 15m 和 10m 杨树固沙林，该区行带式配置的杨树固沙林，当带间距小于 15m 时，会明显减小物种的多样性。随着植被的自然恢复过程，带间距越宽（至少在 20m 内），其多样性指数越大，密度虽然减小了，但是多样性指数增大了，对植被恢复的促进作用也增强了，并且宽带间距有利于带间草本植被生物量的积累。20m 杨树固沙林与对照样地相似度最大，高达 0.769，而 15m 与 10m 杨树固沙林整体环境尚未发生质的改变，优势物种替代率相对较低，环境异质性较小，带间植被恢复缓慢。20m 杨树固沙林带间更适合植被自然恢复，有利于带间植被根系的生长，其对植被的恢复促进作用优于 15m 和 10m 杨树固沙林。

5.3　带间植被修复与土壤修复耦合机制

植物固沙林与土壤因子之间关系的研究是植物生态学研究的一个重要内容，是退化系统恢复重建的重要理论基础。在同一气候条件下，土壤分异导致了植被的变化。在植物固沙林与土壤因子的相互作用中，导致了植物种群的不同分布格局，决定了各种植物在植被演替中的地位和作用。土壤理化性质及微生物数量在不同植物固沙林中产生较大变异。Raupach 等研究认为，土壤 pH、有机质含量和其他营养元素含量均表现不同程度的植物固沙林依存特性（Raupach，1951；Pigott and Taylor，1964；Trangmar et al.，1987）。而且，这种依存特性大多数与植物种群分布存在紧密的相关关系。Vinton 和 Burke 则认为，不同植物种群对土壤化学元素特性的影响，主要是通过作用于地上和地下凋落物的数量和质量，以及微生境进行的（Chen and Stark，2000；Vinton and Burke，1995）。而根系分解是养分从生物库转移到土壤库的关键环节，并在一定程度上反映了土壤与植物间物质和能量的交换能力（张其水和俞新妥，1991）。

在低覆盖度行带式固沙林生态系统恢复的过程中，带间植被恢复与土壤条件的改善是相辅相成的。其中带间植被的物种多样性、生物量、土壤肥力等的恢复速率是不同的，植被恢复的过程中，种类结构和多样性的恢复是基础，小生境的改善、生物量和生产力的提高是必然结果，土壤肥力的增加又是生物量和生产力提高的结果，而土壤肥力的提高又促进了带间植被群落结构的恢复程度，适宜带间距的低覆盖度行带式固沙林具有明显加快带间植被群落的恢复和提高土壤肥力的作用。

行带式固沙林实际上是在起到沙障作用的同时，确保自然植物能够定居；可以促进带间自然植被快速修复和土壤的形成。行带式固沙林造林以后，在短短的十几年内对土壤性状具有明显的改善作用；同时，随着土壤的变化，植物种类组成更替，植被的生长又为林带提供了养分和水分补给，达到林草复合植被，优势互补，相互衔接，持续发育，具有重要的促进生态系统恢复的功能。而行带式固沙林正是通过带宽的变化来调节这种植物与土壤的反馈作用，太窄的带间距固沙林土壤与植被的恢复均会由于造林密度大而受到抑制。

在干旱半干旱的退化生态系统地区，由于人工固沙林的出现，草本群落的物种组成和多样性特征发生了明显变化。林带间草本物种组成不同于不受或少受固沙林影响的草本群落的物种组成，在一定带间距内物种丰富度随带间距的减小呈降低趋势，即降低程度随固沙林密度的提高而加剧，固沙林草本群落的物种组成不同于旷野对照的草原群落的物种组成，物种多样性随带间距的增加而有所提高。尽管固沙林的内部不适合某些草原物种的生存，但适合另外其他一些物种的分布与生存，并且适合生存的植物种类随带间距的增加而增加。

带间植被群落物种多样性变化的根源在于生境条件的变化，行带式固沙林带间的生境变化主要表现为风力减弱、空气湿度提高和土壤湿度增加。可以推断，行带式固沙林带间草本物种组成及多样性的增加主要源于这些变化，当固沙林出现后，附近风速降低，水汽滞留下来，造成贴地层空气湿度的提高；风速的降低还会使植物蒸腾减缓，失水减少，进而使植物耗水量降低，一方面是空气水分的增加，另一方面是植物耗水量的降低。因此，环境中可利用的水分资源变得相对丰富起来。根据资源限制假说，如果水分条件改善了，就能满足更多物种的生存需求，提高物种的丰富度，环境水分变化还包括土壤水分的变化，这些综合起来对草本多样性产生了影响。行带式固沙林内的生境差异主要体现在光照和水分方面，其他方面则是相似的，不同带宽的行带式固沙林，其建植密度的不同造成林内物种丰富度降低的原因主要是树木遮荫和水分的利用。草原地区光照强烈，多数草本植物在进化过程中形成较高的光补偿点和光饱和点，具有阳性植物的许多特征。如果受到树木遮荫的影响，其有机物合成速率下降，长期遮荫势必引起草本植物体内有机物的匮乏，个体加速死亡，且难以正常补充后代。最终，这些物种消失于林下遮荫环境，在群落层次上则表现为物种组成及丰富度的降低。而适宜带间距的行带式固沙林则为带间草本植被提供了很好的光照条件，从而解决林带间草本植被演替所需光照不足的问题，为植被的繁衍提供了良好的生存环境。

在生态系统中，土壤是生物量生产最重要的基质，是诸多营养的贮存库，是动植物分解和循环的场所，是林带和带间草地的载体。在生态系统的恢复过程中，土壤的修复要滞后于植被的修复，其退化后修复时间要远远长于植被的修复时间（曲国辉和郭继勋，2003）。行带式固沙林及其改建修复的植被有明显改善土壤物理性状的作用，这个结论与赵哈林等（2006）对土壤恢复过程中物理性状的变化研究结果相似。但仅仅营造了覆盖度在 20%左右的疏林，在短短的十几年内对土壤的快速修复效果远胜于赵哈林等的研究对象，反映出行带式的优势所在，且行带式固沙林在造林以后对土壤化学性状具有明显的改善作用（赵哈林等，2004）。同时，随着土壤的变化，植物种类组成发生更替现象（李洪远和鞠美庭，2005）。这种植物与土壤的反馈作用，是植被恢复和演替的重要机制之一（赵哈林等，2003）。微生物是生态系统的重要组成部分，对土壤的质量和肥力很重要。它们在土壤有机质分解和营养元素矿化中起主要作用（Vitousek et al.，1982）。因此，土壤微生物推动着生态系统的能量流动和物质循环，维持生态系统正常运转（Birk and Vitousek，1986）。土壤微生物参数可作为土壤质量变化的指标（Zak and Pregitzer，1988；杜晓军，2003），它在土壤肥力评价和生物净化等方面有着重要作用。而行带式固沙林的界面作用及其小气候促进了植物与土壤在恢复和演替中的互惠作用，这种互惠作用也促进了在土壤生态系统的能量流动和物质循环中维持生态系统正常运转的土壤微生物的发育，这也是界面生态效益的一部分。

林草之间并非只有简单的竞争排斥关系，即便在干旱区，树木也能在一定程度上提高草本植物的生产力，甚至多样性。固沙林的建植可以在林带附近和内部带来新的生境，满足某些草本植物种的生存需求，倘若没有这些固沙林，这些物种就难以得到适宜生境，那么生存的风险就会增大。在土壤水分适宜、光照适宜的前提条件下，建植适宜密度的行带式固沙林，解决耗水量大或水分不足等关键问题，对保护植被植物多样性和恢复潜能是十分有益的，可从根本上达到防沙治沙的目的。

5.4　界面效应的影响域及适宜带间距

固沙林的边缘带是群落与外界交流的主要场地，尤其是种类渗透、物质流动及其他信息交流的主要场地。自然群落所形成的边缘结构和边缘区的发展与变化动态，反映了在特定的生境下，群落间的相互作用及群落间的扩散特性，而群落的边缘扩散，又常常是演替与发展的结果；因此，群落边际效应的研究具有重要的理论意义。在低覆盖度行带式固沙林中，形成了多个林草界面，而且，界面效益与固沙林的带间距的大小紧密相关，研究已经发现，当带间距小于 10m 时，在中幼龄林期间就会严重制约带间自然植被的修复（姜丽娜等，2011，2013），因此，确定合理的带间距，达到充分发挥界面生态效益的优势，促进带间植被及土壤快速发育，是低覆盖度行带式固沙林最重要的内容之一。

5.4.1　带间修复植被、土壤与固沙林带间距的相关分析

1. 修复植被与土壤因子选择

为了研究樟子松在不同配置格局下植物群落与土壤因子之间的相互影响，选择判断不同樟子松林地恢复程度指标体系，本研究对不同樟子松群落（24m 群落、12m 群落）和对照群落应用"典型相关分析（CCA）"方法，分析植物群落与土壤因子之间的相关性。在各个恢复程度中植物群落变量组由群落盖度、群落地上生物量、Simpson 优势度指数、Shannon-Wiener 多样性指数、Margalef 丰富度指数、Pielou 均匀度指数、根系生物量（表层）、根系总长（表层）、根系表面积（表层）构成。土壤因子变量组由土壤黏粒含量（<0.01mm）、土壤容重、土壤含水量、pH、土壤有机碳、土壤全氮含量、硝态氮、铵态氮、速效磷、速效钾、土壤细菌数量、土壤放线菌数量、土壤固氮菌数量和土壤真菌数量构成。以 X_1~X_9 分别代表植物变量组的变量，其中：X_1 为群落盖度，X_2 为群落地上生物量，X_3 为 Simpson 优势度指数，X_4 为 Shannon-Wiener 多样性指数，X_5 为 Margalef 丰富度指数，X_6 为 Pielou 均匀度指数，X_7 为根系生物量（表层），X_8 为根系总长（表层），X_9 为根系表面积（表层）。以 X_{10}~X_{23} 分别代表土壤变量组的变量，其中：X_{10} 为土壤黏粒含量，X_{11} 为土壤容重，X_{12} 为土壤含水量，X_{13} 为土壤有机碳，X_{14} 为 pH，X_{15} 为土壤全氮

含量，X_{16} 为硝态氮，X_{17} 为铵态氮，X_{18} 为速效磷，X_{19} 为速效钾，X_{20} 为土壤细菌数量，X_{21} 为土壤放线菌数量，X_{22} 为土壤固氮菌数量，X_{23} 为土壤真菌数量。土壤指标全部为 0~5cm 土层的指标。

2. 不同群落植被与土壤因子的典型相关分析

首先对樟子松林在不同配置格局下植物群落指标和土壤指标构成的变量组进行主成分分析（PCA），在不同配置格局下植物群落指标 PCA 分析结果表明（表 5.10），在前三维主成分上累积贡献率分别达到 0.8266（24m 群落）、0.8827（12m 群落）、前二维 0.8195（对照群落）。各变量在前二维、三维主成分上的因子负荷量最大者分别如下。

表 5.10　巴音岱研究区不同群落植被变量主成分分析

变量	24m 樟子松群落			12m 樟子松群落			对照群落	
	Prin1	Prin2	Prin3	Prin1	Prin2	Prin3	Prin1	Prin2
X_1	0.072 90	−0.103 60	−0.574 07	0.121 59	0.545 63	−0.476 81	−0.377 32	0.173 37
X_2	0.027 12	0.452 77	0.325 31	−0.035 75	0.483 31	0.653 06	0.071 36	−0.382 94
X_3	0.356 55	0.373 71	−0.311 13	0.418 94	0.036 94	0.158 59	0.317 21	0.444 12
X_4	0.406 55	0.353 68	−0.094 18	0.400 07	0.132 79	0.257 58	−0.383 43	0.316 37
X_5	0.439 63	0.269 69	−0.177 35	0.398 29	−0.082 65	0.247 77	0.409 48	−0.179 40
X_6	−0.088 52	0.429 09	0.487 50	0.273 54	0.495 53	−0.121 59	−0.065 09	0.538 97
X_7	0.411 30	−0.290 88	0.242 88	0.357 77	0.029 77	−0.419 45	0.362 07	0.347 77
X_8	0.397 82	−0.280 28	0.299 73	0.350 51	−0.359 79	0.033 60	0.311 49	−0.163 55
X_9	0.415 94	−0.315 43	0.202 52	0.405 04	−0.258 82	−0.037 77	0.452 62	0.235 82
主成分分析	1	2	3	1	2	3	1	2
累计贡献率	0.421 2	0.698 1	0.826 6	0.587 5	0.765 4	0.882 7	0.443 3	0.819 5

24m 群落：群落盖度（X_1）、群落地上生物量（X_2）、Margalef 丰富度指数（X_5）、Pielou 均匀度指数（X_6）、根系生物量（X_7）、根系表面积（X_9）。

12m 群落：群落盖度（X_1）、群落地上生物量（X_2）、Simpson 优势度指数（X_3）、Shannon-Wiener 多样性指数（X_4）、Margalef 丰富度指数（X_5）、根系表面积（X_9）。

对照群落：群落盖度（X_1）、Simpson 优势度指数（X_3）、Shannon-Wiener 多样性指数（X_4）、Pielou 均匀度指数（X_6）、Margelef 丰富度指数（X_5）、根系表面积（X_9）。

在不同配置格局下群落土壤指标 PCA 分析结果表明（表 5.11），在前二维主成分上累积贡献率分别达到 0.7992（24m 群落）、0.8032（12m 群落）、0.8448（对照群落）。各变量在前二维主成分上的因子负荷量最大者分别如下。

24m 群落：土壤含水量（X_{12}）、土壤有机质（X_{13}）、土壤全氮含量（X_{15}）、硝态氮（X_{16}）、速效磷（X_{18}）、土壤细菌数量（X_{20}）。

12m 群落：土壤黏粒含量（X_{10}）、土壤全氮含量（X_{15}）、铵态氮（X_{17}）、速效钾（X_{19}）、土壤细菌数量（X_{20}）、土壤固氮菌数量（X_{22}）。

对照群落：土壤容重（X_{11}）、土壤有机碳（X_{13}）、土壤全氮含量（X_{15}）、速效钾（X_{19}）、土壤放线菌数量（X_{21}）、土壤固氮菌数量（X_{22}）。

表 5.11　巴音岱研究区不同群落土壤变量主成分分析

变量	24m 樟子松群落		12m 樟子松群落		对照群落	
	Prin1	Prin2	Prin1	Prin2	Prin1	Prin2
X_{10}	0.170 35	−0.120 089	0.216 309	0.464 423	0.266 265	−0.322 695
X_{11}	−0.200 358	0.063 761	−0.179 426	−0.197 36	0.198 061	−0.335 568
X_{12}	−0.066 888	0.542 83	−0.205 718	0.417 712	0.264 358	−0.414 482
X_{13}	−0.254 514	0.359 206	−0.182 551	−0.001 732	−0.284 217	−0.225 746
X_{14}	0.256 441	0.402 76	0.273 668	0.299 505	0.307 998	0.487 358
X_{15}	0.319 95	−0.160 505	0.315 943	−0.185 282	0.342 843	0.074 743
X_{16}	0.316 643	0.020 2	0.323 02	−0.119 558	0.242 394	0.305 902
X_{17}	0.269 646	−0.213 82	0.272 206	−0.123 452	−0.223 075	0.251 295
X_{18}	0.335 284	−0.006 01	0.335 47	−0.093 155	0.160 667	0.128 787
X_{19}	0.312 468	0.022 267	0.340 495	0.074 786	0.309 436	−0.206 699
X_{20}	0.328 678	0.379 649	0.336 333	0.414 584	0.329 205	0.201 12
X_{21}	0.234 619	0.086 041	0.124 409	0.145 718	−0.279 679	0.129 555
X_{22}	0.225 262	0.402 569	0.176 011	0.457 29	0.330 511	0.156 972
X_{23}	0.310 829	−0.097 905	0.322 747	0.028 453	0.029 84	0.139 613
主成分分析	1	2	1	2	1	2
累计贡献率	0.602 3	0.799 2	0.569 9	0.803 2	0.581 1	0.844 8

　　根据以上主成分分析结果，对不同植物群落指标与土壤因子指标典型相关分析。结果表明，24m 樟子松群落第一、第二、第三和第四典型相关累积方差贡献率均超过 80%以上（24m 群落 85.13%、12m 群落 82.49%、对照群落 81.51%），说明第一、第二、第三和第四典型相关变量能够代表植被和土壤两组变量组整体 80%以上的信息量。多变量的多种统计检验也均达到极显著水平，24m 群落第一、第二、第三典型相关，12m 群落第一、第二、第三和第四典型相关，10m 群落第一、第二典型相关，对照群落第一、第二、第三和第四典型相关达到极显著差异（$P<0.01$）。因此，不同样地植物群落指标与土壤指标之间的相互关系可用如下表达式：

24m 柠条锦鸡儿固沙林：

$$Vegetation_1 = -0.0267X_1 - 0.3434X_2 + 0.6893X_5 - 0.3505X_6 + 3.2356X_7 - 4.1216X_9$$
$$Soil_1 = -1.4788X_{12} + 2.0308X_{14} + 1.5539X_{15} + 1.3867X_{16} - 0.4778X_{18} + 0.5442X_{20}$$
$$Vegetation_2 = 0.2084X_1 + 0.4055X_2 - 0.1935X_5 + 0.4327X_6 - 1.3369X_7 + 0.9347X_9$$
$$Soil_2 = 0.1784X_{12} - 0.8211X_{14} - 0.9120X_{15} - 0.9510X_{16} - 0.2250X_{18} + 0.1923X_{20}$$
$$Vegetation_3 = 0.7028X_1 - 0.2973X_2 - 0.4472X_5 + 0.7929X_6 + 0.3351X_7 + 0.3151X_9$$
$$Soil_3 = -0.5375X_{12} + 0.7682X_{14} + 0.5192X_{15} + 0.7580X_{16} + 1.9966X_{18} - 2.5233X_{20}$$

$$(5.5)$$

12m 柠条锦鸡儿固沙林：

$$Vegetation_1 = 0.2888X_1 - 2.1509X_2 + 0.4152X_3 - 0.3592X_4 - 0.2192X_6 + 1.7291X_9$$
$$Soil_1 = -3.9603X_{10} - 1.4004X_{15} + 0.2653X_{17} + 2.0062X_{19} + 1.6960X_{20} + 0.9314X_{22}$$
$$Vegetation_2 = 0.2022X_1 - 0.1944X_2 + 0.3820X_3 - 0.3170X_4 - 0.1844X_6 + 1.0910X_9$$
$$Soil_2 = -1.9327X_{10} - 0.6255X_{15} + 0.9829X_{17} + 1.4366X_{19} + 0.5969X_{20} + 0.4170X_{22}$$
$$Vegetation_3 = 0.6384X_1 + 0.0115X_2 + 1.0355X_3 - 2.0806X_4 + 0.8455X_6 + 0.3057X_9$$

$Soil_3 = -6.1411X_{10} + 0.5413X_{15} - 1.6340X_{17} + 8.1639X_{19} - 0.9456X_{20} + 0.0856X_{22}$

$Vegetation_4 = -0.6994X_1 - 1.3842X_2 + 2.8514X_3 - 2.7438X_4 + 1.4598X_6 + 0.7289X_9$

$Soil_4 = 36.3784X_{10} + 1.7788X_{15} + 4.2369X_{17} - 45.8008X_{19} + 4.2956X_{20} + 1.8237X_{22}$

$$\text{（5.6）}$$

对照群落：

$Vegetation_1 = 1.0289X_1 - 0.6088X_3 - 0.5621X_4 + 0.1152X_5 - 0.2781X_6 + 0.1018X_9$

$Soil_1 = -2.5293X_{11} + 2.5885X_{14} - 2.2436X_{15} + 5.1095X_{19} + 1.0856X_{21} + 1.9203X_{22}$

$Vegetation_2 = 0.6302X_1 + 1.4062X_3 + 1.0458X_4 + 0.3661X_5 - 0.8575X_6 - 0.2825X_9$

$Soil_2 = 1.2011X_{11} - 2.2799X_{14} + 1.0165X_{15} + 1.1238X_{19} + 0.5034X_{21} + 2.5035X_{22}$

$Vegetation_3 = 0.7789X_1 - 1.5326X_3 - 0.9887X_4 - 0.5014X_5 + 0.4232X_6 + 1.9308X_9$

$Soil_3 = 1.5142X_{11} + 2.0305X_{14} - 0.4589X_{15} - 4.2239X_{19} - 0.7157X_{21} - 3.2477X_{22}$

$Vegetation_4 = 0.0239X_1 + 0.4891X_3 + 0.4498X_4 + 0.9797X_5 + 1.1115X_6 - 1.0065X_9$

$Soil_4 = 2.3042X_{11} + 4.1512X_{14} + 0.3609X_{15} - 7.5037X_{19} - 3.4367X_{21} - 7.5531X_{22}$

$$\text{（5.7）}$$

由表达式（5.5）可知，24m 群落植物变量的第一、第二和第三典型变量主要由 X_5（Margalef 丰富度指数）、X_6（Pielou 均匀度指数）、X_7（根系生物量）和 X_9（根系表面积）决定。土壤变量的第一、第二、第三和第四典型变量主要由 X_{14}（pH）、X_{15}（土壤全氮含量）、X_{18}（速效磷）和 X_{20}（土壤细菌数量）决定。X_5 和 X_7 与 X_{14}、X_{15} 和 X_{20} 符号相同，表明是正相关，即 Pielou 均匀度指数越高，根系生物量越大、土壤有机碳和全氮含量越高、细菌数量越多。X_5 和 X_7 与 X_{18} 符号相反，表明是负相关，即 Pielou 均匀度指数越高，根系生物量越大，土壤中速效磷含量越低。X_6 和 X_9 与 X_{18} 符号相同，表明是正相关，即 Margalef 丰富度指数越高，根系表面积越大，则速效磷含量越高。X_6 和 X_9 和 X_{14}、X_{15} 和 X_{20} 符号相反，表明是负相关，即 Margalef 丰富度指数越高，根系表面积越大、土壤有机碳和全氮含量越低、细菌数量越少。

由表达式（5.6）可知，12m 群落植物变量的第一、第二、第三和第四典型变量主要由 X_2（群落地上生物量）、X_3（Simpson 多样性指数）、X_4（Shannon-Wiener 多样性指数）、X_9（根系表面积）决定。土壤变量的第一、第二、第三和第四典型变量主要由 X_{10}（土壤黏粒含量）、X_{17}（铵态氮）、X_{19}（速效钾）和 X_{20}（土壤细菌数量）决定。X_2 和 X_4 与 X_{10} 符号相同，表明是正相关，即群落地上生物量和 Shannon-Wiener 多样性指数越高，土壤黏粒含量越高。X_2 和 X_4 与 X_{17}、X_{19} 和 X_{20} 符号相反，表明是负相关，即群落地上生物量和 Shannon-Wiener 多样性指数越高，土壤铵态氮和速效钾的含量越低、细菌数量越少。X_3 和 X_9 与 X_{17}、X_{19} 和 X_{20} 符号相同，表明是正相关，即 Simpson 多样性指数和根系表面积越大，土壤铵态氮和速效钾的含量越高、细菌数量越多。X_3 和 X_9 与 X_{10} 符号相反，表明是负相关，即 Simpson 多样性指数和根系表面积越大，土壤黏粒含量越低。

由表达式（5.7）可知，对照群落植物变量的第一、第二、第三和第四典型变量主要由 X_3（Simpson 多样性指数）、X_4（Shannon-Wiener 多样性指数）、X_6（根系生物量）、X_9（根系表面积）决定。土壤变量的第一、第二、第三和第四典型变量主要由 X_{11}（土壤含水量）、X_{14}（pH）、X_{19}（速效钾）、X_{22}（固氮菌数量）决定。X_3、X_4 和 X_6 与 X_{11} 符号相同，表明是正相关，即 Simpson 多样性指数、Shannon-Wiener 多样性指数和根系生物量越大，土壤含水量越大。X_3、X_4 和 X_6 与 X_{14}、X_{19} 和 X_{22} 符号相反，表明是负相关，即群落 Simpson

多样性指数、Shannon-Wiener 多样性指数和根系生物量越大，土壤有机碳和速效钾含量越低，固氮菌数量越少。X_9 与 X_{12} 符号相反，表明是负相关，即根系表面积越大，土壤含水量越低。

5.4.2 修复程度的模糊综合评价

1. 以植被指标为体系的模糊综合评价

以经过上述分析得出的植被指标为因素集，不同恢复程度为处理集，对巴音岱研究区不同柠条锦鸡儿固沙林恢复程度进行模糊综合评价，结果如下。

1）带宽 24m 群落区

模糊综合评价矩阵为 $U_{2\times4}$=（U_{ij}）

Pielou 均匀度指数	Margalef 丰富度指数	根系生物量	根系表面积
0.9112	4.9703	47.0867	3654.3333
0.7949	2.4706	20.3667	1720.2124

得到评价矩阵 R=（r_{ij}）$_{2\times4}$

$$\begin{cases} 1.0000 & 1.0000 & 1.0000 & 1.0000 \\ 0.8724 & 0.4971 & 0.4325 & 0.4707 \end{cases}$$

从评价矩阵 R 可以得到 24m 群落的 Pielou 均匀度指数、Margalef 丰富度指数、根系生物量和根系表面积的差异性系数。

$R1=F$（$X\times U1$）即

$R1$	$D1$	$D2$	$D3$
X_1	1.0000	1.0000	1.0000
X_2	0.8724	0.4325	0.5682

模糊综合评价系数（恢复程度指示度）：$d1$，1.0000，对照群落；$d2$，0.6244，24m 群落。

从 Pielou 均匀度指数、Margalef 丰富度指数、根系生物量和根系表面积 4 个植被指标为体系的模糊综合评价的结果看，24m 群落的植被恢复程度的指示度为 0.6244，即 24m 群落植被已恢复到当前对照植被群落的 62.44%。

2）带宽 12m 群落区

模糊综合评价矩阵为 $U_{2\times4}$=（U_{ij}）

地上生物量	Simpson 多样性指数	Shannon-Wiener 多样性指数	根系表面积
71.2432	0.9308	3.0123	3654.3333
44.4314	0.7136	1.7213	1141.3217

得到评价矩阵 R=（r_{ij}）$_{2\times4}$

$$\begin{cases} 1.0000 & 1.0000 & 1.0000 & 1.0000 \\ 0.6237 & 0.7673 & 0.5718 & 0.3123 \end{cases}$$

从评价矩阵 R 可以得到 12m 樟子松群落的地上生物量、Simpson 优势度指数、Shannon-Wiener 多样性指数和根系表面积的差异性系数。

$R1=F（X×U1）$ 即

$R1$	$D1$	$D2$	$D3$
X_1	1.0000	1.0000	1.0000
X_2	0.7673	0.3123	0.5688

模糊综合评价系数（恢复程度指示度）：$d1$，1.0000，对照群落；$d2$，0.5495，12m 群落。

从地上生物量、Simpson 多样性指数、Shannon-Wiener 多样性指数和根系表面积 4 个植被指标为体系的模糊综合评价的结果看，12m 行带式樟子松群落的植被恢复程度的指示度为 0.5495，即 12m 樟子松群落植被已恢复到当前对照植被群落的 54.95%。

2. 以土壤指标为体系的模糊综合评价

以经过上述分析得出的土壤指标为因素集，不同恢复程度为处理集，对巴音岱研究区不同柠条锦鸡儿固沙林恢复程度进行模糊综合评价，结果如下。

1）带宽 24m 群落区

模糊综合评价矩阵为 $U_{2×4}=（U_{ij}）$

$$\left\{ \begin{array}{cccc} \text{有机碳} & \text{全氮} & \text{速效磷} & \text{细菌} \\ 40.1121 & 4.9204 & 5.1711 & 17.5734 \\ 17.1334 & 3.5512 & 2.7723 & 8.3537 \end{array} \right\}$$

得到评价矩阵 $\boldsymbol{R}=（r_{ij}）_{2×4}$

$$\left\{ \begin{array}{cccc} 1.0000 & 1.0000 & 1.0000 & 1.0000 \\ 0.4271 & 0.7217 & 0.5361 & 0.4754 \end{array} \right\}$$

从评价矩阵 $\boldsymbol{R}$ 可以得到 24m 樟子松群落的土壤有机碳、土壤全氮、速效磷和细菌的差异性系数。

$R1=F（X×U1）$ 即

$R1$	$D1$	$D2$	$D3$
X_1	1.0000	1.0000	1.0000
X_2	0.7217	0.4271	0.5401

模糊综合评价系数（土壤指示度）：$d1$，1.0000，对照群落；$d2$，0.5630，24m 群落。

从土壤有机碳、土壤全氮、速效磷和细菌 4 个土壤特征指标为体系的模糊综合评价的结果看，24m 行带式樟子松群落的土壤发育程度的指示度为 0.5630，即 24m 樟子松群落土壤发育程度为对照群落土壤的 56.30%。

2）带宽 12m 群落区

模糊综合评价矩阵为 $U_{2×4}=（U_{ij}）$

$$\left\{ \begin{array}{cccc} \text{土壤黏粒} & \text{铵态氮} & \text{速效钾} & \text{细菌} \\ 21.7213 & 12.6907 & 357.0433 & 17.5734 \\ 7.8309 & 3.3631 & 195.5867 & 5.9117 \end{array} \right\}$$

得到评价矩阵 $\boldsymbol{R}=（r_{ij}）_{2×4}$

$$\left\{ \begin{array}{cccc} 1.0000 & 1.0000 & 1.0000 & 1.0000 \\ 0.3605 & 0.2650 & 0.5478 & 0.3364 \end{array} \right\}$$

从评价矩阵 **R** 可以得到 12m 樟子松群落的土壤黏粒、铵态氮、速效钾和细菌的差异性系数。

R1=F（X×U1）即

R1	D1	D2	D3
X_1	1.0000	1.0000	1.0000
X_2	0.5478	0.2650	0.3774

模糊综合评价系数（土壤指示度）：d1，1.0000，对照群落；d2，0.3967，12m 群落。

从土壤黏粒、铵态氮、速效钾和细菌 4 个土壤特征指标为体系的模糊综合评价的结果看，12m 行带式樟子松群落的土壤发育程度的指示度为 0.3967，即 12m 樟子松群落土壤发育程度为对照群落土壤的 39.67%。

3. 以植被和土壤指标为体系的模糊综合评价

以经过上述分析得出的植被指标和土壤指标为因素集，不同恢复程度为处理集，对巴音岱研究区不同柠条锦鸡儿固沙林恢复程度进行模糊综合评价，结果如下。

1）带宽 24m 群落区

模糊综合评价矩阵为 $U_{2×8}=（U_{ij}）$

Pielou 均匀度指数	Margalef 丰富度指数	根系生物量	根系表面积	有机碳	全氮	速效磷	细菌
0.9112	4.9703	47.0867	3654.3333	40.1121	4.9204	5.1711	17.5734
0.7949	2.4706	20.3667	1720.2124	17.1334	3.5512	2.7723	8.3537

得到评价矩阵 $R=（r_{ij}）_{2×8}$

1.0000	1.0000	1.0000	1.0000	1.0000	1.0000	1.0000	1.0000
0.8724	0.4971	0.4325	0.4707	0.4271	0.7217	0.5361	0.4754

从评价矩阵 **R** 可以得到 24m 樟子松群落的 Pielou 均匀度指数、Margalef 丰富度指数、根系生物量、根系表面积、土壤有机碳、土壤全氮、速效磷和细菌的差异性系数。

R1=F（X×U1）即

R1	D1	D2	D3
X_1	1.0000	1.0000	1.0000
X_2	0.8724	0.4271	0.5541

模糊综合评价系数（指示度）：d1，1.0000，对照群落；d2，0.6179，24m 群落。

从 Pielou 均匀度指数、Margalef 丰富度指数、地下生物量、根系表面积、土壤有机碳、土壤全氮、速效磷和细菌 8 个植被与土壤特征指标为体系的模糊综合评价的结果看，24m 行带式樟子松群落的指示度为 0.6179，即 24m 樟子松群落植被和土壤因子恢复程度是当前对照群落的 61.79%。

2）带宽 12m 群落区

模糊综合评价矩阵为 $U_{2×8}=（U_{ij}）$

$$\left\{\begin{matrix} 地上生 & Simpson & Shannon-Wiener & 根系表面积 & 土壤黏粒 & 铵态氮 & 速效钾 & 细菌 \\ 物量 & 多样性指数 & 多样性指数 & & & & & \end{matrix}\right.$$

地上生物量	Simpson 多样性指数	Shannon-Wiener 多样性指数	根系表面积	土壤黏粒	铵态氮	速效钾	细菌
71.2432	0.9300	3.0100	3654.3333	21.7213	12.6907	357.0433	17.5734
44.4314	0.7136	1.7213	1141.3200	7.8309	3.3631	195.5867	5.9117

得到评价矩阵 $\boldsymbol{R}=(r_{ij})_{2\times8}$

1.0000	1.0000	1.0000	1.0000	1.0000	1.0000	1.0000	1.0000
0.6237	0.7673	0.5718	0.3123	0.3605	0.2650	0.5478	0.3364

从评价矩阵 $\boldsymbol{R}$ 可以得到 6m 柠条锦鸡儿固沙林的地上生物量、Simpson 多样性指数、Shannon-Wiener 多样性指数、根系表面积、土壤黏粒、铵态氮、速效钾和细菌的差异性系数。$R1=F(X\times U1)$ 即

$R1$	$D1$	$D2$	$D3$
X_1	1.0000	1.0000	1.0000
X_2	0.7673	0.2650	0.4731

模糊综合评价系数（指示度）：$d1$，1.0000，对照群落；$d2$，0.5018，12m 群落。

从地上生物量、Simpson 多样性指数、Shannon-Wiener 多样性指数、根系表面积、土壤黏粒、铵态氮、速效钾和细菌 8 个植被与土壤特征指标为体系的模糊综合评价的结果看，12m 行带式樟子松群落的指示度为 0.5018，即 12m 樟子松群落植被和土壤因子恢复程度是当前对照群落的 50.18%。

5.4.3　带间距优化与促进带间自然植被修复

带间距的确定、选用与固沙林带间植被恢复关系密切，从 2006 年，作者就开始探索低覆盖度固沙林最优带间距。在位于典型草原区的内蒙古四子王旗，对 1994 年营造的带宽分别为 12m、20m 和 36m 的柠条锦鸡儿固沙进行了系统研究，行带式固沙林近似南北走向，柠条锦鸡儿林带平均高 2m。在带间每隔 2m 作为一个梯度，采用规格为 1m×1m 的样方对带间修复的草本群落进行了 60 多个样方调查，在每个样方内均匀布设 100 个样点。

对调查结果的植被盖度的双因素方差分析表明，林带间距和在林带间隙中所处的位置都显著影响植被盖度（$P<0.01$）。当林带间距为 20m 时，植被盖度是最高的，平均盖度达 32%，明显高于带间距为 12m 和 36m 的林带（图 5.34）。物种数目的双因素方差分析表明，林带间距能显著影响物种数目（$P<0.01$），但在林带间隙中所处的位置对物种数目的影响不能达到显著程度（$P>0.05$）。当带间距为 12m 和 20m 时，植被的物种数目是比较多的，平均多于 8 个；当林带间距为 36m 时，植被的物种数目是比较少的，平均值约为 7 个（图 5.34）。因为植被盖度和物种多样性可作为衡量植被恢复程度的重要指标（杨洪晓等，2010；Yang et al.，2006），所以初步判定当带间距过大或过小时，对林带间隙的植被恢复都是不利的。

对带间修复的植物中的生态位宽度分析表明：一些常见草原物种，如羊草、蒿类、阿尔泰狗娃花、瓣蕊唐松草（*Thalictrum petaloideum*）、扁蓿豆（*Pocockia ruthenica*）、草木樨（*Melilotus suaveolens*）、田旋花（*Convolvulus arvensis*）等 20 多种草本植物已完成定居过程，但当地草原的建群种针茅还没定居下来，这可能是土壤尚不适合针茅的缘故（表 5.12）。在

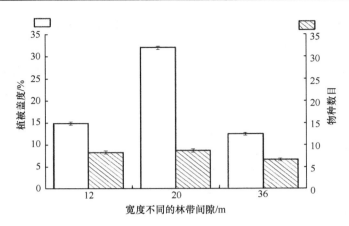

图 5.34　宽度不同的林带间隙的植被盖度和物种数目

林带间隙的宽度（带间距）分别为 12m、20m 和 36m

表 5.12　各种植物在不同带间距条件下的生态位宽度

物种	带间距		
	12m	20m	36m
阿尔泰狗娃花 *Heteropappus altaicus*	0.00	13.93*	0.00
瓣蕊唐松草 *Thalictrum petaloideum*	0.00	1.00*	0.00
扁蓿豆 *Pocockia ruthenica*	2.00	16.94*	0.00
草木樨 *Melilotus suaveolens*	0.00	9.31*	9.00
大籽蒿 *Artemisia sieversiana*	0.00	2.00*	2.00*
独行菜 *Lepidium apetalum*	1.00	0.00	2.27*
繁缕 *Stellaria media*	1.00*	1.00*	0.00
凤毛菊 *Saussurea japonica*	2.00	9.80*	6.76
狗尾草 *Setaria viridis*	14.06	18.78*	10.60
鹤虱 *Lappula myosotis*	9.85*	3.00	2.00
画眉 *Eragrostis pilosa*	1.00*	0.00	1.00*
黄芪 *Astragalus* sp.	3.00	10.29*	1.00
菊叶香藜 *Chenopodium foetidum*	0.00	0.00	1.00*
蓝刺头 *Echinops latifolius*	8.33*	0.00	7.00
老鹳草 *Geranium wilfordii*	8.00	13.24*	3.00
冷蒿 *Artemisia frigida*	2.00	0.00	0.00
藜 *Chenopodium album*	5.00	20.00*	5.00
阴地蒿 *Artemisia sylvatica*	1.00*	0.00	0.00
麦瓶草 *Silene conoidea*	0.00	4.45*	0.00
山苦荬 *Ixeris chinensis*	8.05	13.30*	7.00
山莴苣 *Lactuca indica*	0.00	5.00*	1.00
田旋花 *Convolvulus arvensis*	11.27*	5.00	6.00
羊草 *Leymus chinensis*	13.78	2.67	7.86*
野萝卜 *Daucus carota*	0.00	0.00	1.00*
野亚麻 *Linum stellerioides*	0.00	3.00*	0.00
益母草 *Leonurus artemisia*	8.53	16.11*	5.00
茵陈蒿 *Artemisia capillaris*	17.08	26.50*	8.11
栉叶蒿 *Neopallasia pectinata*	0.00	9.97*	0.00
猪毛菜 *Salsola collina*	15.21	16.20*	14.22
猪毛蒿 *Artemisia scoparia*	0.00	5.33*	0.00

注：*表示相应的生态位宽度值为 3 种带间距条件下的最大值

3 种带间距条件下，林带间隙草本群落的物种组成和生态位宽度有一定差异（表 5.12）。总体而言，多数物种在带间距为 20m 时表现出较大的生态位宽度，只有少数物种在带间距为 12m 或 36m 时表现出较大的生态位宽度。这表明，当带间距为 20m 时林带间隙的环境适合较多植物的定居与发展，而当带间距为 12m 或 36m 时林带间隙的环境只适合少数物种的定居与发展。

用高斯模型拟合了低覆盖度柠条锦鸡儿固沙林带间距与带间修复植被的盖度、物种数目的拟合关系，拟合结果达到极显著水平（$P<0.001$）（图 5.35，图 5.36）。根据这些拟合曲线，可以判断：①当与柠条锦鸡儿林带的折合距离大约为 4m 时，林带对植被恢复的促进作用是最明显的；②当与柠条锦鸡儿林的折合距离不足 4m 时，植被恢复受到的促进作用反而减弱；③当与柠条锦鸡儿林的折合距离超出 4m 时，植被恢复受到的促进作用也会减弱；④当与柠条锦鸡儿林的折合距离大于 7m 时，林带对植被恢复的促进作用将消失。

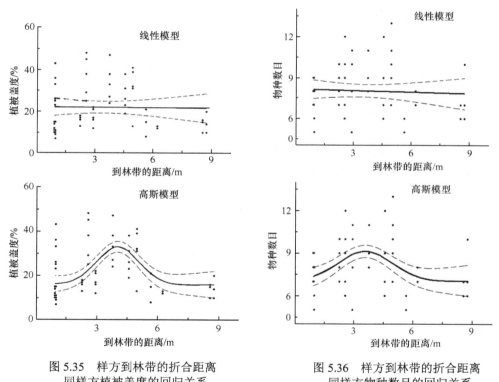

图 5.35　样方到林带的折合距离　　　　图 5.36　样方到林带的折合距离
　　同样方植被盖度的回归关系　　　　　　　同样方物种数目的回归关系

线性模型（linear model）：$v=22.33-0.085z$（$F=0.02<F_{0.05}（1，64）=3.99$，$P=0.89$）。

高斯模型（Gaussian model）：$v=16.3+\dfrac{43.68}{2.06\sqrt{\pi/2}}\times e^{-2\times\left(\frac{z-4}{2.06}\right)^2}$（$F=90.57>F_{0.001}（4，62）=5.28$，$P<0.001$）。

上述两式中，v 表示植被盖度；z 表示到单一林带的折合距离。

线性模型：$s=8.19-0.041z$（$F=0.16<F_{0.05}（1，64）=3.99$，$P=0.69$）。

高斯模型：$s = 7.08 + \dfrac{6.78}{2.63\sqrt{\pi/2}} \times e^{-2 \times \left(\frac{z-3.57}{2.63}\right)^2}$ （F=342.2>$F_{0.001}$（4，62）=5.28，P<0.001）。

上述两式中，s 表示物种数目；z 表示到单一林带的折合距离。

根据拟合的高斯曲线，比较明智的做法是让林带间隙内最难防护地点的折合距离（z）大于 4m 且小于 7m。假定林带间距为 a，依据折合距离的计算公式可以算出，当 x 和 y 同时取 a/2 时，折合距离（z）取得最大值 a/4，即这里最难防护。只有让 a 在 16m 和 28m 之间取值，折合距离（z）的最大值才会在 4m 和 7m 之间变动。所以，在建设行带式柠条锦鸡儿防护林时，最好让林带间距 a 介于 16~28m。如果林带间距小于 16m，那么最难防护地点的折合距离小于 4m，这不利于充分利用林带的正面促进作用，反倒造成单位面积上负面效应的无益增加。当林带间距为 12m 时，林带间隙的植被恢复效果反倒不如林带间距为 20m 时好，可能就是这个原因。如果林带间距大于 28m，那么最难防护地点的折合距离大于 7m，这样就会有部分林带间隙得不到防护。当林带间距为 36m 时，林带间隙的植被恢复效果也不如林带间距为 20m 时好，因此，当带间距介于 16~28m 时，林带对草本群落恢复的促进效应能够得到较好发挥，带间修复的植被良好，对于温带典型草原区的退化、沙化土地的治理，采用灌木树种如柠条锦鸡儿等，这是一种优化的模式，能够加快带间植被的修复速度，直到几十年后能够形成良好的、与当地地带性植被类似的稳定植被。那时人工种植的灌木固沙林柠条锦鸡儿已完成了促进草地恢复的历史使命，可以消失或者衰退等。

同时，姜丽娜等（2013）在科尔沁沙地系统调查了低覆盖度乔木固沙林带间距与带间修复植被的盖度、物种数目的关系后，对植被盖度进行双因素方差分析表明，带间距和带间植物样方到林带之间的距离与植被盖度都有显著影响（P<0.05），当林带带间距离为 24m 时，带间植被盖度最高，平均盖度为 21.6%，显著高于带间距为 12m 和 18m 的样地。对带间修复的植物种数量双因素方差分析表明，带间距对植物种数量具有显著影响（P<0.01），但是样方至林带之间的距离对植物种数量的影响没有达到显著水平（P>0.05）。当带间距离为 24m 时，带间修复植被的物种数量最高。带间修复的植物种的大部分具有较大的生态位宽度。同时，采用高斯模型拟合，结果发现，林带间距离在 28~40m 最有利于植被恢复。当林带间距离小于 28m 或者大于 40m 时，将不利于植被恢复。

带间距的宽窄受到造林树种及当地立地条件的影响，结合作者多年研究与实践经验，初步归纳的适宜的带间距为：柠条锦鸡儿、梭梭等灌木行带式固沙林配置的优化带间距 12~28m；杨树等阔叶乔木行带式固沙林配置的优化带间距为 20~36m；樟子松等针叶乔木行带式固沙林配置的优化带间距为 16~40m；油蒿等半灌木行带式固沙林配置的优化带间距为 5~8m。在实际的造林中，作者更加希望营造混交林，在低覆盖度条件下，由于拉大了带间距，减少了两个种或者是两个生活型的乔木、灌木之间种间的抑制作用，非常有利于营造隔带混交的混交林（见附录照片），特别是乔、灌混交，由于树冠在空间的位置不同，增加防风固沙效果，根系在土壤中分布的土层深度不同，有利于提高土壤水分和养肥的利用效率。加之带间修复的草本植被，形成了乔、灌、草有机结合的林分，会显著提高固沙林的稳定性，促进土壤、植被的快速修复。

5.5　带间自然植被修复的稳定维持机制

　　营造防风固沙林是我国干旱半干旱区生态建设的重要举措之一，目的是在控制地表风蚀后，进一步把沙化土地修复为植被稳定和土壤发育良好的状况，这种状况应该是接近地带性植被与土壤。然而这是一个漫长的过程，因为涉及植被的原生演替过程（Clewell and Aronson，2007）。退化的生态系统缺乏植被恢复所必需的植物繁殖体，它们必须由邻近草原供给（Graham and Hutchings，1988；许志信等，2002；邵新庆等，2005）。即便繁殖体能够由邻近草原传播过来，由于风沙危害区地表不稳定，风力较大，繁殖体不容易停留下来（赵廷宁等，2005；Yang et al.，2006；赵哈林等，2007）。其中少量繁殖体停留下来并得到萌发机会，也会由于幼苗处在一种营养贫乏、蒸腾强烈、沙打严重的环境中，很难存活下来（Chan et al.，1988；于云江等，2003；韩永伟等，2005）。营造防护林是突破这些限制的最佳办法之一（Zhao et al.，2005；杨树等，2006）。大风携带沙尘、枯落物和风播植物的种子经过固沙林时，被拦截下来，为退化生态系统恢复积聚土壤和繁殖体（刘志民等，2005；王继和等，2006；Zhao et al.，2007）。但是，不少学者对固沙林的作用持怀疑态度，认为在干旱草原区水分相对不足的条件下，建造乔木林或灌木林未必合适。建植的防护林必然竞争水分、光照和养分，成为阻碍林下植被恢复的消极因素，导致树木只能长成"小老树"，草原不能正常恢复（曹世雄等，2007）。

　　不可否认，在干旱半干旱区草原是无以代替的地带性植被（牛建明，2000）。除了草原地带性植被，草原区还有各种非地带性植被。即便在地带性地段，当植被成熟度降低时，旱生灌木也可侵入并生长多年，直到被草本群落自然取代（李新荣等，2001；Rietkerk et al.，2002；肖洪浪等，2003）。当固沙林的覆盖度高于50%时，其防风固沙效果虽好，但耗水量及遮荫面积太大，不利于草本植被的恢复。可是，若没有丝毫防护林的保护，沙化土地迟迟不能固定，植被修复过程不能正常发育（阿拉木萨等，2005）。因此，控制造林密度和合理规划固沙林的布局是至关重要的（Gustafson and Parker，1992；高永等，2004）。目前，我国学者研究发现，低覆盖度行带式灌木林作为固沙林可以取得良好的防风固沙效果（杨文斌等，2007）。然而，如何把这种结构的人工林更好地应用于生态建设工程？其中的技术细节，人们尚存不少疑问。

　　防风固沙与生态恢复是密切相关的过程，然而它们不是完全等同的。为推进干旱半干旱区的生态建设行动，需要开展更有针对性的研究。因此，本研究针对干旱半干旱区营造行带式灌木和乔木林，研究其在沙地修复与退化沙化草原重建方面的作用，以便全面认识其生态作用，并以此为指导，合理规划和构建低覆盖度行带式固沙林，并最大限度地发挥其促进草原区土壤植被修复的作用。

　　生物多样性是生态系统中生物群落的最重要特征，几乎所有干扰因子对植物固沙林产生影响都需要首先考虑植物多样性。经研究发现，生物多样性的破坏和丧失是生态系统退化的主要表现形式，而生物多样性的增加也是退化生态系统恢复的核心与关键所在（钱迎请和甄仁德，1994）。物种多样性由两部分组成，一个是固沙林中的物种数量，称为物种丰富度（species richness）；另一个是物种均匀性（species evenness）。在研究中，一般采用草本植物的多样性和盖度作为评价固沙林恢复进程的指标。由于行带式固沙林的建植，即当林带出现于退化生态系统后，可以改变周围的条件，如光照、土壤水分、土壤养分、风、风沙流等（李裕元和邵明安，2004；Zhang and Chen，2007）。这些条件的变化与林带间植被有着密切的关系（向开馥，1991）。通过对物种多样性和生物量变化的研究得出，在一定范围内，不同样地的行带式固沙林多样性指数与生物量均随带宽的增加而显著增加，这与 Janssens 等（1998）研究也是一致的。他认为，由于空间的差异，植物繁殖体的输入、萌发、水分代谢、矿质代谢、呼吸作用、光合作用、生长和存活等生理或生态过程也表现出空间差异，表现在固沙林层次上就是物种多样性和植物盖度的空间差异，即在不同林带间隙，物种多样性和盖度是不同的。随着固沙林带间距离的增大，较宽带间距的林带内发育的植被与对照样地之间的相似性系数逐渐接近。此结果说明从窄带间距林地到宽带间距林地，其生境在空间序列上的变化越来越小，物种替代率越来越小，而且物种数量越来越多，固沙林基本结构逐渐趋于复杂化，植被的恢复演替则越来越明显，林地植被生态系统逐渐由不稳定状态向稳定状态过渡。

低覆盖度行带式固沙林配置模式实际上是形成了在占地仅 15%~25% 的林带保护下，促进占地 75%~85% 的以地带性植被自然恢复的复合性固沙植被。宽带间距固沙林起到沙障的作用，同时也确保了自然植物能够定居；并促进带间自然植被快速修复和土壤的形成，而植被的生长又为林带提供了养分和水分补给，达到林草复合植被优势互补，相互衔接持续发育，具有重要的促进生态系统恢复的功能，而窄带间距固沙林土壤及植被修复则由于造林密度大而受到抑制。也就是说，只有适宜的带宽和配置格局才能使固沙林充分发挥长效沙障作用的同时，加快植物与土壤的反馈作用，为带间植被的自然恢复提供稳定而持续源动力与适宜生境，提高种群竞争能力，在固沙林达到生理寿命之前，带间植被自然恢复成稳定群落，待固沙林"寿终正寝"后留下的则是一片稳定持续的草地原初植被。因此，本研究以干旱半干旱区营造的行带式灌木和乔木林为例，研究灌木林和乔木林在沙地修复与退化沙化草原重建方面的作用，以便全面认识其生态作用，并以此为指导，合理规划和构建低覆盖度行带式固沙林，并最大限度地发挥其促进草原区土壤植被修复的作用。

参 考 文 献

阿拉木萨，蒋德明，骆永明. 2005. 半干旱区人工固沙灌丛发育过程土壤水分及水量平衡研究. 水土保持学报，19(4): 107-110.

曹世雄，陈军，陈莉，等. 2007. 退耕还林项目对陕北地区自然与社会的影响. 中国农业科学，40(5): 972-979.

杜晓军. 2003. 生态系统退化程度诊断：生态恢复的基础与前提. 植物生态学报，27(5): 700-708.

高永，邱国玉，丁国栋. 2004. 沙柳沙障的防风固沙效益研究. 中国沙漠，24(3): 365-370.

韩永伟，韩建国，张蕴薇，等. 2005. 农牧交错带退耕还草地土壤风蚀影响因子分析. 生态环境，14(3): 382-386.

姜丽娜，杨文斌，卢琦，等. 2009. 低覆盖度柠条固沙林不同配置对植被修复的影响. 干旱区资源与环境，23(2): 180-185.

姜丽娜，杨文斌，卢琦，等. 2013. 低覆盖度行带式固沙林对土壤及植被的修复效应. 生态学报，33(10): 3192-3204.

姜丽娜，杨文斌，姚云峰，等. 2011. 不同配置的行带式杨树固沙林与带间植被修复的关系. 中国水土保持科学，9(2): 88-92.

蒋春颖，史明昌. 2010. 红松混交林重要值、生物多样性与更新的关系研究. 林业调查规划，35(6): 44-48.

李洪远, 鞠美庭. 2005. 生态恢复的原理与实践. 北京: 化学工业出版社.

李新荣, 马凤云, 龙立群, 等. 2001. 沙坡头地区固沙植被与土壤水分动态研究. 中国沙漠, 21(3): 217-222.

李裕元, 邵明安. 2004. 子午岭植被自然恢复过程中植物多样性的变化. 生态学报, 24(2): 252-260.

刘志民, 蒋德明, 阎巧玲, 等. 2005. 科尔沁草原主要草地植物传播生物学简析. 草业学报, 14(6): 23-33.

牛建明. 2000. 内蒙古主要植被类型与气候因子关系的研究. 应用生态学学报, 11(1): 47-52.

钱迎请, 甄仁德. 1994. 生物多样性进展. 北京: 中国科学技术出版社.

曲国辉, 郭继勋. 2003. 松嫩平原不同演替阶段植物固沙林和土壤特性的关系. 草业学报, 1(12): 18-22.

邵新庆, 王堃, 吕进英. 2005. 华北农牧交错带退化草地土壤种子库动态变化. 草业科学, 22(11): 8-12.

王继和, 马全林, 刘虎俊, 等. 2006. 干旱区沙漠化土地逆转植被的防风固沙效益研究. 中国沙漠, 26: 903-909.

卫丽, 高亮, 杜心田, 等. 2003. 生物系统边缘效应定律及其在农业生产中的应用. 中国农学通报, 19(5): 99-102.

向开馥. 1991. 防护林学. 哈尔滨: 东北林业大学出版社.

肖洪浪, 李新荣, 段争虎. 2003. 流沙固定过程中土壤–植被系统演变. 中国沙漠, 23(6): 605-611.

许志信, 李永强, 额尔德尼, 等. 2002. 草原弃耕地植物固沙林特征和植被演替情况的调查研究. 内蒙古草业, 14(3): 10-13.

杨洪晓, 王学全, 卢琦, 等. 2010. 行带式柠条锦鸡儿林在内蒙古四子王旗退耕还草工程中的应用. 林业科学, 46(11): 36-42.

杨树, 温雨金, 刘鸿雁. 2006. 内蒙古中部地区退耕还林还草后植被与土壤性状的变化. 水土保持研究, 13(4): 143-147.

杨文斌, 郭建英, 胡小龙, 等. 2012. 低覆盖度行带式固沙林带间植被修复过程及其促进沙地逆转效果分. 中国沙漠, 32(5): 1291-1295.

杨文斌, 卢琦, 吴波, 等. 2007. 杨树固沙林密度、配置与林木生长过程的关系. 林业科学, 43(8): 54-59.

杨文斌, 潘宝柱, 阎德仁, 等. 1997. "两行一带式"杨树丰产林的优势及效益分析. 内蒙古林业科技, (03): 5-8.

杨文斌, 王晶莹. 2004. 干旱、半干旱区人工林边行水分利用特征与优化配置结构研究. 林业科学, 40(05): 3-9.

杨文斌, 郑兵. 2011. 干旱、半干旱区林农(草)复合原理与模式. 北京: 中国林业出版社: 133-139.

于云江, 史培军, 鲁春霞, 等. 2003. 不同风沙条件对几种植物生态生理特征的影响. 植物生态学报, 27: 53-58.

张其水, 俞新妥. 1991. 连栽杉木林的根系研究. 植物生态学与地植物学学报, 15(4): 374-379.

赵哈林, 苏永中, 张华, 等. 2007. 灌丛对流动沙地土壤特性和草本植物的影响. 中国沙漠, 27(3): 385-390.

赵哈林, 苏永中, 周瑞莲. 2006. 我国北方沙区退化植被的恢复机理. 中国沙漠, 26(3): 323-327.

赵哈林, 赵学勇, 张铜会, 等. 2003. 科尔沁沙地沙漠化的过程及植被恢复机理. 北京: 海洋出版社.

赵哈林, 赵学勇, 张铜会, 等. 2004. 沙漠化过程中植物的适应对策及植被稳定性机理. 北京: 海洋出版社.

赵廷宁, 曹子龙, 郑翠玲, 等. 2005. 平行高立式沙障对严重沙化草地植被及土壤种子库的影响. 北京林业大学学报, 27(2): 34-37.

Birk E M, Vitousek L M. 1986. Nine stands-ecology Nitrogen availability and nitrogen use efficiency in loblolly. Catena, 67: 69-79.

Chan K Y, Bellotti W D, Roberts W P. 1988. Changes in surface soil properties of vertisols under dryland cropping in a semiarid environment. Australian Journal of Soil Research, 26(3): 509-518.

Chen J, Stark J M. 2000. Plant species effects and carbon and nitrogen cycling in sagebrush crested wheatgrass soil. Soil Biology & Biochemistry, 32: 47-57.

Clewell A F, Aronson J. 2007. Ecological Restoration: Principles, Values, and Structure of an Emerging Profession. Washington D C: Island Press: 19-32.

Connell J H. 1978. Diversity in tropical rain forests and coral reefs. Science, 199: 1302-1310.

Dial R, Roughgarden J. 1998. Theory of marine communities: the inter-mediate disturbance hypothesis. Ecology, 79: 1412-1424.

Graham D J, Hutchings M J. 1988. Estimation on the seed bank of a chalk grassland ley established on former arable land. Journal of Applied Ecology, 25: 241-252.

Gustafson E J, Parker G R. 1992. Relationships between landcover proportion and indices of landscape spatial pattern. Landscape Ecology, 7(2): 101-110.

Huston M A. 1979. A general hypothesis of species diversity. American Naturalist, 113: 81-101.

Janssens F, Peeters A, Bakker J P, et al. 1998. Relationship between soil chemical factors and grassland diversity. Plant and Soil, 202: 69-78.

Jiang L, Lu Q, Yang W B, et al. 2013. The promoting effect of vegetation recovery after the establishment of Poplar fixingsand forest belts in the Horqin Sandy Land of Northeast China. Journal of Food Agriculture & Environment, (3&4): 2510-2515.

Mou C C, Han S J, Luo J C, et al. 2001. Analysis of environmental gradient and community of forest-swamp ecotone in Changbai Mountains. Chinese Journal of Applied Ecology, 12(1): 1-7.

Mou C C, Luo J C, Wang X P, et al. 1998. Plant diversity of ecotone community between forest and marsh in Changbai Mountain. Biodiversity Science, 6(2): 132-137.

Niu W Y. 1989. The discriminatory index with regard to the weakness, overlapness, and breadth of ecotone. Acta Ecologica Sinica, 9(2): 97-105.

Peng S L. 2000. Studies on edge effect of successional communities and restoration of forest fragmentation in low sub-tropics. Acta Ecologica Sinica, 20(1): 1-8.

Pigott C D, Taylor K. 1964. The distribution of some woodland herbs in relation to the supply of N and P in the soil. Journal of Ecology, 52: 175-185.

Raupach M. 1951. Studies in the variation of soil reaction. II. Seasonal variations at Baroga, N. S. W. Australian Journal of Agricultural Research, 2: 73-82.

Rietkerk M, Boerlijst M C, van Langevelde F, et al. 2002. Self-organization of vegetation in arid ecosystems. American Naturalist, 160: 524-530.

Trangmar B B, Yost R S, Wade M K, et al. 1987. Spatial variation of soil properties and rice yield on recently cleared land. Soil Sci Soc Amer, 51: 668-674.

Vinton M A, Burke I C. 1995. Interactions between individual plant species and soil nutrient status in shortgrass'steppe. Ecology, 76: 1116-1133.

Vitousek P M, Gosz J R, Grier C C. 1982. A comparative analysis of potential nitrification and nitrate mobility in forest ecosystems. Ecological Monographs, 52: 155-177.

Yang H, Lu Q, Wu B. 2006. Vegetation diversity and its application in sandy desert revegetation on Tibetan Plateau. Journal of Arid Environments, 65(4): 619-631.

Zak D R, Pregitzer K S. 1988. Nitrate assimilation by herbaceous ground flora in late successional forests. Journal of Ecology, 76: 537-546.

Zhang J T, Chen T G. 2007. Effects of mixed Hippophae rhamnoides on community and soil in planted forests in the Eastern Loess Plateau, China. Ecological Engineering, 31: 115-121.

Zhao H L, Zhou R L, Su Y Z. 2007. Shrub facilitation of desert land restoration in the Horqin Sand Land of Inner Mongolia. Ecological Engineering, 31: 1-8.

Zhao W Z, Xiao H L, Liu Z M. 2005. Soil degradation and restoration as affected by land use change in the semiarid Bashang area, northern China. Catena, 59(2): 173-186.

第6章 低覆盖度行带式固沙林的生长优势及效益

6.1 界面生态原理与优势

6.1.1 界面效应的概念

界面效应根据研究目的、领域及尺度的不同，也可称为边际效应、边界效应、边行优势、边缘效应等。

在两个或多个不同性质的生态系统（或其他系统）交互作用处，由于某些生态因子（可能是物质、能量、信息、时机或地域）或系统属性的差异和协同作用而引起系统某些组分及行为（如种群密度、生产力、多样性等）的较大变化，被称为边缘效应（王如松和马世骏，1985）。例如，在某些森林和草原交接处，鸟的种类较多；在海湾、河口处，鱼类等水生生物种类复杂亦最活跃；旱涝交替的湖滨草滩，是蝗虫大发生的理想栖境等，这一概念指出了边缘效应的产生原因和结果。有些因素可以影响边缘带的宽度，如太阳辐射作用，面向赤道的边缘带显然比面向极地的宽，如果斑块年代久或土质较好，边缘带可能更加明显（王凌晖等，2009）。

边缘效应带群落结构复杂，某些物种特别活跃，其生产力相对较高。在同一条件下，植物群体边缘效应的绝对值随水平边距递增而递减（杜心田和王同朝，1998）。这一规律应用于植物生产能够提高经济效益和生态效益，具有重要的实用价值和理论意义（周永斌等，2008）。

衍生边缘效应的机理是加成、协合与集肤作用。任何生物在多维生态空间中占有一定生态位，若生态位维度与重叠值高，则产生加成作用；对特定物种来说，其一旦与边界异质环境中的生态位"谐振"，因子间就会产生强烈的协合作用；边缘是多种"应力"交互作用的地带，通常较各子系统更为复杂、异质和多变，信息量丰富，刺激了子系统中信息要求高的种群甚至外系统种群向边缘区集结，形成集肤作用。边缘效应的空间含义使人们对其空间属性给予更多关注，如边缘的形态、结构（水平与垂直）及边缘区面积等，但不应疏忽在空间边缘表象下隐含的"时间边缘"。后者是因生态过程分离（如轮作）或时滞（火伤演替，或农田撂荒后的物种侵入）而导致的。

6.1.2 低覆盖度行带式固沙林生长优势机理与内涵

低覆盖度行带式固沙林是对干旱半干旱地区光、热、水等优质资源的高效集中利用，生物生产力高于同等密度均匀分布的人工纯林甚至天然疏林。可以用以下生态学理论解释行带式造林优势。

1. 边行优势

边行优势，也称为边际效应，是一个农学名词，是指作物大田的边行上的作物生长发育较内部各行表现良好，在同样密度下，边行单株产量明显高于内部各行单株的现象。这主要是边行的光能和土壤养分条件优越造成的。边行优势在林学上也是广泛存在的，而在低覆盖度时，组合成行带式配置格局正好是该理论的实践。

边缘效应的存在使边缘具有不同于栖息地内部的独有特征。对其作用机理，王如松和马世骏曾有过探讨，他们认为导致边缘效应的机理在于边缘的加成效应、协合效应和集肤效应（马世骏，1985）。

2. 加成效应

任何生物在多维生态空间中占有一定的生态位。但由于环境条件的限制，生物的实际生态位与理想生态位（基础位）之间有差距，而边缘加成效应的结果就是为物种提高实际生态位创造条件（卢琦等，1999）。

3. 协合效应

在边缘地带各种生态因子并不仅仅是简单的加成关系，还有一种非加成性关系。任何物种对同一种生态因子的利用强度与其他生态因子的现有水平有关。对特定的物种来说，它们一旦与边界异质环境形成合适的生态位"谐振"，各因子之间就会产生强烈的协合效应。

4. 集肤效应

边缘地带是多种"应力"交互作用的地带，一般较各子系统更为复杂、异质多变，信息量较丰富，因而刺激了各子系统中信息要求高的种群甚至外系统的种群向边缘区集结，此即集肤效应。

人们有"单木不成林"的传统说法，实际上，疏林也不是均匀分布的。许多情况是形成树丛的不规则组合，而所谓"林"实际上是木本植物的组合，是要产生集合效益的，在低覆盖度条件下，形成行带式组合是把散生的木本植物配置成为类似集群状的组合，更具有林的特征，有利于形成"集肤效应"，提高了生物群体效应及其生态效益。

5. 生态位原理

生态位原理是指一个物种占据的物理空间及其在生物群落中的结构与功能作用关系，描述了物种对环境资源的利用状况，揭示了种间的竞争关系。生态位研究是近代生态学的重要领域之一，推动了对不同物种的竞争在时间、空间等方面的大量研究。近20年来，我国也开展了大量的生态位理论和实际应用的研究。生物在完成其正常生活周期时所表现出来的对环境综合适应的特征，是一个生物在物种和生态系统中的功能与地位。不同生态因子都有明显的变化梯度，不同梯度可以为各种生物所占据、适应和利用。每一生物种都有其生存的适宜空间，即生态位，不同的生物种群在生态系统中占据不同的生态位。在行带式林业系统中，利用生态位原理，通过种间互补、层次分异和多层次利用的原则，充分利用"空间差"和"时间差"，即占有不同的时间生态位宽度和空间生态位宽度。使生物种群占据各自适宜的生态位，可以充分利用不同时空的环境资源异质性，使物流和能流朝着有利的方向发展，全面提高自然资源的利用率。

6. 竞争生产原则

竞争生产原则：虽然一个种的存在可能对另一个种的生存环境产生负效应，但两个联结种更能有效利用各自所需要的资源。"互补性"一词一直被用于描述资源利用的空间效应和时间效应，也可以理解为种类多样性和利用有限资源的效率。资源共享可以在空间尺度和时间尺度同时发生。从空间上讲，可以安排不同辐射需要量的作物形成垂直结构，各自捕获需要的生理辐射，形成共生共栖的增益或无损群落。从时间上讲，可根据植物的不同物候期，合理安排季节，各取所需，互补有余。在单一栽培制度下，种内竞争是不可避免的。每一植物个体均占有相同的生态位，具有类似的资源需求。而混作的多种乔、灌、草植株，有时也占据相同的生态位，但它们可以在层次上（空间）和生长季节上（时间）产生互补，即所称的生态位分化，即同一生态位内共享资源的能力，使不同种类在同一土地单元内共存并保持稳定持久的生产力。

7. 共栖

大量文献证实，共栖是一种可提高生产力的正效应互作，其机理就在于种间的正效互作导致了"群体增益"。在共栖情况下，一个种对另一个种共存环境的改善，使第一个种从第二个种的存在中受益。而竞争和群体增益往往联系在一起。林木遮荫就是同作物争光的典型实例，但同时林木也增加了土壤有机质和养分可用性、提高了土壤含水率等。上述过程实际上等于正、负效应互作的综合。从目前发表的文献来看，共栖研究主要涉足在两大领域：一个是林木小气候的改善；另一个是林木对土壤改良和养分循环的作用。后者与林木对农田生态系统土壤的改良效果有关，特别是凋落物的数量、质量、分解释放及有机质积累对土壤的影响。关于小气候和植被间的关系也有不少研究。总的结论是：林木对小气候，特别是对风速、空气湿度、蒸发等具有明显改善的正效应。

8. 物种互作原理

种间互作关系，也称为种间关系或物种互作，指一个生态系统中不同物种种群之间直接或间接的相互作用，常表现为种群间的竞争、捕食、寄生、共生和共栖等，在林草复合系统中种间互作关系以林木与草本植物对土壤资源和生存空间的竞争，林木与草本植物、牲畜及其他动物的共栖关系为主。林草复合系统种间互作关系决定着系统经营成功与否，所以对种间互作关系进行全面的认识有助于优化系统结构和资源利用格局，减少种间负面效应，确定适宜的管理措施，保证系统综合效益实现最大化，故一直以来都是本领域研究的热点之一（秦树高等，2010）。

行带式林业打破了单一的种植结构，形成了乔、灌、草紧密结合的新格局和新景观，同时在同一物种内和不同物种间也产生不同的影响。这种影响既可以表现为互补性，又可以表现为竞争性。时间的互补反映在不同乔、灌、草在生长周期上的差异，从而在光照、水分的利用上出现时间差。这种时间上的互补性是行带式林业高效生产力的重要因素。一些限制因素通过不同乔、灌、草时间上的互补得以解决。在行带式林业中，因为有多年生的木本和灌木植物存在，使得这种时间上的互补发挥最大的效益。

空间互补表现在不同高度植物的空间搭配的立体布局，这种空间搭配既包括地上部分，也包括地下部分。这种互补作用，对水分成为限制植物生长因素的干旱和半干旱地区尤为重要。

9. 生态工程原理

将系统工程与生物及环境科学结合起来，根据地区的自然条件和社会经济背景，拟建生态系统的目的要求，组成部分的性质、功能、结构联系和物能流动的特点，考虑到系统整体的经济、生态和社会效益，采用定性和定量相结合的方法，实施调查、分析、决策、规划、设计、组建、管理、调整、更新等实践措施，拟定出组合合理、结构稳定、功能效益显著的优化生态系统方案，即生态系统工程。利用这一原理、方法和技术，对行带式林业中的乔、灌、草分清其主次地位、时空顺序、数量比例，进行优化组合，合理管理，可以提高行带式林业的整体功能和效益。

本研究对行带式林业与均匀分布人工林和随机分布天然林进行对比，主要从乔、灌、草生物量及其分配比例分析行带式林业生物生态学特性及其优势，提出行带式林业在我国干旱半干旱地区的发展前景及潜力，为今后我国在干旱半干旱地区的造林提供参考和依据（卢琦等，1999）。

10. 物质能量平衡原理

对于具体的景观生态系统而言，边缘效应首先因环境结构变化而产生物理运动过程。在原生态系统中，各种环境因素及群落特点都是一种相对稳定的平衡状态。首先，这种平衡是一种物理意义上的开放系统的动态平衡，总能量是平衡的，即输入系统的能量等于输出的能量，并遵守热力学第一定律和第二定律，保持物理平衡。其次，输入的能量由于生物的保持而缓慢消散，并伴随着物质的运转，形成内部结构变化和能量运动的生态系统动态平衡，也就是生态平衡。如果建立一个新的边缘，边缘效应首先因环境结构变化而产生物理运动过程，进行一系列的物理平衡，其结果则是各种有关因素的重新分配组合；在物理环境平衡的基础上生态系统的生物群落及生物环境将再进行新的平衡过程；结果使生物群落发生变化，而后再影响环境，从而发生群落演替，再达到稳定，直到能量和物质的输入输出基本相等，能量流动和物质循环保持平衡状态，生物群落的各组分保持相对稳定状态，最终形成一种新的生态平衡，生物群落与物理环境达到统一（关卓今和裴铁璠，2001）。

一个地域的生态系统，如果它只是相对处于某一种稳定的环境条件，那么最终达到终极的稳定状态就是顶级生态系统。这是一种生态平衡。然而，这并不意味着在同一大气候环境下地段上只有一种生态系统和生态平衡。如果对局部地段的物理环境条件如对地形或水分循环等加以改变之后，这一局部地段上的生态系统便随之发生相应的改变，最终又达到另一种新的平衡。在地带性生态系统地域范围内出现非地带性生态系统的情况就是这个道理。那么不同的边缘效应就会产生不同的生态平衡，边缘的调控便显示出了形成不同生态系统状态的重要性。例如，通过调控可使降水聚集、减少流失并加以利用,同样也可将降雨径流疏导而使环境水量减少。又如,在没有外界水分补给的情况下,人为改变条件,草原地带的局部地域也可以造林。所以,新的边缘出现,物质、能量的重新分配,使原来平衡的生态系统在边缘效应下有可能发生改变,当把新的生态系统与旧的相比较时就会发现生态平衡向某一方向发生变化(关卓今和裴铁璠,2001)。

6.1.3　界面生态学的内容

界面生态学应包括如下研究内容:①个体内部的界面生态学研究,主要研究生物体内各组织之间通过微观界面相互作用的规律,为揭示生物体生长、发育、生存直至死亡、分解机理提供科学依据。②个体间的界面生态学研究,主要研究个体与个体(空间、时间分布较近的个体)间以环境(空气或其他物质)为介质的作用规律,揭示生物种群内及其与环境间在界面上的物质、能量、信息的交换与传递规律,揭示种群内个体与个体的竞争机理。③生物种群间的界面生态学研究,主要研究生物群落内种群与种群(空间、时间分布较近的种群)间以环境或其他物种为介质的作用规律,揭示生物群落内及其与环境间在界面上的物质、能量、信息的交换与传递规律,揭示群落内种群与种群间的竞争机理。④生态系统内界面生态学研究,主要研究生态系统内生物与生物、生物与环境间在宏观界面上以环境为介质的作用规律,揭示物质、能量、信息在宏观界面上交换和传递的规律,研究生态系统内介质对界面上物质、能量、信息交换和传递的影响。⑤生物与其生存的物理环境的界面生态学研究,生物生长、发育与其生存的物理环境(生境)同样也存在物质、能量及信息的交换和传递,物理环境直接影响着生物的生存与发展,生物的生长、发育同样也改变着所生存的物理环境,物理环境与生物体相互影响的方式是通过界面来体现的,探讨生物与生存的物理环境的界面作用规律,是揭示生物生长、发育及其生境变化规律的主要内容之一(尤文忠等,2005)。

"生态界面"虽然不属于新的物质层次,但鉴于它在连接生物与环境之间物质交换、能量流动与信息传递的纽带作用,学科发展备受关注。伴随我国森林界面生态学的研究进展和国家生态环境重大工程的启动,人们在解决"草地三化"、"中国西部水资源与植被恢复的关系"、"作物根际养分的富集与亏缺"及"退化生态系统的恢复与重建"等问题时,界面生态学与其他学科交叉的深入和研究尺度不断扩大,会不断诞生诸如"草地界面生态学"和"农田界面生态学"等分支学科,并将对解决相关学科的重大生态学问题做出创新性贡献。纵观界面生态学的研究现状与发展趋势,随着学科间的不断交叉和渗透,以及众多科学家的联手研究,可以预言,界面生态学学科的发展会日新月异,前景更加广阔(吴刚等,2000)。界面生态学研究对维系系统稳定性、退化生态系统的恢复与重建具有指导意义。

由砍伐、林火等形成的林缘是典型的生态过渡区,并以生物多样性高和快速变化的光环境为最显著特征。研究植物在林缘附近不同光环境下对光能和水分的利用特征有利于在个体层次揭示林木更新、森林群落动态的生理生态学基础,具有重要意义。蒙古栎是长白山地区落叶阔叶林及阔叶红松林中的常见阳性树种。通过对长白山白桦林林缘及附近蒙古栎的野外观测研究,结果表明:①林冠对林缘光照等的影响随距离林缘远近的不同而不同。林缘及附近区域的光环境存在巨大差异,温度和水分条件等也有显著变化。

②林外蒙古栎的净光合速率及日光合总量均大于（或远大于）林缘和林内的净光合速率及日光合总量。

6.1.4 边缘效应研究的必要性

边缘效应方向性的研究，对于阐明生态系统界面的物理、化学、生物学特性及其对生态流所起的作用，研究人为改变的不同边际空间的生物地理群落特征及其形成与演替过程，建立边际生态学的方法论及研究方法体系，以及进行防止土地等自然资源退化研究和创建开发人工边缘效应都具有十分重要的意义。

6.1.5 沙漠化发生过程中的边缘效应

利用边缘效应来解释沙漠化过程发生机理的研究还是一种尝试。边缘效应有如下生态学定义：在两个或多个不同生物地理群落交界处，往往结构复杂，出现不同生境的种类共生，种群密度变化较大，某些物种特别活跃，生产力亦相应较高，把这种现象称为边缘效应。 王如松和马世骏于 1985 年把边缘效应的定义从单纯地域性概念拓展为：在两个或多个不同性质的生态系统（或其他系统）交互作用处，由于某些生态因子（可能是物质、信息、时机或地域）或系统属性的差异和协同作用而引起系统某些组分及行为（如种群密度、生产力、多样性等）的较大变化，被称为边缘效应（崔望诚，1988）。

在流动沙地发育的初期阶段，一般流动性大且干燥，不适于植物定居，当沙丘高度增大时，流动性减弱，沙丘构造比较紧密，逐步累积水分，使沙地变得较为湿润，为植物成活和生长创造了一定条件，会有一些植物开始定居。随着植物的繁殖，流沙地由半固定逐步过渡到固定沙地。如此，环境发生了变化，而植物和环境是统一体，植物随环境的变化而变化，同时，由于植物的演替会影响环境条件的改变，如环境条件不适合植物的要求，必定会引起一些植物的死亡，被新的适生植物所代替，形成沙地植被的演替。此时，沙生植物地上部分用枝叶竞争边缘空间的空气和阳光，地下部分竞争边缘土壤和养分，靠近地表层的各种小动物、土壤微生物也在争取边缘地带，边缘地带被抢占完毕，系统演替达到成熟，各种乔、灌、草形成一个多层次、高效率的物质能量共生网络，同时宣告旧的边缘效应结束。

边缘带生产力相对较高，如分布于干旱地带与湿润地带之间的农牧交错沙漠化区，仍具有稀疏榆树的针茅–羊草草原及大针茅–克氏针茅草原景观和水土条件较好的滩地，既可作为农牧业发展的良好牧场，又可作为一部分农业用地（崔望诚，1988）。

6.1.6 界面效应研究尺度

1. 景观尺度

边缘效应是景观生态学的重要概念，它在研究群落景观的能量流、物质流和有机体流等生态过程中起着重要的作用。边缘格局特征的相互作用显著，是景观生态学理论探讨的热点之一。对边缘效应的概念与内涵、研究的相关领域、影响因素、定量评价方法及其意义方面进行了一些阐述。随着森林破碎化程度的加深，边缘效应影响范围和深度也随之增加；同时随着科学技术的发展和研究方法的改进，将不断促进边缘效应生物机制的研究和发展。对边缘效应的深入研究有助于森林经营管理（周宇峰和周国模，2007）。

景观边界影响域研究是景观边界研究的重要组成部分，也是国内外研究景观生态学的一个热点问题。本研究主要从景观边界影响域的定量判定方法、非生物因子边界影响域、生物因子边界影响域的研究及边界影响域的影响因子等方面综述了国外近几十年边界影响域的研究进展，并在探讨国内景观边界影响域的研究现状基础上，对边界影响域的研究前景进行展望。

1）景观生态学中斑块的组合及其边缘效应

景观生态学研究表明，斑块内部和边缘化值较高，则养分交换和繁殖体的更新更容易。不同斑块的组合能够影响景观中物质和养分的流动，生物种的存在、分布和运动。其中斑块的分布规律影响最大，并且这种影响在多尺度上存在，这种迁移无论是传播速率还是传播距离都同均质景观不同。另外，斑块边缘由于边缘效应的存在而改变了各种环境因素，如光入射、空气和水的流动，从而影响了景观中的物质流动。同时，不同的空间特征也决定了某些生态学过程的发生和进行。斑块的形状、大小与边界特征决定了采取何种恢复措施和投入，如紧密型形状有利于保蓄能量、物质和生物方面的交换。在异相景观中，有一些对退化生态系统恢复起关键作用的点，如一个盆地的进出水口、廊道的断裂处、一个具有"踏脚石"作用的残余斑块、河道网络上的汇合口及河谷与山脊的交接处等，在这些关键点上采取恢复措施可以达到事半功倍的效果（赵哈林等，2009）。

从景观的角度讲，人工林分为带状林、片林、疏林。其中，带状林占地面积小，防护范围大，常被用于城镇、农田、海岸等防护林建设；片林不仅能够保持水土，还具有改善小气候的作用，也比较好管理，因此在土地较为宽裕的地方多以片林建设为主；疏林属于一种非郁闭片状林，其树木随机散开分布，密度低，耗水量少，一般多用于干旱半干旱区林地建设。林带建设，不仅具有防风固沙的作用，而且也为一些物种建立了迁移通道或是另一些物种迁徙的屏障。片林和疏林的建设中，应根据不同的植树造林目的，选择不同的造林方式（高尚武，1984）。

因此，生态界面内涵的扩展应该是：在生态学意义下，包括不同物相之间的几何分界面在内及与该界面毗邻物相中物质浓度梯度分布区域的总和。简言之，就是以物质梯度刻画的"双向边界层"。这里的"梯度分布"既包括了生态界面的刻画方式，又反映出物质过程的动力学机制——生物与环境的合力作用；"区域"强调的是生态界面的空间属性；"总和"体现出生物与环境的耦合作用。可见，生态界面所具有的物质属性是由构成系统物相之间的分界面和穿越其上的物质浓度分布体现的，它具有相邻物相的属性、特征或功能的表达，格局也一定与物质浓度在分界面两侧的某一区域关联。对生态界面的这种认识，有助于解释发生在系统界面上能量流动和物质交换受环境与生物的联合作用机制（韩士杰，2002）。

可以说，在生态界面位置处，环境胁迫最易富集，物质交换与能量流动也最频繁，生物调节也最活跃，因而是植被与环境耦合的核心部位，也是生态学家关注的主题。随着全球性生态环境和可持续发展问题的日益严峻，随着人类活动诱发生态系统界面上的能量流和物质流的失衡，系统界面过程的构建或调控显得尤其重要。不仅如此，在全球变化和人类活动的双重压力下，生态界面的过程及调控无疑是至关重要的。若将生态系统与气候变化及社会、政治和经济等要素之间的关系（或阈值）也包括在广义的生态界面范畴中，通过调控气候变化和人类活动与系统之间的界面关系，亦能为解决重大生态学的科学问题起到理论指导作用（韩士杰，2002）。

　　人类无论是直接作用于森林，还是通过改变环境因子而间接影响森林，对森林而言，首先做出响应的是森林中各种界面，森林界面是各种环境胁迫因子的直接承受者。那么如何评价诸如此类对森林的影响，或者更进一步地说如何定量评价这种影响？经典的森林生态学难以完成这一使命。而融汇了前沿生态学的理论与方法和广泛的学科交叉与渗透的森林界面生态学具有解决此类问题的优越性（韩士杰等，1998）。

　　位于森林边缘的过渡带，植物种群表现出梯度分布格局，体现了森林生态界面的共同特征，因此，有关森林过渡带的研究置于森林界面生态学的研究框架内。人们已从不同侧面研究了森林边缘过渡带的问题，也给出了过渡带判别的指标体系（郭水良等，1999）。

　　在森林林缘的生态界面上，光、湿度、土壤有机质含量等环境因子的变化式样复杂。同时，苔藓植物对生态界面物质浓度梯度反应的表现形式是多样的，在实际工作中，森林生态界面的厚度因森林所处的立地条件、森林类型不同而有差异。例如，马友鑫等（1998）对西双版纳热带雨林片断的小气候边缘效应的研究中发现各因子在南北向明显不同，由林缘向林内湿度的梯度变化范围不同。

2）公路的边缘效应

　　公路是一个人工干扰廊道，其边坡的植被受其影响具有明显的边缘效应。但与其他区域的边缘效应不同，它的植物物种并不是最丰富的区域，相反受公路小气候条件影响，其风速大、污染重、温度高，而且 N 元素可以得到不断补充，这与其他自然原因造成的边缘效应明显不同，刘龙（2008）仔细调查了多条不同路龄的公路边坡植被，分析公路边坡边缘植被的特点，为将来进行公路边坡植被恢复提供理论依据。

2. 生态系统尺度

　　边缘效应是生态学和生物保护的重要概念之一，它在研究生态系统尺度和景观生态系统尺度的能量流和物质流等生态过程中具有重要作用，对边缘效应的内涵、特征、定量评价（包括定量分析基础、强度、影响区、模型等）、应用研究等方面进行阐述，分析边缘效应研究中存在的不足，总结边缘效应对森林生态系统的影响及其研究方向，可为森林经营、保护区管理等生产实践提供借鉴。

　　群落景观的边缘效应明显，群落边缘比群落中心有较大的物质流和能量流（温国胜等，2005）。针对部分地区固沙成林出现早衰甚至枯死问题，从全生态角度在"边缘效应"理论、自然稀疏理论、水分平衡理论、树种生物生态特性等方面加以论证，为未来建立稳定的人工固沙植被提供依据。

　　在两个或多个异质群落的交界处会产生边缘效应，那么作者推测在两个或多个生态系统交界处同样会产生另一类"边缘生态系统"，下面给出其中两类"边缘生态系统"及其应用价值。

1）林–草边缘系统

在林地与草地生态系统的边缘会产生此类系统，其特点为林木与草地通过加成、协合和集肤效应在此边缘地带演化出各自互补的生态位，形成一个稳定而独特的生态系统。林下的高湿度、弱光照生态位，有利于草本植物生长；而草本植物以涵养水分，减少地表蒸发的生态效应反哺林木。对此类物种资源相对丰富的边缘生态系统，有研究者提出用"蹄耕法"在此地带发展畜牧业。当牛群在林下走动觅食时，可破坏林间原生植被，为草本植物入侵林下创造条件；牛群的粪便排泄到林下的土壤表层，即可使林地有机质增加、土壤肥沃，又可使牧草生长旺盛。

2）林–农边缘系统

由林地与农田生态系统构成的边缘系统，与林–草系统不同的是，农田生态系统是一个人为设计且扰动频繁的生态系统，因此由何种作物与林木形成一个互补、共生的边缘系统，可以人为地做出选择。例如，林下阴湿的生境利于耐阴作物生长，而树木和作物的凋零物累积于地表，其丰富的有机质及阴湿的环境、微弱的光照、疏松的地被物层，又为蚯蚓提供了一个良好的生态位，由此构成一个完善、稳定的林–农边缘系统（何妍和周青，2007）。

3. 微观尺度

韩士杰（1996）对叶面生态界面的研究中指出，生态界面越厚，它对叶片与环境间的物质流动阻力越大，界面的透性降低，代谢物质在界面上的分布梯度越小，说明物质分布所决定的界面结构越复杂，因而伴随它的信息量也越大。通过对藓类盖度指标在森林生态界面上信息量的计算与比较也发现有类似情况，例如，笃斯越桔灌丛与落叶松林间的生态界面厚度大。界面上存在着土壤水分、pH、植被组成、郁闭度、湿度等多种因子的梯度变化，界面结构复杂，苔藓植物的响应厚度也最大，为 60~80m，指标的信息量也最高，为 4.4184~4.7582nT。又如，在海拔 1678m 处的暗针叶林林缘生态界面，界面厚度比前者小，界面上植被组成比较一致，主要是湿度、透光率等因子引起地面藓类组成的梯度变化，部分土壤因子也会存在一定的梯度变化，界面结构比前者简单些，苔藓的响应厚度为 12~15m，指标的信息量为 18 768~29 342nT。在长白松林林缘的生态界面上，植被组成一致，均为长白松，金灰藓生长基质也一致，为同一类树种的树皮，金灰藓盖度变化的环境因子主要是湿度的变化，因此界面结构比较简单，金灰藓的响应厚度较小，为 125m 左右，信息量也最小，仅为 10 102nT。

6.1.7　边缘效应的两向性

从生态学角度讲，在许多新的边缘存在的情况下，必然带来新的边缘效应，并使其环境暂时处于一种不稳定状态。其变化或是向良性状态方向发展，或是向恶化状态方向进行。特别是在人类的生产活动中，创造着许多类型和大量的边缘，从而产生极大的边缘效应改变着原有的生态系统状态。另外，当人为活动在短时间建立起新的边缘后，原来系统受边缘效应影响，其平衡变得不稳定，随之向某一个方向发展。如果向着有利于系统的规模性、稳定性和复杂性发展，则使系统质量水平提高。反之，则使原系统质量水平降低。两种方向使系统出现明显不同的结果，并给人们带来完全不同的生态和经济效果。这种由于边缘效应的作用使系统平衡向某一性质方向的变化，称为边缘效应作用的方向性（简称为边缘效应的方向性），也是生态平衡变化的方向性（关卓今和裴铁璠，2001）。因此，在人工生态系统或人类参与的生态系统中，人类活动应充分利用边缘效应，使之朝着有利的方向发展。

1. 边缘效应两向性的相关特点

一般来讲，边缘的产生使原来固有的能量、物质在两个系统间再分配时，一个系统获得的同时，另一个系统便要失去。例如，干旱地区的农田或城市地段，集雨截留利用降雨会增加干旱系统的水分物质循环而有利于这一生态系统平衡达到高质量水平状态。同时，将减少农田以外或城区以外系统原有的雨水获得。山地植被恢复后在增强山地水土保持的同时，也将减少其产流量。这种由于边缘的产生，造成系统之间再分配的边缘效应，同时作用于再分配的两个方面，称其为两向性（关卓今和裴铁璠，2001）。

在两向性作用下，其生态平衡是走向高质量还是低质量水平，则要根据实际情况来确定。它与物质和能量的获得可能是正相关，也可能是负相关有关。例如，同样是水的获得，在一定范围内，对缺乏状态的生态系统其获得与平衡质量的走向将是正相关；而与水分产生负效应的生态系统，如水淹生态系统、北方盐碱化土壤地段等，过多的水分获得则是负相关（关卓今和裴铁璠，2001）。

2. 限制因子的作用

环境因子中某些因子量的变化最易产生影响作用，这些因子称为限制因子。非限制因子当其量的变化达到一定程度时，也会转化为限制因子。生态系统限制因子量的变化对生态系统的平衡会有很大的影响。当边缘效应对限制因子发生作用时，它对生态平衡的变化就会发生较大作用，不论正向作用，还是负向作用，都会产生较大影响。因此，相比其他因子的影响，作用于限制因子的边缘效应似乎具有放大效应。因此对限制因子的调控也会有明显的效果。

3. 平衡方向与符合人类需要和要求

人们的需要是多方面的，有经济的、社会的等。有时，人们的现实需要与生态平衡的高质量水平走向不一致，这并不等于说，这时受边缘效应影响的新的生态系统就不存在或不考虑质量水平走向问题。"桑基鱼塘"便是人们因地制宜利用两系统双方互利的边缘效应的例子。所以说两向性一般是物理环境上的效果，而生态上的正、负效应则是由实际情况决定的。

4. 生态学现象的边缘效应方向性分析

1）正向边缘效应

在著名的包兰铁路建设中沙坡头路段治沙工作采用如下方式：①在流动沙丘上设置

麦草方格沙障保护的物理环境边缘；②以隔行混交栽植柠条锦鸡儿、花棒及油蒿等固沙植物建立的非稳定群落边缘；③以油蒿及草本植物为主的天然植被生物群落的相对稳定的群落边缘。不同类型的边缘，其各自在固沙的不同时期发挥着边缘效应，实现了人工固沙，保证了铁路畅通，是利用正向边缘效应的体现。例如，在新开通的道路两侧坡度较大的路坡上，用水泥网格砖铺设的坡面，通过这些网格边缘既防止土壤侵蚀，又为草木生长提供稳定的环境。

　　完善的梯田则是丘陵地区农业充分利用水土的边缘效应，以达到充分利用原地环境资源的作用。防风林阻止和降低局部空气流动，并有防风沙、减缓温度骤变、保护植被免受机械损伤、保持一定空气湿度的边缘效应等作用。在群落过渡带，物种多样性等特点所表现的边缘效应也是一种边缘效应的生物群落表现。

2）负向边缘效应

　　人类活动使边缘产生生态负效应，生态系统质量水平下降，即走向低质量水平。城市热岛效应是边缘效应的集中体现，高大建筑物阻挡了空气的流动，减少了城市局部系统与周围环境的热对流，在一定程度上保持了城市内固有的温度；城市下垫面边缘，以水泥及柏油路面构成其主要部分，使城市在日间温度易于迅速升高；而且这种下垫面边缘极大地减少了市内应有的水分蒸腾蒸发和潜热的排离，因此，整体城市夏季的极端高温可比城市外围高出许多。这种热岛效应的极端情况直接影响着城市居民的生活和工作。现行的城市绿色环境系统（指绿地和与其相联系的周围环境共同构成的整体生态系统）的排雨效应使建筑物、道路和广场以各种形式构成的边缘都阻止降雨进入绿地，使降雨快速脱离绿色环境系统，排离市区，降低了城市系统的水循环强度，造成了城市干岛效应。热岛效应与干岛效应共同形成城市"类沙漠化"效应。同时这类边缘又给城市水土流失提供了条件，并使沙尘物质向道路积聚，在人类和其他动力作用下造成多次污染。这样产生负效应的边缘显而易见，是一种不合理的设计。然而，这些负向效应是可以通过人为调控的，使其降低或重新实现正向边缘效应。例如，对城市绿地调控，降低城市热岛效应；对城市建设格局边缘调控，实现集雨利用，增大绿地效益、避免水土流失、降低城市粉尘污染，从而增强城市环境自净功能。

3）中性边缘效应

　　边缘的作用没有明显的正负性或是人们还不能确定的为中性边缘效应或边缘中性效应。在中性边缘效应中，多数信息作用目前还难以判断。例如，一条公路或铁路的建设，会使路两边鼠类的种类、种群分布有很大的不同。

6.1.8　边缘效应的研究方法

1. 边缘效应率

　　梁希武研究白桦林边缘效应与增产机制和多样性的关系中表明：处于林分内部和林分边缘的林木，由于小生境的不同，相同年龄的林木至少能在个体表现型上表现出明显的差异，如胸径和树高的林内缘差异。而处于边缘的林木不是一株，而是多株，这就构成了群体差异。

设某一林分有 n 株同种同龄林木，林缘每株林木的表现型标志值为 P_1，林内每株林木的表现型标志值为 P_1'，那么因林木所处位置不同，同种同龄林木间产生的差异比累计称为该林分的边缘或边际效应，用 E 表示。

$$E = \frac{P_1 - P_1'}{P_1'} + \frac{P_2 - P_2'}{P_2'} + \frac{P_n - P_n'}{P_n'} = \sum_{i=1}^{n} \frac{P_i}{P_i'} - n \qquad (6.1)$$

当林缘 P_i 取平均值 $P_缘$，林内 P_i' 取平均值 $P_内$时

$$E = \frac{P_缘 - P_内}{P_内} = \frac{P_缘}{P_内} - 1 \qquad (6.2)$$

当 $P_i < P_i'$ 或 $P_缘 < P_内$ 时，$E<0$，此时边缘效应称为负效应；而当 $P_i > P_i'$ 或 $P_缘 > P_内$ 时，$E>0$，此时该林分无边缘效应发生。

2. 边缘效应的深度/宽度

3930 杨树人工林边缘效应的一系列研究表明，杨树人工林边缘效应显著。杨树人工林的边缘效应率达 1.26，边缘效应深度达林内 30m，边缘部分杨树的光合速率明显高于林内，多出 108.6%。对杨树人工林土壤养分含量的测定显示，土壤养分含量随着边缘深度的不断深入，表现为先降低后增高，并随着边缘深度的增加，升高的趋势逐渐变缓（周永斌等，2008）。

通过对天然柞木林及其不同宽度的效应带组合的试验分析，从生物量增长率、营养元素生产率、材积生长率、凋落物分解速率等方面进行了研究，结果表明开拓 6m 宽的效应带，对于天然次生柞木林的生物量及生产力有较大的正效应（周永斌等，2008）。

各种生态系统或各种生物地理群落之间都有广泛的交接边缘。在这些边缘地带往往既有一个生态系统的因素，又有另一生态系统的因素，结构比较复杂，生物种类较多，潜在的生产力较大。边缘地带这种独特的结构和功能被称为边缘效应。

3. 景观边界影响域的判定方法

由于景观边界是两个或多个相邻景观的交错地带，它兼有相邻景观的特征，如森林–草原交错带具有森林和草原的生物学和环境特征，因此可以根据景观边界的这一特点对其进行定性判定，但定性判定对于充分理解边界是不够的，因此，还需采取一定的方法对景观边界进行定量判定。

1）移动窗口法

移动窗口法是将两个窗口放在等间隔排列的样点上（两个窗口内的样点数相等），通过计算来比较两个窗口内样点的相异性；然后，窗口顺序向后移动一个样点，直到整个样线上的所有样点都参与计算为止。常见的相异系数包括欧氏距离平方、Ho-telling-Lawley 的 F 值、判别分析函数、Mahalanobis 距离、Wilk 的 K 系数和多样性指数及相异百分率等。

例如，对渭北黄土高原刺槐林–草地景观界面土壤水分影响域及其时空动态变化规律

进行了研究。采用移动窗口法分析得出刺槐林–草地景观界面土壤水分影响域为林内 4m 到林外 12m，宽度 16m，为渐变型界面，由此可将刺槐林–草地景观划分为 3 个区域：草地区、界面区和刺槐林区。经典统计分析表明，历经 3 个区域，不同层次的土壤水分在水平方向上随着水平距离梯度的变化表现出不同的上升或下降趋势，在界面区域土壤含水量变化最为显著。基于标准差和变异系数两个指标，可将草地和林地区域土壤剖面水分垂直变化划分为 4 层，界面区域划分为 3 层。3 个区域土壤含水量的季节变化表现为基本一致的"高—低—高"规律，可以划分为 3 个时期，4~5 月中旬为土壤水分贮存期，6~7 月中旬为土壤水分消耗期，8~10 月中旬为土壤水分恢复期。水分在时间和空间上的这种变化主要受植被类型、根系分布、降水资源再分配的影响。

在华北农牧交错区，选择线状边界的农田与草地典型区进行调查与土壤水分测定，采用移动窗口法，对农田–草地景观界面表层（0~20cm）土壤水分影响域进行研究，结果表明：界面水分的影响域为草地 6m 到农田 4m，总宽度 10m，属于急变型界面；将农田–草地景观界面划分为 3 个功能区：农田功能区、草地功能区和农田–草地复合功能区。其中农田–草地复合功能区的土壤含水量变化剧烈，而草地功能区与农田功能区内土壤水分基本呈线性分布；草地生态系统土壤平均含水量比农田高约 1g/g，这主要是草地开垦为农田后风蚀等作用而引起的土壤毛管持水力下降所致。作为植被覆盖度不同的两个生态系统，不同的植物蒸腾和地表蒸发，可使不同功能区的土壤含水量产生明显差异，从而使土壤水势发生变化，使水分跨生态系统运移成为可能。

2）多元排序法

多元排序法是将边界作为一个同质性区域的限制间接的判定，该方法关注的是边界两侧的同质区域而不是边界。因此，当其被应用到边界判定时效果并不理想。

3）聚类分析法

传统的群落聚类分析法是在研究区内随机或有规则地取样，然后对样方数据进行聚类分析，并画出系统聚类树系图，对样方高等级上的合并可划分出景观边界，聚类分析尽管也能判定边界，但其分类结果和实际情况有所不同，而且统计显著性也难以检验，在确定边缘，特别是连续梯度的边缘时，同质聚类法的效果并不好。

4）判别分析

判别分析是根据已有的观测资料，构造一个或多个判别函数，确定判别函数的系数和判别指标。分别从 A 类、B 类和 A-B 边界内取标准样地资料，将样地与标准判别函数进行比较，可以决定样地属于哪一类，最后得出整个研究区内 A 类、B 类、A-B 的边界。

5）主成分分析法

主成分分析法可以对大量的变量进行降维，而较多地保存原始数据库中的信息，然后根据连续样点的聚集来判定边界。常禹（2001）利用主成分分析法判定了长白山苔原–岳桦边界和岳桦–云冷杉边界。但如何确定不连续样点聚集的生态学意义是该种方法的难点。

6）空间统计方法

空间统计方法即主要对空间实体的分布和格局进行分析，空间自相关分析主要分析空间某一点上某一变量的观测值与空间上其他地点该变量值的相关性。与传统的统计方法不同，它不仅考虑变量本身的值，还将变量所在的位置考虑在内。通过空间自相关分析可以找到空间上显著相似（或相异）的点，即能够界定空间上的同质区域的范围，从而间接地确定景观边界。

7）遥感和地理信息系统方法

卫星影像在景观边界的检测中是一种非常有用的方法，它能提供整个景观的信息，所以，必须用影像分析法才能从整个影像中提取出有关景观边界的信息，最常用的一种方法是用移动窗口技术对植被覆盖度指数（NDVI）数据进行分析，通过 NDVI 的差异来界定景观边界，地理信息系统方法常用来对景观边界的结构进行数量分析，如可以度量景观边界的长度、面积、密度和分维数等，但这种方法不适用于较小尺度的研究。

8）地理边界方法

地理边界方法是一种定义空间目标地理边界的技术，并评估这些边界体特征的统计显著性。地理边界分析是应用软件 GEM 完成的。

6.1.9　边界影响因子

影响边界影响域的因子很多，如边界影响域在不同的坡向上有所区别。有研究表明，在南坡影响域可伸入林内 50m，在北坡仅达 10~30m。而斑块的大小也影响边界的影响域，Kapos 以温度为指标的研究表明，$1hm^2$ 林地斑块的影响域较 $100hm^2$ 林地斑块的影响域要窄。不同的景观类型对边界影响域也有影响，如草原景观中边界影响域可达 60~100m，而林地景观中边界影响域只有 40~60m。此外，坡度、地形和时间等都会影响边界影响域。

1. 非生物因子的边界影响域

非生物因子包括温度、地形、光照和风速等，在众多的非生物因子中，关于温度受边界效应影响强度的研究较多。例如，在美国 Wisconsin 北部松林，边界对温度的影响在 0~40m 变化，在美国东部 Pennsylvania 东南和 Delaware 北部次生林中则约为 24m，而 Kapos 对美国太平洋西北林地研究后报道，边界对温度的影响为 20~60m。Williams 对林草边界温度的研究则表明，边界对草地的影响为 17~1015m，对林地的影响为 15~215m，可见，由于所研究景观类型和研究地点不同，边界对同一因子的影响范围也不同。

除了温度，以其他非生物因子为基础对边界影响域进行研究的报道也较多，如在太平洋西南古老的道格拉斯冷杉林中风速的影响域能达到林地内 400m，皆伐地的 840~960m。Matlack 对林地边界的研究表明，边界对湿度的影响域为 50m，对光照的影响域为 10~44m；而 Chen 等报道道格拉斯冷杉林中短波辐射的边界影响域为 30~60m；Williams 在研究巴拿马热带森林时发现，从林缘至林内 20m 后，小气候变化不明显，但在亚马孙河流域则可延伸至林内 60m（李丽光等，2006）。

2. 生物因子的边界影响域

生物因子包括物种丰度、物种组成、树木密度、种子分散、捕食和竞争等，有关生物因子边界影响域的研究，在动物和植物方面都有所进展（李丽光等，2006）。

3. 林地界面效应的研究

在森林景观界面上，对土壤养分分布变化规律的研究还很少，土壤养分的生态梯度变化规律还有待阐明。Weather 等对在森林边缘和内部穿过林冠的降雨中可溶性无机氮的流动进行了定量研究，得出位于林缘处的树冠下面的可溶性氮的流量一般比位于林内处的高 50%，并且与周围草原上氮的沉降作了对比，林缘处不再是可溶性无机态氮浓度最大的地方，在林内 25m 处可溶性无机态氮的浓度更高。森林景观界面上各种养分的分布变化规律将是未来界面研究的一个重点。

森林内部与外部的温度及接受的光照辐射存在着显著的差异，森林景观界面正是这种差异过程的表现。例如，Cadenasso 等的实验表明，从草原内 25m 到林内 50m 的方向上光合作用辐射能在逐渐变小。林带附近热量收支的变化导致了温度的变化，有研究表明，林带对空气温度的影响有季节性变化，春季表现为增温效应，夏季表现为降温效应。景观界面上土壤温度也存在着较大变化，例如，朱廷曜等的研究结果表明：从农田防护林网的边缘到林外 30 倍树高距离内，土壤温度存在显著变化，在距林缘 3~5 倍树高范围内 5~20cm 土层的温度最高，可比远处高 3℃左右。王雄宾分析不同间伐方式对华北落叶松人工林边缘效应的影响，结果表明密度为 2500 株/hm²、1300 株/hm²、900 株/hm² 的华北落叶松人工林边缘效应距离分别是 5.92m、14.06m、22.18m。一些研究者还通过测定空气温度、土壤湿度、蒸汽压差、光合有效辐射、空气中 CO_2 浓度、叶面积指数等参数研究了边缘效应。有些研究已得出普遍性结论，即边缘对小气候的影响可从林缘延伸至林内 15~60m 处。

6.1.10　边缘效应理论的应用

1. 低覆盖度行带式固沙林的营造

杨树是中国北方半干旱地区治沙造林绿化主栽树种之一。"低覆盖度两行一带"大小垄配置的带状造林方式，大胆地改革了传统的均匀密植造林方式，解决了半干旱地区长期以来杨树造林"成林不成材"的现象。该项目主要研究内容是在不减少单位面积内造林数量的基础上，通过大小垄配置，改变树木的分布形式，利用边行优势效应，充分利用光、热、水、肥条件，促进树木生长，缩短树木采伐周期，提高木材产量和土地综合利用率及产出率，增加经济收入，并有效避免低产低效林的形成。1986 年以来，已在内蒙古自治区推广 100 多万亩，且正以每年 20 万亩的速度在区内外推广。

2. 开展群落优化结构，定向培育速生丰产林

通过对森林边缘效应类型的划分，从理论上对森林边缘效应进行了初步研究，并从提高光能利用效率和增加单位面积生产力的角度出发，把边缘效应理论与林业生产紧密结合起来，为摆脱林业"两危"的困境提出了两种切实可行的模式。①利用边缘效应理论，开展群落优化结构，定向培育速生丰产林。②根据效应带配置理论，模拟自然，人工开拓效应带，对生产力低下的天然次生林进行合理改造，建立人工天然混交群落结构模式。

研究者分析了中国沙棘无性系种群的林缘扩散规律及其生态学意义。结果表明，中国沙棘通过无性系生长向林缘扩散形成"阶梯式"同龄斑块镶嵌体系，群落依靠该体系不断向前移动或者依靠同龄斑块之间的交替更新来维持和恢复其稳定性。同时，林缘扩散种群具有密度大、生产力高等特征，但其生物量积累和自然稀疏过程与有性植物种群具有相同的规律。

6.2 固沙林的生长优势及生物产量

6.2.1 科尔沁沙地杨树固沙林密度、配置与林分生长过程

杨文斌等对科尔沁沙地雨养条件下杨树（'白城41号'）固沙林的密度、配置与林木胸径、株高、冠幅、单株材积及林分单位面积木材蓄积量随林龄增大的动态关系进行了试验研究。结果表明：大约在11年林龄之前，林分单位面积蓄积量受密度的影响而发生变化，其后趋于稳定，以密度为 825 株/hm² 的林分最大，可达 153.39m³/hm²，其他依次为 540 株/hm²>420 株/hm²>1215 株/hm²。密度为 400~1000 株/hm² 的杨树人工林干、枝、叶量比例合理。

由不同密度的'白城41号'杨树固沙林的调查结果（表 6.1）可知：在相同的立地条件下，随着林分密度的降低，林分的平均胸径、株高和冠幅增大，林分特征明显改善。例如，以密度为 2280 株/hm² 的林分为对照，同是 14 年生，林分密度为 1215 株/hm² 时，林分的平均胸径（比对照）增加了 60%；密度降低到 825 株/hm² 时，林分的平均胸径增加 102%，而当密度继续降低到 540 株/hm² 和 420 株/hm² 后，林分的平均胸径则增加到 143% 和 171%；其中后三者的枝、叶量与干的质量比例增加到 30% 以上，枝、叶量与干的质量比例更趋于合理，有利于林木的生长。

表 6.1　不同密度杨树林分的特征（'白城41'）

林龄/a	造林配置/（m×m）	现存密度/(株/hm²)	平均胸径/cm	平均树高/m	平均冠幅/（m×m）	干、枝、叶比例
14	2×2	2280	8.6	10.6	2.1×2.2	1：0.23：0.12
14	2.5×3	1215	13.8	11.3	2.7×2.6	1：0.28：0.15
14	3×4	825	17.4	12.8	3.2×2.8	1：0.39：0.31
14	3×6	540	20.9	13.8	3.1×2.9	1：0.39：0.33
14	4×6	420	23.3	14.1	3.3×3.0	1：0.38：0.32

1. 不同密度林分胸径的生长过程

　　林分密度对林木的胸径生长影响较大，如图 6.1 所示，造林后 5 年内，密度对林木的生长基本没有影响，不同密度林分的胸径生长量基本相同。5 年以后，密度对林木胸径生长的影响逐年加大，随着林分密度增大，林木的胸径生长量减小，如以密度为 2280 株/hm² 的林分为对照（100%），当林龄为 5 年、10 年和 14 年时，密度降低到 1215 株/hm²，林分平均标准木的平均胸径增加了 1%、42% 和 108%；密度降低到 825 株/hm² 时，林分平均标准木的平均胸径增加了 14%、140% 和 197%；密度降低到 540 株/hm² 时，林分平均标准木的平均胸径增加了 33%、221% 和 235%；密度降低到 420 株/hm² 时，林分平均标准木的平均胸径增加了 52%、242% 和 257%。可见在半干旱区的雨养条件下，杨树密度在 2000 株/hm² 以上易出现"小老树"。1000 株/hm² 以上可成椽材，500~1000 株/hm² 成檩材，500 株/hm² 以下可成梁材，且这样的林分能够持续正常生长。

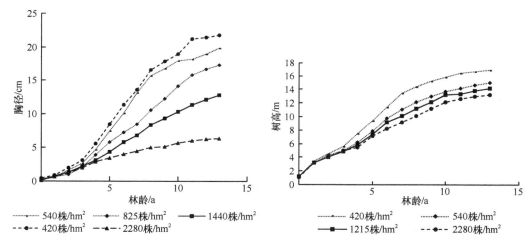

图 6.1　不同密度杨树人工林胸径生长过程　　　图 6.2　不同密度人工杨树林平均树高生长过程

2. 不同密度林分树高的生长过程

　　林分密度对林木平均树高生长产生的影响见图 6.2，随着林分密度降低，林木的平均树高有所增加，也是从造林 5 年后出现差异。以密度为 2280 株/hm² 的林分为对照，14 年生林分密度降低到 1215 株/hm²，平均树高增加了 7%；密度降至 825 株/hm²，平均树高增加了 15%；当密度继续降低到 540 株/hm² 和 420 株/hm² 后，林分的平均树高分别增加了 30% 和 33%。

3. 不同密度林分平均标准木材积的生长过程

　　林分密度对林分平均标准木单株材积的生长过程有显著影响，如图 6.3 所示。分析表明：造林 5 年内，密度对林木单株材积的生长量基本没有影响，不同密度林分单株材积生长量基本相同。造林 5 年以后，密度对林木单株材积年生长量的影响逐年加大，而且随着林分密度减小，林木单株材积的年生长量增大显著。如以密度为 2280 株/hm² 的林分为对照，当林龄为 5 年、10 年和 14 年时，密度降低到 1215 株/hm²，林分平均标准木单株材积量分别比对照增加 1.08 倍、3.49 倍和 5.26 倍；密度降低到 825 株/hm² 时，林分平均标准木单株材积量分别比对照增加了 1.15 倍、6.42 倍和 12.04 倍；密度降低到 540 株/hm² 时，林分平均标准木单株材积量分别比对照增加了 1.56 倍、13.8 倍和 15.98 倍；密度降低到 420 株/hm² 时，林分平均标准木单株材积量分别比对照增加了 1.58 倍、15.67 倍和 19.32 倍。可见密度对林分单株材积生长量的影响非常大，且随着林龄增大，林分密度太大严重制约林木单株材积生长量的增长。

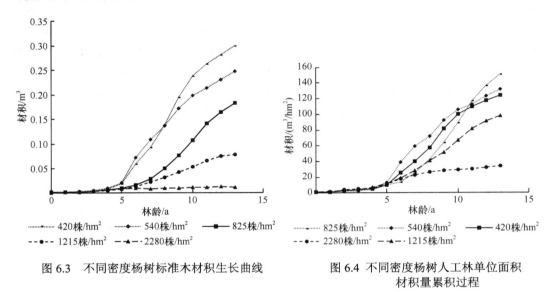

图 6.3　不同密度杨树标准木材积生长曲线　　　图 6.4　不同密度杨树人工林单位面积材积量累积过程

4. 不同密度林分单位面积蓄积量的累积过程

研究人工造林理论与技术，既要提高防风固沙的效果，获取显著的生态效益，又要提高生物生产力，获取较高的经济价值。密度降低后，林分能够持续正常生长，稳定性增强。由图 6.3 不同密度林分平均标准木的单株材积资料换算成单位面积木材蓄积量后（图 6.4）显示：林龄小于 6 年，密度为 2280 株/hm² 的林分单位面积木材蓄积量最大。随着密度降低，单位面积木材蓄积量依次降低，当林龄达到 6 年以上时，密度为 2280 株/hm² 林分的单位面积木材蓄积量均处于最低。林龄达到 7 年以上时，密度为 1215 株/hm² 林分的单位面积木材蓄积量降低到其他 3 个密度以下，但始终高于密度为 2280 株/hm² 林分的木材蓄积量。大约在林龄达到 11 年以上时，密度为 825 株/hm² 林分的单位面积木材蓄积量达到最大，密度为 540 株/hm² 和 420 株/hm² 林分的单位面积木材蓄积量降到密度为 825 株/hm² 林分之下，但仍高于密度为 1215 株/hm² 林分的单位面积木材蓄积量。当林龄达到 14 年时，如以密度为 2280 株/hm² 的林分作为对照，密度分别为 1215 株/hm²、4205 株/hm² 和 825 株/hm² 的林分单位面积木材蓄积量依次为对照的 2.8 倍、3.6 倍、3.8 倍和 4.4 倍，密度为 825 株/hm² 林分的单位面积木材蓄积量最大。

固沙林密度首先对林木的胸径生长影响较大（图 6.5），造林后前 5 年内，不同密度固沙林的胸径生长量基本相同，5 年以后，密度对胸径生长的影响逐年加大，出现了随着固沙林密度增大，林木的胸径生长量减小的现象，如以密度为 2m×3m（1667 株/hm²）的固沙林作为对照（100%），当林龄为 5 年、10 年和 13 年时，密度降低到 2m×4m（1250 株/hm²），固沙林平均胸径增加了 7%、11%和 15%；密度降低到 2m×5m（1000 株/hm²），固沙林平均胸径增加了 28%、33%和 42%；密度降低到 3m×4m（833 株/hm²），固沙林平均胸径增加了 25%、72%和 75%；密度降低到 4m×5m（500 株/hm²），固沙林平均胸径增加了 22%、75%和 86%（图 6.6）。可见，在半干旱区的雨养条件下，杨树造林的密度每公顷在 500 株左右时，进入中龄林后才能充分发挥出杨树速生的优势，表现出生物生产力优势。

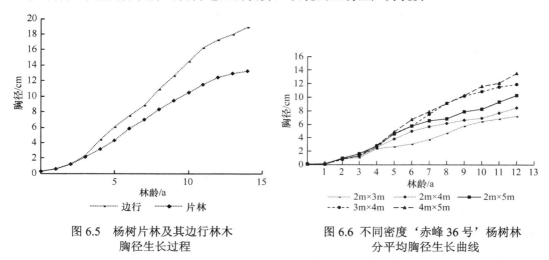

图 6.5　杨树片林及其边行林木　　　　图 6.6　不同密度'赤峰 36 号'杨树林
胸径生长过程　　　　　　　　　　　分平均胸径生长曲线

5. 不同密度固沙林平均株高及胸高比的差异分析

固沙林密度也对林木的平均株高生长产生一定影响，分析测定资料发现，林木的平均株高同样随着固沙林密度降低而有所增加，如同样以密度为 2m×3m（1667 株/hm²）的固沙林作为对照，当林龄为 13 年时，密度降低到 2m×4m（1250 株/hm²），固沙林平均株高增加了 2%；密度降低到 2m×5m（1000 株/hm²），平均株高增加了 21%；密度降低到 3m×4m（833 株/hm²），平均株高增加了 38%；密度降低到 4m×5m（500 株/hm²），平均株高增加了 35%（表 6.2）（杨文斌等，2007）。

6.2.2　人工林边行水分利用特征与优化配置结构研究

杨文斌和王晶莹（2004）对不同密度和配置的'赤峰 36 号'杨树固沙林的生物生产力进行调查。研究杨树固沙林密度、配置与固沙林生长关系，评价行带式固沙林的生物生产力优势，为该区大面积发展杨树固沙林，提高固沙林的经济和社会效益提供科学依

表 6.2　不同密度杨树固沙林的特征（'赤峰 36 号'）

林龄/a	造林配置/（m×m）	现存密度/（株/hm²）	平均胸径/cm	平均株高/m	单株材积/（m³/株）	单位面积材积/（m³/hm²）
13	2×3	1 667	5.6	8.5	0.013 10	21.83
13	2×4	1 250	7.4	8.7	0.022 49	28.19
13	2×5	1 000	9.1	10.3	0.030 87	30.87
13	2×10	500	13.1	12.1	0.076 53	38.26

据。结果表明：①1~5 年林木的生长基本不受密度的影响，密度大则单位面积材积量大；6~11 年是密度对林木生长的显著影响阶段，杨树固沙林的胸径、株高和材积量的增长率随林龄增大而逐年加快；大约在 11 年之后趋于稳定；单位活立木蓄积最大（153.39m³/hm²）的固沙林密度是 825 株/hm²，其他密度按蓄积大小排序依次为 540 株/hm²、420 株/hm² 和 1215 株/hm²；②边缘林木的平均胸径和单株材积量分别比林内高 20%~70% 和 90%~260%，且低密度林分的边缘林木的生长优势比高密度林分边缘林木的生长优势更加明显；③同密度（500 株/hm²）13 年的一行一带式固沙林，其胸径、树高和材积量分别比等株行距的片林高 37.4%、17.4% 和 81%；而 10 年的低覆盖度两行一带式的胸径、树高和材积量分别比等株行距的片林高 19.8%、16.2% 和 64.8%，说明行带式配置还具有生物生产力优势。

1. 不同密度杨树固沙林的林分特征

在敖汉旗对不同密度的'赤峰 36 号'杨树固沙林的调查结果表明：在相同的立地条件下，随着固沙林密度的降低，固沙林的平均胸径、株高的生长加快，林分特征明显改善，如以密度为 1667 株/hm² 的固沙林作为对照，同样 13 年的固沙林当密度降低到 1250 株/hm²，平均胸径（比对照）增加了 32%；密度进一步降低到 1000 株/hm²，平均胸径增加了 63%，而当密度降低到 500 株/hm² 后，则平均胸径增加了 134%；同时，固沙林的枝和叶量的比例增加到 30% 以上，干、枝和叶量的比例更趋于合理。

2. 不同密度固沙林平均标准木材积生长过程

密度对固沙林平均标准木单株材积的生长过程有显著影响（图 6.7）。分析表明：造林前 5 年，不同密度固沙林单株材积生长量基本相同，造林 5 年以后，密度对林木单株材积年生长量的影响逐年加大，而且随着固沙林密度减小，林木单株材积的年生长量显著增大，如以密度为 2m×3m（1666.7 株/hm²）的固沙林作为对照（100%），当林龄为 5 年、10 年和 13 年时，密度降低到 2m×4m（1250 株/hm²），单株材积增加了 10%、45% 和 71%；密度降低到 2m×5m（1000 株/hm²），单株材积增加了 7%、51%

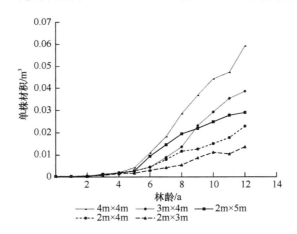

图 6.7　不同密度'赤峰 36 号'杨树平均标准木单株材积生长过程

和 122%；密度降低到 3m×4m（833 株/hm²），单株材积增加了 33%、172%和 194%；密度降低到 4m×5m（500 株/hm²），单株材积增加了 1%、320%和 350%。可见，密度对固沙林单株材积生长量的影响非常大，且随着林龄增大，固沙林密度太大严重制约林木单株材积的生长。

3. 不同密度固沙林单位面积蓄积量累积过程

密度降低后，固沙林能够持续正常生长，稳定性增强。不同密度固沙林平均标准木的单株材积资料换算成单位面积木材蓄积量后（图 6.8）显示：当林龄小于 5 年，密度为 1667 株/hm² 的固沙林单位面积木材蓄积量最大，随着密度降低，单位面积木材蓄积量依次降低；当林龄达到 5 年以上时，密度为 1000 株/hm² 固沙林的单位面积木材蓄积量上升到其他 4 个密度之上；而林龄达到 8 年以上时，密度为 1666.7 株/hm² 固沙林的单位面积木材蓄积量处于最低；大约在林龄达到 11 年时，密度为 833 株/hm² 固沙林的单位面积木材蓄积量达到最高，直到 13 年；密度为 500 株/hm² 固沙林的单位面积木材蓄积量上升到第二，同时表现出明显的上升趋势；密度为 1000 株/hm² 的处于第三；密度为 1250 株/hm² 的处于第四；而 1666.7 株/hm² 固沙林单位面积木材蓄积量降到最低。

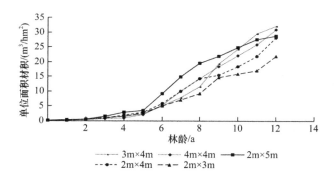

图 6.8　不同密度'赤峰 36 号'杨树单位面积材积量生长过程

4. 固沙林边行木生长优势分析

对 18 年生的造林株行距为 3m×5m 的'赤峰 36 号'杨树固沙林边行木的生长优势进行调查，分析发现：18 年生的'赤峰 36 号'杨树固沙林的边行林木的平均胸径、株高、冠幅、单株材积量、枝量和叶量分别比林内林木增加 41.4%、50.4%、30.5%、119.5%、71.8%和 41.1%（表 6.3），边行木枝叶茂盛，未出现严重衰退和腐烂病。表 6.4 是不同密度'赤峰 36 号'杨树固沙林及其边行木平均胸径和单株材积量调查结果，可以发现：边行林木的平均胸径和单株材积量分别比林内平均值高 20%~70%和 90%~260%，而且随着密度降低，边行优势相对降低。

表 6.3　'赤峰 36 号'杨树固沙林平均生长量与边行木生长量的比较

样本类型	造林密度/（m×m）	林龄/a	胸径/cm	株高/m	冠幅/（m×m）	材积量/m³	枝量/kg	叶量/kg
林分	3×5	18	15.7	11.7	3.61×3.53	0.114 19	38.6	21.4
边行木	3×5	18	22.2	17.6	4.82×3.45	0.250 60	66.3	38.8

表 6.4　不同密度固沙林及其边行木的平均胸径和单株材积量

株行距/（m×m）	林龄/a	胸径		单株材积	
		cm	%	m³	%
2×3	18	10.6	100	0.048 11	100
2×3 边行	18	16.65	157	0.108 39	225
2×5	14	9.1	100	0.029 07	100
2×5 边行	14	15.2	167	0.105 27	362
3×4	14	12.8	100	0.067 60	100
3×4 边行	14	17.4	136	0.161 54	239
3×5	18	15.7	100	0.114 19	100
3×5 边行	18	22.2	141	0.250 60	219
4×5	17	13.75	100	0.059 01	100
4×5 边行	17	16.9	123	0.114 43	194

从图 6.9 可以看到：2 种密度的固沙林均在造林 5 年后，边行林木胸径的生长速度开始超过固沙林平均值，以后边行林木的胸径生长量与固沙林胸径生长量平均值的差值逐年增大；大约在 13 年时，固沙林的平均胸径生长量趋势开始减弱，曲线向平缓转变，形成 "S" 形曲线；而同龄的边行木的胸径总生长量趋势仍持续增大，到 18 年时还未出现曲线向平缓转变的迹象；同理，边行木的材积生长（表 6.4）也有类似过程，固沙林边行木的平均单株材积量明显优于固沙林总体平均水平，而且，由于降低密度后，固沙林的林分特征显著改善，相对降低了边行林木的优势，但是，就边行林木的生长情况进行比较，低密度固沙林的边行木的生长量又比高密度固沙林边行木的生长量明显增加，其中，密度为 3m×5m 的边行林木的材积量比密度为 2m×3m 的高 132%。这表明：低密度的杨树林更具有显著的边行优势。

5. 相同密度不同配置对固沙林生长状况的影响

杨文斌等（1997）认识到杨树固沙林具有明显的边行优势，并能确保林木持续正常生长和固沙林的稳定性，设计了行带式配置结构来进一步研究同密度不同配置结构固沙林的林分特征及林木生长过程。从表 6.5 可以看出：一行一带式配置的固沙林胸径、株高和冠幅面积分别比同密度同林龄的片林高 37.4%、17.4% 和 61.8%。两者的胸径和材积生长过程分别见图 6.11 和图 6.12：大约在 5 年时，胸径和材积生长开始出现差异，以后逐年加大，当林龄达到 13 年时，一行一带式配置的固沙林平均标准木单株材积量比同密度的片林高 81%。对低覆盖度两行一带配置的'赤峰 36 号'杨树固沙林的调查也得出相同的结果（表 6.6）：同样为 625 株/hm² 的密度，6 年时，低覆盖度两行一带配置的固沙林胸径、株高和材积量分别比同等株行的片林高 5.4%、2.3% 和 8.8%；10 年时，低覆盖度两行一带配置的固沙林胸径、株高和材积量分别比同等株行的片林高 19.8%、16.2% 和 64.8%。可见，在相同密度时，采用充分发挥固沙林边行优势的行带式配置，能显著提高固沙林的生物生产力和稳定性。

表 6.5　不同配置的'赤峰 36 号'杨树固沙林生长特征

树种	林龄/a	密度/（株/hm²）	配置形式/（m×m）	平均胸径/cm	平均树高/m	冠幅/（m×m）
'赤峰 36 号'	13	500	4×5	11.28	11.5	3.5×3.8
'赤峰 36 号'	13	500	2×10	15.5	11.5	5.98×3.6

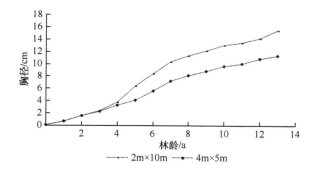

图 6.9 同密度不同配置'赤峰 36 号'杨树胸径生长过程

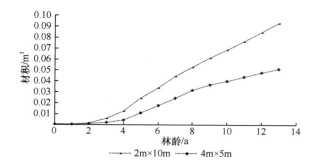

图 6.10 同密度不同配置'赤峰 36 号'杨树单株材积量生长过程

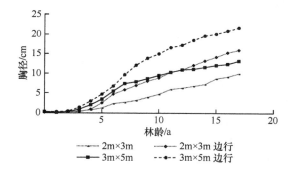

图 6.11 2 种密度'赤峰 36 号'杨树林内及边行胸径生长过程

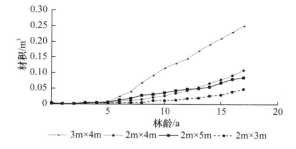

图 6.12 不同密度'赤峰 36 号'杨树平均单株材积生长过程

表 6.6　不同配置的'赤峰 36 号'杨树生长差异

林龄/a	密度/（株/hm²)	配置形式/（m×m)	平均胸径/cm	平均树高/m	材积量/m³	树上部枝量/kg
10	625	4×4	9.6	7.4	0.0287	3.05
10	625	2×（5~10）	11.5	8.6	0.0473	7.7
6	625	4×4	9.3	8.7	0.0296	3.27
6	625	1×（5~10）	9.8	8.9	0.0322	6.6

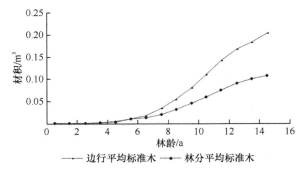

图 6.13　不同配置杨树人工林材积生长过程

6. 林分边行木生长优势分析

对 15 年生的造林株行距 2m×3m 的'白城 41 号'杨树固沙林林缘木的生长优势进行调查，结果见表 6.7，分析发现：15 年生的人工杨树林内平均胸径为 15.1cm，平均标准木株高为 13.3m，平均冠幅面积为 6.113m²，平均标准木单株材积总量为 0.114m³，已出现严重衰退和腐烂病；而林分边行的平均胸径可达 20.4cm，平均标准木株高为 14.8m，平均冠幅面积为 9.462m²，平均标准木单株材积总量为 0.2013m³（图 6.13），分别比林内平均胸径、株高、冠幅和单株材积增加 35.1%、11.3%、54.8%和 76.6%，边行林木枝叶茂盛，未出现严重衰退和腐烂病，图 6.14 是边行平均标准木胸径生长过程，可以看到：在造林 4~5 年后，边行林木胸径的生长速度开始超过林分平均值，以后边行木的胸径总生长量与林分胸径总生长量平均值的差值逐年增大。大约在 13 年时，林分的平均胸径总生长量趋势开始减弱，曲线向平缓转变，形成"S"形曲线；而同龄的边行林木的胸径总生长量趋势仍持续增大，到 15 年时还未出现曲线向平缓转变的迹象。同理，边行林木的材积生长（表 6.7）也有类似过程，林分边行木的平均标准木地上部单株总生物量达 183.6kg，比林分平均标准木地上部单株总生物量增大 37.6%。其中枝、叶量分别比林分平均值增大 54.6%和 54.2%。

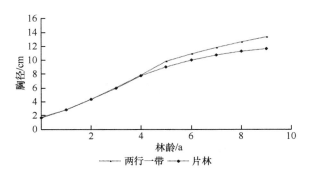

图 6.14　不同配置杨树人工林胸径生长过程

表6.7　'白城41号'杨树固沙林林分生长量与林缘木生长量的比较

样本类型	造林密度/(m×m)	林龄/a	胸径/cm	株高/m	冠幅/(m×m)	干重/kg	枝重/kg	叶重/kg
林分	2×3	15	15.1	13.3	2.16×2.83	96.3	24	13.1
林缘木	—	15	20.4	14.8	3.32×2.85	126.3	37.1	20.2

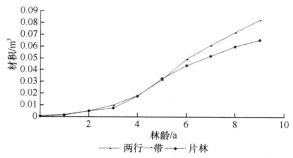

图6.15　不同配置杨树人工林标准木材积生长过程

7. 相同密度不同配置对林分生长状况的影响

研究者认识到杨树林分具有明显的边行优势，并能确保林木持续正常生长和林分的稳定性，设计行带式结构配置来进一步研究同密度不同配置杨树固沙林的林分特征及林木生长过程，从林分特征的调查结果中可以看出（表6.8）：行带式（低覆盖度两行一带）配置林分的胸径、株高和冠幅面积分别比同密度、同林龄的片林高10.5%、4.0%和8.9%。两者的胸径和材积生长过程分别在5~6年生时开始出现差异，以后逐年加大，当林龄达到10年时，行带式（低覆盖度两行一带）配置的林分平均标准木单株材积比同密度的片林高25%。可见，在相同密度时，采用充分发挥林分边行优势的行带式配置，能显著提高林分的生物生产力和稳定性。

表6.8　不同配置的'白城41号'杨树固沙林生长特征

树种	林龄/a	密度/(株/hm²)	配置形式/(m×m)	平均胸径/cm	平均株高/m	冠幅 /(m×m)
'白城41号'	10	825	3×4	12.62	10.1	3.1×2.8
'白城41号'	10	825	2×（2~10）	13.95	10.5	3.5×2.7

6.2.3　形成边行优势的土壤水分特征分析

针对干旱半干旱区人工林的边行优势明显优于湿润区的现象，分别在不同气候区对当地的主要造林树种的片林及其边行外侧和行带式林分带间的沙土水分利用特征进行了测定，发现树木能使边行外侧8~10m土壤中的含水率降低，并形成一个土壤湿度梯度，使8~10m及其以外土壤中的水分向树木基部方向的沙土中渗透，这些侧渗的水分成为干旱年份边行树木正常生长的必要条件。说明林分边行树木存在一个土壤水分主要利用带和土壤水分渗漏补给带，进而提出了合理配置的人工林土壤水分利用特征模式（杨文斌和王晶莹，2004）。

同密度时，充分发挥林木边行优势的行带式配置结构的林分比均匀分布的林分的胸径、单株材积生长快，单位面积木材蓄积量显著增加，造成行带式林分生长优势的一个重要原因是明显出现了一个土壤水分主要利用带及其外侧的高含水率的土壤水分渗漏补给带，确保水分的持续利用。

　　对林分内及其边行外侧土壤的含水量进行了测定（图6.16）可知：边行及其外侧6m之内，各层沙土含水率显著降低；6m以外，随着距边行杨树的距离增大，不同深度沙层含水率均逐步增加，直到10m以后，其含水率基本与对照相似。例如，在沙土60cm深度沙层，以距离杨树14m处的含水率为100%，其他分别为12m处99.0%、10m处93.2%、8m处87.1%、6m处75.1%、4m处69.2%、2m处69.2%，到边行基部仅为65.3%，可以看出，0~10m成为杨树边行树木的水分主要利用带，8~10m及其以外沙土中蓄存的水分成为侧渗补给的水源，干旱年通过6~10m的含水率梯度侧渗补给到沙土水分主要利用带供树木利用，同样，在亚湿润干旱区，杨树人工林边行外侧含水率等湿度线的分布类似一个6m之内坡度较小、6~10m坡度较大的斜面，不同深度沙层含水率随着距林分边行距离增大变化趋势基本相同，变化速率有微小差异，上层的变化速率较深层的小，10m之外基本不受影响，调查表明，行带式配置的林分也有上述边行的土壤水分特征，例如，12年生的林分配置结构为（3m×3m）~20m的"低覆盖度两行一带"的'白城41号'杨树人工林，平均胸径为14.8cm，带间每隔2m测定土壤含水率分布状况，见表6.9和图6.17，10.0~150cm土壤的平均含水率以林带中间10m处为100%，向两侧林带方向，距林带8m处分别降低19.4%和19.0%；6m处分别降低25.8%和22.2%；4m处分别降低34.5%和30.6%；2m处分别降低25.6%和32.5%；0m处分别降低44.4%和58.5%。通过上述杨树片林边行外侧和行带式杨树林带间沙土含水率的研究，说明在干旱半干旱区形成边行优势的沙土水分利用特征为：从边行向外侧形成一个由低向高的含水率梯度，这个梯度一直延伸到土壤含水率稳定不变的地段，明显地出现了一个土壤水分主要利用带及

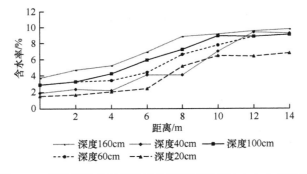

图6.16　杨树固沙林及其边行外侧不同距离沙土含水量特征

表6.9　"两行一带"杨树固沙林带间不同距离沙土含水率

深度/cm	距离/m										片林
	0	2	4	6	8	10	8	6	4	2	
20	2.14	2.61	1.99	2.66	3.16	3.88	3.66	2.56	1.99	2.01	1.94
40	1.7	2.72	2.72	3.46	5.68	6.79	5.48	3.66	3.02	2.81	1.51
60	3.35	4.75	3.4	3.96	2.62	4.16	2.62	4.96	3.4	4.75	3.35
100	2.51	2.89	2.81	3.61	3.74	4.83	3.44	3.51	3.24	2.56	2.02
150	4.1	5.96	5.35	4.74	4.76	5.1	4.86	4.64	3.55	4.62	4.2
平均	2.76	3.79	3.25	3.69	3.99	4.95	4.01	3.87	3.04	3.35	2.60

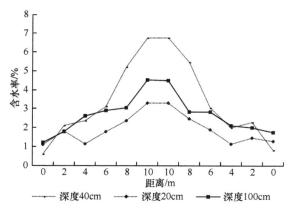

图 6.17　"两行一带"杨树人工林带间沙土含水率动态

其外侧的高含水带，后者为土壤水分渗漏补给带，因补给带无树冠对降水的截留，有利于降水在土壤中的渗透，故含水率高，成为林分形成边行优势的重要水分条件。

　　根据人工林边行优势、边行水分利用特征和沙土的渗透特征，构建干旱半干旱区人工林合理水分利用结构模式；在这个设计中，首先作者强调发挥林分的边行优势，形成由两行林木组成的林带，实现了两行林木都具有边行优势；其次是按照人工林水分利用特征在林带的两侧保留相应的土壤水分主要利用带，确保正常年份林木的水分供应；最后是根据降水入渗深度与土壤含水量成反比的原理，在林带之间两侧的土壤水分主要利用带中间，空出一个土壤水分渗漏补给带；这个带因不受树冠截留的影响和带内土壤含水量较高，有利于降水的入渗，能够在正常年份或多雨年份有一定的降水渗透到土壤水分调节层或渗透补给地下水，这个水分渗漏补给带的水分和渗透到土壤水分调节层的水分在干旱年份，通过侧渗或向上渗透补给水分供林木利用，进而确保林分持续的水分利用，避免干旱年份土壤水分亏缺对林木的严重胁迫。计算结果表明，行带式固沙林比同覆盖度的随机分布的疏林水分利用效率提高 10%~18%。

6.2.4　边缘效应与增产机制、生物多样性之间的关系

　　利用公式（6.2）对实测的树高和胸径值计算的结果（表 6.10）表明：①无论幼龄林、中龄林和成熟林，树高的边缘效应比胸径明显得多；②从幼龄林到成熟林，林分边缘的负效应增大，其中以中龄林最大，成熟林比例相当。因此，若从木材产量考虑，在幼龄林中边缘效应带最好；若从更新角度考虑，在中龄林中边缘效应带最好；若两者同时考虑，在成熟林中边缘效应带最好。

1. 边缘效应与生物多样性的关系

　　无论幼龄林、中龄林，还是成熟林，其林缘的生物多样性比林内更为丰富。白桦幼龄林林缘多样性是林内的 1.3 倍，中龄林为 1.6 倍，成熟林为 1.5 倍。从幼龄林到成熟林，林缘效应增加，生物多样性也增加。

　　由先锋树种组成的林分中，能够容纳更替树种幼苗或幼树的种数和数量称为这种林分的容他量（个/m² 或种/m²）。容纳最多植物种数时的最小面积，称为容他面积。白桦中

龄林和成熟林的林缘容他量和容他面积与林内相比显著增加，说明从中龄林开始白桦林分有增大领域的行为机制；到成熟林时，林内的容他量还在增加，说明此时白桦林已处于自解体行为中；在幼龄林时，林内容他量高于林缘，说明此时的白桦林具有稳定自己的行为机制（表 6.11）。

表 6.10　白桦林树高和胸径边缘效应

林龄	样地号	树高	胸径
幼龄林	1	−0.04	0.09
	2	0.19	0.01
	3	0.42	0.06
中龄林	4	0.35	−0.13
	5	0.31	0.05
	6	−0.17	−0.02
	7	0.59	−0.10
成熟林	8	0.13	0.10
	9	0.63	0.18
	10	0.46	0.04

表 6.11　白桦林的容他面积及所含植物种类

林龄	林分类型	林缘					林内				
		面积/m²	乔	灌	草	合计	面积/m²	乔	灌	草	合计
幼龄林	椴林	16	2	3	18	23	9	4	2	14	20
	黑桦、山杨	25	4	3	28	35	25	7	5	18	30
	山杨、柞树	25	2	1	25	28	16	7	2	14	23
中龄林	山杨	36	4	3	26	33	25	3	3	15	21
	黑桦	36	5	5	25	35	36	5	3	18	26
	白桦	25	4	6	20	30	16	4	4	17	25
	白桦	16	3	2	23	28	16	2	3	19	24
成熟林	黑桦	25	3	5	22	30	25	3	4	17	24
	白桦	25	6	5	33	44	25	4	5	29	38
	白桦	25	6	5	33	44	25	4	2	23	29

从白桦幼龄林到成熟林的过程中，林缘容他量渐增，而林内容他量渐减；说明此时白桦林是自解体和争取新生存领域的过程；其中，在中龄林时的红松更新保存率最好，这也是白桦林这种过渡过程的自然体现。所以，白桦中龄林中的林内容乔量平均为 0.2 种/m²，容灌量为 0.2 种/m²，容草量为 0.9 种/m²。

由以上可知，白桦林的边缘效应具有增产机制，树高边缘效应比胸径显著。在幼龄林时，可考虑开产量效应带；中龄林时，可考虑开更新效应带，成熟林时可同时考虑生产和更新。植物边缘效应可增加生物多样性 1.3~1.6 倍，一般从幼龄林到成熟林的过程中，林缘效应增加，生物多样性增加；白桦幼龄林具有自稳机制，中龄林开始到成熟林具有增大领域的行为机制，到成熟林时形成自解体行为机制；整个过程持续不超过 45 年；白桦扩大领域阶段正是红松更新最好的时期。

2. 白桦林边缘效应与增产机制和多样性的关系

对辽阳地区不同杨树人工林进行胸径测量，观察林缘到林内方向上胸径的变化趋势，结合人工林密度，计算其边缘深度，分析杨树人工林不同方向上边缘效应的大小、不同面积杨树人工林边缘效应大小及同一林地不同杨树品种的边缘效应大小，从而为杨树人工林的合理栽植提供依据。结果表明，①'辽宁杨'、9 年生'3930 杨'和 8 年生'3930 杨'3 个样地中，东部方向上表现出的边缘效应最大，北部次之；②面积最大（50hm²）的'3930 杨'树林边缘效应最显著；③同一林内行状混交的 3 个杨树品种中，'108 杨'的边缘效应最显著，其次为'107 杨'，最小为'3930 杨'（丁宏等，2008）。

以内蒙古察哈尔右翼后旗半干旱地区 4m、8m 带间距柠条锦鸡儿人工林带间植被为研究对象，在典型样地内采取样方法对带间植被特征进行调查。结果表明：与 CK 比较，营造带状柠条锦鸡儿林后带间植被特征明显改善，植物分别增加了 4 科 6 属 7 种（4m）、4 科 7 属 7 种（8m），重要值由藜科植物占绝对优势演变为禾本科植物占绝对优势；多年生草本植物分别增加了 7 种（4m）和 5 种（8m），半灌木增加了 1 种（4m）和 2 种（8m）；牧草性质改善，优等牧草增加了 2 种（4m）和 3 种（8m），重要值均值较大。

在陕西省咸阳市永寿县马坊镇林场，采用标准地调查的方法，对黄土高原混交林系统 4 种景观界面（刺槐林地–草地、刺槐林地–农田、刺槐林–草地–刺槐林、刺槐林带–农田）土壤的养分（有机质、氮、磷、钾和 pH）含量、微生物（细菌、真菌和放线菌）数量和酶活性（蔗糖酶、脲酶、过氧化氢酶）进行测定。通过分析比较其养分、微生物和酶活性的分布特征，揭示黄土高原区坡地典型农林景观格局——刺槐林景观边界上各种生物因子、非生物因子的影响机制，阐明小尺度范围内林地与农田、林地与草地相互作用的强度与范围，为我国西部土地优化利用模式选择、退耕还林还草工程建设、构建西部黄土区森林复合景观的优化配置模式提供科学依据。研究的主要结论如下。

1）土壤养分

林–草界面及相邻区域土壤养分分布特征：有机质（OM）值在 0~40cm 土层的平均含量为草地>边缘>林地；有效氮（AN）则为边缘>林地>草地；TN 为林地>草地>边缘；总磷（TP）、总钾（TK）和 pH 为边缘>草地>林地，差异不明显；AP 和 AK 为草地>林地>边缘，差异也不明显。林地系统、草地系统内的 OM、AP、AK 含量在生长季末期（9 月）含量相对最高，在生长季或生长季前期（6 月或 4 月）含量较低；而 AN 含量在生长季前期（4 月）含量最高。

林–农界面及相邻区域土壤养分分布特征：OM、TN、AK 和 pH 在 0~40cm 土层的平均含量为边缘>林地>农田；AN 为林地>边缘>农田；TP 为林地>农田>边缘，差异不明显；AP 和 TK 为农田>边缘>林地，差异也不明显。林地系统和农田系统内的 OM、TN、AP、TP 在生长季（6 月）含量相对最高，而在生长季前期（4 月）含量最低；TK、AK 在生长季末期（9 月）含量最高，在生长季或生长季前期（6 月或 4 月）含量较低。

林–草–林界面及相邻区域土壤养分分布特征：OM、TN 和 AK 在 0~40cm 土层的平均含量为林地>草地，AN、TP、AP 和 TK 为草地>林地，差异也都不明显；pH 为林地>草地。

林农界面及相邻区域土壤养分分布特征：OM、TN、AN 和 AK 值在 0~40cm 土层的平均含量为边缘>林地>农田；TP 为农田>林地>边缘，AP 为农田>边缘>林地，差异不明显；TK 为林地>农田>边缘，pH 为边缘>农田>林地，差异不明显。

不同类型农、林、草边界土壤养分沿林地—边缘—农田、林地—边缘—草地水平分布特征呈"V"形、倒"V"形或近线形；沿样带梯度分布特征表现为"V"形、"W"形、波浪形等。

2）土壤微生物

4 种景观界面下土壤中各种微生物数量存在明显差异，在总体数量上均以细菌为主，放线菌次之，真菌较少。0~20cm 土层的林地微生物总数量远大于 20~40cm 土层，而农田 20~40cm 土层的远多于 0~20cm 土层的。细菌在林地和草地上都是 0~20cm 土层大于 20~40cm 土层。在农田上是 20~40cm 土层的远多于 0~20cm 土层的。

真菌在林地和农田上是 0~20cm 土层的数量小于 20~40cm 土层，在草地上不同景观界面数量分布不一样，在林–草景观界面的草地上是 0~20cm 土层的小于 20~40cm 土层，但在林–草–林景观界面的草地上是 0~20cm 土层的大于 20~40cm 土层，这是因为 0~20cm 土层的 pH 小于 20~40cm 土层，真菌在酸性环境条件下生长旺盛。

放线菌在林草界面的林地中是 0~20cm 土层的大于 20~40cm 土层，在其他 3 种景观界面的林地中是 0~20cm 土层的小于 20~40cm 土层；在草地上是 0~20cm 土层的大于 20~40cm 土层，农田中林–农界面上是 0~20cm 土层的小于 20~40cm 土层，林农界面是 0~20cm 土层的大于 20~40cm 土层。

3）土壤酶活性

在垂直层次上，3 种酶的活性都是 0~20cm 土层高于 20~40cm 土层；蔗糖酶活性在土层间差异性较小，脲酶和过氧化氢酶活性在土层间差异性较大。

在景观界面上，蔗糖酶活性最强，脲酶和过氧化氢酶活性较弱。蔗糖酶活性在景观界面上为林地>草地>农田；脲酶活性在景观界面上为农田>林地>草地；过氧化氢酶活性在景观界面上变化不大，在林地、农田、草地活性基本一样。

4）土壤肥力相关性

土壤细菌、真菌、放线菌数量与土壤 pH 间相关性明显，除了在林–草景观界面呈正相关外，在其他 3 个景观界面呈负相关。对其他养分指标相关性不显著。

土壤蔗糖酶、脲酶和过氧化氢酶与土壤 pH 均呈负相关关系，与有机质、全氮、速效钾呈显著或极显著相关性。通过研究黄土高原不同土地类型上土壤养分、微生物和酶活性变化特征，为土地优化利用模式提供参考，为西部退耕还林还草工程实施以来的生态效益及土壤质量的研究提供参考依据，为复合景观模式配置研究提供参考依据（叶彦辉，2007）。

6.3　固沙林的综合效益

目前国内外农、林、牧业生产和土地利用的发展趋势是充分利用树种、农作物和草本植物在生长时间和空间上的差异，从单项栽培向多项栽培，从水平单层结构向立体多层结构；在充分利用自然资源的条件下，从传统耕种转向高度密集型耕种，从单项经济效益转向综合效益，以达到居住环境和所经营土地持续、稳定、高效发展。为此，国家在"八五"期间确立了生态经济型防护林体系建设模式的研究。科尔沁沙地位于半干旱和半湿润过渡地带的农牧交错地带，具有丰富的土地资源；但是，由于受传统的"广种薄收"和"游农耕种"等经营方式的影响，不合理的土地利用结果导致生态环境恶化、土地沙漠化。因此，研究开发农、林、牧业集约经营技术，采用"低覆盖度两行一带式"间作林农牧业技术，以确保沙地治理和治理后的生态环境，对推动经济持续稳定高效的发展，并从自给自足的生产转向商品化生产，逐步提高人民生活水平，具有重要的价值。

"低覆盖度两行一带式"丰产林可提高土地利用率达 2.65 倍，造林成活率达 95%以上，间作农作物产量提高 25%左右，是一项符合当地自然社会条件的、具有较高经济效益的混农林业模式之一（杨文斌等，1997）。

6.3.1　营造"低覆盖度两行一带式"丰产林构想的形成

由于造林面积逐年扩大，所需抚育、管护的资金逐年增加。而国家投入的资金有限，如果进行林粮、林经等间作，群众在经营农田的同时就可以把林地抚育管理好，从而缓解了抚育管护资金不足的矛盾。利用营造丰产林的条件，充分发挥当地地下水资源的优势，引导群众改变传统的旱作粗放耕作方法，进一步发展水浇地集约经营技术，并达到提高经济效益的目的。基于上述问题，本着与片状丰产林相比较，不增加造林成本，每公顷造林株数不变，达到林分生长量不低于片林的标准，在实践中逐渐摸索出了这样一种既能保证造林面积，又能长期间种的"低覆盖度两行一带式"农、林、牧并重的丰产林配置模式。

6.3.2　"低覆盖度两行一带式"丰产林的配置优势

1. "低覆盖度两行一带式"丰产林节约灌溉用水

"低覆盖度两行一带式"丰产林主要采用开沟整地、深坑造林、沟状灌溉等造林技术。这种造林技术便于机械作业，节省灌溉用水，由于灌溉面积变小及渗透深度增加等，还能相对延长灌水间隔时间，提高水分利用率并确保造林成活率。这一优势对于井灌地区表现尤为重要。主要原因：一是减少了渠道渗漏水量，加上沟灌渗透较深，有利于深根性乔木树种对水分吸收利用。二是相对于实行全面灌溉的片林而言，每眼机井浇灌 133hm^2 片林 1 次共需 20d。而采用沟灌后，过水的土地面积减少约 90%以上，4d 即可浇灌 1 遍水，既缩短了灌水时间，又提高了机井的利用率。三是减少了灌水土壤蒸发表面积，降低了灌溉水量的无效蒸发量。测定结果表明：林下完全湿润的土壤表面蒸发速率（幼龄林期）比干燥的土壤表面蒸发速率高 3~5 倍，其中表层（0~5cm）沙土层中蓄存的水量约 85%以上被蒸发掉，5~10cm 沙土层中蓄存的水量 40%左右被蒸发掉，按此估算，每公顷每次灌水可使约 60t 水量免于蒸发损失，相当于 1 次 6mm 的降水量。

2. "低覆盖度两行一带式"丰产林提高了土地利用率

调查结果表明,为便于林木的抚育管理,每两行树木两侧各留 0.5m,其余部分均可进行间作,"低覆盖度两行一带式"配置造林头 4 年内每年可利用的间作土地面积为 0.06hm²,比对照样地间作面积多 5.8%;随着林龄的增加,树冠增大,片林的郁闭度迅速增加,通风透光条件逐年下降,在造林 4 年后已不宜间作;带间距为 24.6m 的"低覆盖度两行一带式"丰产林造林 4 年后间作宽度减少到 20m,8 年后间作宽度减少为 6m,可间作到 12 年左右时,种植粮食、经济、中草药等作物。这样到 12 年累计间作面积达 0.6hm²,累计间作面积比对照约高 2.65 倍。需要指出的是已有的资料表明:在 12 年后虽然已不宜间种农作物,但是仍可以间作耐阴性的草类和中草药品种,长势很好。

3. "低覆盖度两行一带式"丰产林造林方式可节省开支

东苏林场营造丰产林的经费平均为每公顷 1320 元,经费紧张,为此,林场还根据土地状况每公顷收取 300~375 元的土地承包管理费,用于补充造林经费不足部分,上述部分经费主要用于打井、机械开沟和购置苗条等。其余如挖坑、植苗、浇水、修枝管护等均由间作土地承包者负担,既提高了营林质量,又节省了育林开支。并把丰产林作为一种产业推向群众,并被群众接受,进而为增加群众收入提供了配套资金和途径,达到了"以地养人,以地养林",林粮、林草、林药间作的目的。

6.3.3 "低覆盖度两行一带式"丰产林的效益

丰产林采用了株行内密植、加大带距、带内发展水田、间种农作物的方法,这样既保证林木单株营养面积不变,又增加了边行光照强度和阻风能力,充分发挥杨树的边行优势,有利于速生丰产,据 1995 年春季对 1992 年营造的"低覆盖度两行一带式"丰产林初步调查结果表明:"低覆盖度两行一带式"丰产林造林初期的生长速率比片状丰产林快,其中造林 3 年后胸径生长达 4.59cm,每公顷蓄积量达 2.13m³,分别比片林约高 0.49cm 和 0.375m;超过了内蒙古自治区地方标准《杨树人工速生丰产用材林生长量标准》。

需要指出的是,本项研究是从 1992 年开始的,上述调查结果仅是造林初期的结果,实际上杨树的边行优势在生长中期才能较好地表现出来,为了进一步说明"低覆盖度两行一带式"丰产林在生长中期的优势,作者对 1978 年营造的片林中间防火隔离带两边的两个边行的杨树生长状况进行了调查。防火隔离带两边的杨树片林造林密度为 1m×3m,现存株数为 1515 株/hm²,防火隔离带宽 20m,与"低覆盖度两行一带式"配置相似。调查结果表明:造林 16 年后边行树木的平均胸径可达 21.2cm,蓄积量可达 413.985m³/hm²,分别比片林内的平均胸径(17.3cm)和蓄积量(275.67m³/hm²)高 3.9cm 和 138.315m³,效益非常显著。

6.3.4 固碳效益

造林再造林固定的碳可以抵消温室气体减少排量。通过造林再造林增加森林面积可以增加林业碳汇,在土地面积有限的情况下,提高造林质量——在有限的造林面积上固定更多的碳是十分必要的。树种和造林模式的选择是增加森林生态系统碳汇的重要管理决策。造林模式对生态系统碳贮量的大小有着显著影响(王春梅等,2010)。

6.3.5　防护效益

农田防护林(林带)的空间配置与布局是影响防护林结构和防护效益发挥并持续的关键因素。为达到农田防护林防护效益最大并持续的经营目标,在保证林分多样性和稳定性的条件下,林带必须具有空间上布局的合理性和时间上的连续性。经过多年防护林营林研究实践,在对 1992 年辽宁省昌图县双井子乡设计营造的试验示范林带调查的基础上,对农田防护林单条林带方向的设置、带内树木的空间搭配方式、树种组成形式,多条林带或林网的带间距离及大面积或区域防护林体系的空间景观布局等进行了综合研究。结果表明,单条林带和林网走向都应以垂直主害风作为设计的原则;林带内树木的空间搭配以“品”字形为佳,在不同树种混交的同一条林带中,可利用“边行优势”将生长相对缓慢的树种配置于边行,生长相对迅速的树种配置于内行;多条林带或林网空间配置参数——带间距离的设计应以林带达到初始防护成熟龄时的树高作为成林高,以林带结构变化规律和降低主害风比例作为林带设计关键参数;区域防护林体系的空间布局应以景观生态学原理为基础,对林网体系进行评价与调控。

6.3.6　病虫害防治效益

混交林能充分利用立地条件、改善树木营养状况,并且可以减少病虫害和森林火灾。一般认为,景观中斑块质量、斑块面积和破碎化对物种丰富度、分布格局和种群动态有重要的影响。在西北多数荒漠地区,由于受环境、地形地貌及人为补播等因素的影响,天然柠条锦鸡儿林和人工柠条锦鸡儿林地交错排列,形成点、片、带状等大小不等的斑块性分布,表现为典型的破碎化斑块格局生境特征。

由于边缘区微环境的异质性和由此增加的物种多样性使边缘处(田边)作物的病虫害发生率低于中心部位(田内)。同样由间作、套作复合体系形成的大量微边缘可以改变单作下的田间小气候与物种多样性,降低病虫害的发生环境,从而使生态可塑性较小的系统病虫害减轻。边缘是两种物体或两类环境接触的部分,边缘效应在自然界是普遍存在的。自然状态下,和谐稳定的边缘是以物种丰富、结构复杂及生态能效高为特征的。边缘的产生使原来固有的能量、物质在两个或多个系统间进行再分配,同时作用于再分配的两个或多个方面,为两(多)向性。需要注意的是,由于自然界边缘形成初期,往往存在一定的负相互作用,在设计人工边缘时,应充分考虑物种生态位特征及密度与数量参数等,使人工边缘的正生态效应凸现(王凌晖等,2009)。

6.3.7　行带式造林林带土壤及物种丰富度增加

针对不同配置模式的行带式造林带,对不同带宽的带间植被和土壤物理性质进行了初步研究。结果表明：①带宽为10~16m时靠近林带2m处的物种丰富度、多样性和均匀度较低，且低于林下和其他过渡带；②带宽为18~20m时，在林带背风面2m处物种丰富度、多样性和均匀度高于林下和其他过渡带，而在迎风面离林带2m处低于其他地带；③带宽为26m时，带间变化曲线中出现了"双峰"现象，分别出现在靠近杨树带两边2m处，即形成了"边缘效应"；④表土机械组成除带宽为26m时，在背风面2m处和迎风面4m处（即22m处）中粗砂的含量明显增加，而其他带间表土机械组成有所变化，但不显著。

　　作者调查了海拉尔市巴音岱林场不同分布格局、不同带间距的人工樟子松林带内植被恢复过程及物种多样性的差异，分析了林草界面生态学效应，研究了林草界面对带间植被自然恢复的作用。结果表明，宽的带间距带内物种多样性和生物量变化曲线出现了两个高峰，而窄的带间距带内只有一个高峰，说明该地区林带之间距离不应小于12m；当林带之间距离为16~28m时，草本物种多样性出现最大值。植被恢复效果表现为带间距12m比带间距24m差，虽然都高于天然植被，但边际效应大大加速了群落演替的进程。研究区樟子松林–草界面边缘效应影响域为20m，其小尺度范围内生境异质性也很明显。行带式造林带间距离不应大于40m，超出边缘效应影响域不利于带间植被恢复。

　　应用定位、连续观测的方法，对黄土丘陵区刺槐林–草地复合系统景观边界不同生长时期土壤养分因子进行测定和分析的结果表明，林草边界土壤有机质、有效P、有效K含量在生长季末期含量最高，而土壤有效N含量在生长季前期含量最高。应用主成分分析的方法，对3个时期的边界土壤养分综合影响边缘效应的位置与宽度进行了判定，结果表明：林草边界土壤养分综合因子具有较明显的边缘效应位置与宽度，生长季、生长季末期土壤养分综合影响边缘效应的位置都为林内8m到林外4m，宽度12m，生长季前期土壤养分综合影响边缘效应的位置为林内4m到林外8m、宽度12m。

　　以黄土高原坡地刺槐林–草地复合系统景观边界为研究对象，按一定的生态梯度调查分析了边界植物种的分布特点。结果表明，草地、林地斑块内都有自身的植物种类分布；草地斑块内有较高的生物多样性。在草地斑块内，距林缘8~16m区域为边界生物多样性边缘效应的显著区；林地斑块内β多样性变化剧烈，林缘处的群落相异系数（CD）、Cody指数都最大，共有度指数（CP）最小，CD、Cody与CP成反比（尤文忠 2007）。

6.3.8　节约用水量和造林费用，提高成活率

　　"两行一带式"丰产林混农林业模式都能起到节约用水，降低成本的作用。例如，乌拉特后旗西补隆林场，1988年以前营造的丰产林，其成活率很难一次达标，1989年起改用"两行一带式"后，造林成活率达98%以上，原因是，原来实行全面灌溉，每眼机井浇200亩片林，一个轮回需20d，后采用"行带式"造林技术后，改用沟灌，浇水的面积减少约1/4，因此缩短了灌水时间，可增加灌水次数，提高水分利用效率，提高了造林成活率。

6.3.9　提高土地利用率

　　混农立体林业形成立体配置结果，提高了土地利用率（杨文斌等，1997；张喜民等，

2006)。在造林方面我国长期采用均匀分布的造林配置方式，如营造丰产林，优化的造林配置密度为 28~30 株/亩，配置形式为 4m×6m，这样的丰产林亦可在行内间作粮食等作物。造林当年每亩间作面积约为 0.83 亩，仅可间作 4 年，如果把上述同样密度的丰产林配置成"两行一带"式混农林业，造林头 4 年可利用的间作土地面积为 0.87 亩，比同密度的片林多 58%，随着林分的生长发育，树冠增大，片林的郁闭度迅速增大，通风透光条件逐年下降，一般造林 4 年后已不宜间作，而带间距 24m 的"两行一带"式丰产林造林 4 年后，间作宽度减少到 20m，8 年后间作宽度减为 16m，可间作 12 年左右，这样到 12 年后，累计间作面积达 881 亩，累计间作面积比对照约高 2.65 倍。另一与此相类似的果粮间作模式是在我国干旱半干旱区，优化的果树密度约为 30 株/亩，采用行带式配置，可永久间作，使土地的利用效率更高。调查研究结果表明，在旱作条件下，转变均匀分布的片林为混农立体林业可使土地利用率提高一倍左右，而在有灌溉条件的、集约经营水平较高的土地条件下，转变均匀分布的片林为混农立体林业系统，可使土地利用率提高 2~3 倍。

6.3.10　对低产林的改造

通过对森林边缘效应类型的划分及单层次和多层凌空辐射模型的建立，从理论上对森林边缘效应进行了初步研究，并从提高光能利用效率和增加单位面积生产力的角度出发，把边缘效应理论与林业生产紧密结合起来，为摆脱林业"两危"的困境提出了两种切实可行的模式。①利用边缘效应理论，开展群落优化结构，定向培育速生丰产林；②根据效应带配置理论，模拟自然，人工开拓效应带，对生产力低下的天然次生林进行合理改造，建立人工天然混交群落结构模式（丁宝永等，1990）。

采用在效应带、效应岛内栽植针叶树和其他经济作物的方法改造次生林，不仅使次生林的结构得到了调整，功能得到了改善，而且林分达到了速生、优质、高产，从而缩短了针阔叶混交林的形成过程，提高了造林成活率与保存率及林木生长量，取得了显著的经济效益和社会效益（聂绍荃等，1990）。

6.3.11　改造杨树"小老树"

"小老树"是人们对"三北"地区低价人工林的一种形象称谓。在我国"三北"地区，特别是干旱半干旱草原或风沙区，"小老树"不仅具有普遍性，而且面积相当大，严重影响着林地生产力的正常发挥。从 20 世纪 70 年代起人们就开始注意这一问题，并进行了多种改造尝试，取得了很大的成绩，但由于受各种因素的影响，"小老树"改造虽然一直没有间断，但也没有明显的大改观。随着社会经济的发展和人们对土地资源投入的增加，杨树"小老树"的改造将是今后生态林业发展中急需解决的问题。据统计，全国低产林面积 3364.2 万 hm²，占林地面积的 27.4%。内蒙古的造林保存面积为 146.7 万 hm²（1980年），其中杨树保存面积为 93.3 万 hm²，占 63.6%，小叶杨"小老树"面积为 37.3 万 hm²，占林地总面积的 25.4%。部分地区"小老树"面积达到林地总面积的 60%以上。可见"小老树"造成土地资源的浪费，导致林场经济状况不良，严重制约林业的发展。因此"小老树"的合理改造和土地的开发利用是目前林业生产中急需进一步解决的问题。

6.4 固沙林的混交优势

荒漠区的特点是干旱缺水,降水稀少,风大沙多,加之大量开采地下水,导致地下水位急剧下降,迫使土壤日趋干燥,林分衰退,甚至大面积林木干枯死亡,生态系统严重失调。因此,在这些地方营造防风固沙林时,造林密度、林分配置、混交方式就显得更为重要(胡明贵和张晓琴,2000)。由于沙地的水分相对匮乏,因此在营造固沙林时应首先考虑水分状况,在营造林时间选择、密度大小、株行距和混交林营造等综合措施影响下促进造林的成活和保存(常静,2010)。

近年来,土地利用和荒漠化治理的发展总趋势从水平单层结构转向立体多层利用,从单一的人工固沙林结构转向多片层的混交林和林农、林草等复合结构,转向尽可能地增加生物多样性的方向。

在干旱半干旱区,由于严重的干旱、强劲的风力和干热的大气制约着土地生产力和农业植物产量的稳定提高,必须借助于林木的生态保护作用,土地才能免受风蚀和水蚀等的侵害,实现土地肥力的持续发展和农业植物的稳定提高,这种生态上相互依从作用的现象也包括对自然资源的合理利用。因此,干旱半干旱区的混交林应是:在一定的区域范围内或一定土地面积内,实现充分利用时、空、光、热和水资源的木本植物和非木本植物的多层次、多种群的配置结构,在这个复合结构中,主要通过优化木本植物的配置结构实现水分平衡和提高木本植物的生态防护效益。

干旱半干旱区的混交林应包括如下含义:①提高生态制约资源因素——水的利用效率,确保土壤含水率始终高于"生命水阈";②乔木树种构成复合群体的骨架,成为保护自然环境的主体,确保非乔木树种在其庇护范围内免受风蚀和水蚀等的侵害;③实现整体生物生产力的提高,生态系统能流和物流的稳定;④形成增强植物复合群体间的互惠作用,减弱制约作用的配置结构。

6.4.1 干旱半干旱区混交林需要研究的问题

在我国干旱半干旱区,水是生态环境中的主要限制因子。人类在该区域进行营林生产活动,特别是在固沙和草牧场造林中,必须遵守"疏"的原则,进而对其分布格局进行合理调整,以使其具有较佳的生态效益和经济效益。遵守这个原则,进一步发展有分布规律的人工疏林,其目的是确保树木的正常生长和林分的防护作用,确保资源的有效利用率。那么,要疏到什么程度为好呢?从确保林分发挥极大生态、经济效益的目的出发,尚需进一步研究林分的优化配置结构。

发展具有一定规则结构的疏林,形成林带内相对密集的林分和带间合理距离,这样相对削弱了两带间不同树种的相互作用,为发展行状或带状混交,克服纯林带来的不利因素创造了条件,为在防沙治沙中发挥生物多样性技术开辟了新的途径,但是,适宜混交的树种和混交种间的作用机制仍需进一步研究。

混交林的基础理论,即种的生理生态特性、生态位重叠或互补及模式内光照强度的水平垂直动态分布和水分、养分的动态消长关系等，仍未进行系统研究。

近来发现的同密度或覆盖度的行带式配置人工林的防风固沙效益显著高于同树种的等株行距均匀配置和随机散生分布的林分，这仅是在实际中观测到的现象。目前急需从风沙流运动和行带式配置的风场演变等理论方面进行研究，以便为优化的行带式配置结构亦即混交林奠定坚实的理论基础。

上述 4 个方面的研究，将提供干旱半干旱区混交林的优化结构模式及其理论依据，并将促进该模式进一步推广，为半干旱区改善生态环境，提高生态建设工程的质量、土壤肥力和生物生产力，提高农牧民经济收入和生活水平等打下良好的基础。

我国在干旱半干旱区进行了大规模的人工造林，营造的人工林有相当一部分成为"小老树"或出现了衰退以致成片死亡现象，由于其林分自身系统稳定性差，生态效益不高，而后期推广的行带式配置的人工林，无论是林、灌复合还是林、草复合，均显示出了明显的优势。例如，沙棘和山杏是很好的生态建设树种，沙棘和山杏果实资源的开发利用，促进相关的深加工企业应运而生，进而带动沙棘和山杏的生态建设工程发展，促进资源建设的发展，也为企业创造了明显的经济效益，成为企业发展的依托资源，同时也促进了当地经济的发展。宽带间距内因为有林分的保护，可以间作农作物和草本植物或自然恢复草本植被，为农牧民带来经济效益。森林的绿色屏障作用在调节气候、涵养水源、阻止荒漠化发展过程中将越来越受到人们的重视。

6.4.2　干旱半干旱区混交林的理论基础

1. 生物多样性原理

生物多样性是一个描述自然界生命形式多样性程度的一个内容广泛的概念，是指地球上所有生物（包括动物、植物、微生物等）所包含的基因，以及由这些生物和环境相互作用所构成的物种内、物种之间和生态系统的多样化程度。生物多样性通常包括遗传（基因）多样性、物种多样性和生态系统多样性 3 个组成部分。

物种目前已被认为是分类等级中最基本的单位，也是生物多样性的一个主要成分。除了通过物种丰富度、物种丰度（一个地区内某个物种所拥有的个体数）、物种均匀度 3 种方法来估计生物多样性外，也可用物种均匀性、结构多样性和生化多样性来描述。

物种均匀性：物种均匀性是指各个物种根据其相对丰富度而得到的分布均匀程度。具大量个体（或大生物量、生产力等重要指标）的少数普通种或优势种与具少数个体（具较小价值）的稀有种类的结合是群落的特征，各个种的数量丰富度有很大的差别，不同物种之间所含个体数量的分布情况称为均匀性。

结构多样性：结构多样性是指生态系统的分层性和空间异质性，物种多样性受营养层次间的功能关系的影响。在林下经济生态系统中上层由高大的乔木组成，中层是灌木，下层是草本植物，土壤中以生物为主，构成结构的多样性。

生化多样性：在一个生态系统的演替过程中，除种类多样性、均匀和成层现象 3 个方面的多样性变化外，还有一个重要倾向是生化多样性的增加。它不仅表现在生物量中有机化合物多样性的增加，而且在群落代谢过程中，向环境中分泌或排出的产物增多，生物间不仅有捕食、寄生、共生等关系，还可以通过一些由其自身合成的化学物质相互影响，或称生化交互作用。在这种作用中起媒介的主要是次生物质。次生物质对其他生物可产生重要的生态学功能，可以比作生物相互竞争时的化学武器；可以成为生态系统中如蚂蚁、昆虫等社交行为的化学信息；也是生物建立伙伴关系时的媒介等。在生物群落演替过程中，次生物质对调节和稳定生态系统的生长和组合方面起着重要的作用。

在单一树种的森林生态系统中，由于生物种类单一，危害作物或树木的害虫种群常常暴发性地增长，人们为了保障作物的产量，施用大量的化学农药，不仅杀死了害虫，同时也杀死了天敌，形成病虫害发生更重的恶性循环，形成灾害，同时使物种多样性大幅降低，所以单一树种的森林生态系统是不稳定的（秦娟，2009）。

2. 混交林种间相互作用关系

在同一块林地上营造的混交林，在生长初期由于树木生长缓慢，而且都具有一定的垂直和水平的营养空间，此时树种间关系尚未形成，随着树木生长速度的加快，地下部分的根系和地上部分的树冠迅速扩展，开始相互连接，树种间逐渐产生了种间关系。这种混交树种的种间关系归纳起来有如下 6 种形式。

中性作用：指两树种混交时，不发生任何相互作用，至少是没有直接明显的生态关系。

互利作用：指两树种混交时，两树种互为补充地利用环境资源，以达到共同生存时互相受益。

竞争作用：指两树种混交时，为获得生态环境资源而发生的争夺现象，竞争的两树种都受到不利的影响。

偏利作用：指两树种混交时，其中一树种获利，而另一树种不受影响。

偏害作用：指两树种混交时，一树种抑制另一树种，而前者不受影响，后者受到不利影响。

一方有利另一方受害作用：指两树种混交时，一树种受益，而另一树种受到抑制。

这里所说的有利和有害关系都不是绝对的，而是相对的，因为人们分析树种间的利害关系，主要是根据多种关系的综合判断。由此可以认为，两个或两个以上的树种混交，种间不存在单方面的绝对有利而完全无害，也不存在单方面的绝对有害而完全无利，但作为一个树种而言存在双方面的利害。在一定的环境条件下，树种种间关系表现为有利或有害，主要取决于各树种本身的生物学特性。一般生态习性差异较大或要求不严、生态适应幅度较宽的树种混交，种间多显现出以互利促进为主的关系；相反，生态习性相似或严格要求、生态幅度狭窄的树种混交，种间多显现出以竞争、抑制为主的关系。

不同树种间的有利和有害关系，是随时间、环境和其他条件的改变而相互转化的。这些因素的变动，有时甚至是微小的变动，都可以引起原有均衡关系的波动和破坏，使以有利为主或有害为主各向其相反方向演变。例如，乔木与灌木混交初期，灌木大多能为乔木生长创造适应的条件，但随时间的推移，灌木迅速长大，则可能压抑生长较慢的乔木树种，这样，种间关系就发生逆向转化了。因此，如何利用和发挥其有利方面，克服不利和妨碍方面，这是混交林生态管理中一个十分重要的内容（秦娟，2009）。

3. 混交林种间关系的作用方式

混交林树种种间关系的作用方式包括树种间的物理关系（即形态上的直接接触）、生物关系、生物物理关系、生理生态关系和生化关系。

（1）种间的物理关系

树种间的物理关系是指混交林内不同树种个体间发生形态学上（包括树冠、枝叶和根系）的相互撞击、摩擦和挤压，从而造成一个树种对另一个树种的伤害，这样直接作用的关系虽并不常见，但在一定条件下可能成为影响混交效应的一种因素。例如，在华北地区油松和山杏的混交林，山杏树冠开阔稀疏，坚硬带刺的小枝被风吹动摇摆，经常打击油松顶芽和枝叶，使其光合器官减少，枝条生长受损，且受害处容易感染病虫害。

（2）种间的生物关系

树种间的生物关系包括树种间根系直接接触与连生，以及树种间的杂交授粉等直接发生的相互关系。贾黎明和翟明普等用 ^{15}N 和 ^{35}P 研究了一年生的杨树、刺槐混栽种间养分关系，研究结果表明，隔网灭菌和隔网不灭菌两个处理中杨树刺槐间无 N 素转移。而不隔网处理中杨树根、茎和叶中固 N 百分率分别为 10.5%、10.1% 和 12.7%，说明杨树各部分总 N 中约有 10% 来自刺槐固定的 N，刺槐将固定的一部分 N 转移给杨树，主要是通过两树种根系直接接触而发生的。杨树向刺槐转移 P 素与刺槐向杨树转移 N 一样，主要也是通过根系的直接接触而产生的。根系连生在混交林中也很常见，它通常表现为根系对养分和水分的竞争，生长势强的树种，往往夺走生长势弱的树种的养分和水分。

（3）种间的生物物理关系

树种间的生物物理相互作用指的是在植物周围形成的特殊生物场，其中包括辐射场（放射性、荧光等）、电磁场（树木任何部位都有一定电压）和热场（通过反射光、传导热和遮荫等在自身周围形成特殊的热环境），对其他植物产生影响。目前有关树木生物物理关系的研究较少，仅原苏联科学家进行了一些研究，我国目前还基本未见此方面的报道。

（4）种间的生理生态关系

树种间的生理生态关系是指由于树种的生物学特性和形态特征的不同，改变了生态环境因素（光照、热量、水分、养分等）的数量和质量而引起的相互作用，即混交林中由于一个树种作用改变了生态环境，这种变化了的环境又对另一树种的内部生理机制和生长过程产生了影响，进而使混交林表现出某种效益。在生理生态关系方面，混交树种主要是通过改变土壤状况和小气候条件而达到相互影响（秦娟，2009）。

混交树种通过改变小气候产生相互作用。混交林中由于树种间相互作用对林中小气候产生了较大影响，很多研究结果表明：混交林中光照、气温、蒸发量等低于纯林，而相对湿度则高于纯林，由于小气候条件的改善大大促进了林木的生长。例如，喜光程度不同的树种混交生长在一起，在日周期中光照由弱到强，再由强到弱的变化过程中，可以互相利用对方放出的二氧化碳，达到互相补充从而提高光合产物的积累。杉木、马尾松混交林，由于马尾松光补偿点较杉木高，因此当光强未到达杉木补偿点时，马尾松的生理活动处于以呼吸为主的状态，不断放出 CO_2，补充杉木的光合作用。当光强增强达到马尾松光补偿点以上并且超过杉木的光饱和点时，过强的光对杉木不利，尤其是夏、秋的中午，杉木呼吸增强，放出大量 CO_2，促进喜强光的马尾松的光合积累，傍晚光照渐弱，马尾松处于光补偿点以下，因而又起到向杉木补充 CO_2 的作用，如此日积月累，数量相当可观，这是杉松混交能增加产量的一个重要生理基础（秦娟，2009）。

（5）种间的生化关系

树种间的生化关系即植物化感作用或他感作用，是指植物通过向环境中释放化学物质而对周围植物（包括微生物）产生直接或间接的作用，这种作用包括有利和有害两个方面。他感作用所涉及的范围有高等植物与微生物的相互作用、高等植物之间的相互作用和微生物之间的相互作用，这一现象普遍存在于自然生态系统及栽培生态系统中。他感物质主要通过淋洗、植物体分解、根系分泌和挥发等途径传播。植物生态系统中共同生长的植物之间，除了对光照、水分、养分、生存空间等因子的竞争外，可通过分泌化学物质发生重要作用，这种作用在一定条件下可能上升到主导地位（秦娟，2009）。

赵忠等（2000）的研究证实紫穗槐、侧柏、沙棘及油松的根、叶对油松苗木的生长均有促进作用，其中紫穗槐的作用最为明显，这几种树种的根、叶对油松种子的发芽力影响不大，但对种子活力的影响十分明显，作用程度随根或叶的浸提液浓度的增加而锐减，其中叶对种子体内脱氢酶活性的抑制作用显著大于根的作用，特别是沙棘的这种作用。因此，认识和掌握混交林中的生物他感作用的机理，对于成功营造人工林具有积极的指导意义（秦娟，2009）。

4. 混交林种间关系的调控

选择树种间关系协调的混交组合是混交林持续发展的基础，在混交林中树种种类、树种数量、树种的空间配置（水平和垂直）是混交林的结构特征。由于结构不同，其功能也随之不同，因此，选择种间关系协调的组合是极为重要的。

混交树种在生物学特性方面能协调互助。在生物学特性方面应着重考虑针叶树与阔叶树、阳性树种与耐阴树种、深根性树种与浅根系树种、生长快的树种与生长慢的树种、喜肥树种与耐瘠薄树种、凋落物分解快与凋落物分解慢等方面的协调互助。从生态学分析，混交树种应选择生态位不重叠或部分重叠的树种，以减缓或避免竞争。

混交树种在营养关系方面能协调互补。混交树种关系在营养方面应着重于吸收 N、P、K 等主要营养元素在时间（季节）、数量等方面存在不同程度的种间分异，以及在凋落物分解和养分释放上能否互补和促进。

混交树种在化感物质方面能相互促进。在混交树种的生物化学关系中，应特别注意混交树种在代谢过程中释放出来的化感物质，这些物质能抑制和促进邻近树种的生长和代谢。因此，选择混交树种时应注意选择在化感物质方面能相互促进的树种。混交树种在抵御各种自然灾害的能力方面要协调互助。

从混交比例来调控种间关系。混交比例一般应根据混交树种在混交林中的地位、竞争能力，以及林地立地条件的优劣来确定。混交林中树种的比例不单纯是一个数量上的概念而是关系到树种间关系的发展趋向、林木的生长状况及最后效益。从混交方式调节种间关系。混交方式不是树种植株简单的排列组合，而是在种间关系上有着深刻意义上的排列组合，混交方式虽然多样，但不同树种组合的适宜混交方式有局限性，对一些种间关系较为融洽的树种可采用株间混交，对于一些种间关系竞争激烈的树种则可采用带状或块状混交，以缓和或推迟出现比较尖锐的种间矛盾。从混交时间上调节种间关系。

混交时间即营造混交林时不同树种栽植时间有先有后，它是以控制造林时间来调节混交树种种间关系的（秦娟，2009）。

5. 物种之间相互作用原理

在生物系统中，相互依存（时间互补、空间互补、资源互补）、相互竞争（种间竞争生态习性、生态幅度）、相互联系（分化生态位，使得参与混作的植物在空间和时间上互补，稳定群落中没有任何两种生态位是相同的）、协同发展的现象是普遍存在的。植物作为第一生产者，在生态系统中占有重要的地位，它们通过光合作用形成有机物，依靠这些有机物取得营养而生存发展。因此树种间、种内存在着众多的关系，如捕食、竞争、共生、寄生等。正是由于生物体之间存在众多关系，才构成了丰富多彩的自然界。

植物主要是通过茎叶挥发、茎叶淋溶、根系分泌及植物残株的腐解等途径向环境中释放化感物质来影响周围植物的生长和发育的。这个过程的实现必须经过化感物质的释放，化感物质在环境中（尤其在土壤中）的转化迁移能影响受体植物正常生理生化过程的内在作用机制，其中任意一个过程的终止都能使植物化感作用不能显示应有的效果。但是一种植物是否能真正显示其化感作用，还需要满足以下条件：主体植物释放化感物质使得受体植物的生长发育受到连续和定量的影响；能从主体植物中分离鉴定得到化感物质，而这些化感物质无论在何种条件下都能对在自然生态系统中邻近的伴生植物产生效应；主体植物产生和释放的化感物质在自然条件下能以足够的生物活性浓度到达邻近的客体植物；以足够生物活性到达客体植物的化感物质能够被吸收并能够影响客体植物的生理生化过程；排除客体植物的生长发育受植物竞争、动物侵害、病菌感染及物理环境等非化感物质因素产生的影响。

植物化感作用物质的产生与作用程度，取决于植物生长环境、植物组织年龄、品种等不同因素。光的性质、强度和持续照射时间，营养不良、土壤缺氧、干旱等不利条件，都会引起植物化感物质的增加或减少。化感作用抑制剂的组成成分，从简单的气体和脂类化合物，到多环芳香族化合物。这些物质可归为 14 类：水溶性有机酸、链醇、脂肪醛和酮；简单的不饱和内酯；长链脂肪酸和多炔；苯醌、萘醌、蒽醌和复合苯醌；简单酚、苯甲醛、苯甲酸及其衍生物；肉桂酸及其衍生物；香豆素类；黄酮类；丹宁；萜类和甾类化合物；氨基酸和多肽；生物碱和丙酮氰醇；硫化物和芥子油苷；嘌呤和核苷。其中最常见的是低分子质量有机酸、酚类和萜类化合物。例如，芥菜类植物含有芥菜油、异硫氰酸烯丙酯和苯乙基异硫氰酸酯；鼠尾草能产生挥发性单萜烯；许多果汁中含有诸如苹果酸、柠檬酸等一些酸类化合物。

植物化感作用抑制剂对客体植物的影响不是单一的而是多方面的，涉及植物生长调节、光合作用、呼吸作用、营养和水分的吸收、蛋白质和核酸代谢等。众多研究表明，抑制剂首先是对膜的伤害，通过细胞膜上的靶位点，将抑制剂产生的胁迫信息传送到细胞内，从而对激素、离子吸收等产生影响，而激素、离子吸收及水分状况等变化必然引起植物细胞分裂、光合作用等的变化，从而对植物的生长产生抑制作用。例如，燕麦根受到各种酚化合物作用时，会减少对钾离子的吸收；水杨酸等酚化合物能改变细胞膜的渗透性，使根组织流出的钾离子增加；鼠尾草的挥发性萜可抑制黄瓜幼苗的有丝分裂，也可减弱燕麦和黄瓜线粒体的呼吸作用；玉米根经胡桃醌处理 1h 后，呼吸作用减弱 90%

以上；胡桃树产生的羟萘醌对一些草本和木本植物有剧毒；苹果树根中产生的黄酮根皮苷，对苹果幼树生长产生毒害；有的植物腐烂时产生的乙酸、丙酸、丁酸等抑制种子发芽所需的关键酶类，还能影响蛋白质的合成。

　　植物化感作用是在自然群落和农业生态系统中的一种相互化学关系，主要取决于植物本身的种类，对于农作物而言，可能还要取决于特定的品种。但是它必须在环境中才能表达，与环境因子紧密相关。

　　环境因子对植物化感作用的影响是非常复杂的，不同的环境因子对同一植物的化感作用也是不一样的，与之相似，在环境因子一致的条件下不同植物的化感作用影响也是不尽相同的。植物化感作用的影响结果取决于植物种类和所处的具体环境条件，在现实情况中造成植物化感作用的产生通常是多个环境因子共同作用的结果。

　　对植物化感作用产生影响的主要环境因子有气候因子、土壤因子及植物生境。气候因子诸如光照、温度、湿度等对植物的影响是不容置疑的。

　　土壤因子对植物化感作用的影响主要体现在土壤结构理化性质对化感物质的滞留累积和土壤微生物对化感物质的降解和富集上。土壤物理结构和 pH、有机碳、无机离子、电导率、溶液势等土壤理化性质影响着植物化感作用的表达。例如，苜蓿在紧密性土壤中能表现出强烈的自毒或抑制其他植物生长的植物化感作用，但是在松散的土壤中则显示出弱的化感作用，主要原因是苜蓿释放的皂苷类物质在松散的土壤中难以滞留吸收。同样，常见的酚酸类化感物质在砂质土、黏质土和粉砂土等各类结构土壤中滞留吸收是显著不同的，使得在这些不同类型的土壤中生长的植物表现出不同强度的化感作用。土壤微生物对植物的化感作用也有重要的影响，它们不仅能对植物直接释放的化感物质产生降解作用，而且对植物残株分解产生化感物质起着决定性的作用，也就是说土壤微生物能使本身具有活性的化感物质分解成无活性的物质，也能使有活性或无活性的化感物质分解成更大的活性物质。

6. 生态系统的互补性与应用

　　生态系统的互补性与应用：生态系统的互补性主要包含 3 个方面：时间上的互补、空间上的互补和资源上的互补。时间互补反映在不同作物和树木在生长周期上的差别，从而在光照、水分和养分的利用上出现时间差。这种时间差是导致混交林生态系统经营增产的重要因素。

　　利用物种间的共生关系、偏利关系和有利的寄生关系可以显著地提高混交林生态系统中生物组分的生长能力，从而提高生产力。例如，利用互利共生关系；利用具有固氮功能的豆科植物以提高土壤肥力；利用外生菌根真菌植物，如松、杨、栎等，这些植物可与外生菌根真菌形成互惠和共生关系，菌根的存在扩大根系的吸收面积，同化根际的难溶性养分如磷元素，分泌抗性物质而提高树木的抗病性等。系统内组分选择时还要注意不能有具共同病虫害的物种，以避免互为寄主，造成危害。

　　混交林生态系统的竞争性与应用：竞争是指两个种在所需的环境资源或能量不足的情况下，或因某种必需的环境条件受限制或因空间的不足而发生的相互关系。混交林生态系统的种间竞争取决于物种的生态习性、生态幅度，而生长速率、个体大小、抗逆性、冠幅和根系的数量与分布，以及植物的生长习性都会影响物种之间的竞争力。一般具有相似生态型的植物种群之间竞争剧烈，不同属但生活型相同的植物之间也常发生剧烈竞争。当一个物种处于最适宜生态幅度时，表现为最大的竞争力。根系在竞争中起着重要的作用，不同的根系当处于同一土层，而土层中的水分和养分并不充足时，竞争就会激烈，根系发达则植物竞争力强。

6.4.3　混交优势

我国人民在生产实践过程中根据不同气候与环境尝试了许多混交模式，并取得了很好效果，如速生与慢生混交，乔、灌混交，针、阔混交，乔、灌、草混交，混交比例，混交密度，带状混交，喜光树种和耐阴树种混交等，近年来国内外在防护林的营造和研究中都比较重视混交林。各国防护林采用的混交方式不完全一致，较为常用的有带状混交、行状混交、团块混交等。混交林由于林冠层次多或冠形叶形不同，互相交错，地下深浅根系互相搭配且根系一般较纯林发达，因此抗风、抗雪、抗冻能力比纯林强，可大大减少风折、风倒，而且促进干形通直，自然整枝良好（毕英杰，2004）。

1. 促进生长

为探讨沙棘对促进'北京杨'生长的效果及适宜带状混交比例，1977 年春季在建平县八家国营农场沙滩地以 8 杨 4 沙的比例营造了 1.8hm² 带状混交试验林。14 年来的试验结果表明，沙棘对带距 4m 之内'北京杨'的树高、胸径生长有显著的促进作用，在沙棘带边距 8m 之内营造'北京杨'可达到速生高产的目的（李铁军等，1991）。

2. 地下根系竞争力的提高

混交林中根系的垂直分布更加均匀，温室栽培实验表明：无论盆栽和床栽，混栽水曲柳的根生物量和地上生物量均高于纯栽，尤其是 ≤2mm 细根生物量增加明显。而混栽时落叶松的根生物量和地上生物量均低于纯栽。水曲柳的地下与地上比较高，约是落叶松的 2 倍。水曲柳的根生物量约是落叶松的 4~6 倍。上述结果说明，水曲柳的地下竞争能力强。

3. 水土流失的有效控制

1986 年以来，在内蒙古喀喇沁旗十几个乡（镇）采取灌、乔、草隔行混交，带状混交，网状混交，块状混交和草、草混交等方式及草、灌、乔的种植顺序，先后建立草、灌、乔混交人工草地 20 余万亩，结果林草繁茂，植被恢复，牧草产量提高，证明该项技术是我国北方半干旱石质山区和水土流失区改造退化草场、缓解林牧矛盾、控制水土流失的有效途径（安书文和赵文明，1991）。

4. 经济效益提高

人工防护林不但具有较高的生态效益而且具有可观的经济效益。研究表明：花棒、梭梭、沙拐枣为沙丘最佳造林树种。配置方式以沙拐枣与梭梭隔行混交和花棒、沙拐枣与梭梭隔行混交两种混交方式为宜，株行距为 2m×3m，沙棘、沙枣、柽柳在丘间低地有较高的生物量和很强的适应性，是丘间低地造林的最佳树种；杨树、沙枣、沙棘、蒙古柳等为疏透型防护林带的最佳树种；沙枣和柽柳为紧密型防护林带的最佳树种，配置方式以隔行混交为宜（廖空太，1995）。

5. 土壤肥力的提高

蒋三乃等（2011）研究表明，不同树种组成的混交林可通过种间相互作用改变林地地上、地下凋落物的组成、数量、性质及其分解模式和养分释放过程，提高林地养分总水平、养分有效性和养分利用效率。合理配置的混交林树种间可通过养分吸收的时空差异性、养分转移等机制达到种间养分互补、协调的关系。同时探讨了混交林种间养分关系研究中存在的问题。

6. 造林成活率、保存率的提高

针对沙区造林缺水、缺肥、风大、温度高、干旱的问题，采用乔、灌混交造林新法，可使造林成活率达 96% 以上，3 年后的保存率达 90% 以上（苏文辉和万俊生，1997）。

7. 病虫害的防治和减少

赵素华等（2011）论述了章古台沙地自引种樟子松成功后，在不同时期发生的主要病虫害种类、危害及其防治方法。主要病虫害有松树–黄波罗锈病、红蜘蛛、松纵坑切梢小蠹、松梢螟和球果螟、松毛虫、松枯梢病。通过营造混交林、降低造林和经营密度、合理修枝等营林措施，结合物理、生物与化学防治，控制林分病虫害的发生与发展，实现樟子松人工林的可持续经营。

8. 混交林的稳定性

常忠连（2004）分析了辽宁省章古台地区人工樟子松固沙林经营现状及枯死原因，对影响林分稳定性的各项因子进行了充分的论述，确定了评价林分稳定性的指标；对现有固沙林的经营（间伐方式、适宜造林密度）提出了建议；提出了固沙林更新改造的方式方法。首先根据几十年固沙造林经验及立地条件的不同，总结出章古台地区人工樟子松固沙林相对稳定的 3 种模式：林农复合模式、用材林型防护林模式、植被恢复模式，为适地适树奠定了基础。其次，提出固沙林的改造方式。最后对章古台地区混交林营造技术进行了探讨，确定了与樟子松混交的适宜树种、混交方式及具体的栽植技术。

对内蒙古呼伦贝尔盟红花尔基林场 1986 年的严重干旱调查表明，混交林的抗旱力强于纯林。20 年生以下的林分旱死得多，10 年生以下的林分旱死得更多（孟根等，1991）。

9. 采用合适的混交方法和密度来避免过早的树种竞争

采用合适的混交方法和密度来避免过早的树种竞争。第一，需选择行间或隔行隔株等树种间关系紧密的混交方法。第二，刺槐在造林初期需有数量上的优势，与杨树的设计株数比要大于 3：1，刺槐与杨树株行距一般需保持 3~4m。第三，不同时期采取不同的培育方法。幼龄期应控制刺槐生长，避免对杨树压制；林分郁闭后，应修整刺槐庞大的树冠及分枝，避免其占用过大的空间；中期，间伐生长不良的刺槐，以扩大杨树营养空间；晚期，因刺槐被压，可逐渐清除刺槐，进一步扩大杨树营养空间。这时杨树可利用刺槐多年对林地土壤养分的改善而加速生长（沈国舫等，1998）。

6.4.4　混交模式

1. 带状混交

在陕北黄土丘陵沟壑区，以油松纯林为对照，对油松与沙棘行状混交、行状混交沙棘平茬、带状混交、宽行混交和宽行混交沙棘平茬林地的沙棘郁闭度、高度、光照强度、土壤水分、土壤密度、土壤空隙度、土壤养分，以及油松的存活率、高度、地径、顶梢年生长量等进行 13 年的监测研究。结果表明：行状混交与宽行混交的沙棘郁闭度、高度均高于行状混交沙棘平茬、宽行混交沙棘平茬和带状混交；林地的光照强度为油松纯林的较高，带状混交、宽行混交沙棘平茬、行状混交沙棘平茬的居中，宽行混交和行状混交的较低；土壤贮水量在 11 年后表现为行状混交与宽行混交的较高，行状混交沙棘平茬、带状混交与宽行混交沙棘平茬的居中，油松纯林的较低；土壤密度、土壤空隙度、土壤养分表现为沙棘郁闭度、高度越高，土壤密度越低，土壤空隙度、土壤养分越高。与油松纯林相比，行状混交和宽行混交油松的高度和地径在 6 年以后明显较低，存活率在 7 年以后显著降低；行状混交沙棘平茬、宽行混交沙棘平茬与带状混交的油松高度在 7 年以后较高，行状混交沙棘平茬与宽行混交沙棘平茬的油松高度在 10 年以后高于带状混交的油松；行状混交沙棘平茬、宽行混交沙棘平茬与带状混交的油松地径在 9 年以后大于油松纯林的油松地径；行状混交沙棘平茬、宽行混交沙棘平茬和带状混交的油松顶梢年生长量在 6 年以后较大，行状混交和宽行混交的较小。油松与沙棘混交，行状混交沙棘平茬、宽行混交沙棘平茬和带状混交促进了油松的生长，行状混交和宽行混交降低了油松的存活率，抑制了油松的生长。

2. 花棒、梭梭纯林及梭梭、沙拐枣混交

对甘肃省民勤治沙综合试验站附近及民勤县薛百乡宋和村林场营造的人工花棒、梭梭纯林及梭梭、沙拐枣混交林进行了研究，测定结果表明，不论是生长量、生物量还是土壤含水率都是混交林样地高于纯林样地。因此，在光板地或覆沙地上，营造防风固沙阻沙林以 1095 株/hm^2 为宜，这样林木既能维持正常生长，又能起到防风固沙阻沙的作用，同时沙地水分也能被林木充分利用。混交林地土壤含水率比梭梭纯林地高 13.2%。梭梭根系深，主根发达，可吸收沙地深层的水分，而沙拐枣根系比较浅，侧根发达，主要分布在 0~40cm，根系幅度大，所以沙拐枣主要吸收沙地表层水分，也可吸收几米或几十米范围内的沙地水分。

同一林龄不同密度梭梭＋沙拐枣混交林和梭梭、沙拐枣纯林中株高生长量差异显著。混交林中梭梭株高、地径、冠幅比纯林高，而沙拐枣纯林株高、冠幅又比混交林中的高。混交林密度比纯林大 17.8%、45.2%，即混交林防风固沙效果优于纯林。

沙拐枣的根系萌蘖能力强，一株可串根几株，种子落入沙层被风吹沙埋后遇降水就可萌生新株，自然繁殖，抵御自然灾害能力强，因此，在荒漠区营造梭梭、沙拐枣混交

林比单一的纯林效果好。

混交林地上生物量比梭梭纯林地上生物量高 4.4%；而混交林地下生物量比梭梭纯林高 57.9%。生物量大，防风固沙阻沙性能就强，反之则弱。

另外，梭梭+沙拐枣混交可减少大沙鼠的危害，据调查混交林每 $10m^2$ 林地内有大沙鼠洞穴 6 处，而梭梭纯林地每 $10m^2$ 有大沙鼠洞穴 13 处，混交林地大沙鼠洞穴分布低于纯林地（胡明贵和张晓琴，2000）。

3. 毛乌素沙区纯林的弊端与混交林的优势

全区流沙面积达 1.38 万 km^2。新中国成立后，处于毛乌素沙区的各族干部群众同沙漠展开了艰苦卓绝的斗争，取得了举世瞩目的成就，涌现出全国治沙劳模牛玉琴、殷玉珍、宝勒日岱等人物。通过三省（区）的几代各族干部群众的奋力拼搏，使毛乌素沙地的绿化取得了可喜成绩，广大人民群众的生活得到明显的改善，完全摆脱了风沙的困扰。通过治沙造林，大力发展水利事业，使沙区的土壤得到改良，农牧民的生活水平有了极大的提高。通过各种改造措施，毛乌素沙区的面貌已发生变化。但是过去不少地方营造纯林，这样虽然生态建设得到发展，但给林木的正常生长带来许多不利，结果造成森林生态失调，也给营造的林木本身带来灾难。例如，杨树人工纯林，天牛危害相当严重，沙柳人工纯林，引起柳毒蛾虫害，并形成大面积的小老头林。因此，经过林业科技人员多年的研究实践，提倡在毛乌素沙地大面积营造混交林。

混交林更能充分地利用环境条件（光照、土壤肥力等）。例如，喜光的阳性树种和耐阴的树种混交，能合理利用光照；深根性树种和浅根性树种混交，能充分利用不同土层的养分和水分。由于混交林中植物种类多，空气湿度大，为鸟类和有益生物的生存繁殖创造了有利的条件，形成较复杂的食物链关系，有效地阻止虫害的发生和蔓延，即使有虫也难以成灾。

由于混交林根系数量比纯林多 1.5 倍，这就增强了它保持水土和涵养水源的能力。同时，深根性树种与浅根性树种的混交林，既可有效减轻风害和雪折，又可起到防火的作用。

实践证明，混交林生长速度比纯林要快 20%~45%。这是因为混交林能充分利用光照、养分和水分，加速生长，提高单位面积产量。在混交林中，喜光速生的阳性树占据林冠上层，能获得全光照，耐阴树种处于林冠的中下层，在中等光照条件下有良好的光合作用效能。这样就可以提早成林，提前采伐。同时，深根性树种与浅根性树种混交，可充分利用土壤中各层的营养物质，使树长得快、长得壮。

混交林改良土壤的作用较大，能将多种矿物质归还土壤，并形成分解良好的腐殖质；而针叶树纯林，往往形成粗腐殖质，酸性强，易使土壤灰化，降低林地的肥力。针叶树的落叶难分解，而阔叶树的落叶易分解成腐殖质，能加速养分循环，有利于维护地力。而林中养分循环的速度，取决于腐殖质的分解速度，腐殖质越多，土壤表层的积累量越大，土壤越肥沃，更能有效防止地力衰退。如果在针阔叶混交林中栽植一些有根瘤菌的肥料树，则能更好地提高土壤的肥力。

天然林与人工林实质上都存在地力下降问题，只是因为天然林是多树种混交，且生产周期长，长期的生长过程中森林自身凋落物对林地的归还、根系对土壤的机械作用及母岩层营养物质的分解分化,掩盖了地力下降的实质,使维持地力平衡绰绰有余,具有改善地力的作用,而人工林连栽引起地力下降实际上就是单一树种在维持地力平衡上尚欠不足,为此通过混交来防止地力衰退是行之有效的途径。已见报道也较多,与杉木混交的树种有马尾松、柳杉、檫树、火力楠等;在东北林区可与落叶松混交的树种有水曲柳、胡桃树、白桦等。变单一树种为多树种生长,可有效改善营养元素生物小循环,改善土壤理化性质和生化特性,加速了凋落物的分解和转化,增强系统的自肥能力和地力稳定性。

林下植被是人工林生态系统的重要组成部分,在促进系统养分循环,提高林地肥力方面起了巨大作用,林下植被养分含量较高,一般情况下草本>灌木>乔木,同时林下植被的凋落物分解快。因为人工林郁闭后林下植被发育很差,为此也可因地制宜,改密植为适当疏植,增加透光度,促进林下植被生长;或每隔一定时间对林下植被砍割一次,为土壤提供更多的营养元素,以恢复地力。林下植物对改善表层土壤肥力、减少林地水土流失、促进杉木凋落物的分解等都具有明显的作用,同时林下植物物种多样性的提高,还可有效减轻林分病虫害的发生和增加系统的稳定性。因此,必须采取合理的幼林抚育方式和适时调控林分的群落结构等措施,促进和恢复林下植物的生长发育,以维护人工林的地力和保持人工林长期生产力的稳定(陈加国等,2009)。

4. 杨树与柠条锦鸡儿混交

在"三北"防护林建设中,通过对营造杨树与柠条锦鸡儿混交林的研究,初步认为:杨树与柠条锦鸡儿混交林可增加土壤有机质,改善立地条件,提高土壤肥力;杨柠混交林防护效益显著,蓄养水源,保持水土,防风固沙,促进农牧业生产;林产品数量多,质量好,同等条件下比杨树纯林的生长量和蓄积量高 1 倍以上,高径生长增加 30%~50%;混交林抗御灾害能力强。

5. 杨树与沙棘混交

通过将沙棘与 3 种杨树品种即'小黑杨'、'昭林 6 号杨'和'欧美杨 64 号'的人工林分别按株混和行混两种方式进行混交试验,研究了固氮植物沙棘对亚湿润干旱区的杨树人工林生长和生产力的影响。研究结果表明:无论哪一种杨树品种或混交方式,沙棘与杨树混交后能显著地增加杨树人工林的生长量,林分平均胸径增加 6%~38%,林分平均高增加 8%~23%。在株混方式中,杨树地上部生物量大于杨树纯林的地上部生物量。但是在行混方式中,呈现相反的规律,这是由于行混方式中单位面积的杨树株数少。无论哪一种杨树品种或混交方式,杨树与沙棘混交林的地上部净生产力大于杨树纯林的地上部生产力。在株混和行混两种方式中,沙棘占总地上部净生产力的比例分别为 20%和41%,但草本植物所占的比例很小(刘世荣,2000)。

6. 宽带状杨树、沙棘混交

在辽宁省建平县北部的黑水镇和向阳乡营造带宽为 15m 的宽带状杨树、沙棘混交林,即 3 行沙棘(株行距 15m×3m)与两行杨树(株行距 3m×3m)混交。与杨树纯林比较,不降低单位面积杨树株数。通过标准地定位观测与分析,探索其混交效应,为干旱风沙区及水土流失区营造杨树、沙棘混交林提供了新的模式。

测试结果表明，杨树、沙棘混交林较杨树纯林枯枝落叶多，林分郁闭度大，林冠层能更多地截流天然降水，并有效地减少林地水分的蒸发。同时，由于枯枝落叶比纯林增加79%，有效地减少了地表径流。据测定，混交林较纯林表土湿度增加2.5%。

混交林较杨树纯林枯枝落叶量大，土壤湿度大，从而促进了土壤微生物活动，加快了有机物质的分解，提高了土壤肥力，混交林表层腐殖质含量较杨树纯林增加235%，改善了土壤结构，减少了土壤容重；提高了土壤孔隙度345%，增强了透水性。试验证明，混交林能明显提高土壤肥力，改善土壤状况，为林木生长提供了更优越的立地条件。

混交林叶量大，蒸腾作用强，能扩散更多的水分，所以混交林内相对湿度不论是在夏季还是在冬季都较杨树纯林高；同时，受水分热量平衡作用的影响，混交林内温度变幅在冬、夏两季均较杨树纯林小。据测定：相对湿度夏季混交林较纯林高4%，冬季高8%；而温度夏季混交林较纯林低16℃，冬季却高0.5℃。

宽带状杨树、沙棘混交林内杨树树高生长量比纯林杨树提高10.5%，胸径生长量比纯林杨树提高9.41%，这表明混交林内杨树较纯林杨树有明显的生长优势。

混交林生物量较杨树纯林高34.24%。混交林地上各部分的生物量均高于杨树纯林；地下各部分生物量总和以混交林最高。但地下部分侧根生物量杨树纯林为高，混交林次之，沙棘林最低。就地上、地下总生物量而言，混交林最高，杨树纯林次之，沙棘纯林最低。

调查结果表明，混交林杨树单株生物量较纯林杨树单株生物量提高12.43%，混交林中沙棘单株生物量较纯林沙棘单株生物量降低1.54%；混交林中单株杨树树叶生物量较纯林杨树提高10.14%；根系生物量较纯林杨树提高9.47%。由此可见，混交林中杨树叶多、根系庞大是杨树保持旺盛生活力及较高生物量的重要原因。通过上述分析可以看出，混交林中杨树地上、地下各部分生物量与纯林杨树比较发生了显著的变化，这种差异对提高杨树各种抗逆性及生长机能无疑具有很大作用。因此，在"三北"风沙干旱及水土流失区营造宽带状杨树、沙棘混交林是可行的，对指导这些地区的林业生产具有重要意义。

混交林内林木的根系分布情况是采用挖掘法进行调查的。标准木根系调查结果表明：7年生单株沙棘地下根系总长度达61.5m，水平根幅达65m，主要集中在10m范围内；垂直根系深达31m，主要集中在15~40cm。8年生杨树根系调查结果表明，杨树水平根系集中在1.4m范围内，垂直根系集中在20~100cm。调查发现，沙棘与杨树根系交错生长，分布均匀，未发现有连根现象。沙棘根系与短杆状固氮菌共生，固氮改土能力很强。据测定，每年每公顷5年生沙棘林可固氮180kg，相当于施入375kg尿素，这可能是杨树、沙棘混交后能提高杨树生长量的一个主要因素。现总结如下。

宽带状杨树、沙棘混交林中的杨树树高生长量较纯林杨树提高10.15%，胸径生长提高9.41%。

混交林中单株杨树生物量较纯林杨树提高12.43%，单株沙棘生物量较纯林沙棘低10.54%。混交林中除侧根生物量低于杨树纯林外，其余各部分生物量均高于杨树纯林。混交林总生物量较杨树纯林提高34.24%，较沙棘纯林提高23.09%。

宽带状杨树、沙棘混交林能明显提高土壤肥力，改善土壤状况和林内小气候条件，为林木生长创造良好的生态环境。

混交林内根系虽较密集，但互不干扰，分布较杨树纯林均匀，能充分利用土壤空间、水分、养分。沙棘根系固氮能力很强，杨树、沙棘混交后对提高杨树生长量可能具有重要作用。

宽带状杨树、沙棘混交林在杨树主伐前 2 年即可将沙棘平茬，栽植杨树；杨树主伐后栽植沙棘。杨树、沙棘宽带状混交配置可加快林地倒茬更新，提高土地利用率。

对樟子松混交林营造技术和不同混交方式进行了试验分析。结果表明：混交林分不仅提高了造林树种的生长量；同时，提高了土壤的有机质含量，改善了土壤的养分状况；增强了樟子松的抗病能力，减少了樟子松枯梢病的发生（曹文生等，2002）。

7. 杨树–刺槐混交林

在沙地条件下，杨树–刺槐混交造林能显著促进林木生长，增加生物量。经济效益、生态效益、社会效益明显，病虫害明显少于杨树、刺槐纯林，是一种较好的造林模式（吴景现，2009）。

杨树–刺槐混交林是我国北方沙荒地造林实践中形成的一种成功的固 N 树种和非固 N 树种混交林，其在促进杨树生长、改善林地小气候、提高树木抗病抗虫能力、改善林地养分和水分状况及林地景观特征等多方面作用已广为人知（张鼎华等，2002）。

刺槐与杨树混交林能促进杨树生长的原因是刺槐适应性强，耐干旱瘠薄，生长迅速，枝叶繁茂，造林后 3~6 年即可郁闭，能很快将林地杂草（特别是茅草）消灭，刺槐枝叶能遮盖地表，降低林内温度，减少林地土壤蒸发，提高林内湿度，为杨树生长创造了有利条件。刺槐是豆科树种，伴生大量的根瘤菌（据调查一米长的细根有根瘤菌 289~512 个），能把空气中的氮素转化为土壤养分，除供本身需要外，还有一部分可供杨树吸收利用。刺槐枝叶繁茂，枯枝落叶多且易腐烂，能增加土壤有机质含量，不断提高土壤肥力。由于互相制约的结果，据调查混交林中的病虫害明显少于纯林，如在申集林区刺槐纯林中平均每株有蚧壳虫 124 头，而在混交林中平均只有 33 头，只占纯林的 26.61%。其他如杨梢金花虫、杨尺蠖等在混交林中的发生也明显少于杨树纯林。杨树与刺槐混交可增加冠层厚度，杨树纯林冠层不超过 20m，刺槐纯林冠层不超过 15m，而混交后冠层厚度可达 25m 以上，增加了叶量和生长量。

通过对研究区多年的调查研究，结果发现：刺槐虽是阳性树种，但具有一定的耐阴性，刺槐可以和杨树混交造林，而且生长良好。在沙荒地营造的杨树纯林，如生长不良，可伐除部分杨树，采用补栽刺槐大苗的方法进行改造；营造杨树、刺槐混交林，杨树比例要少些，刺槐多些，其比例以不大于 1：18 为宜；杨树株行距可选用 9m×9m 或 6m×9m。杨、刺混交方式以带行株间混交为好，即 2~4 行刺槐为 1 带，1 行杨树，杨树株间再混栽 2~3 株刺槐，每公顷栽杨树 150~300 株、刺槐 1650~1950 株为好，使杨树呈散生分布，能发挥其较大增产潜力。其林相结构应使杨树处于上层，否则杨树生长不良。因此，在营造杨树、刺槐混交林时，要采用 2~3 生的杨树大苗和当年生的刺槐苗同时栽植，如果杨苗较小，可在造林当年对刺槐进行一次平茬。营造杨树刺槐混交林，应当注意选择优良杨树品种，当前以‘中林 46 杨’、‘107 杨’、‘108 杨’与刺槐混交为好。

在沙地条件下，不同杨树品种或无性系，不同混交方式的杨树、刺槐混交林，与其纯林相比，均具有明显增产效果，一般可增产 20%~210%。防风固沙效果混交林明显优于纯林。

杨树、刺槐混交林是我国北方地区沿河及滨海沙地上成功的固氮树种和非固氮树种人工混交林。本研究在简单介绍混交林生长情况的基础上，主要对林地土壤养分改良及其种间 N、P 养分互补关系进行了阐述。指出杨树、刺槐混交林生产力提高主要是因为林地土壤养分（特别是 N 素养分）的极大改善及树种间 N、P 养分的互补。混交林土壤 N 素养分水平提高的根本原因是林地土壤微生物活性高，加快了含 N 较高的枯落物分解速度，增强了土壤氨化及硝化强度。而杨树和刺槐种间的 N、P 养分互补则主要表现在混交林中杨树可将吸收入体内的 P 素通过根系接触转移给相邻的刺槐，而刺槐则可将固定的 N 素通过根系接触转移给杨树，而且 N、P 转移的强度很大。这种奇妙的树种间养分互补机制对杨树、刺槐混交林幼林期生产力的提高有重大意义（沈国舫等，1998）。

8. 毛乌素沙地混交林

毛乌素沙地的地理位置不同，形成区域小气候，给营造纯林带来不利，因此，倡导在毛乌素沙地大面积营造混交林。陈加国等（2009）概括介绍了毛乌素沙地的基本情况、历年的治理情况、存在问题及解决办法，重点阐述了在毛乌素沙地营造混交林的好处。

9. 章古台沙地樟子松混交林病虫害防治

董云峰等（2011）叙述了章古台沙地自引种樟子松成功后，在不同时期发生的主要病虫害种类、危害及其防治方法。通过选择最佳种源、培育优良无性系、降低造林和经营密度、营造混交林、合理修枝等措施，结合化学与生物防治，控制林分病虫害的发生与发展。

10. 毛乌素沙地不同防护林带的水文效应

杜秀贤等（1990）着重研究了毛乌素沙地不同防护林带的水文效应问题，包括气候生态和社会经济效益、水文效应和水量平衡等问题的研究和分析。沙地林带的增产机理，主要是降低风速，固土保水，减少水面蒸发，增加降水，提高空气和土壤的湿度。效果最好的林带是乔、灌混交林，其次是乔木林，灌木林仅次于乔木林。耗水量最大的是混交林，最小的是灌木林，介于两者之间的是乔木林。

11. 综合混交

在乌兰布和沙漠，筛选出沙拐枣、花棒、梭梭、沙蒿、沙枣等 10 余个优良适生树种，并对其配置类型和防风效益等进行了系统的、多方位的研究，揭示了流沙地立地环境类型的不同条件，确定了适宜优化模式林的树种和不同地类的优化配置类型，提出了固沙片林、窄带多带式和乔灌结合宽带式等防风固沙林优化模式。

6.4.5　混交注意事项

在某些极端立地条件下，只限于少数树种能够适应和正常生长（如盐碱、水湿、瘠薄等），不易营造混交林。总之，混交林和纯林的优缺点是相对而言的。营造纯林还是混交林要根据具体条件，如造林目的、立地条件、经营条件及树种特性等进行综合评估，灵活掌握。

对荒漠区造林密度及混交林混交方式进行了研究，结果表明：在荒漠化地区造林密度以 1095 株/hm² 为宜。在干旱缺水的荒漠区营造沙拐枣、梭梭混交林是较理想的林分结构，株间或行间混交其防风固沙作用都显著（Zhu *et al.*, 2009）。

参 考 文 献

安书文，赵文明. 1991. 半干旱石质山区草灌乔混交建立人工草地的研究. 中国草地, (4): 23-25, 59.

毕英杰. 2004. 对营造混交林优越性的研究. 林业勘察设计, (2): 36-37.

曹文生，焦树仁，高树军，等. 2002. 章古台沙地樟子松混交林营造技术与效益的研究. 防护林科技, (4): 12-13, 21.

常静. 2010. 沙地水分性质及其对造林的影响. 安徽农学通报, 16(20): 94-95, 118.

常禹. 2001. 长白山森林景观边界的定量判定及其动态变化. 北京: 中国科学院研究生院博士学位论文.

常忠连. 2004. 辽西地区樟子松固沙林衰退枯死原因及改造方式研究. 哈尔滨: 东北林业大学硕士学位论文.

陈加国，哈斯牧人，边春雷，等. 2009. 浅谈毛乌素沙地治理与混交造林. 防护林科技, (4): 112-113.

崔望诚. 1988. 沙漠化发生过程中的边缘效应. 干旱区资源与环境, 2(3): 100-105.

丁宝永，陈祥伟，陈大我，等. 1990. 森林边缘效应理论及其效应的初步研究. 东北林业大学学报, (S3): 13-26.

丁宏，周永斌，崔建国. 2008. 辽阳地区杨树人工林边缘效应研究. 林业科技, 33(3): 15-18.

董云峰，颜景红，李红丹，等. 2011. 章古台沙地樟子松人工林病虫害的防治. 防护林科技, (6): 89-91.

杜心田，王同朝. 1998. 作物群体边际效应规律及其应用. 应用生态学报, 9(5): 475-480.

杜秀贤，郭绍存，吴宗瑞，等. 1990. 毛乌素沙地不同林带水文效应的研究报告. 中国农业气象, (3): 63.

高洪文. 1994. 生态交错带理论研究进展. 生态学杂志, 13(1): 32-38.

高尚武. 1984. 治沙造林学. 北京: 中国林业出版社.

关卓今，裴铁璠. 2001. 生态边缘效应与生态平衡变化方向. 生态学杂志, 20(2): 52-55.

郭水良，韩士杰，曹同. 1999. 苔藓植物对森林生态界面指示作用的研究. 应用生态学报, 10(1): 1-6.

韩士杰. 1996. 叶面界面生态学. 哈尔滨: 东北林业大学出版社.

韩士杰. 2002. 森林界面生态学研究现状与展望. 中国科学院院刊, (4): 260-263.

韩士杰，廖利平，姜凤岐. 1998. 关于森林界面生态学的思考. 应用生态学报, 9(5): 538-542.

何妍，周青. 2007. 边缘效应原理及其在农业生产实践中的应用. 中国生态农业学报, 15(5): 212-214.

胡明贵，张晓琴. 2000. 民勤沙区防风固沙林造林密度及混交方式研究. 甘肃林业科技, 25(4): 31-33.

蒋三乃，翟明普，贾黎明. 2011. 混交林种间养分关系研究进展. 北京林业大学学报, 23(2): 72-76.

李丽光，何兴元，李秀珍. 2006. 景观边界影响域研究进展. 应用生态学报, 17(5): 935-938.

李铁军，李晓华，薄启忠，等. 1991. 北京杨沙棘带状混交试验初报. 林业科技通讯, (3): 24-25.

廖空太. 1995. 防风固沙林优化模式的树种选择及其配置. 甘肃林业科技, (03): 15-21.

刘龙. 2008. 公路边缘效应与植被的特点. 公路, (8): 244-247.

刘世荣. 2000. 沙棘对中国亚湿润干旱区杨树人工林生长与生产力的影响. 植物生态学报, 24(2): 169-174.

卢琦，赵体顺，师永全，等. 1999. 农用林业系统仿真的理论与方法. 北京: 中国环境科学出版社.

马世骏. 1985. 高效和谐——谈生态学原理在城市改革中的作用. 生态学杂志, (3): 27-30.

马友鑫，刘玉洪，张克映. 1998. 西双版纳热带雨林片断小气候边缘效应的初步研究. 植物生态学报, 22(3): 250-255.

孟根，敖同成，张林，等. 1991. 沙地樟子松抗旱能力的分析. 东北林业大学学报, 19(2): 11-16.

聂绍荃，杨国亭，张志强，等. 1990. 边缘效应理论在次生林改造中的应用. 东北林业大学学报, 18(S3): 1-6.

秦娟. 2009. 黄土区白榆/刺槐混交林生长动态与生态功能研究. 杨凌: 西北农林科技大学博士学位论文.

秦树高，吴斌，张宇清. 2010. 林草复合系统地上部分种间互作关系研究进展. 生态学报, 30(13): 3616-3627.

沈国舫，贾黎明，翟明普. 1998. 沙地杨树刺槐人工混交林的改良土壤功能及养分互补关系. 林业科学, 34(5): 14-22.

石福臣, 陈祥伟, 李弘, 等. 1990. 天然次生柞木林边缘效应的研究. 东北林业大学学报, (3): 56-59.

苏文辉, 万俊生. 1997. 沙区乔灌混交造林新法. 中国林业, (04): 39.

王春梅, 王汝南, 蔺照兰. 2010. 提高碳汇潜力: 量化树种和造林模式对碳贮量的影响. 生态环境学报, 19(10): 2501-2505.

王凌晖, 吴国欣, 施福军, 等. 2009. 不同造林密度对杂交相思生长的影响. 南京林业大学学报(自然科学版), 33(2): 134-136.

王如松, 马世骏. 1985. 边缘效应及其在经济生态学中的应用. 生态学杂志, (2): 38-42.

王巍巍, 贺达汉. 2012. 生态景观边缘效应研究进展. 农业科学研究, 33(3): 62-66.

温国胜. 2005. 毛乌素沙地臭柏群落景观动态. 浙江林学院学报, 22(2): 129-132.

吴刚, 李静, 邓红兵. 2000. 农林生态系统界面生态学初探. 应用生态学报, 11(3): 459-460.

吴景现. 2009. 杨树刺槐混交林造林技术研究. 河南林业科技, 29(3): 33-34.

杨文斌, 卢琦, 吴波, 等. 2007. 杨树固沙林密度、配置与林木生长过程的关系. 林业科学, 43(8): 54-59.

杨文斌, 潘宝柱, 阎德仁, 等. 1997. "两行一带式"杨树丰产林的优势及效益分析. 内蒙古林业科技, (3): 5-8, 16.

杨文斌, 王晶莹. 2004. 干旱、半干旱区人工林边行水分利用特征与优化配置结构研究. 林业科学, 40(5): 3-9.

杨文斌, 郑兵. 2011. 干旱、半干旱区林农(草)复合原理及模式. 北京: 中国林业出版社.

叶彦辉. 2007. 黄土高原农林复合系统景观边界土壤养分、微生物和酶活性的研究. 杨凌: 西北农林科技大学硕士学位论文.

尤文忠. 2007. 黄土高原坡地林草复合系统景观边界植物多样性特征. 辽宁林业科技, (4): 12-15.

尤文忠, 刘明国, 曾德慧. 2005. 森林景观界面研究概况. 辽宁林业科技, (5): 31-34.

张鼎华, 翟明普, 贾黎明, 等. 2002. 沙地土壤种植杨树–刺槐混交林后持水特性变化的研究. 应用生态学报, 13(8): 971-974.

张喜民, 侯志研, 陈奇, 等. 2006. 我国农林复合经营研究概况. 杂粮作物, 26(2): 156-157.

赵哈林, 赵学勇, 张铜会, 等. 2009. 恢复生态学通论. 北京: 科学出版社.

赵素华, 董晓文, 陈江燕, 等. 2011. 沙地樟子松人工林病虫害的种类及其防治. 辽宁林业科技, (3): 31-33.

赵忠, 李鹏, 王乃江. 2000. 渭北黄土高原主要造林树种根系分布特征的研究. 应用生态学报, 11(1): 37-39.

周永斌, 吴栋栋, 姚鹏, 等. 2008. 杨树人工林边缘效应的初步研究. 福建林业科技, 35(4): 108-110.

周宇峰, 周国模. 2007. 斑块边缘效应的研究综述. 华东森林经理, 21(2): 1-8.

Zhu Y, Ren L, Skaggs T H, et al. 2009. Simulation of populus euphratica root uptake of groundwater in an arid woodland of the Ejina Basin, China. Hydrological Processes, 23(17): 2460-2469.

第7章 低覆盖度行带式固沙林的环境改善效应

环境因子对于生物生存生长的重要性是显而易见的,沙区植被的建设除受生物环境和非生物环境影响,非生物环境受其所处的大气候环境影响外,与其周围的生物环境密不可分,并最终反映在太阳辐射、空气温湿度、地表温度、地表湿度及空气气体成分等小气候环境的形成。

小气候是生态环境的重要组成部分,其主要发生在近地气层中,人类及一切动植物都活动在这一层内,因此,要协调生物与环境的关系,就离不开对小气候效应的研究。小气候的形成,除受纬度、海陆位置、地形、季风等决定外,还与下垫面类型、植被因素密切相关,不同的植被结构形成的小气候环境不相同,而其独特的小气候生境又影响生物群落的形成。我国西北、华北北部、东北西部地区气候干燥、风力强劲、植被稀疏,分布着广袤的沙漠和沙地,其生态环境极为脆弱,沙漠化及沙化严重威胁着该区人民的生存空间。经过长期实践发现,固沙林的建设会对其控制区的局部小气候因子如气温、空气湿度、地温等产生影响,能够产生对环境的某些改善作用和某些有利于植物生长的因素和降低风速的效应,是固沙生态效应中首要的、最重要的指标。沙区固沙植被的建立,改变了下垫面的辐射特征,且植物冠层的形成影响了地表太阳辐射分布及空气的乱流交换、潜热等能量要素,为固沙林独特小气候的形成提供了条件。

7.1 低覆盖度固沙林带调节小气候机理

营造防风固沙林是改善沙区小气候环境的一种有效措施,合理的造林模式可以使林带间的各种气象要素朝着人们所期望的方向变化,逐渐改善沙区小气候环境,形成特殊的固沙林带小气候,有利于沙地植被修复与土壤发育。研究认为,固沙林在植物生长季具有降温保湿、冬季保温作用,其主要原因为固沙林冠层的形成削弱了到达土壤表面的辐射能,影响能量在固沙林内的流动转换。当植被覆盖度在20%左右时,习惯上称为疏林,由于林间具有较大的空间或者称为走廊等,固沙林通过冠层遮荫影响林内光照时间和辐射强度方式,使得穿透进入林地内的太阳辐射量分布不均匀,从而达到影响林地内的水热循环过程,这种调节作用在水分为植被建设关键限制因子的干旱半干旱区尤为重要。低覆盖度行带式固沙林是一种集群分布格局,与随机分布和均匀分布不同,其带间水平风速流场变化有一定规律性,这种带状固沙林能有效降低风速,削弱林带内动力因素引起的湍流交换作用,加之林冠的遮盖作用,可以延长带间蒸散的水蒸气滞留在近地面层空气中的时间,从而保持相对稳定的湿度环境。

7.1.1 林冠遮荫对太阳辐射的调节

太阳辐射是影响其气候环境最重要的因子之一。植被控制范围内的局地太阳辐射通量与裸地有很大不同。由于林冠层的遮荫阻挡效应,太阳辐射到达植被上表面时,一部分辐射能被林木枝条、树叶反射出去；一部分被枝叶面吸收；还有一部分将穿透枝林冠层深入地表（张小全等，1999）。

1. 林冠对辐射的减弱效应

太阳辐射进入林冠后，辐射通量被减弱，减弱程度与林冠结构的几何分布和特征有关。太阳辐射通过林冠层的减弱规律与通过大气层的辐射减弱规律相似。门司（Monsi）和佐伯（Saeki）根据贝尔定律提出了下列表达式（贺庆棠，1998）：

$$S_f = S_b e^{-KF} \tag{7.1}$$

式中，S_f 是林冠下的直接辐射通量密度；K 是植物叶子的消光系数；F 是叶面积系数；S_b 是到达林冠表面的直接辐射通量密度。K、F 值和叶子的几何形状、分布状况有关。当叶子呈垂直排列，K 值为 0.3~0.5；叶子呈水平状排列，K 值为 0.7~1.0。

林地的太阳辐射通量，由于受到林冠的遮荫，白天穿透林冠到达林下地面的太阳辐射大大减少，其减少的量与林分的郁闭度或者覆盖度有关，如贺庆棠等在小兴安岭郁闭度 0.45 的落叶松林中测得，生长季林地净辐射仅为森林作用层净辐射的 7.4%；而郁闭度降低到 0.2 左右时，辐射穿透到达地面的辐射量增加 4~6 倍。

2. 林冠遮荫效应

对低覆盖度固沙林而言，林冠对林地的遮荫作用不仅受植被类型、林带结构等因素影响，还受季节性规律变化的太阳高度角及方位角影响较大，林冠遮荫范围随太阳高度角及方位角的变化而有规律的变化（方斌，2008）。影响林带带间遮荫长度的因素主要有林带走向、林带高度（H）、太阳高度角（α）及太阳方位角（θ）。若林带走向与林带平均高度已知，确定林带遮荫宽度的关键是求得当时的太阳高度角（α）及太阳方位角（θ）。太阳高度角和方位角计算见公式（7.2）和公式（7.3）：

$$\sin\alpha = \sin\varphi\sin\delta + \cos\varphi\cos\delta\cos\omega \tag{7.2}$$

$$\cos\alpha\cos\theta = -\cos\varphi\sin\delta + \sin\varphi\cos\delta\cos\omega \tag{7.3}$$

式中，φ 为地理纬度；δ 为太阳赤纬；ω 为太阳时角；赤纬的逐日变化可由天文年历中查出（中国科学院紫金山天文台，2013）。

图 7.1 为敖汉乌兰昭林场 2013 年 6~9 月各月中旬 6：00~18：00 时林带两侧遮荫范围模拟日变化图，其中东西、南北走向林带计算负值分别表示遮荫位于林带南侧和东侧，正值表示遮荫位于林带北侧和西侧。由于 9 月 6：00 太阳高度角过低导致南北走向林带遮荫范围过大而影响林带遮荫图的表达，且此时太阳辐射较低，林冠对太阳辐射的影响较小，故而删除了 9 月 6：00 及 18：00 南北走向林带遮荫宽度的数据。由图 7.1 可知林冠层对林地遮荫影响的范围在中午 12：00 是对称的；东西走向林带从 6：00 起，带状林冠遮荫影响范围先减小，至 6：00~8：00 达到最小值，然后逐渐增大，中午 12：00 左右达到最大值；南北走向林带带状林冠层遮荫影响范围自 6：00 起逐渐减小，中午 12：00 左右达到最小值，然后又逐渐增大；东西走向林带的遮荫主要集中在林带北侧，影响 0~1H；南北走向林带的东西两侧遮荫影响范围相等，影响 0~5H。

低覆盖度行带式固沙林树高 1~5 倍的距离形成稳定成片的地面阴影，可以有效地降低地面辐射，避免干旱区强烈的太阳辐射导致地面温度的迅速升高和剧烈变化，同时有

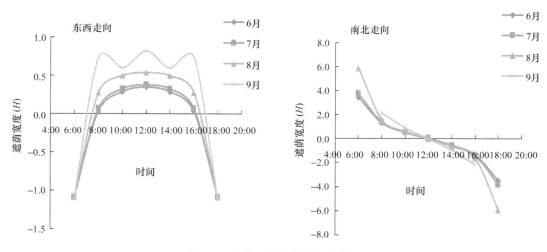

图 7.1　林带两侧遮荫日变化特征

利于减少地表蒸发，均有利于提高水分的利用效率，促进恶劣的沙地小气候向良性发展，初步分析结果为：在同样的低覆盖度条件下，行带式配置结构比随机分布结构可以显著减少太阳辐射的穿透量，形成相对稳定且遮荫面积更大的林间环境，其对小气候的改善及促进带间土壤与植被修复的作用显著增大。

7.1.2　林带对湍流运动的调节

林带的防护效应主要是减弱湍流交换强度，М.И.尤金和М.И.布德柯认为影响带间气候要素变化的最重要因素是林带后面湍流运动的减弱。当气流通过林带时，由于受到林带的碰撞、摩擦作用，原来大的涡旋被碎裂成很多小的涡旋，其中部分更小的涡旋的动能在黏性力的作用下转变成热能，湍流交换因此减弱，这对减少带间土壤蒸发、保持冬季积雪、防止流沙有重大的意义。

湍流运动的削弱是由风速通过林带后削弱所引起的，然而当风速减弱时，湍流运动可能与风速变化不完全一致，湍流运动除受风速梯度的影响外，还与湍流交换系数相关。确定湍流交换系数是判断林带对湍流运动影响的关键之一。

结合空气动力学及能量平衡理论知识，湍流交换系数变化可用公式（7.4）表示：

$$\frac{K'}{K} = \frac{L(q_1 - q_2) + C_p(T_1 - T_2)}{L(q_1' - q_2') + C_p(T_1' - T_2')} \quad (7.4)$$

式中，K'、（$q_1' - q_2'$）和（$T_1' - T_2'$）分别为林带内的湍流交换系数及离地 50~200cm 的比湿差和温度差；K、（$q_1 - q_2$）和（$T_1 - T_2$）分别为旷野的湍流交换系数及离地 50~200cm 的比湿差和温度差。

所以只要在林带前后进行温湿度的梯度观测，就可以计算出湍流减缓系数的变化情况。图 7.2 为 A.P.康斯坦丁诺夫测定的透风结构林带和不通风结构林带湍流交换系数在林带后的变化。该图表明，林带对湍流交换系数的影响距离达到其树高的 30 倍左右。

无论是乔木或者灌木，在覆盖度为 20%左右时，行带式格局比随机分布格局的带间风速低 20%~40%，其近地面垂直高度的风速梯度也有明显减少，这些变化都有利于降低

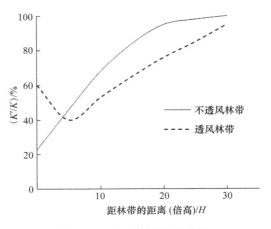

图 7.2　K'/K 在林带后的变化

湍流交换系数,在带间形成相对稳定的小气候层结等,与随机分布的疏林的林间空地相比较,带间土壤的蒸发及恢复植被的蒸腾均会显著降低。

7.2　固沙林带对太阳辐射的影响

太阳辐射是地球近地气层能量的主要来源,是一切绿色植物进行光合作用,进而把光能转变为生物能的原始动力。在太阳辐射中,紫外辐射具有较强的化学效应和生物学效应;可见光被绿色植物用来进行光合作用形成有机物;红外辐射具有重要的热学效应。辐射对活植物体的作用主要包括热效应、光合效应和光的形态效应。辐射到达植物表面时,一部分辐射能被枝叶吸收,用于植物的蒸腾和与周围环境进行的热量交换传输过程;一部分辐射能被枝叶吸收,通过绿色植物的光合作用以化学能的形式贮存在植物体各器官中;还有一部分辐射能,在植物生长发育过程中,起着某种重要的调节、控制作用。林地内太阳辐射平衡是形成固沙林小气候的基础,了解固沙植被与太阳辐射相互作用的效果,对于寻求沙区生态系统的最佳光合结构和光合效率,探索人工固沙林最优结构与配置问题在理论与生产上都具有重要意义。

7.2.1　林带对总辐射的影响

林地内的太阳辐射主要取决于到达作用面的太阳辐射通量和林冠结构。对于林木高度低于 2m 的固沙林,由于观测高度与树高相近,太阳的辐射通量在此高度没有明显减弱,与林外同一高度太阳辐射通量相近(麻保林和漆建忠,1994)。对于株高大于观测高度的固沙林,固沙林覆盖度或郁闭度对到达地表辐射的影响大(闫文德和田大伦,2006)。在造林初期,幼小的林冠基本不会对到达林地地表的辐射通量产生质的影响,而随着林冠的逐渐增大,植被盖度增加,到达地表的穿透辐射逐渐减弱,当林分完全郁闭后,到达地表的热量只有净辐射总量的 1%~5%(贺康宁,1998)。

表 7.1 所示为夏季某日东西走向防护林带距林带不同位置处总辐射日通量(徐祝龄等,1988)。林缘总辐射为林网中心总辐射的 29.0%,距林带 0.5H 位置的辐射约为林网中心总辐射的 57.2%,距林带 1H 位置的总辐射与林网中心总辐射基本相等,由此可知,林

表 7.1　距林带不同位置总辐射日通量　　　　　　　[单位：MJ/（m²·d）]

位置	林网中心	0H	0.5H	1H	2H
林带北侧	27.82	1.85	5.12	27.85	27.81
林带南侧	28.78	14.53	27.24	28.73	28.74

注：H 为树高，0H 表示林缘，0.5H 表示距林带 0.5 倍树高处，余同

带对林地总辐射影响为 0.5~1H，超过 1H 距离，林地总辐射通量基本不受林冠遮荫影响。

据宋兆民等（1981）对防护林的观测资料，林带遮荫使林带两侧的日辐射总量减少，南北走向林带两侧相同位置的总辐射减弱程度大致相同，如果不考虑反射，在 0.5H 范围内总辐射约减弱 23.6%，0.5~1H 减弱 11.6%，1~2H 减弱不明显；东西走向林带下半年总辐射的减弱只限于 0.5H 范围内，为 5%~10%。在低覆盖度时，随机单株分布的疏林对日辐射总量也有一定影响，与形成集群分布的行带式固沙林格局比较，林木单株的冠幅相对较大，高度相对较小，对日辐射总量的影响基本局限在单株树木的周围，这样就在疏林内形成"斑点状"的辐射总量减少区，包围在占林地面积 70%~85% 的辐射总量正常区，与能够形成稳定成片的日辐射总量减弱区的低覆盖度行带式固沙林相比，这种疏林非常容易在林内出现能量的"流动"。这是因为林内的湍流运动更大，更加不利于近地层稳定大气层结的形成，不利于林内湿气的保存，有可能增加地表的蒸发量。

7.2.2　林带对有效辐射的影响

有效辐射是指下垫面辐射与下垫面吸收大气逆辐射之差。林地对地面长波辐射的影响很明显（贺庆棠，1998）。据劳舍尔（Lauscher）的研究，林缘位置有效辐射减少 50%，距林带 0.27H 位置有效辐射减少 36%，距林带 0.58H 位置有效辐射减少 23%，距林带 1H 位置有效辐射减少 12%，距林带 1.75H 位置有效辐射减少 5%。林带对地面有效辐射影响的范围不超过树高的 2 倍（表 7.2）。

表 7.2　距林带不同距离地面长波辐射的相对值

位置	0H	0.27H	0.58H	1H	1.75H	2.75H	旷野
有效辐射/%	0.50	0.64	0.77	0.88	0.95	0.98	1.00

7.2.3　林带对辐射平衡的影响

辐射平衡是指下垫面吸收太阳总辐射与下垫面有效辐射之差，是下垫面各种热量、动量、水分交换过程的主要能源。徐祝龄等（1988）通过对防护林的辐射平衡研究得出，晴天林带内的辐射平衡占总辐射的 59%，林外辐射平衡占总辐射的 55%，比林带内辐射平衡大 4%，说明林带有提高辐射平衡的作用。晴天辐射平衡无论林带内外均有明显的日变化，最大值出现在正午前后，最低值出现在傍晚 19：00~20：00。

7.2.4　"两行一带"固沙林对带间辐射的影响

1. 日平均辐射通量比较

选取林带规格 2 m×5m~25m（株距×行距~带间距），东西走向，树龄 23 年，平均株

高 14.2m 的典型"两行一带"式杨树固沙林（以下相同）为试验对象，以林带北侧林木下一端为原点，对距林带不同距离处相关气候因子进行观测分析。表 7.3 所示 6~7 月两点处辐射通量密度基本相等，带状固沙林对带间辐射通量影响较小，7 月后林冠遮荫对辐射通量的影响逐渐增加。结合林冠对带间遮荫范围的变化，6~7 月带间受遮荫影响小，距林带 6m 处大部分时间不处于遮荫状态，林冠截留的太阳辐射通量较少；7 月后，林冠遮荫范围随太阳高度角减小而逐渐增大，距林带 6m 处受冠层截留辐射作用越来越大。

表 7.3　距林带不同距离处的日平均辐射通量　　　　（单位：W/m²）

位置	6 月	7 月	8 月	9 月	平均
距林带 6m	188.94	207.73	135.12	67.41	149.80
距林带 12.5m	186.5	210.32	196.91	158.03	187.94
比值	1.01	0.99	0.69	0.43	0.80

2. 辐射日变化

如图 7.3 所示，对各月典型晴天的太阳辐射日动态变化过程分析可知，6~7 月，距林带 6m 及 12.5m 处辐射通量相差不大，此时，林冠遮荫对距林带 6m 外的辐射影响较小；8 月开始，距林带 6m 处的辐射通量在林冠遮荫的作用下逐渐小于距林带 12.5m 处辐射

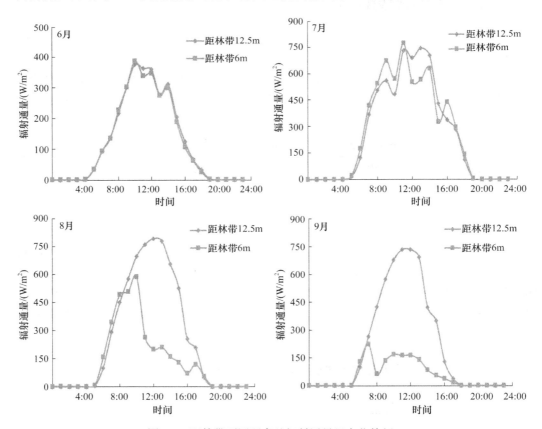

图 7.3　距林带不同距离处辐射通量日变化特征

通量，并随林冠遮荫胁地范围的增大而减少；9 月，距林带 6m 处林地基本处于林冠阴影区，辐射通量受遮荫影响较大，日平均辐射通量仅占带间 12.5m 处的 27.5%。

7.3　固沙林带对湍流交换的影响

防风固沙林带具有降低风速、削弱湍流交换系数的作用，对维持林带间的气候要素的稳定具有重要意义。林带对近地层湍流交换的影响见表 7.4（王忠林等，1995），在林带作用下，近地层（1.5m 以下）附近上、下气流交换削弱，林网内近地层平均湍流交换系数为 0.32m²/s，对照区为 0.46m²/s，相差 0.14，在防护林作用下，近地层湍流交换削弱了 30.43%。可以清楚地说明：在低覆盖度条件下，形成集群分布的行带式配置格局，其带间风速比同覆盖度随机分布的疏林低 40%~60%，因此，其削弱湍流交换系数会显著低于疏林，这对于干旱半干旱区降低地表蒸发、保持近底层相对高的大气湿度、减少生态用水方面意义重大。

表 7.4　林带对近地层湍流交换的影响

样地号	林网内湍流交换系数/（m²/s）	对照地湍流交换系数/（m²/s）	差值
1	0.55	0.45	+0.1
2	0.45	0.50	−0.05
3	0.22	0.46	−0.24
4	0.20	0.35	−0.15
5	0.33	0.48	−0.15
6	0.18	0.52	−0.34
平均值	0.32	0.46	−0.14

7.4　固沙林带对温度的影响

温度是生物生存最为重要的环境条件之一。植物的生长、发育要求有一定的温度条件，植物的生长和繁殖要在一定的温度范围内进行，在此温度范围的两端是最低和最高温度，低于最低温度或高于最高温度都会引起植物体死亡。温度对植物的影响基本可以从两个方面分析：直接影响和间接影响。直接影响表现为对植物新陈代谢的影响，如影响植物的光合、呼吸等活动；间接影响是指温度通过影响其他因素，间接影响植物的新陈代谢（钟阳和等，2009）。林木是变温的有机体，林木的生长与发育受周围环境温度的调控，同时，林木的形成过程也会对其周围环境温度产生影响。

7.4.1　林带对气温的影响

关于固沙林对气温的影响已有多位学者进行了研究，现将查阅所得资料总结归纳于表 7.5，从中认识林带影响气温的规律。

虽然植被类型、盖度、分布格局等因素不一致，但所得结果基本一致，一般认为，

表 7.5　防风固沙林对温度的影响

时间	植被状况	温度效应	温度振幅	研究者
7月中旬	二白杨+梭梭；覆盖度25%~60%及以上	林内气温较林外低，但不超过1℃		杨文斌（1989）
5~8月	樟子松；郁闭度0.9	林内较林外日平均气温降低1.4℃	林内最高气温与最低气温差值较林外低3.9℃	曹文生（1992）
1984年、1986年、1989年、1992年	樟子松；密度为860~1250株/hm²	12月至次年5月林内气温高于无林沙地；6~9月林内气温低于无林沙地；气温年平均差值0.2~1.4℃	林内全年最高气温与最低气温差值较林外低2.04℃	焦树仁（1994）
4~7月	杨柴、沙柳、柠条锦鸡儿、花棒、紫穗槐；盖度50%以上	炎热的夏季固沙林具有降温作用，但不超过1℃		周心澄等（1995）
2003年7月	沙地榆疏林	林内日平均气温较退化草地气温降低2~2.8℃	沙地榆疏林气温日变化较退化草地缓和，峰值低	张红霞（2004）
4~10月	防护林	春季防护林平均提高气温0.46℃，夏季降低气温0.34℃		高国雄（2007）
2008年	梭梭灌草带	灌草带内气温与植被盖度密切相关；林带240m处气温较对照点气温降低0.9~2℃		贾志清等（2008）
4~7月	沙柳、花棒、踏郎、紫穗槐、柠条锦鸡儿；盖度12%~72%	林内气温较林外气温降低0.27~0.88℃		周米京（2008）
夏季典型天气	小叶锦鸡儿	林内气温夏季较流动沙丘低3.7~4.9℃		贺山峰等（2013）

固沙林在冬、春季具有增温作用，夏季具有降温作用。固沙林对0.5~2m高度处气温的调节为0.1~5℃。固沙林对气温的影响比较复杂，它涉及很多因子，如植被类型、林带结构、天气类型、风力大小、湍流交换强度及下垫面状况等（贺庆棠，1998）。林带对温度的影响主要有两个方面，一方面是由于林冠对辐射的阻挡，到达地面的辐射能减少，对温度具有降低作用；另一方面认为，气流通过林带，受林带碰撞作用，原来大的涡旋碎裂成很多较小的涡旋，其中更小的涡旋的动能在黏性力的作用下转变成热能，使湍流系数低于林外，减弱了林带内的乱流交换，且地下部热量向上转移时，受到冠层阻滞，林带起到保温作用。夏季白天，林带对太阳辐射遮荫阻挡作用超过由湍流交换强度减弱所起到的保温作用；而冬、春季节或夜间，林带遮荫对辐射的影响很小，湍流交换减弱使林带内增温的效果逐渐大于林带遮荫降温作用。

7.4.2　低覆盖度"两行一带"固沙林对带间气温的影响

1. 日平均气温比较

对带间距为25m宽的杨树固沙林的气温日平均值测试结果见表7.6，带间12.5m处与带间19m处各月气温相差不大，平均气温相等；带间12.5m处各月气温略高于带间6m处，平均气温相差0.3℃。带间6m处距林带阴面最近，受林冠遮荫影响最大，其气温也最小，固沙林对带间气温影响较小，各月份不超过0.5℃。

月份	No.1	No.2	No.3	（No.2−No.1）	（No.2−No.3）
6 月	19.6	19.8	19.8	0.2	0.0
7 月	23.3	23.6	23.6	0.3	0.0
8 月	21.9	22.3	22.4	0.4	−0.1
9 月	14.3	14.6	14.8	0.3	−0.2
平均值	19.8	20.1	20.1	0.3	0

表 7.6　距林带不同距离处日平均气温比较　　　　　（单位：℃）

注：No.1 为距林带 6m；No.2 为距林带 12.5m；No.3 为距林带 19m；下同

2. 气温差值比较

以带间 12.5m（带间中点）为参照点，与相同时段带间 6m 及带间 19m 处气温进行比较，结果见图 7.4，三者夜间气温基本无差异，林带内热力分布较均匀，热力乱流较弱，三者间气温差异主要发生在白天；6 月、7 月带间 12.5m 及带间 19m 处气温差值很小，两者气温基本相同，受林带影响较小，从 8 月开始，随着林带遮荫范围扩大，带间 12.5m 受遮荫影响越来越大，带间 12.5m 处气温与带间 19m 处气温差值变大，并以 9 月达到最大值 1.2℃；带间 12.5m 与带间 6m 气温差值以 6 月最小，随遮荫范围的扩大，带间 6m 受遮荫影响越来越大，两者气温差值变大，并于 8 月达到最大值 1.8℃，9 月，遮荫范围进一步扩大至带间 12.5m，使其受遮荫影响越来越大，此时带间 12.5m 处与带间 6m 处气温差值较 8 月变小。

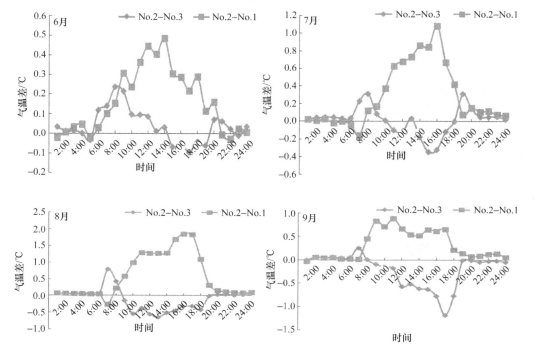

图 7.4　气温差值日变化过程

7.4.3 林带对土壤温度的影响

林带对地温的影响比气温明显，主要取决于太阳辐射、风速及乱流交换等因子。据王忠林等（1995）研究结果表明（表 7.7），林带对土壤温度的影响与气温基本相似。春季具有提高土壤温度的作用，平均增高 1.01℃；夏季降低土壤温度，平均降低 0.2℃。

表 7.7　林带对土壤温度的影响

季节	0~25cm 土层与对照土温差值/℃						
	0cm	5cm	10cm	15cm	20cm	25cm	平均
春季（4 月）	+0.35	+1.06	+1.28	+1.04	+1.16	+1.14	+1.01
夏季（7 月）	−0.33	−0.56	+0.15	−0.03	−0.13	−0.28	−0.20
平均	+0.01	+0.25	+0.72	+0.51	+0.52	+0.43	−0.41

朱廷跃等[①]于 9 月底对疏透林带 $2.5H$ 范围内地表温度的观测表明，林带提高了林缘附近的最低温度，早晨 5：00，向阳面和背阴面的地表温度均比旷野高 1~3℃；中午，林带提高了向阳面的地表最高温度，而降低了背阴面的地表最高温度。

7.5　固沙林带对空气湿度及蒸发潜力的影响

水分是影响植物生长发育的重要环境因子，特别是我国干旱半干旱地区，水分已成为植被建设的关键因子。低覆盖度行带式固沙林蒸腾耗水较传统固沙林低，且固沙植被的形成能减少林带内的空气及土壤水分的损失，具有保湿作用。这种分布格局的固沙林在维持地区水分平衡的同时，增加带间空气湿度，降低地表蒸发，对带间植被的恢复具有重要作用。

7.5.1 林带对大气湿度的影响

由于林带内风速降低和湍流交换的减弱，水汽不易扩散，加之植物蒸腾和土壤水分蒸发作用，逗留在空气中的水汽增多，因此，林带内空气湿度比旷野高些。据大量观测结果表明，林网内可以提高相对湿度 2%~10%。如果出现干热风时，林带的作用更明显。据新疆林业科学院曾对一次干热风进行的观测，结果显示，干热风发生 3h 后，旷野的相对湿度大幅度下降，在 0.8m 和 1.5m 高度上降低了 53%和 49%；而在背风面 1~10H，在 0.8m 高度上只降低了 3%~4%，在 1.5m 高度上降低了 26%~40%，说明林带改变了干热风的性质，对灾害天气起到防御作用。

7.5.2 林带对蒸发力的影响

蒸发潜力受大气温度、相对湿度及风速等气象因子的影响，与大气温度和风速呈正相关，与相对湿度呈负相关。固沙林带改变了林地内空气温湿度，削弱了湍流交换运动，从而改变带间蒸发力。

---

① 见 1981 年的《中国科学院林业土壤研究所集刊》第五卷的 29~45 页。

在林带背风面湍流交换减弱，植物蒸腾和土壤蒸发大大减小。杨文斌（1989）对盖度 50%以上固沙林蒸发力的研究表明，固沙林能有效减小蒸发力达 30%~70%。据华南地区的观测，小网格林带的蒸发力比林外少 22%，大网格林带的蒸发力平均比旷野少 12%。表 7.8 所示为辽宁省林业科学研究所对防护林蒸发的观测（贺庆棠，1998），透风结构林带背风面 25H 距离内平均减少 18%，不透风结构林带只减少了 10%；带间蒸发能力与距林带距离有关，在离开林带不同距离处不相同，如透风结构背风面 4m 减少了 30.4%，10H 处减少了 20.3%，距林带距离越远，蒸发力受林带影响越小。

表 7.8　林带前后相对蒸发力的比较　　　　　（单位：%）

林带结构	迎风面		背风面					
	25H	4m	4m	5H	10H	15H	20H	25H
透风林带	100	61.6	69.6	70.3	79.7	91.3	91.0	91.3
不透风林带	100	95.2	81.7	79.3	86.5	96.8	99.2	102.3

7.5.3　"两行一带"固沙林对带间相对湿度的影响

1. 相对湿度日平均值比较

如表 7.9 所示，各月带间相对湿度以 6m 处最大，以 19m 最小，带间 12.5m、19m 处相对湿度较带间 6m 处平均值分别小 0.6%和 2.0%。带间 6m 处距林带阴面最近，受林冠遮荫影响最大，气温最小，相对湿度最大。

表 7.9　距林带不同距离处日平均相对湿度比较　　　　　（单位：%）

月份	No.1	No.2	No.3	（No.2–No.1）	（No.2–No.3）
6	63.9	63.7	63.0	−0.2	0.7
7	75.0	74.5	72.8	−0.5	1.7
8	75.1	74.2	72.5	−0.9	1.7
9	62.8	61.8	60.3	−1.0	1.5
平均值	69.2	68.6	67.2	0.6	1.4

2. 相对湿度差值

如图 7.5 所示，带间空气湿度差异较气温差异复杂，说明林带内相对湿度除受林带遮荫影响外，还与其他因素相关。夜间相对湿度以带间 12.5m 处最大，带间 19m 处最小；6~8 月，带间空气湿度差值与气温差值变化相反，气温越高，相对湿度越小，三者间空气湿度差异主要发生在白天；以带间 6m 处相对湿度最大，带间 19m 处相对湿度最小，6 月三者间相对湿度差值很小，受林带遮荫影响较小，7 月，随林带遮荫范围扩大，带间 12.5m 受遮荫影响越来越大，带间 12.5m 处相对湿度与带间 6m 处和带间 19m 处差值变大；9 月，两条差值曲线变化趋势相同，5：00~14：00，带间相对湿度以带间 6m 处最大，12.5m 处最小，随太阳高度角的升高，辐射增强，差值逐渐变小，且带间 12.5m 处与带间 19m 处差值变化最快；14：00~17：00，带间相对湿度以 12.5m 处最大，19m 处最小，且差值逐渐增加，这种现象的出现可能与空气中水分在枝叶上形成的凝结水有关，9月夜间至清晨气温较低，水汽在枝叶凝结形成水珠，导致距林带近处相对湿度小于带间中点，日出后，由于水珠的蒸发，靠近林带附近空气相对湿度迅速升高，于6：00左右达到最大值，随枝叶上凝结水的消耗，三者间的湿度差值逐渐缩小，林冠遮荫对湿度的影响越来越大。

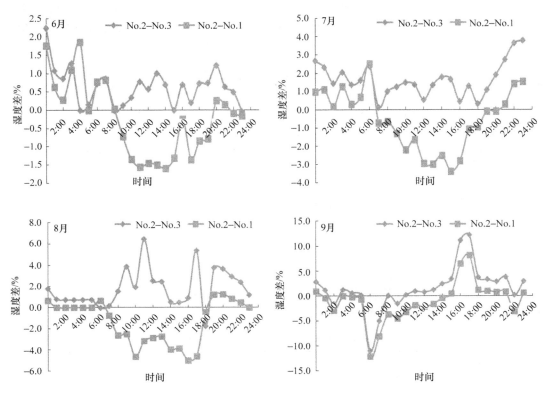

图 7.5　相对湿度差值日变化过程

7.5.4　"两行一带"固沙林对带间蒸发力的影响

1. 日平均蒸发力的比较

如图 7.6 所示，带间 12.5m、17.5m 及 22.5m 处蒸发量最大，日均蒸发量约 1.5mm，带间 2.5m 及 27.5m（处于林内）处最小，日均蒸发量约 0.8mm。通过与气象因子相关性分析得出：在 0.01 水平上，蒸发与空气温度、相对湿度及风速均显著相关，其中与气温相关性最大（$r=0.718$），与相对湿度负相关（-0.618），与风速相关性最小（$r=0.441$）。带间蒸发受空气温湿度影响最大。在典型辐射天，受林带遮荫影响，带间 2.5m 及 27.5m 处蒸发能力比带间 12.5~22.5m 处减少了 46.7%。

2. 蒸发日动态变化

由图 7.7 可以看出，水面蒸发随时间先升后减，在 12：00~14：00 达到最大值；6月，水面蒸发以距林带 12.5m 处为最多，其次依次为距林带 7.5m、17.5m、22.5m 处，距林带 27.5m

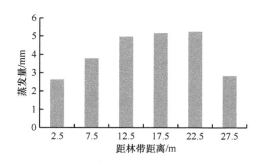

图 7.6　距离林带不同距离处日均蒸发量比较

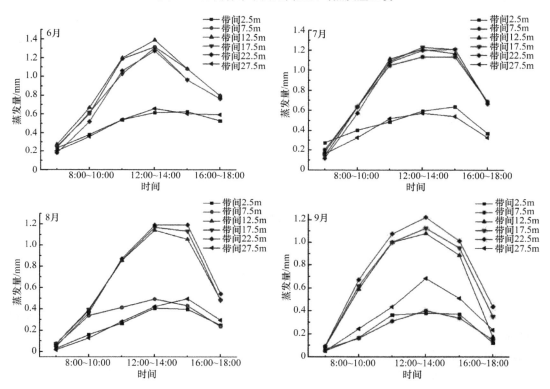

图 7.7　距林带不同距离处蒸发力日变化特征

和 2.5m 处蒸发最少；7 月，水面蒸发最高点向北转移至距林带 17.5m 处，其次依次为距林带 12.5m、17.5m、2.5m，距林带 2.5m 和 27.5m 处蒸发最少；8 月，水面蒸发最多点继续向北转移至距林带间 22.5m 处，其次依次为距林带间 17.5m、12.5m、7.5m，距林带 2.5m 和 27.5m 处蒸发最少；9 月，水面蒸发仍以距林带 22.5m 处为最多，其次依次为距林带 17.5m、12.5m，距林带 27.5m 与 7.5m、2.5m 处蒸发较弱。观测期间，带间蒸发最高点随林带遮荫距离的扩大有明显向北移动的趋势，其变化规律与带间热力场中心点变化相同。

7.6　固沙林带其他环境效应

行带式林带具有逐渐改善带间小气候效应的作用，此外，还能影响降水的再分配过程,改变降水的时空分布格局。降水是我国干旱沙区水分的主要来源,在无灌溉条件下,开展治沙造林,建立防风固沙林,降水是唯一的补充源泉。固沙植被对降水的再分配,关系到造林地获得的有效水分及水分损失,对林地的水分平衡和植被恢复有重要的意义。

7.6.1 "两行一带"固沙林对带间降雨的影响

降雨是沙区水分的主要来源。到达林冠层的降雨量,由于林冠截留作用,改变了林下降雨的空间分布。林冠截留增加降雨的无效损耗,加剧了造林区的水分亏缺,对植被的生长不利。图 7.8 为"两行一带"式固沙林的林下降雨,林下降雨穿透率约为 60%,截留率为 40%左右;距带间 4m 处林下降雨穿透率接近 90%,截留率仅占 10%左右;距带间 8m 外,林冠对林下降雨影响较小,基本不截留;随着距林带距离逐渐加大,林冠对降雨的截留影响也逐渐变小。林带内降雨量约为林外降雨量的 84%,截留率为 16%。

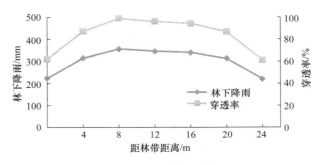

图 7.8 距林带不同距离处降雨分配特征

7.6.2 "两行一带"固沙林对降雪的影响

降雪是沙区水分的重要补充,此外还能增加地表覆盖,减轻风蚀,提高土壤温度和减少冻结深度。林带能防止冬季积雪的吹蚀,同时还能截留住一部分吹雪。所以,在比较透风的林带的背风面一般总是积雪较深,且较均匀。图 7.9 为 3 种林带结构林带内的积雪厚度,其中透风林带距林缘积雪较多,随距林带距离的增大,积雪厚度呈指数减少;中等结构林带内积雪厚度比较均匀;紧密结构林带内积雪厚度开始分布较均匀,从距林带 6H 处逐渐增大,在 12H 处达到峰值(范志平等,2004)。

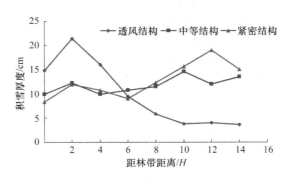

图 7.9 不同林带结构带内积雪分布特征

与天然分布的疏林比较，低覆盖度行带式防风固沙体系是一种集群分布格局，更符合"林"的特征；与随机分布相比，其带间风速流场变化有一定规律性（杨文斌等，2011），更能有效地降低风速，削弱林带内动力因素引起的湍流交换；而林冠的遮盖作用，具有降低水蒸气向空中扩散的速度，从而保持相对稳定的湿度环境（林永标等，2003；王海峰等，2008）。此外，与随机分布疏林冠层形成的破碎化斑点状遮荫相比，低覆盖度行带式固沙林冠层形成的连片的遮荫面积，遮荫的效果更加显著，能有效减少阴影区的蒸散量，因此，低覆盖度行带式固沙林能够形成良好的小气候环境，其带间蒸发量减少，近底层湿度高等，这都是小气候优良后导致水分利用效果显著优于同覆盖度随机分布疏林。

参 考 文 献

曹文生.1992. 章古台固沙林小气候效益的研究. 辽宁林业科技，（3）：52-54.

范志平，曾德慧，陈伏生，等.2004. 东北地区农田防护林结构对林网内积雪分布格局的影响. 应用生态学报，15（2）：181-185.

方斌，朱清科，李文华，等.2008. 林木个体影响林下太阳辐射分布的动态仿真. 西北农林科技大学学报，36（6）：113-118.

高国雄.2007. 毛乌素沙地东南缘人工植被结构与生态功能研究. 北京：北京林业大学博士学位论文.

贺康宁，张学培，赵云杰，等.1998. 晋西黄土残塬沟壑区防护林热收支特性及蒸散研究. 北京林业大学学报，20（6）：7-13.

贺庆棠.1998. 气象学（修订版）. 北京：中国林业出版社.

贺山峰，邱兰兰，蒋德明，等.2013. 科尔沁沙地人工小叶锦鸡儿群落小气候效应研究. 水土保持研究，20（4）：145-148.

贾志清，吉小敏，宁虎森，等.2008. 人工梭梭林的生态功能评价. 水土保持通报，28（4）：66-69.

焦树仁.1994. 章古台固沙造林水热效应的分析. 防护林科技，（3）：18-21.

林永标，申卫军，彭少麟，等.2003. 南亚热带鹤山三种人工林小气候效应对比. 生态学报，23（8）：1657-1666.

麻保林，漆建忠.1994. 几种灌木固沙林的效益研究. 水土保持通报，14（7）：22-28.

宋兆民，陈建业，杨立文，等.1981. 河北省深县农田林网防护效应的研究. 林业科学，（1）：8-18.

王海峰，雷加强，李生宇，等.2008. 塔里木沙漠公路防护林的温度和湿度效应研究. 科学通报，53（增刊Ⅱ）：33-42.

王忠林，李广毅，廖超英，等.1995. 毛乌素沙地农田防护林效益研究. 水土保持研究，2（2）：128-135.

徐祝龄，周厚德，郑曼曼，等.1988. 农田防护林辐射平衡的研究. 北京农业大学学报，14（2）：185-193.

闫文德，田大伦.2006. 樟树人工林小气候特征研究. 西北林学院学报，21（2）：30-34.

杨文斌，董慧龙，卢琦，等.2011. 低覆盖度固沙林的乔木分布格局与防风效果. 生态学报，31（17）：5000-5008.

杨文斌.1989. 临泽北部乔灌结合固沙林的生态效益和经济效益评价. 生态学杂志，8（6）：27-30.

张红霞.2004. 浑善达克沙地榆疏林生态效益初探. 呼和浩特：内蒙古农业大学硕士学位论文.

张小全，徐德应，赵茂盛.1999. 林冠结构、辐射传输与冠层光合作用研究综述. 林业科学研究，12（4）：411-421.

中国科学院紫金山天文台.2013. 2014 年中国天文年历. 北京：科学出版社.

钟阳和，施生锦，黄彬香.2009. 农业小气候学. 北京：气象出版社.

周米京.2008. 榆林沙地人工灌木固沙林生态效益研究. 杨凌：西北农林科技大学硕士学位论文.

周心澄，高国雄，张龙生.1995. 国内外关于防护林体系效益研究动态综述. 水土保持研究，2（2）：79-84.

第8章 低覆盖度防风固沙体系效果与典型模式设计

低覆盖度（15%~25%）防风固沙体系既符合自然林业的发展思路，又符合水量平衡原理的防风固沙体系，既能够完全固定流沙、减少生态用水、促进带间植被土壤修复、提高生物生产力，又能够确保植被长期稳定，渡过 20 年一遇的极端干旱年份。对单风向地区采取低覆盖度行带式分布格局和多风向或变风向地区采用低覆盖度网格布局或环形布局等，其类似生物沙障范畴，其中行带式格局能够形成良好的乔、灌混交结构和林、草垂直片层结构，稳定性显著增加，所以，低覆盖度固沙林又是一种长寿命的生物沙障，能够长久固碳、提高生物生产力，当人工固沙林"寿终正寝"后，人工植被已向自然修复植被稳定过渡。本章在总结前几章低覆盖度防风固沙体系的生态效益，分析其经济效益及社会效益的同时，对低覆盖度防风固沙体系的树种选择、植被配置模式等进行详细阐述，提出了低覆盖度防风固沙体系的设计原则及不同生物气候区典型模式设计（以低覆盖度行带式、低覆盖度网格式为主），最后简要说明了低覆盖度固沙林造林技术、抚育管理技术。目的是为在不同生物气候区营造低覆盖度防风固沙体系提供范例和参考。

8.1 低覆盖度防风固沙体系效果分析

低覆盖度防风固沙体系最基本的效果就是完全固定流沙，防治风沙危害，促进带间植被、土壤修复，具有优越的生态水文效益及固有的水分利用优势，能够确保防风固沙体系长期稳定、可持续发展，同时，明显减少生态用水量，在干旱半干旱区具有巨大的推广潜力。其行带式固沙林能够充分发挥边行生长优势，提高林木生长量。在造林成本方面，营造低覆盖度固沙林可以显著降低造林成本，带来了巨大的经济效益。低覆盖度固沙体系深受地方林业部门及参与治沙企业的欢迎，带动了企业、农牧民参与固沙，具有很好的社会效益。

8.1.1 生态效益分析

1. 防风固沙效益

干旱半干旱区长期的自然演替逐渐发育成与当地气候、土壤、地貌、水文等条件相适应的天然疏林，一般覆盖度低于 25%，然而，天然分布的疏林不能够完全固定流沙，容易产生风蚀现象。天然分布的疏林是符合水量平衡原理的，能够长期稳定发展。那么，与天然疏林覆盖度基本相同的固沙林是否能够通过改变其分布格局达到完全固定流沙的目的？通过研究发现，当乔、灌木固沙林覆盖度为 15%~25%时，植株的水平分布格局（或者称为配置形式）严重制约固沙林的防风固沙效果，其中，行带式（网格式）格局防风固沙效果最佳，能够完全固定流沙，等株均匀分布格局次之，随机分布格局（天然疏林结构）最差，后两者不能完成流沙的固定。也就是说，低覆盖度的天然疏林不能够完全固定流沙，而低覆盖度行带式（网格式）分布格局的固沙林能够完全固定流沙，其原理是消除了在树冠与地面之间形成的类似狭管的流场效应，消除了其局部加剧风速的作用（杨文斌等，2006a，2007a，2008，2011；杨红艳等，2008；董慧龙等，2009；梁海荣等，2010；王晶莹等，2009）。

　　例如，①半干旱区天然分布的柠条锦鸡儿林 40~60 株/亩，由于呈单株散状分布，防风能力差，地面仍有风蚀痕迹，覆盖度20%左右；而基本相同密度的柠条锦鸡儿林，人工配置成 1m×15m，44 株/亩，覆盖度18%，形成行带式人工固沙林，固沙林内平均风速比天然分布的显著降低，其中，在 200cm 平均降低 35.6%，在 50cm 平均降低 47.8%，在 20cm 平均降低 58.3%；而且，风速越大降低风速效果越显著，基本防止了地表风蚀；而且，没有观测到林内风速大于旷野对照风速的现象，而随机分布的疏林内风速大于旷野对照风速的现象非常普遍，平均有 41.3%的观测值超过旷野对照风速；行带式柠条锦鸡儿林内平均地表粗糙度分析为 11.45~11.92，而随机分布的疏林内平均地表粗糙度分析仅有 0.09~1.82。②浑善达克沙地天然分布的榆树疏林（40 株/亩）出现了很多风蚀坑，基本相同的覆盖度（15%~25%）配置成（20 株/亩）两行一带式（3m×5m~20m）固沙林，造林 5~7 年后，完全防止了带内地表的风蚀，带间能够恢复良好的草被。③天然沙蒿植被，覆盖度为 20%~25%，沙地处于半流动状态，在相对集中的灌丛后出现风影区，风速显著降低，而在灌丛两侧的空旷区，则有比较显著的风速抬升现象，出现大于对照风速的概率为 38.4%，这说明约有 38.4%的观测结果超过旷野对照风速；而基本相同覆盖度（20%）的沙蒿人工配置成行带式（0.5m×6m），栽植 2~3 年后，已形成凹月形沙面，基本稳定，没有风蚀现象。

2. 生态水文效益

　　水分是沙区植被建设极为重要的生态限制因素。因此，在营造防风固沙林时不能只考虑防风固沙效益，还应考虑与当地自然条件相适宜，在自然条件较差、特别是水分条件较差的地区，必须考虑林分水量平衡这个关键因素，对于降雨量特别少的干旱区，水分是非常宝贵的，在确保生态安全的前提下，尽量减少生态用水，把有限的水分用于经济效益更高的工农业生产中，确保生态与经济的良性发展是生态建设的重要总则。高覆盖度（>40%）固沙林在造林 10~20 年后普遍出现大面积衰败死亡现象，而低覆盖度行带式固沙林与当地自然形成的疏林覆盖度基本相同，能够维持水量平衡，保证植被长期稳定。同时，低覆盖度行带式固沙林增加了降水对土壤水的补给，提高了水分利用效率，增加了深层土壤水分的补给量，降低了无效用水，改变了林内小气候，在干旱区减少了生态用水，具有显著的生态水文效益。行带式配置格局的固沙林比同覆盖度其他格局提高降水入渗量 5%~10%，减少蒸发量 15%~18%，提高水分利用效率 11%~18%。其原理主要是行带式固沙林冠层的遮荫作用，减少了地表蒸发；带间存在水分主要利用带和水分渗漏补给带，增加了降雨入渗，提高了水分利用效率；同时，水分渗漏补给带保证了降水对深层土壤水分的补给作用，在干旱年份，水分渗漏补给带能够补给水分主要利用带，保证固沙林对水分的需求，确保了固沙林顺利度过干旱年份，这也是低覆盖度行带式固沙林能够抵御 20 年一遇极端干旱年份的水分补给机理。

　　毛乌素沙地不同覆盖度油蒿群落土壤水分含量的长期定位监测表明，随着固沙植被密度的增加，水分深层渗漏量将逐渐减少，不同覆盖度下沙地土壤水分动态规律及分布特征见图 8.1；通过计算得出流动沙丘渗漏量为 120~160mm/a，覆盖度 10%~15%时为 100~120mm/a，覆盖度 30%~40%时为 20~40mm/a，覆盖度>60%时接近于零。可以看出，覆盖度大于 40%时，基本没有降雨可以渗透到深层土壤中，这样就形成土壤水与深层土壤母质中的水或地下水不通透，类似人们所说的"地气不通"，这也是导致固沙林衰退死亡的原因之一。而低覆盖度行带式（15%~25%）格局能确保有 10%~20%的降水渗漏补给（水分渗漏补给带）深层土壤母质或地下水，保证了地气的通透性，这是保证固沙林持续稳定发展的关键，确保了固沙林渡过极端干旱年份的水分"卡脖子"现象，这也是抵御 20 年一遇干旱年份的机理之一。

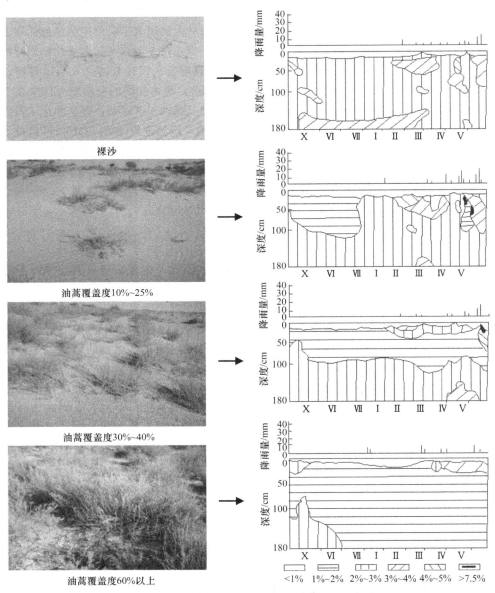

图 8.1　毛乌素沙地不同盖度油蒿群落水分动态特征

图中罗马数字代表月份

低覆盖度行带式（3m×5m×25m）赤峰杨固沙林各部位降雨量均与林外（对照）有显著差异，行间、株间、渗漏补给带 7.5m 处、两个水分利用带平均截留率分别为 33.4%、33.6%、11.3%、17.1%、22.3%；均匀分布林内平均截留率为 38.67%，行带式远低于均匀分布。同时，行带式固沙林随季节变化，太阳高度角逐日降低，地表接受的太阳辐射能减少，且带间受遮荫影响越来越大，带间蒸发量逐渐减小，以 6 月带间蒸发力最大，9月最小。

低覆盖度行带式固沙林随着距林带距离的增加，土壤水分含量表现出逐渐升高的趋势，在带间达到最高值，也就是带间（水分渗漏补给带）土壤水分含量高于两侧（水分主要利用带），这反映出行带式配置下林木对土壤水分空间格局强大的调控效应，带间水分渗漏补给带的高水分含量，更加有利于水分渗漏补给深层土壤水或地下水。这种土壤水分空间格局的调控作用是低覆盖度行带式格局最重要的生态水文效益（杨文斌和王晶莹，2004）。

综合分析，低覆盖度固沙林能够减少降水截留量、增加土壤水分入渗、减少土壤蒸发消耗、增加水分深层渗漏量，能够改良土壤水分物理性质，比高密度固沙林更具有良好的生态水文效益。低覆盖度行带式配置格局比等株行距、随机分布在水分利用与消耗中具有明显的水分主要利用带、渗漏补给带，能够在丰水年蓄存更多的水量，保证固沙林在极端干旱年水分的供应，渡过干旱年份。

3. 土壤植被修复效益

采用植被与土壤相结合的模糊综合评价指数分析表明：对于半干旱区的固沙林，在优化的带间距范围内，20 年后，植被和土壤与地带性原生植被和土壤的相似性分别达到：灌木为 50%~60%、阔叶乔木为 45%~54%、针叶乔木为 60%~68%。其修复的意义是：采用低覆盖度固沙技术，大约 20 年后，可以促进带间植被和土壤的恢复程度，达到地带性植被和土壤的一半（或者说是 50%）。低覆盖度行带式固沙林能够明显促进带间植被恢复与土壤发育，与同覆盖度其他格局相比修复速度提高 2~5 倍。带间距离的宽窄程度影响土壤发育及植被恢复效果，随带宽的增加对土壤粉粒与黏粒形成的促进作用显著增大；土壤容重显著降低，土壤含水量显著升高；土壤养分含量随带间距的增加而增大；pH 随带宽的增加更接近地带性土壤。土壤微生物数量总量随带间距的增大而增加，其中细菌是土壤微生物的主要组成部分（姜丽娜等，2009，2011a，2012；郭建英等，2011；杨文斌等，2012）。

低覆盖度行带式固沙林随带间距增加，植被物种组成逐渐复杂，数量逐渐增加，物种重要值变化明显，植被科、属组成发生显著变化，多年生植物逐渐增加；植被多样性各指数与生物量显著增加，行带式固沙林与对照样地的相似性系数逐渐变大，逐渐发育成原生植被（图 8.2），带间距不适宜将影响带间侵入植物的着生及生长发育。例如，柠条锦鸡儿林、草界面边缘效应影响域为 0~14m，柠条锦鸡儿林带配置的优化带间距为12~28m；杨树林、草界面边缘效应影响域为 0~18m，杨树林带配置的优化带间距为20~36m；樟子松林、草界面边缘效应影响域为 0~20m，樟子松林带配置的优化带间距为16~40m，过宽或过窄都不利于低覆盖度行带式固沙林的带间植被恢复效果。

例如，杨树低覆盖度行带式（带距 26~36m）固沙林造林 50 年后，带间出现了良好的草本植被，地上部生物量达 132~186kg/亩（对照的地带性草本植被生物量为 163kg/亩），

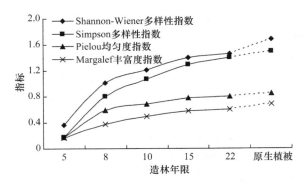

图 8.2　带宽为 20m 的低覆盖度行带式固沙林带间植被修复状况

表层形成有机质含量高，土壤已经开始发育，直到固沙植被达到生理寿命衰亡后，形成了良好的植被与土壤，草本植被已完全固定流沙，向地带性植被方向发展。柠条锦鸡儿低覆盖度行带式（带距 18m）造林 2 年后，带间植被以一年生草本植被为主，6 年后多年生草本植被上升，20 年后以地带性多年生草本为主，与地带性植被相似性为 60%~70%。

从典型沙化草地不同密度榆树林地上生物量比较（图 8.3）可以看出，随着密度的降低，地上生物量呈增加趋势，人工林密度为 210 株/hm²、100 株/hm² 的榆树林木材量、叶量、草量与其他密度相比最大；在低覆盖度时，行带式格局形成一个非常明显的界面，与单株零星分布的随机格局比较，界面带来的生物生产优势非常明显，测试表明：相比同覆盖度的随机格局的疏林，行带式固沙林的生物生产力平均提高 8%~30%，其中，幼龄林阶段增产不明显，成林后增产效果非常明显，生物生产力的增加更加显著，并确保林木正常稳定地完成生命周期（王玉魁等，2010）。

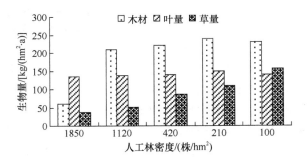

图 8.3　沙化草地不同密度榆树林分地上生物量比较

张瑞麟（2007）应用春、秋两季所采黄柳苗条，采用不同的插条长度、栽植密度、设置规格和设置季节，在浑善达克沙地沙丘不同部位，设置黄柳活沙障 6 年后，流动沙地固定，障内植被得以较好地恢复，植物种类明显增多，多年生草本和灌木，植物科、属数量都明显增加。障内地表 0~5cm 表土层的颗粒组成相对于流沙发生了一定的变化，粗沙（0.25~1mm）含量有所降低，细沙（0.05~0.25mm）含量上升，粉粒（0.005~0.05mm）和黏粒（<0.005mm）的含量虽然有所升高，但变化不大。几类沙障内表层土壤有机质含量相对于流沙都有所提高。在科尔沁沙地敖汉旗境内选择 1998 年秋季至 2002 年秋季在流动沙丘迎风坡建植的网格为 4m×4m 的黄柳和杨柴活沙障，以空间序列代替时间序列方法设置 5 个样地，进行植被、根系调查（李泽江，2007），结果表明：黄柳和杨柴的地上

生物量、盖度在生长第 3~5 年逐年增加，而第 6 年有所下降，反映出 4m×4m 的配置密度太大，在 6 年后就开始出现衰败现象。如果按照低覆盖度的原理，在造林后 6~10 年的时间，黄柳和杨柴的固沙林的植物群落物种丰富度、地上生物量、盖度应该是逐年增加，物种科、属组成趋于多样化。史小栋等（2008）对行距 5m 和 8m 黄柳沙障基部处和远离基部 2m 处（对照样）结皮理化性质进行了研究，结果表明，沙障基部处土壤的 pH 呈碱性，对照样土壤的 pH 呈酸性；两种不同行距黄柳沙障之间的 pH 无显著差异；行距 5m 和 8m 黄柳沙障基部处的有机质、全 N 和全 P 含量均大于对照样地。而对于速效养分，行距 5m 和 8m 黄柳沙障基部处速效 P 含量都大于对照样地，而行距 5m 和 8m 的黄柳（固沙林）沙障对照样地速效 N 含量则大于基部处，并且行距 8m 的黄柳（固沙林）沙障基部处和对照样地速效 N 和速效 P 含量均大于行距 5m 的黄柳（固沙林）沙障，同样反映出 5m 的带间距不如 8m 的带间距更加有利于带间植物的修复和微生物的发育，因此，进一步证明作者确定的优化带间距为 8~16m 是合理的。黄柳（固沙林）沙障下结皮的形成是一个以砂粒为骨架，以小于 0.02mm 的细小颗粒填塞土壤孔隙的物理过程。以上结果也说明了低覆盖度网格式设置具有良好的改良土壤和恢复植被的作用。

8.1.2　经济效益分析

低覆盖度行带式固沙林降低了造林成本，其中包括苗木用量、整地、人工、运输、用水量、灌溉设备等。平均来说，与目前的造林规程相比，苗木用量减少 50%~70%，造林用工量降低 30%~50%。

例如，①干旱区乌兰布和沙漠的低覆盖度行带式梭梭固沙林（1m×10m），与常规（2m×3m）造林相比，苗木用量节省 44 株/亩（约 40%），造林用工量、灌溉设施费、生态用水量等均节省 40%以上，造林费用每亩节省 1500 元以上。同时，低覆盖度行带式固沙林具有良好的生长优势，生物生产力提高，造林 10 年后枝条生物量（55kg/亩）增加约 11%，叶量（18kg/亩）增加约 16%，带间恢复草本生物量（26kg/亩）增加 10%；增加经济效益约 200 元/亩。②半干旱区 3 年生杨树（每株 30 元）常规造林（2m×3m，110株/亩）与低覆盖度行带式造林相比（行距 2m×株距 4m×带距 20m，30 株/亩），仅苗木费就节省 2400 元/亩，同时加上人工、运输等费用每亩至少节省 3000 元。提高了资金使用效率，降低了成本，带来了巨大的经济效益。同时，造林 13 年后，木材[9.6m³/（13a/亩）]增产 16%，枝量[468kg/（13a/亩）增加 19%，叶量[27kg/（13a/亩）]增加 23%，带间恢复草本生物量（46kg/亩）增加 12%；增加经济效益约 500 元/亩。

低覆盖度固沙林具有显著的节水效益，与目前在干旱区绿洲广泛的阻沙林带相比，在确保完全固定流沙等生态目标后，蒸腾耗水量降低 40%~60%，特别是用于我国生态用水量严重不足的干旱区绿洲（如额济纳、民勤、敦煌等），无论是采用滴灌、沟灌或者是依靠较高地下水位的渗灌，营造低覆盖度阻沙林带和固沙林等，节水效果更加显著；低覆盖度固沙体系的综合造林成本降低 40%~60%。与同覆盖度的其他配置格局相比生物生产力提高 8%~30%，避免了中幼龄林的衰退死亡，固沙林生长良好，地上生物量显著增加，带间草本植被恢复加快，带来了良好的经济效益。行带式配置 2m×5 m ~25m、3m×5 m~15m、2m×5 m ~10m、3m×5m~8m（株距×行距~带间距）和均匀配置 3m×5m 模式下的赤峰杨固沙林，胸径数量成熟龄分别为 9 年、8 年、20 年、17 年和 25 年，树高数量成熟龄分别为 9 年、8 年、23 年、16 年和 15 年，材积的数量成熟龄分别为 9 年、10 年、18 年、19 年和 25 年。胸径、树高和材积数量成熟龄随带间距的增大而减少；达最大平均生长量和最大连年生长量的年龄随带间距的增加而减小，而其值却随带间距的增加而增大。低覆盖度行带式固沙林能够更早成熟，起到防风固沙效益，减少风沙危害及财产损失（杨文斌等，2005，2007b；吴雪琼等，2014）。

低覆盖度行带式固沙林可以形成良好的林带间草地，可以供农牧民在适宜的季节放牧。特别是在水分条件较好的半干旱区，带间草本等地带性植被恢复速度加快，在夏季时可进行适当的放牧，解决牧民一部分牧草需求，带来一定的经济效益和社会效益。

低覆盖度行带式固沙林带间距适宜，土壤植被将恢复良好，行带式固沙林优越的生态水文效益使得带间土壤水分条件更加优越，可以间种农作物等，在一定程度上增加了沙区农牧民收入，给当地经济发展带来更好的促进作用。

同时，低覆盖度行带式固沙林每行林地都处于边行，边行效益得以充分发挥，也避免了中幼龄人工林的衰败死亡现象，固沙林能够可持续发展，发挥防风固沙效益，减少了风沙危害带来的经济损失，以及再次固沙造林的投资成本。总之，低覆盖度行带式固沙林能够抵御 20 年一遇的极端干旱年份，消除了水分亏缺带来的年度及季节衰退效益。

8.1.3　社会效益分析

低覆盖度防风固沙体系建设的社会效益主要体现在固沙林建设后对当地社会经济的贡献，主要表现为就业效果、扶贫效果、发展生产力效果等，建设固沙林后吸纳了许多农村劳动力和改善了沙区群众生活条件。随着经济社会的发展，节能减排、节约用水、提高生态系统服务功能等方面显得尤为重要。以往固沙林建设密度过大，仅考虑了流沙的固定，并没有充分考虑到水资源的供应及固沙林的可持续发展，而低覆盖度固沙林不但能够完全固定流沙，又能够维持固沙林长期稳定发展，打破了以往人们对固定流沙密度控制的认识，进入了低覆盖度固沙的新方向，这也代表了社会的进步，人们思想上新的认识。同时，随着我国科学技术的进步，大量基础研究的发展也支撑了低覆盖度固沙的理念，这一崭新的研究方向是一个重大的科技创新，打破了常规思维。

生态可持续发展是沙区生态环境建设的最终目标，也是生态建设中社会效益非常重要的一个方面，低覆盖度固沙体系能够维持固沙林长期稳定可持续发展，是接近自然植被覆盖度的固沙体系，能够维持水量平衡，正常生长到成熟林，不会出现中幼龄林衰败或死亡现象，保证了固沙林生态效益的可持续发挥，这也将持续地防治风沙危害，对保证沙区人民生命和财产安全，具有巨大的社会效益。

在农牧民生产、生活方面，通过大规模推广低覆盖度固沙体系树立示范样板，施行政策鼓动、示范带动、经济促动政策，有效地促进了农林牧副各业的协调发展，实现了土地利用结构优化，建立了稳定的防风固沙生态系统，实现了当地社会、经济可持续发展，逐步形成以"治沙"为主体，具有当地区域性经济特点的防风固沙体系，缓解了当今就业难的问题，提高了农牧民收入，为当地的经济发展起到了推波助澜的作用。

低覆盖度固沙体系节省造林成本，生态效益、经济效益显著，得到了当地政府部门的大力欢迎，带动了相关企业参与到防风固沙体系建设中，可以建立实行"技术+政府+企业+农户"模式，即由科研部门提供技术支撑，最终实现技术支撑、政府协调、企业参与、农户造林的优化推广模式，能够实现生态效益、经济效益、社会效益的三效统一目标。

以乌兰布和低覆盖度固沙造林体系为例，近年来，周边地区对抗旱品种樟子松、胡杨、小叶杨×胡杨等树木品种需求量增加，价格前景看好。梭梭接种肉苁蓉带来显著效益，发展前景大好。低覆盖度生态林业体系的建立，对带动沙区农牧民参与生态建设、调动防沙治沙的积极性，起到了很好的作用，现在仅磴口县就先后有 20 多家民营企业、公司在乌兰布和沙漠进行治理和开发，实现了生态、社会、经济效益三效统一的目标。

8.2　低覆盖度固沙体系植物种筛选

在广大干旱半干旱地区，水是干旱半干旱区植物生存的主要限制因子，也是植物体进行各项生理活动必不可少的因子（杨明等，1994；李新荣和马凤云，2001；赵文智等，1992）。土壤水分含量对植物生长是最大的限制因子，并影响到人工固沙植被的稳定性，进而影响到遏制沙漠化危害的可能性（阿拉木萨等，2005；雷志栋等，1999；刘昌明和孙睿，1999；Southgate，1996）。

在干旱半干旱区，由于降雨稀少，经过漫长的自然演替，逐步发育形成了目前的稀疏林分，如在完全雨养条件下，在干旱区，年平均降水量小于 250mm，以降水量小于 5mm 的降水日数为主，占总降水日数的 87%（甘肃临泽），小于 5mm 的降水多属于无效降水，有效降水量为年降水量的 20%~40%。可选择植物有梭梭、柠条锦鸡儿、沙拐枣、沙枣，梭梭固沙林适宜密度为 400~600 株/hm²，柠条锦鸡儿为 300~500 株/hm²，沙拐枣为 200~300 株/hm²，沙枣和杨树仅适于丘间低地和覆沙厚度小于 1m 的沙地，密度小于 200 株/hm²。在半干旱区和亚湿润干旱区，年降水量为 250~500mm，有效降水占年降水量的 40%~60%。可选择树种有柠条锦鸡儿、花棒、樟子松、榆树和杨树等。在半干旱区，柠条锦鸡儿、小叶锦鸡儿固沙林的适宜密度为 600~900 株/hm²，花棒、杨柴为 800~1200 株/hm²，沙柳为 1000~1500 株/hm²，樟子松为 300~500 株/hm²，杨树、榆树为 200~400 株/hm²。在亚湿润干旱区，柠条锦鸡儿、小叶锦鸡儿固沙林的适宜密度为 1500~1800 株/hm²，沙柳为 1500~2000 株/hm²，樟子松为 500~800 株/hm²，杨树、榆树为 400~800 株/hm²。这些密度是与降水量相匹配的，是符合水量平衡条件的，能够确保林分的稳定性（韩德儒和杨文斌，1995；崔国发，1998；许明耻和周心澄，1987）。

在我国干旱半干旱区，经过漫长的自然演替过程逐步发育形成且广泛分布的植被类型是低覆盖度植被，覆盖度一般为 10%~30%（吴征镒和庄璇，1980）。同时研究人员发现疏透度为 30% 的林带，林后平均风沙流速度恢复较慢，且气流扰动较小，具有良好的防风固沙作用（金文等，2003）。因此，造林树种的选择要根据当地降雨、立地类型、风况、树型等条件进行综合选择，其不仅直接影响树木的保存率，更重要的是影响其生态效益的发挥。特别是在沙地或者沙漠进行造林，由于其气候及立地条件恶劣，造林十分困难，对于树种的选择显得尤为重要，如果选择不当，将会造成树木大面积的死亡，如在我国西北地区"三北"防护林中的"小老树"就是典型的造林密度与树种搭配不合理引起的大面积固沙林衰退与死亡现象。

　　干旱半干旱地区生长的乡土树种，在长期的生长发育过程中，根、茎、叶各部分器官发生了相应变化，已适应干旱环境，形成了耐旱、耐瘠薄的习性。所以，在干旱半干旱地区造林，应首选耐干旱、耐瘠薄的乡土树种。下面介绍一些可适合在干旱半干旱、亚湿润干旱地区采取行带式造林的固沙树种（孙保平等，1999；唐麓君和杨忠岐，2005），以供选择参考。同时，说明了各固沙种的水分主要利用带，为低覆盖度固沙体系在实际应用中确定合理的带间距提供参考和依据。

8.2.1　乔木树种

　　乔木树种是指树身高大的树木，由根部发生独立的主干，树干和树冠有明显区分。有一个直立主干，且树高通常在 5m 至数十米的木本植物。乔木树种在亚湿润干旱区、半干旱区固沙林中占有非常重要的作用。

1. 白榆

　　白榆（*Ulmus pumila*）为榆科、榆属落叶乔木，树冠圆球形，树高 5~10m，冠幅 3~6m，根系主要分布在地表 30cm 以下的土层空间，根系垂直分布在冠缘内、主要集中在 1m 深范围内，根系的水平分布呈近密远疏的趋势，其水平分布随着距根基距离的增大而减少，以 2m 内最为密集，适宜与浅根分布的植物进行搭配。阳性树种，喜光，耐旱，耐寒，耐瘠薄，适应性很强，萌芽力强，耐修剪，生长快，寿命长，叶面滞尘能力强，不耐水湿。生长速度快，生命力旺盛，在西北、东北随处可见。其水分主要利用带在 7~9m。

　　适宜在干旱半干旱与亚湿润干旱区营造低覆盖度纯林或者混交林。低覆盖度造林时应扩大带间距，保证低覆盖度配置格局的水分利用优势充分发挥，同时其根系分布较深，对浅层土壤水分利用较少，有利于带间草本植被的恢复，提供了较好的水分条件；其冠幅大，遮荫效果强，对改良带间小气候具有更佳的优势。

2. 旱柳

　　旱柳（*Salix matsudana*）为杨柳科、柳属乔木，树冠广圆形，大枝斜上，冠幅 5~10m，树高 6~18m，根系垂直分布主要在 0~150cm 土层，40~80cm 土层为旱柳粗根根系密度分布区，水平分布随着距根基距离的增大而减少，以 3m 内最为密集，喜光阳性树种，较耐寒，耐干旱。为我国北方地区常见树种。其水分主要利用带在 7~8m。

　　适宜在干旱半干旱及亚湿润干旱区营造纯林或者与针叶林混交。旱柳林在陕西沙区，多用来营造固沙林、护田林及四旁绿化。在流动沙丘上，旱柳多栽植于丘间低地，沙丘迎风坡 1/3 以下及背风坡下部，多为纯林，也有部分与沙柳形成混交林。在内蒙古科尔沁沙地，旱柳作为常见种和伴生种，出现在以黄榆、山楂、山杏为优势种的固定沙丘中，这里的旱柳常呈丛生长，这与放牧有关。在库布齐沙漠展旦召的湿润型丘间低地（地下水 1~2m）上，乔、灌混交的人工林中，乔木林有旱柳、小叶杨、加拿大杨、沙枣等，灌木层有沙柳、锦鸡儿、柽柳、杨柴等。

3. 刺槐

刺槐（*Robinia pseudoacacia*）为豆科、刺槐属落叶乔木，遍及我国长江以北各地，萌蘖能力强，生长迅速，能固结土壤，防止侵蚀，有根瘤菌，能改良土壤，耐烟害，能净化空气，减少大气污染，是固沙造林、水土保持林和"四旁"绿化的优良树种。树冠广圆形，冠幅 2~5m，树高 5~10m，根系垂直分布主要在 0~150cm 土层，且主要集中在 50~70cm；水平分布随着距根基距离的增大而减少，以 2.0m 内最为密集，且水平根系主要分布在 30~50cm 表土层。强阳性树种，耐水湿，喜光。不耐阴，喜干燥、凉爽气候，较耐干旱、贫瘠，能在中性、石灰性、酸性及轻度碱性土上生长。在我国甘肃、青海、内蒙古、新疆、山西、陕西、河北、河南、山东等省（区）均有栽培，适宜在半干旱、亚湿润干旱区营造纯林或者与针叶树混交。其水分主要利用带在 8~10m。

4. 臭椿

臭椿（*Ailanthus altissima*）为苦木科、臭椿属落叶乔木，树冠呈扁球形或伞形，树冠较密，冠幅 3~7m，树高 5~12m，根系垂直分布主要在 0~150cm 土层，且主要集中在 60~80cm 土层；水平分布集中在 2.0m 内，最为密集，且水平根系主要分布在 40~70cm 表土层。喜光，不耐阴。适应性强，除黏土外，各种土壤和中性、酸性及钙质土都能生长，适生于深厚、肥沃、湿润的砂质土壤。耐寒，耐旱，不耐水湿，长期积水会烂根死亡。分布于中国北部、东部及西南部，适宜在半干旱、亚湿润干旱区营造纯林或者与针叶树混交。其水分主要利用带在 7~9m。

5. 新疆杨

新疆杨（*Populus alba* var. *pyramidalis*）为杨柳科、杨属落叶乔木，速生用材树种，材质较好，木材加工性质略同于胡杨，可供建筑、桥梁、家具、农具等用。树形高大端直、树皮淡绿色，雄伟而美观，是营造农田防护林，绿化"四旁"，以及防风固沙林的优良树种。树冠圆柱形，树冠较密，冠幅 3~7m，树高 5~16m，根系垂直分布主要在 0~80cm 土层，且主要集中在 0~40cm 土层中，水平分布集中在 3.0m 内，最为密集，且水平根系主要分布在 10~30cm 表土层。喜半阴，喜温暖湿润气候及肥沃的中性及微酸性土，耐寒性不强，耐大气干旱及盐渍土，深根性，抗风力强。在北部暖温带落叶阔叶林区、温带草原区、温带荒漠区均有分布，在我国干旱区、半干旱区、亚湿润干旱区均可栽培。其水分主要利用带在 8~10m。

6. 河北杨

河北杨（*Populus hopeiensis*）为杨柳科、杨属的落叶乔木，树冠广圆形，冠幅 3~6m，树高 5~10m，根系垂直分布主要在 0~90cm 土层，且主要集中在 0~40cm 土层中，水平分布集中在 2.0m 内，最为密集，且水平根系主要分布在 20~40cm 表土层。适于高寒多风地区，耐寒、耐旱，喜湿润，但不抗涝，分布于华北、西北各省（区），在我国极端干旱区、干旱区、半干旱区、半湿润区均可栽培。其水分主要利用带在 8~10m。

7. 赤峰杨

赤峰杨（*Populus × xiaozhuanica* cv. *chifengensis*）是小叶杨（母本）和美杨（父本）培育出的杨树优良杂交品种，乔木，树干通直，生长快，12 年生高达 18.2m，抗性强，材质优良，树形美观，是"四旁"绿化、营造防护林和用材林的好品种。冠幅 3~6m，树高 5~19m，水平根系集中在 2m 范围内。适合在我国半干旱、亚湿润干旱区营造防风固沙林。其水分主要利用带在 8~10m。

8. 小叶杨

小叶杨（*Populus simonii*），别名南京白杨、河南杨、明杨、青杨。为落叶乔木，高达 20m，胸径 50cm 以上。树皮呈筒状，厚 1~3mm，幼树皮灰绿色，表面有圆形皮孔及纵纹，偶见枝痕；老皮色较暗，表面粗糙，有粗大的沟状裂隙。内表面黄白色，有纵向细密纹。质硬不易折断，断面纤维性。花期 3~5 月，果期 4~6 月。木材轻软细致，供民用建筑、家具、火柴杆、造纸等用；为防风固沙、护堤固土、绿化观赏的树种，也是东北和西北防护林和用材林主要树种之一。不耐庇荫，根系发达，固土抗风能力强。其水分主要利用带在 8~10m。

9. 胡杨

胡杨（*Populus euphratica*）为杨柳科、杨属的落叶乔木，别名异叶杨、胡桐、水桐树，号称"沙漠中的英雄"。树冠塔圆形，冠幅 3~6m，树高 4~12m，根系垂直分布主要在 0~100cm，主要集中于 80~100cm 的土层中；在水平方向上，主要分布在距胡杨树干 0~100cm。喜光、抗热、抗大气干旱、抗盐碱、抗风沙。在湿热的气候条件和黏重土壤上生长不良。胡杨要求沙质土壤，它生长的水分主要靠潜水或河流泛滥水，地下水位 4m 内，胡杨长势良好；在地下水位 6~9m，胡杨生长受到抑制；地下水位大于 9m，胡杨衰退死亡。胡杨天然分布于内蒙古西部、甘肃、青海、新疆地区，在我国极端干旱区、干旱区地下水位小于 6m 的地区均可栽培。内蒙古、甘肃的弱水（额济纳河）下游也有大面积分布，它耐盐能力极强，抗风沙干旱，胡杨林为冈瓦纳古陆残遗树种组成的荒漠、半荒漠内陆河岸森林群落，称为荒漠河岸林，是荒漠碱性土特有的森林类型。尤以新疆塔里木河两岸的胡杨林最为典型。胡杨林也能在绿洲与沙漠之间的广阔平原上生长，常与荒漠灌丛、盐生灌丛、草甸组成复合群落，具有防止土地沙化、改造盐碱地、保护畜牧业、维护绿洲安全等生态功能。其水分主要利用带在 8~10m。

10. 小×胡

小（小叶杨）×胡（胡杨）（*Populus simonii × P. euphratica*）杂交种是小叶杨和胡杨进行了多次有性杂交试验选育出的优良品种。比其亲本生长迅速，比小叶杨耐盐碱，比胡杨繁殖容易，是干旱地区盐碱地造林很有前途的抗性优良品种。杂交种一年生叶呈倒披针形，叶缘比母本的小钝锯齿稀得多，叶表绿色，叶背淡绿稍带白色；成年后，树冠上的叶型有倒披针形、椭圆形、菱形、卵形，叶缘上端有稀疏的锯齿、中部有较密较深的锯齿。总体来说，杂交种的叶型像父本胡杨更多，而质地更像母本小叶杨。杂交种初期幼枝细而圆滑，红绿色，倾向父本胡杨；但在生长旺季，主干顶端的幼枝上，出现了不明显的棱突，显现出母本性状，但成龄大树上的枝叶都很像父本胡杨。杂交种苗期主干通直，分枝多，角度小，树冠紧密，呈塔形；成年后，树冠逐步过渡呈卵形或广卵形，干部树皮明显倾向于母本小叶杨。杂交种在苗期和成年后在生长方面同样比亲本有明显的杂种优势。其水分主要利用带在 8~10m。

11. 火炬树

火炬树（*Rhus typhina*）为漆树科、漆树属落叶小乔木，高达 8m 左右，分枝少，小枝粗壮，原产于北美洲，我国自 1959 年引入栽培，已推广到华北、西北等许多地方。喜光、适应性强、抗寒、抗旱、耐盐碱、根系发达、生长快、寿命短。萌蘖能力强，较耐干旱，多用于营造固沙林、水土保持林、薪炭林。适合在干旱、半干旱、亚湿润干旱区造林。其水分主要利用带在 6~9m。

12. 木麻黄

木麻黄（*Casuarina eguisetifolia*）为木麻黄科常绿高大乔木。小枝有节，细长下垂，叶子退化。果序小球形。强喜光，深根，根系发达。枝条柔韧，抗风力强。喜炎热气候，耐干旱贫瘠，耐盐渍、沙埋，喜中性、微碱性、含钙多的土壤，深厚湿润海岸沙质盐碱地最好。高生长极快，前 3 年最快，年均超过 3m，10 年达 18m 以上，寿命短。为华南沿海防护林、薪炭林、用材林、行道树及绿化树种。其水分主要利用带在 6~9m。

13. 榕树

榕树（*Albizia julibrissin*）为豆科、合欢属落叶乔木。二回羽状复叶，羽片和小叶对生。分布于黄河以南地区，在产区具有耐寒、耐旱、耐沙土贫瘠等特点，其树冠扁平，排列优美，花叶动人，既是荒山造林，又是沙地美化绿化树种，也是城市、道路行道树。其水分主要利用带在 7~9m。

14. 圆柏

圆柏（*Sabina chinensis*）为常绿乔木，高达 20m，胸径达 3.5m，树皮深灰色，纵裂，呈条片开裂。幼树枝条通常斜上伸展，形成尖塔形树冠。叶二型，即刺叶及鳞叶。喜光树种，较耐阴，喜温凉湿润土壤。忌积水、耐修剪、易整形，耐寒、耐热，对土壤要求不严，对干旱及潮湿土壤均有一定抗性。深根性，侧根发达，生长速度中等，25 年高 8m 左右，寿命长。产于内蒙古乌拉山、河北、山西、山东、江苏、浙江、福建、安徽、江西、河南、陕西南部、甘肃南部、四川等地。各地均可栽培，可作为四旁绿化、防护林树种。其水分主要利用带在 7~9m。

15. 樟子松

樟子松（*Pinus sylvestris* var. *mongolica*）为松科、松属常绿乔木，幼树树冠尖塔形，老树则呈圆顶或平顶，树冠稀疏，冠幅 3~6m，树高 7~20m。耐寒、耐旱，根系发达，主根一般深 1~2m，最深达 4m 以下，侧根多分布在距地表 10~50cm 沙层，根系向四周伸展，能充分吸收土壤中的水分。为喜光性强、深根性树种，能适应土壤水分较少的山脊及向阳山坡，天然分布于大兴安岭海拔 400~900m 山地及海拉尔以西、以南一带沙丘地区，以及较干旱的沙地及石砾沙土地区，多形成纯林或与落叶松混生。

适宜在半干旱、亚湿润干旱区营造纯林或者与针叶林混交。在排水不良或有临时积水及含盐量超过 0.1% 的地方不宜造林，造林以春季为好，但也可雨季造林。在流动沙丘及半固定沙丘造林关键在于如何保护小松树不受沙埋、沙割、沙打及风蚀危害。因此在流动沙丘造林时，需先固定流沙后再造林。流动沙丘植松应空出 1/3~1/2 的丘顶，以便削顶缓坡，在迎风坡下部带状栽胡枝子等用平铺柳条保护。背风坡应栽植耐沙压的黄柳，沙面基本稳定后栽植 2 年生樟子松。其水分主要利用带在 8~10m。

16. 油松

油松（*Pinus tabulaeformis*）为松科、松属针叶常绿乔木，大枝平展或斜向上，老树平顶，冠幅 3~8m，树高 7~25m，根系垂直分布主要在 0~100cm 土层，水平分布随着距根基距离的增大而减少，以 1.5m 内最为密集，且水平根系主要分布在 0~30cm 表土层。为阳性树，幼树耐遮荫，抗寒能力强，喜微酸及中性土壤，不耐盐碱，油松对土壤养分和水分的要求并不严格，但要求土壤通气状况良好，故在松质土壤里生长较好。在地下水位过高的平地或有季节性积水的地方不能生长。自然分布特别广，在我国主要分布在辽宁、吉林、内蒙古、北京、河北、天津、河南、山东、陕西、山西、甘肃、宁夏、青海、四川等 14 个地区。因其适应性很强、根系极发达、水土保持作用良好，逐渐成为我国华北、西北和东北部分地区非常重要的造林树种，同时又是很多风景区的园林绿化、美化树种，具有非常高的观赏和游憩价值。在北方地区均可种植。其水分主要利用带在 8~11m。

17. 黑松

黑松（*Pinus thunbergii*）为松科常绿大乔木。喜光速生，适应性强。要求土壤不严，北方海边沙地、山坡生长良好。喜肥极耐瘠薄，喜光稍耐荫蔽，喜温暖湿润海洋性气候。有一定抗虫、耐旱、耐涝性，但怕长期积水。耐盐，抗海风海雾，抗风力强，不怕风蚀，有良好的防风固沙作用。是北方沿海沙地防护林、用材料、薪炭林、绿化荒山荒沙的优良树种。其水分主要利用带在 8~10m。

18. 青海云杉

青海云杉（*Picea crassifolia*）属松科，为中国特有树种。常绿大乔木，高可达 30m，胸径最大可有 2m，树干挺直，枝条平展；树皮灰褐色，常有薄皮剥落，具有旱生特性。分布于青海、甘肃、宁夏、内蒙古等地。生长缓慢、适应性强、耐低温、耐旱、耐贫瘠、喜中性土壤，忌水涝，幼树耐阴，浅根性树种。适合在我国半干旱、亚湿润干旱区风力较小的区域营造防护林。其水分主要利用带在 8~11m。

19. 华北落叶松

华北落叶松（*Larix principis-rupprechtii*）为落叶乔木，高达 30m，胸径 1m。树皮暗

灰褐色，不规则纵裂，呈小片脱落。强阳性树，极耐寒。对土壤适应性强，喜深厚湿润而排水良好的酸性或中性土壤。主要分布在山西、河北、内蒙古、山东、辽宁、陕西、甘肃、宁夏、新疆等地。华北落叶松经过移植培育后顶芽饱满，茎秆粗壮，木质化充分；根系发达，分布均匀；抗旱、抗逆性强，造林易成功。其水分主要利用带在 8~10m。

8.2.2　灌木及半灌木树种

灌木及半灌木树种是指那些没有明显的主干、呈丛生状的树木，一般可分为观花、观果、观枝干等几类，是矮小而丛生的木本植物。多年生，一般为阔叶植物，也有一些针叶植物是灌木，如刺柏。如果越冬时地面部分枯死，但根部仍然存活，第二年继续萌生新枝，则称为"半灌木"。例如，一些蒿类植物，也是多年生木本植物，但冬季枯死。

1. 中间锦鸡儿

中间锦鸡儿（*Caragana intermedia*）为豆科、锦鸡儿属灌木，在草原带及荒漠草原带沙地上分布的中间锦鸡儿可成为建群种，组成沙地灌丛，也经常生于沙质荒漠草原群落中，组成灌木草原群落。从干草原淡栗钙土型沙土区，到半荒漠棕钙土亚带的淡栗钙土区均有分布，比较集中见于锡林郭勒盟西部、乌兰察布市北部、巴彦淖尔市和鄂尔多斯市，以及宁夏、陕西的毛乌素沙地。高 70~200cm，丛径 1.0~1.9m，根系垂直分布主要在 0~50cm 土层，主要集中于 0~20cm 的土层中；在水平方向上，主要在距离主干 150cm 范围内。耐寒，耐酷热，抗干旱，耐贫瘠，不耐涝。轻微沙埋可促进生长，产生不定根，形成新植株。为旱生灌木，主要生长在荒漠草原带、干草原带的西部地区。在干旱区、半干旱区、亚湿润干旱区均可栽培。其水分主要利用带在 8~10m。

2. 小叶锦鸡儿

小叶锦鸡儿（*Caragana microphylla*）为豆科、锦鸡儿属灌木，在内蒙古境内，从森林草原黑土带到干草原淡栗钙土地，分布在呼伦贝尔市、锡林郭勒盟、通辽市、乌兰察布市、鄂尔多斯市、巴彦淖尔市等地。吉林、辽宁、河北、山东、山西、陕西、宁夏、甘肃、青海、新疆等地也有分布。以内蒙古西部和陕北较为集中。显然，小叶锦鸡儿属达乌里–蒙古植物区系成分，主要分布在辽阔的干草原和荒漠草原地带。高 60~150cm，丛径 0.8~1.5m，根系垂直分布主要在 0~100cm，主要集中于 10~30cm 的土层中；在水平方向上，主要在距离主干 200cm 范围内。喜光，耐寒，耐高温。在上方庇荫下生长不良，甚至不能结实，是强阳性树种。耐瘠薄，对土壤要求不严，不论是在水土冲刷严重的石质山地、黄土丘陵，还是风蚀强烈的沙地、荒漠地带，都能生长繁殖。生于草原、沙地及丘陵坡地。分布于中国东北、华北、西北等地区。在干旱区、半干旱区、亚湿润干旱区均可栽培。其水分主要利用带在 6~9m。

3. 柠条锦鸡儿

柠条锦鸡儿（*Caragana korshinskii*）为豆科、锦鸡儿属灌木，是阿拉善地区沙质荒漠中常见的灌木荒漠群落，集中分布在鄂尔多斯–东阿拉善草原化荒漠地带，以及宁武流沙带。在库布齐沙漠西部、狼山西部沙地、乌兰布和沙漠、腾格里沙漠及其外围分布相当广泛。在阿拉善西部分布逐渐减少，仅见于巴丹吉林沙漠及其南缘的某些地段，多呈零星小片或块状出现。高100~250cm，丛径1.3~2.1m，根系垂直分布主要在0~150cm，主要集中于20~40cm的土层中；在水平方向上，主要分布在距离主干300cm范围内。喜光，耐寒，耐高温。在上方庇荫下生长不良，甚至不能结实，是强阳性树种。耐瘠薄，分布于中国内蒙古西部、陕西北部及宁夏。在干旱区、半干旱区、亚湿润干旱区均可栽培。其水分主要利用带在8~10m。

4. 油蒿

油蒿（*Artemisia ordosica*）为菊科、蒿属的半灌木，广泛分布于内蒙古、陕西、宁夏、甘肃等半荒漠和干草原的固定、半固定沙地上，常与柠条锦鸡儿、猫耳刺等混生，流沙区不见天然生长，由于它是陕北、内蒙古、宁夏沙地的主要植物种，在库布齐沙漠、毛乌素沙地、乌兰布和沙漠、腾格里沙漠、河西走廊沙地等均有分布。高50~100cm，冠幅50~110cm，根系垂直分布主要在0~100cm，主要集中于60~100cm的土层中；在水平方向上，主要在距离主干50cm范围内。干旱，耐沙埋，耐土壤贫瘠特性，在有性繁殖和无性繁殖方面具有良好的生物学特性，是我国北方温带荒漠和草原地带沙漠化的主要标志性半灌木。天然分布于内蒙古、河北、陕西（榆林地区）、山西（西部）、宁夏、甘肃（河西地区）。在干旱区半干旱区的沙漠、沙地、严重沙化的土地均可种植。其水分主要利用带在4~6m。

5. 差巴嘎蒿

差巴嘎蒿（*Artemisia halodendron*）为菊科、蒿属的半灌木，主要分布在辽宁、吉林、黑龙江三省西部，内蒙古东部，最北可达呼伦贝尔草原一带，生于半固定沙地及流动沙丘下部。现引至半荒漠地区的宁夏中卫、内蒙古磴口等地。高80~150cm，冠幅70~170cm，根系垂直分布主要在0~50cm，主要集中于0~20cm的土层中；在水平方向上，主要在距离主干80cm范围内。旱生，喜沙，具有较强的耐沙埋、抗风蚀的特点，多数以种子繁殖为主，可因沙埋生出不定根进行分株繁殖，是固定沙丘、半固定沙丘上的主要建群种，固沙的先锋植物。主要分布于我国浑善达克沙地。在浑善达克沙地及周边沙化地区种植。其水分主要利用带在3~4m。

6. 乌丹蒿

乌丹蒿（*Artemisia wudanica*）为菊科、蒿属的半灌木，树高60~120cm，冠幅80~170cm，根系垂直分布主要在0~80cm，主要集中于20~40cm的土层中；在水平方向上，主要在距离主干60cm范围内。耐旱性强，抗风、固沙性能好，生于流动及半固定沙丘上，根粗而长，茎与枝粗而多，常形成大的密丛，固沙的先锋植物。分布于内蒙古赤峰市、通辽市、科尔沁沙地及河北北部围场附近。适宜在天然分布区及周边类似地区造林。其水分主要利用带在3~4m。

7. 沙柳

沙柳（乌柳）（*Salix cheilophila*）为杨柳科、柳属灌木或小乔木，在干草原地带沙地、黄土丘陵均可生长，引至半荒漠地区，在地下水较浅的沙地上生长良好，在干旱流沙上则生长不良，在湿润丘间低地与毛柳和芦苇伴生，形成柳湾林，在毛乌素沙地和库布齐沙漠境内柳弯林有 264 377hm²；在地下水较深的沙地上，则常与油蒿组成群丛。沙柳灌丛分布于内蒙古西部、陕西西北部毛乌素沙地及河东沙地，在内蒙古的库布齐沙漠也有分布。树高 120~200cm，冠幅 130~210cm，根系垂直分布主要在 0~60cm，主要集中于 0~20cm 的土层中；在水平方向上，主要在距离主干 160cm 范围内，其中 0~40cm 最多。沙柳抗逆性强，较耐旱，喜水湿；抗风沙，耐一定盐碱，耐严寒和酷热；喜适度沙压，越压越旺，但不耐风蚀；繁殖容易，萌蘖力强。分布于内蒙古、河北、陕西、山西、甘肃、青海、四川、西藏等地。在干旱区、半干旱区均可造林。其水分主要利用带在 6~8m。

8. 黄柳

黄柳（*Salix gordejevii*）为杨柳科、柳属灌木或小乔木，树高 110~170cm，冠幅 90~150cm，根系垂直分布主要在 0~90cm，主要集中于 10~30cm 的土层中；在水平方向上，主要在距离主干 120cm 范围内，其中 0~50cm 最多。具有耐寒、耐热、抗风沙、易繁殖、生长快、萌芽力强等特点，见于草原带地下水位较高的沙地，在流动沙丘上，往往形成单种灌丛群聚。分布于内蒙古东部和辽宁西部、科尔沁沙地、浑善达克沙地、呼伦贝尔沙地。在半干旱、亚湿润地区均可造林。其水分主要利用带在 4~6m。

9. 梭梭

梭梭（*Haloxylon ammodendron*）为藜科、梭梭属乔木或灌木，树高 100~350cm，冠幅 90~210cm，根系垂直分布主要在 0~100cm，主要集中于 20~40cm 的土层中；在水平方向上，主要在距离主干 250cm 范围内，其中 0~100cm 最多。梭梭具有冬眠和夏眠的特性，喜光性很强，不耐荫蔽，抗旱力极强，根系发达，在气温高达 43℃而地表温度高达 60~70℃甚至 80℃的情况下，仍能正常生长。分布于内蒙古、甘肃、宁夏、青海、新疆等地，在干旱半干旱地区的流动、半流动、半固定沙地均可造林。其水分主要利用带在 8~10m。

10. 白梭梭

白梭梭（*Haloxylon persicum*）为藜科、梭梭属大灌木，高 2~5m，分布于沙质荒漠，生长在流动、半固定沙丘上。我国只分布在准噶尔盆地沙漠。嫩枝细长下垂、浅绿色、味苦，是典型的沙旱生灌木，靠雨水、沙层水分生活。耐旱、耐寒、抗盐碱，根系发达，是荒漠地区优良的薪柴、固沙及防护树种。其水分主要利用带在 8~10m。

11. 白刺

白刺（*Nitraria tangutorum*）为蒺藜科、白刺属匍匐性小灌木，株高 30~50cm，常逐渐形成丘状沙堆，堆高 1.0~2.5m，冠幅 2.0~5.0m。根系垂直分布主要在 0~100cm 土层，主要集中于 0~40cm 的土层中；在水平方向上，主要在距离主干 300cm 范围内，其中 0~150cm 最多。旱生型阳性植物，不耐荫蔽，不耐水湿、积涝。自然生长于盐渍化坡埂高地和泥质海岸滩垄光板裸地上，耐盐性能极强。分布于我国的西北沙漠地区及华北、东北沿海地区，张家口坝上、天津、沧州、寿光、东营等地都有分布。在干旱半干旱地区的盐碱化土地上均可造林。其水分主要利用带在 4~6m。

12. 杨柴

杨柴（*Hedysarum mongolicum*）为豆科、岩黄耆属灌木，高 1~2m，丛冠幅 130~210cm，根系垂直分布主要在 0~70cm，主要集中于 30~50cm 的土层中；在水平方向上，主要在距离主干 280cm 范围内，其中 0~100cm 最多。具有耐寒、耐旱、耐贫瘠、抗风沙的特点，适应性强，故能在极为干旱瘠薄的半固定、固定沙地上生长。喜欢适度沙压并能忍耐一定风蚀，一般是越压越旺。主要分布在陕北榆林、宁夏东部沙地及内蒙古的毛乌素沙地，库布齐沙漠东部、乌兰布和沙漠及浑善达克沙地西部。在干旱、半干旱、亚湿润干旱区的沙化土地均可造林。其水分主要利用带在 5~7m。

13. 花棒

花棒（*Hedysarum scoparium*）为豆科、岩黄耆属半灌木，高 0.8~2.5m，丛冠幅 130~210cm，根系垂直分布主要在 0~80cm，主要集中于 30~50cm 的土层中；在水平方向上，主要在距离主干 300cm 范围内，其中 0~120cm 最多。为沙生、耐旱、喜光树种，它适于流沙环境，喜沙埋，抗风蚀，耐严寒酷热，枝叶茂盛，萌蘗力强，防风固沙作用大。分布于内蒙古、宁夏、甘肃、新疆等省（区）的乌兰布和、腾格里、巴丹吉林、古尔班通古特等沙漠。在极端干旱区、干旱区、半干旱区、亚湿润干旱区的沙化土地均可造林。其水分主要利用带在 5~7m。

14. 柽柳

柽柳（*Tamarix chinese*）为柽柳科、柽柳属乔木或灌木，高 3.0~6.0m，冠幅 220~350cm，根系垂直分布主要在 0~100cm，主要集中于 50~80cm 的土层中；在水平方向上，在距离主干 150cm 范围内，其中 0~80cm 最多。喜光、耐旱、耐寒，亦较耐水湿，极耐盐碱、沙荒地，根系发达，萌生力强，极耐修剪割。在我国北部各省（区）及"三北"地区均有分布，其中在西北沙漠地区，以多枝柽柳最为常见，生长也最好。在干旱区、半干旱区、亚湿润干旱区盐碱地均可造林。其水分主要利用带在 8~10m。

15. 蒙古扁桃

蒙古扁桃（*Amygdalus mongolica*）为蔷薇科、李属落叶灌木。高 1~2m，枝条开展，多分枝，小枝顶端转变成枝刺。稀有种，主要分布于内蒙古、甘肃及宁夏部分地区海拔1000~2400m 荒漠，荒漠草原区的山地、丘陵、石质坡地、山前洪积平原及干河床等地。为喜光性树种，根系发达、耐旱、耐寒、耐贫瘠，为国家三级保护植物。可作为干旱地区的水土保持植物、防风固沙植物，有极大的生态、经济价值。其水分主要利用带在 6~8m。

16. 胡枝子

胡枝子（*Lespedeza bicolor*）属豆科、胡枝子属小灌木。直立丛生，高 1~3m，多分枝，小枝柔韧，较细长。产于科尔沁沙地，生于海拔 2000m 以下固定沙地、山坡、林下、林缘。在年降水量 250mm 或季节性干旱常发生的地方都能够生长良好。耐风蚀，根系被风蚀部分露出地面仍能生长。喜光、耐贫瘠、不苛求土壤、萌蘖能力强、枝条丛生；根系发达、主根不明显，侧根呈网状盘踞在 0~40cm 沙层中，根幅可达 3.2m，须根非常发达；生长快、栽培容易，能在林下生长，是一种较广泛的保土、改土树种，是我国沙地固沙造林的优良树种之一。在干旱区、半干旱区、亚湿润干旱区沙地均可造林。其水分主要利用带在 4~6m。

17. 沙冬青

沙冬青（*Ammopiptanthus mongolicus*）属豆科、沙冬青属常绿阔叶小灌木，高 1~2m，干粗达 6cm，分枝多，小枝粗壮，树皮淡黄色，老枝黄绿色，幼枝灰白色，具暗褐色髓。又名蒙古黄花木，是亚洲中部阿拉善荒漠特有的常绿阔叶灌木，是草原化荒漠特有植被，同时也是沙区唯一的超旱生常绿阔叶灌丛。沙冬青生长缓慢，在石质山地，一般 16 年高仅 1~1.5m，冠幅直径 1.5~2m，年生长量不超过 15cm，但在水分较好的固定沙地和半固定沙地上，16 年沙冬青高可达 1.5~2m，冠幅直径 2~3.3m，年生长量可达 25cm，长势旺盛。沙冬青的茎具有很强的萌蘖能力和抗风蚀能力，形成茂密的灌丛；深根性树种，主根可达 2m 以下，侧根可达 6m 以上。适宜在干旱半干旱区营建固沙林，其水分主要利用带在 4~6m。

18. 沙地柏

沙地柏（*Sabina vulgaris*）属柏科、圆柏属常绿针叶灌木，高 50~100cm，枝细而密，斜向上伸展。沙地柏灌丛主要分布在内蒙古、陕西的毛乌素沙地中东部、浑善达克沙地东部、贺兰山和阿尔泰山地区，在甘肃、宁夏也有分布。沙地柏耐干旱、低温，没有明显的主干，枝条生长有匍匐茎和直立性两类。沙地柏灌丛高度 1~1.5m，最高达 2.4m，匍匐茎长 3~5m。沙地柏在 30cm 深的土层根量最多，30~50cm 也不少，主根深达 3.6m，侧根长 2.6m。在沙丘上生长形成茂密的灌木林。生命力强，在年降雨量 100mm 的沙地上，仍然能够旺盛生长，抗风沙，形体矮小，根系发达，枝叶茂密、适应性强，是荒漠、半荒漠、干草原区的优良固沙树种，也是大漠园林观赏植物。其水分主要利用带在 3~5m。

19. 沙拐枣

沙拐枣（*Calligonum mongolicum.*）为蓼科灌木，主干不明显，枝常曲折、开展、呈"之"字形弯曲，高 0.5~2m，最高 4~5m，老枝皮呈白色、灰白色、灰色，具有典型的旱生形体结构，叶片极度退化。分布范围较广，分布在中亚、东南欧及非洲北部的广大荒漠地带，其中以俄罗斯的中亚和我国新疆分布的种类较多。在我国的分布基本上与干旱少雨、地势平缓的沙漠戈壁相吻合，主要分布在新疆准噶尔盆地、塔里木盆地及东疆，内蒙古西部的巴丹吉林沙漠、腾格里沙漠、乌兰布和沙漠及库布齐沙漠西段，甘肃的河西走廊，青海柴达木盆地南部和东部。沙拐枣属可按果实形态不同分为四派：泡果派、翅果派、基翅派、刺果派。沙拐枣适应性强，所处地带降雨一般在 100mm 以下，最高不超过 200mm。为旱生喜光灌木，具有抗干旱、高温、风蚀、沙埋的能力，生活力强，易于繁殖，生长迅速。根系十分发达，有的侧根水平延伸可达 30m 左右，有的种垂直根可达 6m，根幅近 10m。对土壤要求不高，具有一定的抗盐碱能力，是典型超旱生沙生灌木。

其水分主要利用带在 4~6m。

20. 单叶蔓荆

单叶蔓荆（*Vitex trifolia* var. *simplicifolia*）为马鞭草科、牡荆属落叶灌木。高多为 0.5~1m，最大 2m，丛幅大，可达几十到上百平方米。主枝平卧地面，生长极快，扩幅力强，常形成密丛，积沙形成缓沙包，防风固沙能力强。喜光，有一定耐阴性，喜湿润，但怕积水，不抗涝；喜沙埋，怕风蚀，随沙埋向上生长，极耐贫瘠，耐盐，抗海风海雾。为优良固沙灌木，可作海边沙地灌草带主要成分。分布于我国沿海沙地和湿润地区河、湖岸边沙地。其水分主要利用带在 3~5m。

8.2.3　经济林树种

1. 白蜡

白蜡（*Fraxinus chinensis*）为木樨科落叶乔木。高 10~12m，树皮灰褐色，纵裂。属于喜光树种，对霜冻较敏感，喜爱深厚较肥沃湿润的土壤，常见于平原或河谷地带，较耐轻盐碱性土。产于南北各省（区），多为栽培，也见于海拔 800~1600m 山地杂木林中。以植苗造林为主，也可直播造林，春、秋季均可栽植。可在半干旱、亚湿润干旱区营建防风固沙林。其水分主要利用带在 7~9m。

2. 山杏

山杏（*Armeniaca sibirica*）为蔷薇科、杏属灌木或小乔木，高 2~5m，树皮暗灰色。适应性强，喜光，根系发达，深入地下，具有耐寒、耐旱、耐贫瘠的特点。主要分布于亚洲，产于黑龙江、吉林、辽宁、内蒙古、甘肃、河北、山西等地。为黄河流域重要乡土树种，可用于绿化荒山、保持水土，也可作为沙荒防护林的伴生树种。其水分主要利用带在 4~7m。

3. 紫穗槐

紫穗槐（*Amorpha fruticosa*）为豆科、紫穗槐属灌木。高 1~4m，枝条直伸灰褐色，有条棱。它是一种优良的肥料、饲料、燃料、工业原料及防风固沙、保持水土、改良土壤的优良落叶灌木，繁殖容易、适应性强、生长快、萌蘖性强。根系发达，须根多而密、深可达 1m 左右，根幅可达 3m 以上。根瘤菌很多，能改良土壤。在土层深厚的沙壤土、壤土和地下水位 1m 的河滩及海滩沙地，生长旺盛，耐盐力强，喜干冷气候，在年降雨量 500~700mm 的华北地区生长最好，耐旱能力也很强，能在降雨量 200mm 左右生长，可在干旱、半干旱、亚湿润干旱区营建固沙林，最好与乔木混交。其水分主要利用带在 5~7m。

4. 沙枣

沙枣（*Elaeagnus angustifolia*）为胡颓子科、胡颓子属落叶乔木，树冠椭圆形，冠幅

5~11m，高 3~12m，沙枣根系垂直分布在 0~60cm 土层中，百分比达 86%，水平分布随着距根基距离的增大而减少，以 1.5m 内最为密集，其生命力很强，具有抗旱、抗风沙、耐盐碱、耐贫瘠等特点，防风固沙作用大、萌芽力强、枝叶繁茂、生长迅速、出材量高、材质坚韧。天然沙枣只分布在降水量低于 150mm 的荒漠和半荒漠地区，在中国主要分布在西北各省（区）和内蒙古西部，少量的也分布到华北北部、东北西部，适宜在干旱与半干旱区营造纯林或者混交林。其水分主要利用带在 8~10m。

5. 沙棘

沙棘（*Hippophae rhamnoides*）为胡颓子科落叶灌木或小乔木，是我国"三北"地区造林的重要树种之一，生命力强，具有造林成本低、成长快、抗逆性强、根系发达、萌蘖性强、根部有根瘤、可自成林等特点，能改良土壤、防风固沙、保持水土、涵养水源、经济价值高，无论在风沙地区和黄土丘陵区均生长良好。高 1.5~3.0m，丛冠幅 170~280cm，根系垂直分布主要在 0~90cm，主要集中于 20~50cm 的土层中；在水平方向上，主要在距离主干 120cm 范围内，其中 0~70cm 最多。沙棘喜光，耐寒，耐酷热，耐风沙，耐贫瘠及干旱气候。分布于河北、内蒙古、山西、陕西、甘肃、青海、四川西部。在干旱区、半干旱区、亚湿润干旱区均可造林。其水分主要利用带在 5~8m。

6. 文冠果

文冠果（*Xanthoceras sorbifolia*）为无患子科，是我国特有木本油料树种。它对寒冷、干旱、贫瘠有较强的忍耐力。同时文冠果还有结实早、收益快、产量高、盛果期长、产油率高和综合利用价值大等特点，而且花期长而密且颜色多样，树形俏丽，是著名的观赏树种。因此，在我国北方地区深受欢迎，更是沙区最有发展前途的经济和观赏树种之一。文冠果在我国分布较广，吉林、辽宁、河北、山西、内蒙古、陕西、甘肃、宁夏等地均有分布，是北方乡土树种。为强喜光树种、不耐庇荫、结实早、产量高、寿命长，总之，文冠果抗旱、耐寒，在寒暑巨变的条件下也能生长良好，在降水仅 141mm 的杭锦后旗、绝对最低温度-42.4℃的锡林浩特，也能正常生长，但不耐水湿，积水 1d 也有死亡危险。在干旱半干旱区均可营建，春、秋两季均可造林，以春季为佳，秋季造林易遭干旱和风蚀而引起枯梢，甚至全株枯死。栽植密度可根据不同立地条件和经营方式而定，在幼龄时采取先密后疏，即随着树冠郁闭情况，有计划地逐步间伐，可采用植苗造林、直播造林、分根造林等方式。但在风沙危害严重地区，栽植文冠果前，必须营造防风林。其水分主要利用带在 4~8m。

8.3　低覆盖度固沙体系典型设计

低覆盖度固沙体系的合理配置，要体现固沙植被所具有的生物学稳定性，设计合理的带间距，取得最佳的生态用水、防风固沙及植被土壤恢复等生态效益，从而达到沙区生态环境工程建设的持续、稳定、高效的目的。主要根据区域风向特点、水分特点设置行带式格局或网格式配置格局，其中行带式格局主要用于单风向区域，网格式格局主要用于多风向地区。

　　水平配置是指在一个防治范围内的平面布局和合理规划。根据当地的风沙危害、自然环境特点、生态环境建设需求，进行防风固沙林的合理布局与配置，体现因地制宜、因害设防的原则，综合考虑，在林种配置的形式、位置上与农田及牧场防护、风沙防治相结合的防风固沙体系，形成层层设防、层层拦截。立体配置是指防护体系的树种组成与空间结构。根据各个林种的特点与具体的立地条件，确定适当的不同生活型的树种，控制低覆盖度的密度范围，优化栽植点格局，形成合理的林分结构，优化其对水分空间的利用与防护效能，以加强林分生物学的稳定性和开发利用其短、中、长期的生态经济效益。根据植物的生物生态学特性、防风固沙要求、改善生态环境条件及地区经济发展的需求，把林分设计成为从地下到地面、地上空间、林冠层的立体结构，在林分内引入乔、灌或其他经济植物，使固沙林改善生态环境的作用与土地、气候资源得到充分的发挥。

　　对于一个完整的地区或区域，低覆盖度固沙体系要通过各个林种的合理水平配置与布局，使土地得到合理利用。对于立体混交配置，要达到防护效益、水分利用互补，使流沙得到有效控制，形成较完整的防风固沙体系。在此基础之上，通过低覆盖度固沙林带间植被土壤恢复效益的发挥，带间将恢复良好的草地植被，继而向地带性植被发展，使防护效益持续、稳定、高效。以下介绍不同生物气候区低覆盖度固沙体系的典型设计。

8.3.1　低覆盖度固沙体系设计原则

　　通过多年的研究得出，低覆盖度行带式固沙林优化后的带间距为：灌木 12~28m；阔叶乔木 15~36m；针叶乔木 15~40m；半灌木 5~12m。优化带间距后，避免了固沙林中幼龄林衰败死亡现象，林分能够充分发挥界面生态效益，明显提高固沙林生产力和促进带间植被、微生物和土壤修复，固沙林的生物生产力提高 8%~30%，带间植被和土壤的修复速度加快 2~5 倍。在不同生物气候区，主要根据区域水分条件及环境立地特点，选择乔、灌木不同固沙树种，通过调节行带式固沙林的带间距及设置不同的乔、灌组合，以形成适合区域环境特点的低覆盖度防风固沙体系，从而达到防风固沙体系的长期、稳定和可持续发展。

　　从多年研究的结果看：阔叶乔木"两行一带"配置是理想模式，其直径生长和高生长均最优，水分对两行均处于边行的林木的胁迫最小；如果由 3 行组成，其中处于中间一行的林木的生长量比两个边行林木的生长量低 10%~20%；而单行的乔木，则不利于林木的高生长。针叶乔木更加喜欢群居，"三行一带"更加理想，"两行一带"或者"四行一带"均可以，对中间林木的直径生长和高生长的影响低于 10%，"单行一带"或者超过"四行一带"，林木的生长均不理想。灌木或半灌木都是根系比较发达的植物，其理想组合是"单行一带"或"两行一带"，基本上可以确保灌丛的正常生长，超过"两行一带"则出现胁迫现象，由于造林成活率限制，会出现断行的现象，断行就会出现局地风速抬升的现象，如果是迎风面的第一林带，就会出现风蚀现象，研究表明，"两行一带"组合的林带比"单行一带"林带出现断带的概率减少 20%~30%。综合分析，不同固沙树种"两行一带"配置模式均有利于防风固沙。

　　乔木的树冠在地面以上一定高度，因此，由乔木组成的林带防风优势在高空，其基部的防风作用较差；而灌木的树冠基本在地面，更加有利于对近地面风速的阻隔和地表侵蚀的固定。因此，利用低覆盖度行带式模式有利于混交的优势，提倡更加有利于提高防风固沙效益的乔、灌混交模式，形成乔木与灌木的隔带混交，这样，既增加了林分的生物多样性又提高了固沙林的防风固沙效益，这样的林分会更加稳定。按照水量平衡和低覆盖度行带式固沙林的研究结果，可以在不同气候区沙地（漠）选择的低覆盖度固沙体系应选择不同的乔、灌木比例。

在低覆盖度固沙体系达到固定流沙的目的后，可根据不同区域的气候、水文、土壤等特点发展不同的生态林业体系。例如，①毛乌素沙地应以多用途固沙林为主，农田、草牧场防护林为辅，结合少量经济林构建低覆盖度固沙体系，其中乔木占 10%左右，主要是沿着沙丘与丘间地接壤处覆沙厚度在 1.0m 左右的立地条件营造不规则的防护林骨架；在沙层厚度 1~5m 的沙丘上营造低覆盖度行带式固沙灌木林，其比例占 20%左右，保留 10%~15%的降雨渗漏补给面积，构建合理的水分利用结构的林分配置模式，确保降水能够渗漏补给深层土壤或地下水，保证林分正常生长。②浑善达克沙地以草牧场防护林和固沙林为主，结合少量的农田、饲料地防护林的生态林业体系，该区乔木应占 10%~15%，主要营造低覆盖度行带式固沙灌木林，保留 20%~30%的降水渗漏补给面积。③科尔沁沙地应以乔木防护林（包括农田防护林、草牧场防护林和乔木固沙林）为骨架，结合灌木固沙林、经济林和丰产林为主的生态林业体系，该区乔木应占 25%~35%，主要用于丘间地和缓起伏沙地造林，灌木占 10%~15%，主要用于高大密集沙丘区造林，在水分条件好的地段，发展间作型经济林和丰产林。④乌兰布和沙漠应以行带式灌木固沙林为主，计划少量的草牧场、农田、饲料地防护林的生态林业体系，该区乔木应占 5%~10%，主要用于农田防护林，灌木应占 30%~40%，主要用于营建低覆盖度行带式固沙林，保留 30%~40%的降水渗漏补给面积，确保降水能够渗漏补给深层土壤或地下水，达到固定流沙的目的。

8.3.2　低覆盖度造林密度原则

干旱半干旱区主要树种造林密度原则如下。

a）接近自然林分的覆盖度（15%~25%），走近自然林业的思路。

b）进入中龄林期，能够完全固定流沙，或者防治水土流失，风蚀量降低在 90%以上。

c）符合水量平衡，避免失败死亡，确保林木正常生长、林分稳定直到过熟林。

d）有利于带间植被、微生物和土壤的自然修复，一定要显著地提高生物多样性。

e）具有一定的应对极端干旱年份的能力，确保林分抵御 20 年一遇的少雨年份。

f）建议分出一个年降雨量小于 50mm（或者小于 100mm）的区域，在这个区域主要是灌溉造林或者是潜水林业（依靠吸收地下水来维持林分的生长），灌溉的低覆盖度防沙治沙体系也主要用于公路、铁路、厂矿企业和绿洲的风沙危害防治。其核心思想是尽可能地降低生态用水量，用最少的生态用水达到生态防护效益，在确保生态安全的条件下，把宝贵的水资源用在水价值最高的行业。因此，作者提出降雨量小于 50mm 的区域造林密度需要有最低密度（确保防风固沙）与最高密度（尽量减少生态用水量）。作者认为：在水分相对比较好的绿洲，包括有比较好的地下水补给的地区，也不能营造高密度的防护林，以免大量消耗宝贵的水资源。

典型设计中列出了各气候区主要树种造林密度表，表中给出的是最低密度。乔木单位株/hm²；灌木单位丛/hm²。如果造林地为积水低地、潜水补给地，或者灌溉地等可以根据造林目的与发育条件，具体确定密度，但不能低于该表中密度。

8.3.3 极端干旱区低覆盖度固沙体系典型设计

1."单行一带"复合沙障配置模式

极端干旱区营建低覆盖度固沙体系重点是灌溉，必须考虑到造林成本、灌溉成本及灌溉的可行性。低覆盖度固沙体系从整体上节省了造林成本及灌溉成本。在流动沙丘上，首先可以考虑"单行一带"造林模式，造林树种选择灌木或半灌木，在设置固沙林前需铺设沙障，根据实际情况设置 1m×1m、2m×2m 或 3m×3m 方格机械沙障或者 4m 的行带式沙障固定流沙；其次在沙障方格内营建固沙林，不同的树种选择不同的带间距。在极端干旱区营建低覆盖度"单行一带"固沙林可以根据具体立地和树种调节带宽，带宽范围设置为半灌木 5~12m 和灌木 12~28m，株距为 1~3m。配置模式示意图见图 8.4。

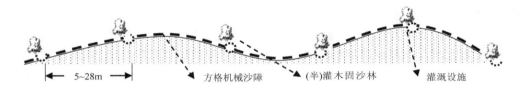

图 8.4 极端干旱区低覆盖度"单行一带"复合沙障配置模式截面示意图

例如，梭梭"单行一带"复合沙障配置模式，可设置 2m×2m 草方格沙障，在障内营建梭梭固沙林，株距 2~3m，带宽 12~26m，采用滴灌措施；适用于乌兰布和沙漠、腾格里沙漠、库姆塔格沙漠及周边类似流沙区。

2."两行一带"纯林配置模式

极端干旱区较平缓的流沙区可选择低覆盖度"两行一带"配置模式，集合灌溉设置建立防风固沙林。根据具体立地类型、立地条件、环境特点选择适宜的乔、灌木树种，株距以 2m 为宜，行距 3~5m；带间距可根据不同树种搭配的具体情况而定，一般为12~40m；行间设置灌溉设施，可进行沟灌或滴灌，这样既减少了生态用水，又提高了灌溉水的使用效率。具体配置模式示意图见图 8.5。

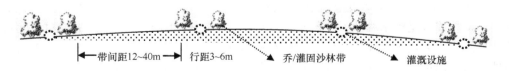

图 8.5 极端干旱区低覆盖度"两行一带"配置模式截面示意图

3."两行一带"乔、灌混交配置模式

极端干旱区较平缓的流沙区也可选择低覆盖度"两行一带"乔、灌混交配置模式，

集合灌溉设置建立防风固沙林。根据具体立地类型、立地条件、环境特点选择适宜的乔、灌木树种，进行混交，混交为一带乔木、一带灌木，或多带乔木、多带灌木，特别注意乔、灌木树种的搭配设置，株距以 2m 为宜，行距 3~5m；带间距可根据不同树种搭配的具体情况而定，一般为 12~40m；行间设置灌溉设施，可进行沟灌或滴灌，这样既减少了生态用水，又提高了灌溉水的使用效率。具体配置模式示意图见图 8.6。

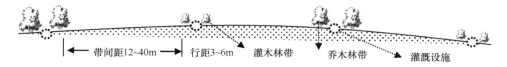

图 8.6　极端干旱区低覆盖度"两行一带"乔、灌混交配置模式截面示意图

4. 极端干旱区主要树种造林密度

极端干旱区主要树种造林密度见表 8.1。

8.3.4　干旱区低覆盖度固沙体系典型设计

1. "单行一带"复合沙障配置模式

干旱区营建低覆盖度固沙体系的重点是考虑植物的适宜性，配合灌溉保证林木存活，因此也要考虑到造林成本、灌溉成本及灌溉的可行性。低覆盖度固沙体系从整体上节省了造林成本及灌溉成本。在干旱区流动沙丘上，首先可以考虑"单行一带"造林模式，在设置固沙林前需铺设沙障，根据实际情况设置 1m×1m、2m×2m、3m×3m 方格机械沙障或者 4m 的行带式沙障固定流沙；其次在沙障方格内营建固沙林（灌木/半灌木），不同树种选择不同的带间距，为 5~28m，配置模式示意图见图 8.7。例如，在干旱区营建梭梭林带宽可以根据具体立地条件设置为 15m，株距为 2~3m，种植初期采用穴灌的方式，保证每株梭梭的成活率。

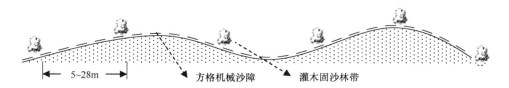

图 8.7　干旱区低覆盖度"单行一带"复合沙障配置模式截面示意图

2. "两行一带"配置模式

干旱区较平缓流沙区可选择低覆盖度"两行一带"配置模式，"两行一带"是低覆盖度固沙体系最常用的行带式配置方式，可应用于流沙区、半流动沙区。该模式根据具体立地类型、立地条件、环境特点选择适宜乔、灌木树种，选择"两行一带"式造林，株距以 2m，行距以 3~5m 为宜，带间距可根据不同固沙树种选择具体情况而定，一般为 12~40m；造林初期可进行沟灌或穴灌，保证造林成活率。具体配置模式示意图见图 8.8。

表 8.1　极端干旱区主要树种造林密度表

气候区	序号	树种及拉丁名	主要用途	适宜生境或特性	密度范围/[株（丛）/hm²]
极端干旱区	1	圆柏 *Sabina chinensis*	防护林	山地、沙地；阳性、耐寒、耐旱、耐瘠薄	420~900
	2	铺地柏 *Sabina procumbens*、沙地柏 *S. vulgaris*	防护林	沙地、山地；阳性、耐寒、耐旱、耐瘠薄	600~1120
	3	樟子松 *Pinus sylvestris* var. *mongolica*	防护林	沙地、山地；阳性、耐旱	210~600
	4	沙棘 *Hippophae rhamnoides*、中国沙棘 *H. rhamnoides* subsp. *sinensis*、俄罗斯大果沙棘 *H. rhamnoides* ssp. *russia*	防护林	山地、丘陵、沙地；阳性、喜光、耐寒、耐酷热、耐风沙及干旱	300~600
	5	柠条锦鸡儿 *Caragana korshinskii* 小叶锦鸡儿 *Caragana microphylla*	防护林	沙地、高原；耐阴、耐寒、耐干旱、耐瘠薄	210~420
	6	刺槐 *Robinia pseudoacacia*、国槐 *Sophora japonica*、金枝国槐 *S. japonica* 'Golden Stem'、龙爪槐 *S. japonica* f. *pendula*	防护林	山地、沙地；阳性	210~420
	7	花棒 *Hedysarum scoparium*、杨柴（踏郎）*H. mongolicum*	防护林	平原、沙地；喜光、耐寒、耐旱、耐贫瘠、耐酷热、抗风沙、喜沙埋、抗风蚀	210~420
极端干旱灌溉林业区	8	山毛桃（山桃）*Prunus davidiana*	防护林	低山丘陵、沙地；喜光、耐寒、耐旱、耐瘠薄、耐盐碱、怕涝	210~420
	9	杜梨 *Pyrus betulifolia*	防护林	低山、沙地、盐碱地；喜光、耐寒、耐旱、耐涝、耐瘠薄、耐盐碱	210~630
	10	乌柳 *Salix cheilophila*、小穗柳 *S. microstachya*、小穗柳（原变种）*S. microstachya* var. *microstachya*、小红柳（变种）*S. microstachya* var. *bordensis*、宽叶乌柳 *S. cheilophila* var. *acuminata*	防护林	河滩、沙地平原；阳性、耐瘠薄	210~420
	11	杞柳 *Salix integra*、沙柳 *S. cheilophila*	防护林	沙地、平原；强阳性、耐干旱、耐瘠薄、不耐盐碱	210~420
	12	旱柳 *Salix matsudana*、垂柳 *S. babylonica*、绦柳（变型）*S. matsudana* f. *pendula*、龙爪柳（变型）*S. matsudana* var. *matsudana* f. *tortuosa*、馒头柳（变型）*S. matsudana* var. *matsudana* f. *umbraculifera*	防护林	高原、沙地；阳性、耐干旱、耐水湿、耐寒冷	180~270
	13	文冠果 *Xanthoceras sorbifolia*	防护林	石质低山、沙地、黄土丘陵；强阳性、耐半阴	210~630
	14	臭椿 *Ailanthus altissima*、香椿 *Toona sinensis*	防护林	丘陵、山地；阳性	210~420
	15	优若藜 *Eurotia ceratoides*、华北驼绒藜 *C. arborescens*	防护林	沙地、平原；抗旱、耐寒、耐瘠薄	210~420
	16	柽柳 *Tamarix chinensis*、红柳 *T. ramosissima*	防护林	沙漠、滨海；强阳性、耐干旱、耐水湿、耐盐碱、抗风	210~420
	17	白榆 *Ulmus pumila*、大果 *Ulmus macrocarpa*、榆树 *Ulmus pumila*	防护林	山地、沙地、荒漠、水地流失区；阳性	180~270
	18	沙拐枣 *Calligonum mongolicum*	防护林	沙地、洪积平原；喜光、耐旱、耐寒、耐瘠薄	210~360
	19	梭梭 *Haloxylon ammodendron*	防护林	沙地；抗旱、抗热、抗风、耐盐碱	210~360
	20	宁夏枸杞 *Lycium barbarum*、中华枸杞 *L. chinense*、北方枸杞（变种）*L. chinense* var. *potaninii*	防护林	沙地、平原；喜光、极耐寒、耐旱、耐盐碱	210~420

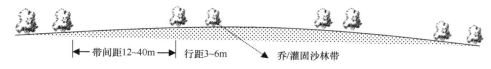

图 8.8　干旱区低覆盖度"两行一带"配置模式截面示意图

3. "两行一带"乔、灌混交配置模式

干旱区较平缓的流沙区可选择低覆盖度"两行一带"乔、灌混交配置模式，设置建立防风固沙林。根据具体立地类型、立地条件、环境特点选择适宜的乔、灌木树种，进行混交配置，选择一带乔木、一带灌木的混交配置，或多带乔木、多带灌木的混交配置模式，特别注意乔、灌树种搭配设置乔木株距 3~4m、行距 4~6m，灌木株距以 2~3m、行距 3~5m 为宜，带间距可根据不同树种搭配的具体情况而定，一般为 12~40m；造林初期可进行沟灌或穴灌，保证造林成活率。具体配置模式示意图见图 8.9。

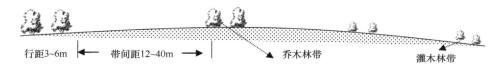

图 8.9　干旱区低覆盖度"两行一带"乔、灌混交配置模式截面示意图

4. 干旱区主要树种造林密度

干旱区主要树种造林密度见表 8.2。

表 8.2　干旱区主要树种造林密度表

气候区	序号	树种及拉丁名	主要用途	适宜生境或特性	最低密度/[株（丛）/hm²]
干旱区	1	沙地柏 *Sabina vulgaris*、铺地柏 *Sabina procumbens*	防护林	山地、沙地；耐寒、耐旱、耐瘠薄	1120
	2	沙地云杉	防护林	沙地、高原；耐旱、耐贫瘠	300
	3	樟子松 *Pinus sylvestris* var. *mongolica*	防护林	沙地、山地；阳性、耐旱、耐旱	210
	4	优若藜 *Ceratocarpus latens*、华北驼绒藜 *C. arborescens*	防护林	沙地、平原；抗旱、耐寒、耐瘠薄	420
	5	梭梭 *Haloxylon ammodendron*	防护林	沙地；抗旱、抗热、抗寒、耐盐碱	360
	6	麻黄 *Ephedra sinica*、桑 *Morus* spp.、四翅滨藜 *Atriplex canescens*	防护林	沙地、沙滩地、山前洪积扇；喜光、耐寒、耐干旱、耐瘠薄	900
	7	沙柳（乌柳）*Salix cheilophila*、	防护林	沙地、洪积平原；喜光、耐旱、耐寒、耐瘠薄	420
	8	花棒 *Hedysarum scoparium*、杨柴（踏郎）*H. mongolicum*	防护林	平原、沙地；喜光、耐寒、耐旱、耐贫瘠、耐酷热、抗风沙、喜沙埋、抗风蚀	420
	9	沙拐枣 *Calligonum mongolicum*	防护林	沙地、洪积平原；喜光、耐旱、耐寒、耐瘠薄	300
	10	白刺 *Nitraria tangutorum*、霸王 *Zygophyllum xanthoxylum*	防护林	沙地、洪积平原；喜光、耐旱、耐寒、耐瘠薄	300
	11	柠条 *Caragana* spp.	防护林	平原、沙地；喜光、耐寒、耐旱、耐贫瘠、耐酷热、抗风沙、喜沙埋、抗风蚀	420

续表

气候区	序号	树种及拉丁名	主要用途	适宜生境或特性	最低密度/[株（丛）/hm²]
干旱区	12	沙棘 *Hippophae rhamnoides*、俄罗斯大果沙棘 *H. rhamnoides* ssp. *russia*、沙木蓼 *Atraphaxis frutescens*	防护林	沙地、山地；喜光、抗干旱、抗高温、抗风蚀、抗沙埋、抗盐碱	630
	13	蒙古栎 *Quercus mongolica*	防护林	中低山顶部和山脊；阳性	810
	14	白丁香 *Syringa oblata* var. *alba*、紫丁香 *S. oblata*、文冠果 *Xanthoceras sorbifolia*	防护林	沙地、洪积平原；喜光、耐旱、耐寒、耐瘠薄	420
	15	山毛桃（山桃）*Prunus davidiana*	防护林	沙地、山地；阳性、喜光、耐寒、耐旱、耐瘠薄	900
	16	杜梨 *Pyrus betulifolia*	防护林	沙地、荒漠、盐碱地；喜光、耐寒、耐干旱、耐瘠薄、耐涝、耐盐碱	900
	17	新疆杨 *Populus alba* var. *pyramidalis*、新疆杨（变种）*Populus alba* var. *pyramidalis*、银白杨 *Populus alba*、光皮银白杨（变种）*Populus alba* var. *bachofenii*	防护林	低山、沙地、黄土区；喜光、耐寒	180
	18	青杨 *Populus cathayana*、青海杨 *P. praewaiskii*、小叶杨 *P. simonii*、北京杨 *P. beijingensis*、欧美杨 *P. × canadensis*、二白杨 *P. gansuensis*、箭杆杨 *P. nigra* var. *italica*	防护林	丘陵、沙地、平原；阳性、耐寒、耐干冷	180
	19	胡杨 *Populus euphratica*、箭胡毛杨 *P. × Jianhumao*、灰叶胡杨 *P. pruinosa*	防护林	沙漠河岸滩地、盐碱地；喜光、抗热、抗大气干旱、抗盐碱、抗风沙	420
	20	柽柳 *Tamarix chinensis*、多枝柽柳 *T. ramosissima*、甘蒙柽柳 *T. x austromongolica*、长穗柽柳 *T. elongata*、多花柽柳 *T. hohenackeri*	防护林	河滩地；喜光、抗干旱、耐高温、耐盐碱	900
	21	沙枣 *Elaeagnus angustifolia*	防护林	平原河岸；喜光、耐干旱、耐水湿、耐寒冷	300
	22	旱柳 *Salix matsudana*、垂柳 *S. babylonica*、绦柳（变型）*S. matsudana* f. *pendula*、白柳 *S. alba*	防护林	渠道、河岸、道路；喜光、耐干旱、耐水湿、耐寒冷	270
	23	文冠果 *Xanthoceras sorbifolia*	防护林	低山沟壑、干旱梁峁、黄土丘陵；强阳性、耐半阴、耐寒、抗干热	630
	24	白榆 *Ulmus pumila*、大叶榆 *U. laevis*、白蜡 *Fraxinus chinensis*、小叶白蜡 *F. sogdiana*	防护林	低山、平原；耐旱、耐贫瘠	270
	25	刺槐 *Robinia pseudoacacia*、国槐 *Sophora japonica*	防护林	低山、平原；耐旱、耐贫瘠	420

8.3.5 半干旱区低覆盖度固沙体系典型设计

1. "两行一带"配置模式

半干旱区降水条件优于干旱区、极端干旱区，低覆盖度固沙体系设计，根据不同固沙植被的水分利用特征，设置不同的固沙林带带宽，天然降水能够满足植物的生长需求，基本不用采用任何灌溉措施。该模式适用于半干旱区流动沙丘、半流动沙丘等多种立地类型，根据区域特点选择合适的固沙乔、灌木树种，进行造林，乔木株距 3~4m、行距 4~6m，灌木株距以 2~3m、行距 3~5m 为宜，带间距一般为 12~40m。具体配置模式示意图见图 8.10。

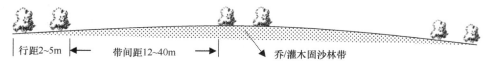

图 8.10　半干旱区低覆盖度"两行一带"配置模式截面示意图

2. "两行一带"乔、灌混交配置模式

半干旱区较平缓的流沙区可选择低覆盖度"两行一带"乔、灌混交配置模式。根据具体立地类型、立地条件、环境特点选择适宜的乔、灌木树种，进行混交配置，建议选择一带乔木、一带灌木的混交配置或是多带乔木、多带灌木的配置，特别注意乔、灌木树种搭配设置，乔木株距 3~4m、行距 4~6m，灌木株距以 2~3m、行距 3~5m 为宜，带间距可根据不同树种搭配的具体情况而定，一般为 12~40m。具体配置模式示意图见图 8.11。

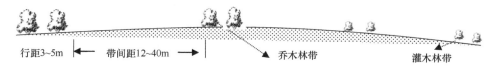

图 8.11　干旱区低覆盖度"两行一带"乔、灌混交配置模式截面示意图

当然，也可以根据具体情况增加固沙体系结构，但主体结构为低覆盖度行带式。例如，营造两带旱柳两行一带式固沙林，带宽 30~35m，株距 3~4m，行距 4~6m，接下来种植 2 行当地的乡土灌木树种，带宽 12~25m，株距以 2~3m、行距 3~5m 为宜，然后，再营造两带旱柳两行一带固沙林，形成乔灌混交固沙林。带间撒播种植紫花苜蓿、披碱草、甘草等，水分条件好的地区可根据当地的条件种植经济树种或作物，或者带间自然修复植被的效果也是非常好的。

3. "两行一带"农林复合配置模式

半干旱区土地沙化较干旱区轻，土地利用类型多样，面对我国耕地现状，在半干旱区水分好的沙地，可实行农林兼作，采用低覆盖度"两行一带"式营造固沙林，在固沙林带间间作农作物或经济作物，实现农林有机结合，达到生态、经济、社会效益统一。因此在该区也可选择"两行一带"农林复合配置模式（图 8.12），固沙林带间距为 30~40m，株距 3~4m、行距 4~6m，固沙林地建成后，既可作为防风固沙林也可为农田防护林，在固沙林带间可种植作物。此种方式特别适合水分条件好的地区。带间种植种类可根据当地实际农作物特点进行选择，为一年一茬，如种植玉米等秸秆类作物，在作物收割时要留茬，对带间土壤实行保护性耕作，这样既减少了土壤的风蚀，又改良了带间土壤的理化性质。

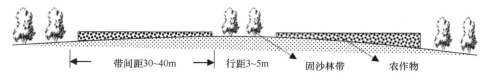

图 8.12　半干旱区低覆盖度"两行一带"农林复合配置模式截面示意图

4. "三行/四行一带"配置模式

半干旱区水分条件好的地区，也可选择"三行/四行一带"配置模式（图 8.13），树种选择为针叶乔木，一般株距 3~4m、行距 4~6m 为宜，带间距一般为 15~40m，也可根据具体立地条件和风沙状况设置混交模式，选择灌木以"两行一带"混交为宜。

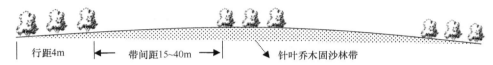

| 行距4m | 带间距15~40m | 针叶乔木固沙林带 |

图 8.13　半干旱区低覆盖度"三行一带"配置模式截面示意图

5. 半干旱区主要树种造林密度

半干旱区主要树种造林密度见表 8.3。

表 8.3　半干旱区主要树种造林密度表

气候区	序号	树种及拉丁名	主要用途	适宜生境或特性	最低密度/[株（丛）/hm²]
半干旱区	1	杜松 *Juniperus communis*	防护林	山地；阳性、耐贫瘠	840
	2	侧柏 *Platycladus orientalis*	防护林	石质山、石灰岩山、丘陵；阳性	900
	3	圆柏 *Sabina chinensis*	防护林	山地、沙地；阳性、耐寒、耐旱、耐瘠薄	900
	4	铺地柏 *Sabina procumbens*、沙地柏 *S. vulgaris*	防护林	沙地、山地；阳性、耐寒、耐旱、耐瘠薄	1120
	5	云杉 *Picea asperata*、红皮云杉 *P. koraiensis*、青海云杉 *P. crassifolia*、青杆 *P. wilsonii*、白杆 *Picea meyeri*	防护林	中低山阴坡和半阴坡、丘陵；耐阴、能耐干燥及寒冷	840
	6	樟子松 *Pinus sylvestris* var. *mongolica*	防护林	沙地、山地；阳性、耐旱、耐寒	210
	7	油松 *Pinus tabuliformis*	防护林	山地、黄土丘陵；阳性、抗瘠薄、抗风	630
	8	沙棘 *Hippophae rhamnoides*、中国沙棘 *H. rhamnoides* subsp. *sinensis*、俄罗斯大果沙棘 *H. rhamnoides* ssp. *russia*	防护林	山地、丘陵、沙地；阳性、喜光、耐寒、耐酷热、耐风沙及干旱	420
	9	白丁香 *Syringa oblata* var. *alba*、紫丁香 *S. oblata*、暴马丁香 *S. reticulata* var. *mandshurica*	防护林	山地、丘陵平原；喜阳或中生、稍耐阴、耐寒	630
	10	紫穗槐 *Amorpha fruticosa*	防护林	山地、河岸及湖滨；阳性、耐寒、耐水淹	720
	11	柠条锦鸡儿 *Caragana korshinskii*、小叶锦鸡儿 *Caragana microphylla*	防护林	沙地、高原；耐阴、耐寒、耐干旱、耐瘠薄	420
	12	胡枝子 *Lespedeza bicolor*	防护林	低山丘陵；中生性、耐阴、耐寒、耐干旱、耐瘠薄	1120
	13	花棒 *Hedysarum scoparium*、杨柴（踏郎）*H. mongolicum*	防护林	平原、沙地；喜光、耐寒、耐旱、耐贫瘠、耐酷热、抗风沙、喜沙埋、抗风蚀	420
	14	刺槐 *Robinia pseudoacacia*、国槐 *Sophora japonica*、金枝国槐 *S. japonica* 'Golden Stem'、龙爪槐 *S. japonica* f. *pendula*	防护林	山地、沙地；阳性	420

续表

气候区	序号	树种及拉丁名	主要用途	适宜生境或特性	最低密度/[株（丛）/hm²]
半干旱区	15	山樱桃 *Cerasus tomentosa*	防护林	低山、沙地；喜光、耐寒、不耐盐碱	420
	16	山毛桃（山桃）*Prunus davidiana*	防护林	低山丘陵、沙地；喜光、耐寒、耐旱、耐瘠薄、耐盐碱、怕涝	420
	17	杜梨 *Pyrus betulifolia*	防护林	低山、沙地、盐碱地；喜光、耐寒、耐旱、耐涝、耐瘠薄、耐盐碱	630
	18	柄扁桃 *Prunus pedunculata*、蒙古扁桃 *Amygdalus mongolica*	防护林	丘陵、高原；喜光、耐旱、耐寒、耐瘠薄	420
	19	北京杨 *Populus beijingensis*、毛白杨 *P. tomentosa*、银白杨 *P. alba*、新疆杨 *P. alba* var. *pyramidalis*、箭杆杨 *P. nigra* var. *thevestina*、107 杨、108 杨、天演杨 *P. exuramericana*、小叶杨 *P. simonii*、青杨 *P. cathayana*、青海杨 *P. przewalskii*、河北杨 *Populus × hopeiensis*、小黑杨 *Populus × xiaohei*	防护林	丘陵、平原、沙地；阳性	180
	20	旱柳 *Salix matsudana*、垂柳 *S. babylonica*、绦柳（变型）*S. matsudana* f. *pendula*、龙爪柳（变型）*S.matsudana* var. *matsudana* f. *tortuosa*、馒头柳（变型）*S. matsudana* var. *matsudana* f. *umbraculifera*	防护林	高原、沙地；阳性、耐干旱、耐水湿、耐寒冷	270
	21	杞柳 *Salix integra*、沙柳 *S. cheilophila*	防护林	沙地、平原；强阳性、耐干旱、耐瘠薄、不耐盐碱	420
	22	乌柳 *Salix cheilophila*、小穗柳 *S. microstachya*、小穗柳（原变种）*S. microstachya* var. *microstachya*、小红柳（变种）*S. microstachya* var. *bordensis*、宽叶乌柳 *S. cheilophila* var. *acuminata*	防护林	河滩、沙地平原；阳性、耐瘠薄	420
	23	文冠果 *Xanthoceras sorbifolia*	防护林	石质低山、沙地、黄土丘陵；强阳性、耐半阴	630
	24	臭椿 *Ailanthus altissima*、香椿 *Toona sinensis*	防护林	丘陵、山地；阳性	420
	25	宁夏枸杞 *Lycium barbarum*、中华枸杞 *L. chinense*、北方枸杞（变种）*L. chinense* var. *potaninii*	防护林	沙地、平原；喜光、极耐寒、耐旱、耐盐碱	630
	26	优若藜 *Ceratocarpus latens*、华北驼绒藜 *C. arborescens*	防护林	沙地、平原；抗旱、耐寒、耐瘠薄	420
	27	柽柳 *Tamarix chinensis*、红柳 *T. ramosissima*	防护林	沙漠、滨海；强阳性、耐干旱、耐水湿、耐盐碱、抗风	420
	28	白榆 *Ulmus pumila*、黄榆 *Ulmus macrocarpa*、龙爪榆 *Ulmus pumila* 'tenue'	防护林	山地、沙地、荒漠、水土流失区；阳性	180
	29	沙拐枣 *Calligonum mongolicum*	防护林	沙地、洪积平原；喜光、耐旱、耐寒、耐瘠薄	300
	30	梭梭 *Haloxylon ammodendron*	防护林	沙地；抗旱、抗热、抗寒、耐盐碱	360

6. 半干旱区低覆盖度典型固沙体系

　　半干旱区水分条件最好，固沙造林树种以乔木、灌木为主，很多乔木树种都可用于半干旱区固沙体系建设。可根据不同树种的生物学、生态学特性，调整带宽、带间距、株距以保证固沙体系正常生长。以下列出一些典型的半干旱区低覆盖度固沙体系。

1）半灌木

a）油蒿行带式固沙林：带宽 5~10m，株距 0.5~1m，带间撒播种植一年生草本虫实、狗尾草等，适用于降雨量小于 200m 的沙地或者沙漠地区。

b）差巴嘎蒿行带式固沙林：带宽 5~10m，株距 0.5~1m，带间撒播种植一年生草本虫实、狗尾草等，适用于浑善达克沙地及周边类似地区。

c）乌丹蒿行带式固沙林：带宽 5~10m，株距 0.5~1m，带间撒播种植一年生草本虫实、狗尾草等，适用于科尔沁沙地、呼伦贝尔沙地及松辽平原沙化区。

2）灌木

a）沙柳行带式固沙林：带宽 15~20m，株距 1m，行距 2~4m，带间撒播种植一年生草本虫实、狗尾草等，适用于毛乌素沙地、乌兰布和沙漠、库布齐沙漠、河东沙地及周边类似地区。

b）黄柳行带式固沙林：带宽 15~28m，株距 1m，行距 2~4m，带间撒播一年生草本虫实、狗尾草等，适用于浑善达克沙地、科尔沁沙地、呼伦贝尔沙地。

c）杨柴行带式固沙林：流动沙丘带宽 12~15m、半流动沙丘带宽 12~18m，株距 1~2m，行距 2~4m，带间撒播种植一年生草本虫实、狗尾草等，适用于我国陕北榆林、宁夏东部沙地及内蒙古的毛乌素沙地，库布齐沙漠东部、乌兰布和沙漠及浑善达克沙地。

d）花棒行带式固沙林：流动沙丘带宽 12~16m、半流动沙丘带宽 12~20m，株距 1~2m，行距 2~4m，带间撒播种植一年生草本虫实、狗尾草等，适用于我国主要的沙漠与沙地及中度以上的荒漠化土地。

e）沙棘行带式防风固沙林：带宽 15~25m，株距 1~3m，行距 2~4m，带间撒播种植紫花苜蓿、披碱草、草木樨、沙打旺等牧草或者天然植被自我修复（封育），适用于黄土丘陵区、砒沙岩地区、北方农牧交错区、北方土石山区。

f）小叶锦鸡儿行带式防风固沙林：带宽 15~25m，株距 1~3m，行距 2~4m，带间撒播种植紫花苜蓿、披碱草、草木樨、沙打旺等牧草或者天然植被自我修复（封育），适用于北方草原区。

g）中间锦鸡儿行带式防风固沙林：带宽 15~28m，株距 2~3m，行距 3~5m，带间撒播种植紫花苜蓿、披碱草、草木樨、沙打旺等牧草或者天然植被自我修复（封育），适用于黄土丘陵区、北方农牧交错区。

h）柠条锦鸡儿行带式防风固沙林：带宽 16~25m，株距 2~3m，行距 3~5m，带间撒播种植紫花苜蓿、披碱草、草木樨、沙打旺等牧草或者天然植被自我修复（封育），适用于科尔沁沙地、浑善达克沙地、呼伦贝尔沙地、松辽平原及周边类似地区。

3）阔叶乔木

a）杨树行带式固沙林：带宽 25~36m，株距 2~4m，行距 4~6m，带间撒播种植紫花苜蓿、披碱草、甘草等，水分条件好的地区可根据当地的条件种植经济树种或作物，适用于半固定沙地及北方地区农田防护林。

　　b）刺槐行带式固沙林：带宽 25~36m，株距 2~4m，行距 4~6m，带间撒播种植紫花苜蓿、披碱草、甘草等，水分条件好的地区可根据当地的条件种植经济树种或作物，适用于黄土区及北方农牧交错区。

　　c）白榆行带式防风固沙林：带宽 20~36m，株距 3~4m，行距 4~6m，带间撒播种植紫花苜蓿、披碱草、草木樨、沙打旺等牧草或者天然植被自我修复（封育），适用于科尔沁沙地、浑善达克沙地、呼伦贝尔沙地、典型草原、草甸草原区。

4）针叶乔木

　　a）樟子松行带式防风固沙林：带宽 25~40m，株距 2~4m，行距 4~6m，带间撒播种植紫花苜蓿、披碱草、草木樨、沙打旺等牧草或者天然植被自我修复（封育），适用于科尔沁沙地、浑善达克沙地、呼伦贝尔沙地、典型草原、草甸草原区、松嫩平原、坝上草原及北方农牧交错区。

　　b）油松行带式防风固沙林：带宽 20~40m，株距 2~4m，行距 4~6m，带间撒播种植紫花苜蓿、披碱草、草木樨、沙打旺等牧草或者天然植被自我修复（封育），适用于黄土丘陵区、北方农牧交错区、北方土石山区。

8.3.6　低覆盖度网格设计

　　对于非单风向区域可采用低覆盖度网格固沙模式设计，以此控制不同方向风对地面的风蚀，控制风和风沙流动的方向、速度、结构，进而改变蚀积状况，达到防风阻沙、改变风的作用力及地貌状况等目的。主要用于多风向地区，可以采用半灌木、灌木、乔木（包括经济树种，如核桃、杏、文冠果等），在设计时要符合低覆盖度固沙的总体设计原则，即覆盖度在 15%~25%，且不同树种要在优化的带间距范围之内；组成网格式设计，有类似于农田防护林的结果，但在配置距离、网格大小上是有区别的，其生态功能和意义不同，低覆盖度网格模式的目的是控制流沙，防治风沙危害，这也是其不同于农田防护林的功能所在。

　　大量研究表明，适宜采用低覆盖度网格固沙的树种包括乔木、灌木和半灌木等，如沙蒿、红砂、沙拐枣、紫穗槐、黄柳、杨柴、花棒、沙柳、柠条锦鸡儿、国槐、杨树等（张风春和蔡宗良，1997；刘世增和蔡宗良，1997；邢存旺等，2006；孙荣华等，2006；张瑞麟等，2006；李爽，2010）。对于网格固沙林，设计规格应根据不同的气候区、不同立地条件、不同固沙树种分别选择合适的配置方式，如 8m×8m、12m×12m、12m×16m等，目前应用最广泛的格状固沙林为杨柴、黄柳。低覆盖度网格模式技术更适用于干旱、半干旱的流动沙丘，而干旱区、极端干旱区必须配合机械沙障固沙。

　　作者的研究表明，覆盖度较低的网格固沙林在网格内植被土壤恢复方面较有优势，能够促进植被向近自然植被方向发展，而且覆盖度低减少了对土壤水分的消耗，增加了固沙植物的可持续性和渡过干旱年份的能力；低覆盖度网格设计能够达到与行带式设置相同的效果，在多风向地区的防护效益更优。

　　低覆盖度网格模式可根据具体立地类型、立地条件、环境特点选择适宜乔、灌木树种，设置"单行格式"、"两行格式"两种模式，不建议"多行格式"，但可垂直混交。不同类型树种"单行格式"网格大小可根据选择的不同树种、不同立地、不同水分条件等遵循下列格式大小：半灌木（5~12m）×（5~12m）；灌木（12~28m）×（12~28m）；阔叶或针叶乔木（15~36m）×（15~40m）。半干旱区"两行/混交格式"配置更具固沙优势，在设置时要遵循低覆盖度固沙基本原则，网格可以是方形的，亦可以是长方形的，但网格应该尽量扩大，要根据具体情况设置，大小范围要在"单行模式"范围内，且要保证覆盖度在 15%~25%。

8.4 低覆盖度行带式固沙林造林技术

通过植物播种、扦插、植苗造林、种草与沙障措施相结合是风沙区防风固沙的最基本措施，流沙治理的关键点在于沙丘迎风坡，迎风坡固定后整个沙丘就基本被固定，在草原地区的严重荒漠化区域可通过不设沙障，直接恢复植被固沙。但在荒漠化地区极易受干旱、霜冻、干热风、低温、大风及沙尘暴等主要灾害性天气的影响，加之土壤沙化严重，保墒性能极差，应用常规技术造林，不能从根本上满足苗木生根发育期对水分的要求，严重影响造林成活率，因此，需采用低覆盖度的造林方式，有力地提高造林成活率。下列技术可供营建固沙林参考，造林方法主要参考造林技术规程。

8.4.1 造林准备

1. 造林时间

造林有春、秋两个造林季节，春季是造林的黄金季节，宜早不宜晚，最佳时间是在土壤解冻达到植苗的深度，到苗木放叶之前的这段时间。秋季造林宜迟不宜早，最佳时间为苗木全部落叶，大地封冻之前，再把地上 5cm 以上部分铲除，有利于冬季的管理和造林成活率的提高。

2. 树种选择

春季造林在树种选择上无特殊要求，适宜荒漠区生长的乔、灌木类均可；秋季造林要选择耐盐碱、抗旱性能较强的白榆、柠条锦鸡儿、沙枣等乔、灌木类二年生苗木。

3. 科学起苗

起苗不伤根，保护根系完整，是造林成功的一个关键技术措施。所以起苗一定要讲究科学，起苗前苗床要淋透水，使土壤湿润松软，易起苗又不易伤根。尽量给苗木多留侧根和须根，忌用手拔苗。苗木运到栽植点后要立刻假植并淋水保湿，严防日晒，随取随栽。

8.4.2 苗木修剪

将要栽植的树木，先进行枝量修剪，根据苗木大小确定适当的定干高度，这样做的目的是为了降低蒸腾作用，减少水分散失，还可以减少风吹摇动幼树。苗木的根系也要进行修剪，特别是在起苗时，可用专用的修剪工具进行根系修剪，以露出新鲜干净的伤口, 以便根部愈合, 促进新根生长, 提高抗旱能力, 同时还有控制伤口腐烂的作用。

8.4.3　栽植方法

根据干旱区不同地段的水分和立地条件, 可坚持因地制宜, 适地适树, 合理安排造林树种, 分别采取深栽浅埋、带土栽植、鱼鳞坑栽植、无水栽植、蘸根栽植、地膜覆盖栽植和容器苗栽植等不同方法造林。

1. 深栽浅埋栽植

在土壤干旱层比较深的地方, 把坑挖到湿土层, 深栽使苗木根系直接深入土壤水分较充分的土层。挖的坑以不超过树木原土印 15cm 为标准, 基本形成一个 "凹" 字形坑槽。这种方法在盐碱地的土壤上更为实用, 利用盐碱地上重下轻的分布特点, 深栽可以有效减轻盐分对根系的伤害程度; 掌握浅埋, 浅埋后留有的 "凹" 字形坑槽, 可以更好地蓄积雨水, 有利于淋盐保墒, 并且解决深栽躲盐与因栽植过深根系通气不良而影响幼树生长的矛盾。

2. 带土栽植

在条件允许的情况下, 各种苗木都要尽量带土栽植, 以减少根的暴露时间和程度, 特别是需在雨季补植的苗木大都应带土栽植。其好处在于: 一是根系保留完整; 二是原土自带, 减少了 "水土不服" 的现象, 适应能力增强; 三是不存在缓苗期或缓苗期缩短, 显著提高成活率。缺点是费时、费力, 不便运输。

3. 鱼鳞坑栽植

在地势起伏较大的沙丘地段, 可依地势挖 "品" 字形的鱼鳞坑。在坑内栽植适生苗木, 这种苗木布局形式能有效改变光照角度和苗木温度条件, 有利于苗术发芽、生根。同时, 这些鱼鳞坑就像一个个 "小水库", 拦截蓄坡面的降水, 可充分提高自然水源的利用率, 增强树木的抗旱能力。

4. 无水栽植

在无灌水条件的地段, 在造林前早整地早挖坑, 抓住阴雨天气的有利时机, 集中人力进行无水栽植, 使苗木根系完全置于比较湿润的土壤中, 造林起苗当天栽完。采取早栽措施, 因气温较低, 水分蒸发小, 苗木先生根后展叶易成活, 但春季时同也不宜太早, 避免幼苗冻死。为了更有效地提高无水栽植苗木成活率, 可配合使用土壤保湿剂, 在栽植前将土壤保湿剂掺到土中, 搅拌均匀, 然后回填。保湿剂具有很强的吸附土壤水分的作用。

5. 蘸根栽植

（1）蘸泥浆

将应栽植的苗木, 先在清水中浸泡苗木的根系 2~3d, 或把苗木的根在泥浆里蘸一下再栽，增加苗木的含水量，提高抗旱能力。适宜蘸根栽植的苗木有杨树类、柳树类及臭椿、刺槐、白蜡等阔叶树种。带土栽植的各类灌木不宜应用此法。

（2）蘸磷肥

磷肥是细胞分裂的必需物质。苗木根系多，生长点分裂活动旺盛，对磷的需要量也最多，苗木栽前用磷肥液蘸根，能满足树木生长初期对养分的需要，使新根增多，扩大吸收范围，有利于成活。方法是用过磷酸钙 1.5kg，黄泥 12.5kg，加水 50kg，搅拌均匀，取澄清液浸根，然后立即栽种效果好。它具有关闭保卫细胞，减少水分蒸发的作用。在实际应用中有粉剂和片剂两种，效果一样。当使用片剂时，要先研成粉末，用干净的清水化开，现配现用。一般使用浓度为 0.05% 喷干和蘸根均可，处理完毕后要立即栽植。

（3）蘸 ABT 生根粉

ABT 生根粉是一种广谱高效生根促进剂，具有补充外源激素与促进植物体内源激素合成的功能，能促进不定根形成，缩短生根时间，并能促使不定根暴发性生根，根据各种植物的不同，有 5 种型号可供选择。操作方法是先将一袋粉剂与溶剂混合而后加水 5kg，变成苗木所需用的溶液，选择一定的容器，把所要栽植的苗木逐株浸根。如果在起苗后浸蘸一次，等苗木运到栽植地点再重复一次，随蘸随栽，效果更佳，特点是生根快、抗旱能力强，更利于苗木成活。

6. 地膜覆盖栽植

对苗木档次要求较高的地段，在苗未定植前，先露地灌水两遍，然后用大于树坑周围 10cm 的地膜覆盖在整个树坑中，用适量的土压住地膜，这种做法可持久保墒、能节省灌水次数和用水量，还可增加苗木根部温度，促进苗木发芽速度，提高抗旱能力。

7. 容器苗栽植

该技术在极度干旱条件下可在一定程度上增大苗木生根量，提高抗旱能力，最大限度地提高造林成活率，具有一定的实践价值与推广价值。方法是选择适当大小的容器（如罐头瓶、盐水瓶等）注满水后，将被植苗主根置入容器内至底部位置，被植苗木如无侧根，可将主根置入容器中，如有侧根，将主根置入容器中，侧根置于容器外。然后进行栽植，为防止苗木根系腐烂，杜绝使用根系破损苗木。造林深度必须达 50~60cm，因苗木再生根大多位于容器口上部位置，过浅新生根离地表越近，水分含量越少，将影响到苗木成活率，容器造林与常规造林呈片状、行状，株间混交栽植，栽植于迎风坡 2/3 以下坡面。

8. 直播造林

直播是用种子作为材料，直接播于沙地建立植被的方法。直播在干旱风沙区有更多的困难，因而成功的概率相对更低，然而直播成功的可能性还是存在的。直播有许多优点，如直播施工简单，有利于大面积植被建设，省去了育苗环节，降低了成本，直播苗根系未受伤，不存在缓苗期，适应性强。条件较优越的沙地，直播是一项成本低、收效大的造林技术。

垄播的主要技术是选择适宜的植物种、播期、播量、播种方式、覆土厚度，这些都可以提高播种成效。就播期来看，春、夏、秋、冬都可进行直播，生产的季节限制要小得多。

播种方式分为条播、穴播、撒播 3 种。条播是按一定方向和距离开沟播种，然后覆土。穴播是按设计的播种点（或行距穴距）挖穴播种覆土。撒播是将种子均匀撒在沙地表面，不埋土（但需自然覆沙）。条播、穴播容易控制密度，种子稳定，不会位移，种子应播种在湿沙层中。条播播量大于穴播，苗木抗风蚀作用也比穴播强。如果风蚀严重，可由条播组成条播带。撒播不覆土，播后自然覆沙。

播种深度是一个非常重要的因素，常因覆土不当导致失败。一般根据种子大小而定，沙地上播小粒种子，覆土 1~2cm，如沙打旺、沙蒿、梭梭等。较大粒种子应覆土 3~5cm，如花棒、杨柴、柠条锦鸡儿等，过深则会影响出苗。出苗慢的树种不适宜在沙地上播种。在草原区流动沙丘直播成功的植物种主要是花棒、杨柴、籽蒿、小叶锦鸡儿，柠条锦鸡儿、沙打旺虽能播种成功，但需较稳定的沙丘部位。

9. 扦插造林固沙

很多植物具营养繁殖能力，可利用营养器官繁殖新个体，如插条、插干、埋干、分根、地下茎等。在沙区应用较广、效果较大的是插条、插干造林，简称扦插造林。扦插造林的优点是：方法简单，便于推广；就地取条、干，不必培育苗木。

适于扦插造林的沙区植物主要是杨、柳、花棒、杨柴、紫穗槐等。尽管植物种不多但作用重大。扦插技术如下：黄柳、沙柳等，从生长健壮无病虫害的优良母树剪取当年生枝条作为插条，插条长 40~80cm，采后浸水数日有利于提高成活率。用 ABT 进行催根处理可加速生根，提高成活率。

8.4.4　造林整地方式

1. 鱼鳞坑整地

鱼鳞坑整地是坡地植树造林常用的种植方法，在黄土高原山地造林上应用较多，即在梁（峁）坡、沟坡地段，因坡度较大（一般超过 30°），地形又比较破碎，多采用鱼鳞坑整地。鱼鳞坑整地对地表植被破坏较小，是坡面治理的重要整地方法。鱼鳞坑整地的具体方法是：在山坡上按造林设计，挖近似半月形的坑穴，坑穴间呈"品"字形排列，坑的大小常因小地形和栽植树种的不同而变化，一般坑宽（横）0.8~1.5m，坑长（纵）0.6~1.0m，坑距 2.0~3.0m。挖坑时先把表土堆放在坑的上方，把生土堆放在坑的下方，按要求规格挖好坑后，再把熟土回填入坑内，在坑下沿用生土围成高 20~25cm 的半环状土埂，在坑的上方左右两角各斜开道小沟，以便引蓄更多的雨水。

2. 水平沟整地

水平沟整地是沿等高线挖沟的整地方法，水平沟的断面以挖成梯形为好，上口宽约0.6~1.0m，沟底宽 0.3m，沟深 0.4~0.6m；外侧斜而坡度约 45°，内侧（植树斜面）约呈35°，沟长 4~6m；两水平沟顶端间距 1.0~2.0m，沟间距 2.0~3.0m，水平沟按"品"字形排列。为了增强保持水土效果，当水平沟过长时，沟内可留几道横埂，但要求在同水平沟内达到基本水平。挖沟时先将表土堆放在上方，用底土培埂，然后再将表土填盖在植树斜坡上。水平沟整地由于沟深、容积大，能够拦蓄较多的地表径流，沟壁有一定的遮荫作用，改变了沟内土壤的光照条件，可以降低沟内的土壤水分蒸发。

3. 水平台整地

水平台整地又称"带子田"，一般用于 30°以下的坡面。沿等高线将坡面修筑成狭窄的台阶状台面，阶面水平或稍向内倾斜，有较小的反坡。台面宽因坡度而异，一般在 0.8~1.0m，阶长无一定标准，视地形而定，外沿可培埂或不培埂。水平台整地采用"逐台下翻法"，也称为"蛇蜕皮法"，即从坡下开始，先修下边一台，然后修第二台，修第二台时把表土翻到第一台，依次类推（修筑过程类似撩壕法）。最后一台可就近采用表土填盖台面。

4. 漏斗式集流坑整地

根据造林设计以栽植点为中心进行挖土，逐步向外扩大，开挖植树穴面积为 2m×3m 或 3m×3m，将挖出的熟土集中堆放，用生土堆成外高中心低的漏斗式集流面，在坑穴中心挖 50cm×60cm 或 60cm×60cm 的植树坑，坑深 40~50cm，将熟土回填植树坑内。最后将集流面夯实拍光以利于汇集降水，并且有条件的地方可以在集流面上覆盖抗老化塑料薄膜，以提高集水效果。

5. 反坡梯田整地

反坡梯田整地又称"三角形"水平沟。反坡梯田的修筑方法基本与水平阶相似，只有台面向内倾斜成一定坡度，因荒山自然坡度的不同，反坡坡度为 5°~15°，田面宽 1~3m，埂外坡和内侧坡约呈 60°。

8.5　低覆盖度固沙林更新抚育技术

更新抚育的好坏直接关系着造林成活率和保存率的高低，更是促进成林、保证固沙林效益长期发挥的最关键措施。风沙区造林后的抚育管理，应参照造林学更新抚育技术特别抓好幼林管护、幼林抚育、病虫害防治 3 个环节。

8.5.1　幼林管护

在幼林期间禁止放牧，防止牲畜啃食。要制定必要的护林制度，建立护林组织，划分保护区域，分段分片进行保护。发现幼林有风蚀现象，及时采取作沙障或压柴草的措施加以保护，发现病虫害，要立刻消灭。

8.5.2　幼林抚育

在幼林生长时期，及时、细致地除草松土，特别是在干旱地区是十分必要的。杂草多了，势必要与树木争夺水分、养料，也会造成土壤坚硬，水分大量蒸发，所以要把幼苗附近的杂草除干净，疏松林地内的土壤。在杂草很少的流沙上，不能进行除草松土。林地的除草松土工作，要持续 3 年，并需要进行得及时。除草松土要铲得深、除干净，尽量避免损伤幼苗和它的根部。

平茬是为了林木快速生长，如沙柳、紫穗槐等灌木，每 3~5 年要平茬一次，使其重新萌发起来，这样才能生长得好，同时也可得到一些收益。杨、柳用扦插造林，由于枝杈多，影响生长，因此在造林后 3 年左右，平茬一次，可以使幼林生长得更旺盛，但也不要平茬次数过多，反而影响它的高生长。平茬的时间，应在秋天落叶后和春天树木萌发前进行。

修枝可使林木生长得又直又高。每次修枝不能去掉过多，最多修去整个树冠的 1/3，如修枝过多，只留下顶端小部分枝梢，会影响树木的正常生长和发育，也将减少防风固沙的作用。修枝的时间，在树木生长旺盛前（一般在 6 月）和秋季树木生长停止前进行。修枝要用锋利的刀斧，紧贴着树干砍下去，切口要光滑。

间伐：树木生长到一定年龄，过密的时候就要间伐。由于树木逐年生长，树干渐渐长粗，枝叶也茂密起来，林内的阳光、温度、水分和通风情况，随之都发生了变化，为了使幼树长得又快又好，就要适当地间伐一部分树木，使林地的覆盖度控制在 15%~20%，让留下来的林木，得到更好的生长条件。

8.5.3　病虫害防治

林木病虫害防治是国家减灾工程的重要组成部分，对保护林木资源、改善生态环境、促进国民经济和社会可持续发展具有十分重要的意义。对于低覆盖度防风固沙林也要重视病虫害的防治工作，要综合运用生物防治、药剂防治、人工防治等方法的结合，进行综合治理，防治病虫害的发生，保证固沙林正常生长。

北方地区主要有松毛虫、日本松干蚧、光肩星天牛、榆兰金花虫、杨扇舟蛾、柳毒蛾、午毒蛾、白杨透翅蛾、刺槐小皱蝽、避债蛾、泡桐龟甲、栗大蚜、楸梢螟、金龟子、刺蛾等；林木病害 90 多种，主要有苗木立枯病、松立枯病、赤松枝枯病、泡桐丛枝病、泡桐腐烂病、杨树腐烂病、杨叶锈病等。防治林木害虫多采用喷药法，这种方法虽有一定的防治效果，但大量药液弥散于空气中污染环境，容易造成人畜中毒，且对白杨透翅蛾、桑天牛、光肩星天牛、蒙古大蠹蛾等蛀干害虫，一般喷药方法很难奏效，必须采用特殊方法，现介绍几种针对以上病害的防治方法。

a）树干涂药法。防治柳树、刺槐、山楂、樱桃等树上的蚜虫、金花虫、红蜘蛛和松树类上的介壳虫等害虫，可在树干距地面 2m 高部位涂抹内吸性农药如氧化乐果等农药，防治效果可达 95%以上。此法简单易行，若在涂药部位包扎绿色或蓝色塑料纸，药效更好。塑料纸在药效显现 5~6d 后解除，以免包扎处腐烂。

b）毒签插入法。将事先制作的毒签插入虫道后，药与树液和虫粪中的水分接触产生化学反应形成剧毒气体，使树干内的害虫中毒死亡。将磷化锌 11%、阿拉伯胶 58%、水31%配合，先将水和胶放入烧杯中，加热到 80℃，待胶溶化后加入磷化锌，拌匀后即可使用，使用时用长 7~10cm、直径 0.1~0.2cm 的竹签蘸药，先用无药的一端试探蛀孔的方向、深度、大小，后将有药的一端插入蛀孔内，深 4~6cm，每蛀孔 1 支。插入毒签后用黄泥封口，以防漏气，毒杀钻蛀性害虫的防治效果达 90%以上。

c）树干注射法。天牛、柳瘿蚊、松梢螟、竹象虫等蛀害林木树干、树枝、树木皮层。用打针注射法防治效果显著。可用铁钻在树干离地面 20cm 以下处，打孔 3~5 个（具体钻孔数目根据树体的大小而定），孔径 0.5~0.8cm，深达木质部 3~5cm。注射孔打好后，用兽用注射器将内吸性农药如氧化乐果、杀虫双、甲胺磷等缓缓注入注射孔。注药量根据树体大小而定，一般树高为 2.5m、冠径为 2m 左右的树，每株注射原药 1.5~2ml，幼树每株注射 1~1.5ml，成年大树可适当增加注射量，每株 2~4ml，注药一周内害虫即可大量死亡。

参 考 文 献

阿拉木萨, 裴铁璠, 蒋德明. 2005. 科尔沁沙地人工固沙林土壤水分与植被适宜度探讨. 水科学进展, 16(3): 426-431.

曹显, 刘玉山, 斯琴昭日格, 等. 1999. 黄柳植物再生沙障治理高大流动沙丘技术的探讨. 内蒙古林业科技, 增: 67-69.

曹显军. 2000. 治理高大流动沙丘技术介绍植物再生沙障. 内蒙古林业, 2: 30.

陈兰周, 刘永定, 李敦海, 等. 2003. 荒漠藻类及其结皮的研究. 中国科学基金, 2: 90-93.

崔国发. 1998. 固沙林水分平衡与植被建设可适度探讨. 北京林业大学学报, 20(6): 89-94.

董慧龙, 杨文斌, 王林和, 等. 2009. 单一行带式乔木固沙林内风速流场和防风效果风洞实验. 干旱区资源与环境, 23(7): 110-116.

杜敏, 闫德仁, 王玉华. 2009. 直播生物沙障固沙成效研究. 内蒙古林业科技, 35(2): 19-22.

郭建英, 杨文斌, 胡小龙, 等. 2011. 行带式防风固沙林带间植被和土壤修复效果分析. 灌溉排水学报, 30(4): 128-131.

郭秋菊. 2008. 科尔沁沙地杨柴沙障对小气候及植被恢复影响的研究. 呼和浩特: 内蒙古农业大学硕士学位论文.

国家林业局科学技术司. 2002. 防沙治沙实用技术. 北京: 中国林业出版社.

韩德儒, 杨文斌. 1995. 人工柠条固沙林生长期水量平衡分析. 干旱区资源与环境, 9(1): 78-85.

姜丽娜, 杨文斌, 卢琦, 等. 2009. 低覆盖度柠条固沙林不同配置对植被修复的影响. 干旱区资源与环境, 23(2): 180-185.

姜丽娜, 杨文斌, 卢琦, 等. 2013. 低覆盖度行带式固沙林对土壤及植被的修复效应. 生态学报, 33(10): 3192-3204.

姜丽娜, 杨文斌, 姚云峰, 等. 2011a. 不同配置的行带式杨树固沙林与带间植被修复的关系. 中国水土保持科学, 9(2): 88-92.

姜丽娜, 杨文斌, 姚云峰, 等. 2011b. 樟子松固沙林带间植被恢复及其对林草界面作用的响应. 中国沙漠, 31(2): 372-378.

姜丽娜, 杨文斌, 姚云峰, 等. 2012. 行带式固沙林带间植被恢复及土壤养分变化研究. 水土保持通报, 32(1): 98-102.

金文, 王元, 张玮. 2003. 疏透型防护林绕林流场的 PIV 实验研究. 实验流体力学, (04): 56-61.

雷志栋, 胡和平, 杨诗秀. 1999. 土壤水研究进展与评述. 水科学进展, 10(3): 311-318.

李爽. 2010. 冀北沙漠化土地黄柳生物沙障生态效益研究. 保定: 河北农业大学硕士学位论文.

李新荣, 马凤云. 2001. 沙坡头地区固沙植被土壤水分动态研究. 中国沙漠, 21(3): 217-222.

李泽江. 2007. 科尔沁沙地活沙障对沙丘植被的影响. 呼和浩特: 内蒙古农业大学硕士学位论文.

梁海荣, 王晶莹, 董慧龙, 等. 2010. 低覆盖度下两种行带式固沙林内风速流场和防风效果. 生态学报, 30(3): 568-578.

梁海荣, 王晶莹, 卢琦, 等. 2009. 低覆盖度乔木两种分布格局内风速流场和防风效果风洞实验. 中国沙漠, 29(6): 1021-1027.

刘昌明, 孙睿. 1999. 水循环的生态学方面: 土壤–植被–大气系统水分能量平衡研究进展. 水科学进展, 10(3):

251-259.

刘世增, 蔡宗良. 1997. 荒漠化地区活沙障建植技术研究. 防护林科技, 32(3): 1-6.

《内蒙古植物志》编辑委员会. 1985. 内蒙古植物志. 呼和浩特: 内蒙古大学出版社.

沈国舫. 1993. 中国造林技术. 北京: 中国林业出版社.

史小栋, 胡小龙, 高永, 等. 2008. 不同行距黄柳沙障结皮理化性质的研究. 水土保持通报, 28(5): 86-90.

孙保平, 丁国栋, 姚云峰, 等. 1999. 荒漠化防治工程学. 北京: 中国林业出版社.

孙荣华, 刘玉山, 刘志和, 等. 2006. 沙质荒漠化土地生物沙障结构与配置技术研究. 林业科学研究, 19(1): 125-129.

唐麓君, 杨忠岐. 2005. 治沙造林工程学. 北京: 中国林业出版社.

王晶莹, 杨文斌, 董慧龙, 等. 2009. 低郁闭度乔灌木混交林防风效果风洞试验研究. 内蒙古林业科技, 35(3): 13-17.

王玉魁, 杨文斌, 卢琦, 等. 2010. 半干旱典型草原区白榆防护林的密度与生物量试验. 干旱区资源与环境, 24(11): 144-150.

吴雪琼, 杨文斌, 王永胜, 等. 2014. 科尔沁沙地南缘不同配置行带式固沙林径阶分布模拟. 干旱区资源与环境, 28(1): 15-19.

吴征镒, 庄璇. 1980. 绿绒蒿属分类系统的研究. 云南植物研究, 2(4): 371-381.

刑存旺, 赵广智, 马增旺, 等. 2006. 冀西北地区活沙障营建技术研究. 河北林业科技, 6: 8-10.

许明耻, 周心澄. 1987. 灌木固沙林与沙地水分平衡的研究. 陕西林业科技, 1: 9-14.

杨红艳, 戴晟懋, 乐林, 等. 2008. 不同分布格局低覆盖度油蒿群丛防风效果. 林业科学, 44(5): 11-16.

杨红艳, 杨文斌, 王晶莹. 2005. 行带式柠条林合理带间距的研究. 干旱区资源与环境, 19(S1): 210-214.

杨明, 董怀军, 杨文斌, 等. 1994. 四种沙生植物的水分生理生态特征及其在固沙造林中的意义. 内蒙古林业科技, (2): 4-7.

杨文斌, 丁国栋, 王晶莹, 等. 2006a. 行带式柠条固沙林防风效果. 生态学报, 26(12): 4012-4018.

杨文斌, 董慧龙, 卢琦, 等. 2011. 低覆盖度固沙林的乔木分布格局与防风效果. 生态学报, 31(17): 5000-5008.

杨文斌, 郭建英, 胡小龙, 等. 2012. 低覆盖度行带式固沙林带间植被恢复过程及其促进沙地逆转效果分析. 中国沙漠, 32(5): 1291-1295.

杨文斌, 卢琦, 吴波, 等. 2007a. 低覆盖度不同配置灌丛内风流结构与防风效果的风洞实验. 中国沙漠, 27(9): 791-797.

杨文斌, 卢琦, 吴波, 等. 2007b. 杨树固沙林密度、配置与林木生长过程的关系. 林业科学, 43(8): 54-59.

杨文斌, 王晶莹, 董慧龙, 等. 2011. 两行一带式乔木固沙林带风速流场与防风效果风洞试验. 林业科学, 47(2): 95-102.

杨文斌, 王晶莹, 王晓江, 等. 2005. 科尔沁沙地杨树固沙林密度、配置与林分生长过程初步研究. 北京林业大学学报, 27(4): 33-38.

杨文斌, 王晶莹. 2004. 干旱、半干旱区人工林边行水分利用特征与优化配置结构研究. 林业科学, 40(5): 3-9.

杨文斌, 杨红艳, 卢琦, 等. 2008. 低覆盖度灌木群丛的水平配置格局与固沙效果的风洞试验. 生态学报, 28(7): 2998-3007.

杨文斌, 赵爱国, 王晶莹, 等. 2006b. 低覆盖度沙蒿群丛的水平配置结构与防风固沙效果研究. 中国沙漠, 26(1): 108-112.

于凤龙, 谭瑞虹, 李成喜. 2013. 直播生物沙障固沙成效研究. 农业与技术, 33(6): 47-48.

张风春, 蔡宗良. 1997. 活沙障适宜树种选择研究. 中国沙漠, 17(3): 304-308.

张瑞麟, 刘果厚, 崔秀萍. 2006. 浑善达克沙地黄柳活沙障防风固沙效益的研究. 中国沙漠, 26(5): 717-721.

张瑞麟. 2007. 浑善达克沙地黄柳活沙障的设置及防风固沙作用研究. 呼和浩特: 内蒙古农业大学硕士学位论文.

张文军. 2007. 科尔沁沙地活沙障植被及土壤恢复效应的研究. 北京: 北京林业大学博士学位论文.

赵文智, 刘志民, 常学礼. 1992. 奈曼沙区植被土壤水分状况的研究. 干旱区研究, 9(3): 40-44.

《治沙造林学》编委会. 1984. 治沙造林学. 北京: 中国林业出版社.

中国科学院《中国植物志》编辑委员会. 1991—2004. 中国植物志. 北京: 科学出版社.

邹年根, 罗伟祥. 1997. 黄土高原造林学. 北京: 中国林业出版社.

Jiang L N, Lu Q, Yang W B, et al. 2013. The promoting effect of vegetation recovery after establishment of Poplar fixing sand forest belts in the Horqin Sandy Land of Northeast China. Journal of Food, Agriculture & Environment, 11(3&4): 2510-2515.

Southgata R I, Maeter P, Masters P, et al. 1996. Precipitation and biomass changes in the Namib Desert dune ecosystem. Journal of Arid Environment, 33(3): 267-280.

后 记

我国50多年来的防沙治沙研究成果丰硕，沙区植被建设也取得了举世瞩目的成就，造林面积成绩斐然。但是，调查人工林的资料表明：幼林占绝对多数，成熟林或者过熟林少之又少。大树好乘凉，枝繁叶茂，健康丰硕，这是我们心目中的树、心目中的林。可是，我国干旱半干旱区的人工林"小老头树"颇多，衰败、不健康的人工林所占比例很大。

干旱少雨的干旱半干旱区，自然的水分承载力只能发育健康的疏林，即稀疏的灌木林或灌丛、稀疏的乔木林或稀树草原。覆盖度在15%~25%属于低覆盖度林业范畴，林下还生长一些草本植被。所以，用森林的高郁闭度或高覆盖度无法包容它们，这属于一个特殊区域、特殊群体、特殊的群落标准。只有"低覆盖度"林分能够健康发育，从幼林—中龄林—成熟林—过熟林，完成生命周期。也只有"低覆盖度"林分能够留给自然植被、微生物等侵入的空间，创造生长发育的条件，这可能就是接近自然的原生态治理或修复。

"近自然林业"是非常伟大的思路，值得我们学习、模仿。我们考虑——按照当地自然植被的低覆盖度，选择乡土乔、灌木种，配置成为防风固沙最佳格局，调节密度到尽可能低的生态用水水平，把乔木或灌木的林学特征或者优点尽可能表达出来，充分利用好"土壤水库"调蓄作用——贮存丰水年的水，支撑极端干旱年林分的发育，把极端干旱年份的水分胁迫降到最低水平。这可能就是我们十几年来探索"低覆盖度治沙"的思路，也可能在未来的探索中仍然有用。

周期长是林业行业的特点，而沙漠化土地逆转、退化土地修复也是一个漫长的过程，与林业周期长的特点不谋而合，林业的这个周期长成为生态修复和防沙治沙的优点，要想"一劳永逸"的修复生态、治理沙地，林业周期长的优点成为必要条件，这也是低覆盖度治沙的内涵所在——林林周期长+自然侵入植被、微生物的多样性，凸显林业在生态文明建设的作用。

"低覆盖度治沙"的理念和技术可以用于我国的半干旱、干旱和极端干旱区。在半干旱区，可以把治理与利用相结合，乔、灌结合发展林间草场用于放牧或者打草、适度的间作。在干旱区，可以治理与保护相结合，灌木为主，成林后可以季节性放牧。极端干旱区是灌溉和潜水造林区，主要用于交通干线、厂矿企业和绿洲的防风治沙，其核心是用最少的生态用水实现最大的防风固沙目的。低覆盖度治沙可以使生态水的利用效益达到最佳效果。

按照低覆盖度治沙的理论并测算示范林的特征，可以得出干旱半干旱区人工林的成林标准。

"低覆盖度治沙"应该是开拓的新领域，目前试验提出的几种模式仅是初步的、初级阶段的，尚需研究的科学问题还很多，从种的特性、适宜组合的模式、冠幅特征与组合格局、土壤水库的再分配、渗漏、混交及自然的植被与土壤的发育等方面，可能需要几代人的探索，才能完成低覆盖度治沙的理论，不断推出更加适宜的模式。

　　疏林和稀疏灌丛是干旱、半干旱区分布的主要植被，其最主要的特点是——覆盖度小于 25%。探索防沙治沙体系一定要遵循自然规律，实际上，我们研究的低覆盖度治沙不是一项治沙技术，而是在遵循自然规律的基础上，开拓了覆盖度在 15%~25%能够治沙的新领域，初步建立低覆盖度治沙的基本理论，其目的是引领我国未来的防沙治沙的研究和治理工程进入符合自然规律的低覆盖度领域。我们的研究虽然仅仅提出 5 项治理模式或者技术，但这是一个初步的结果。我们认为：未来的沙漠治理及沙漠生态研究，应该集中在低覆盖度领域开展工作，衡量研究的考核指标也应该降到低覆盖度领域，这样，才能符合干旱、半干旱区疏林或者稀疏灌丛的特点，真正建立我们的疏林和稀疏灌丛（也就是低覆盖度林木）的生态学理论。按照疏林生态学理论，我们能够研究探索出更多的符合我们干旱、半干旱区防沙治沙体系和治沙模式，这些模式都是低耗水、高效益、生物多样性增加、稳定性强的符合自然规律的模式，将有效地支撑我国干旱、半干旱区的林业生态建设。

　　生态文明建设已经成为我国社会五大建设之一，京津风沙源治理工程、"三北"防护林体系建设工程等正在加大干旱半干旱区沙地治理及生态修复力度；"丝绸之路"战略的启动，将进一步加大干旱半干旱区沙地治理、生态修复的力度。低覆盖度治沙理论的完善、治理技术的成熟将有力地支撑我国沙地治理、生态修复、丝绸战略。希望不久的将来，我们可以看到分布更加广泛的低覆盖度治沙人工固沙林；较远的将来，看到健康丰硕的人工固沙林起着防风固沙、修复土壤及植被的作用；更远的将来，看到更多的大树固沙林，看到成熟林、过熟林，看到一片片完全治愈、修复的沙地；这也是治沙人的中国梦。